ナノマテリアル・シクロデキストリン

シクロデキストリン学会 編

米田出版

執筆者一覧 <執筆順>

服部憲治郎*	東京工芸大学工学部ナノ化学科
池田　博*	東京工業大学大学院生命理工学部
加納　航治	同志社大学工学部機能分子工学科
髙橋　圭子*	東京工芸大学工学部ナノ化学科
鈴木　巌	東北大学大学院薬学研究科
小宮山　真	東京大学先端科学技術研究センター
原田　明	大阪大学大学院理学研究科
濱崎　啓太*	芝浦工業大学工学部応用化学科
堤　浩	東京医科歯科大学生体材料工学研究所
池田　宰*	宇都宮大学工学部応用化学科
加藤　紀弘	宇都宮大学工学部応用化学科
戸塚　裕一	千葉大学大学院薬学研究院
山本　恵司	千葉大学大学院薬学研究院
中野　利一	ヤンセンファーマ株式会社
Yuichiro Kurosaki	ヤンセンファーマ株式会社
Marcus E. Brewster	Janssen Pharmaseutica
Jef. Peeters	Janssen Pharmaseutica
Diane O. Thompson	CyDex Inc.
Naomi Ono（小野直美）	The University of Kansas
平山　文俊	熊本大学大学院医学薬学研究部
上釜　兼人*	熊本大学大学院医学薬学研究部
住吉　秀幸	日本食品化工株式会社
大石真奈美	日本食品化工株式会社
中村　信之	日本食品化工株式会社
井上　佳久	大阪大学大学院工学研究科
Mikhail V. Rekharsky	大阪大学大学院工学研究科

* 編集委員

は じ め に

　半導体産業におけるフォトリソグラフィーの微細加工はナノスケールの領域に達し，もはや Feynman（1959）のトップダウンによるナノテクノロジーは限界が見えてきた．しかし，Drexler (1986) のボトムアップによる新しいナノテクノロジーは夢を現実に変えつつある．バイオの世界では至極当然の"プログラムされた自己組織化"が新たなナノサイエンス，ナノテクノロジーを開きつつある．Lehn（1978）による超分子概念も"分子の集合により新たな機能を生み出す"という生物界では当たり前のコンセプトが，シクロデキストリン（CD）を筆頭に多くの分子集合体研究の指導原理であった．しかし下から積み上げる技術が，ナノレベルの観察技術，制御技術と相俟って，超分子もタンパクも DNA も糖鎖も新しいナノ科学，ナノ技術の非常に重要な目標を担えることがわかってきた．すなわち，IT 分野では超高速コンピュータ，暗号技術であり，材料分野では高機能メモリー，自己修復材料であり，環境分野では高効率エネルギー貯蔵電池であり，生命科学分野では DNA チップ，体内に入って治療，検査する分子ロボットである．

　この動きを決定付けたのが，2001 年における米国国家ナノテクノロジー構想（National Nanotechnology Initiative）であり，約 5 億ドルの予算が Clinton 大統領の英断で歳出された．時を同じくしてフラーレン（1985），日本生まれのカーボンナノチューブ（1991），ポーラスシリコン，ナノ粒子金属，ナノコーン窒化ホウ素などナノスケール物質が高機能材料として注目されてきた．これらの材料の制御，集合体により優れた機能を発現させることに努力が注がれてきた．

　しかし，環状オリゴ糖である CD がナノサイズの分子であることは誰も否定できないにも拘らず，それを扱う科学・技術をなぜナノサイエンス，ナノテクノロジーと人は呼ばないのか不思議である．おそらくその起源が天然であり，あまりにも早くから（1891）存在が知られており，多数の食品，医薬品，トイレタリー商品が開発されてきたことに起因すると思われる．あまりにも身近すぎてナノテクノロジーと誰も気づかなかったのであろうか．

　CD は無名のナノ粒子である．CD をナノテク材料として扱い，分子スイッチ，分子マシンとして発展させてきたのは Stoddart（1993）であった．CD によるロタキサン，カテナンに代表される超分子としての展開が分子半導体への可能性の道を開いた．一方，多くのナノ粒子のうちで CD だけが環境にも生体にも安全で適合性をもつと証明されている．CD は超分子としての応用のみならず医薬，食品，環境，身の回りの科学への回帰ができる．これが CD 機能を用いたナノサイエンス，ナノテクノロジーの展開である．幸い日本での永井，上釜らによる医薬への応用は世界をリードして展開されてきた．昨今は健康食品などへの応用も盛んである．ナノバイオマテリアルとしての CD は一つの目玉である．

　これまで CD の科学研究を支えたコアコンセプトは，
1) **包接化学**　錯体生成，水可溶化，分離などの包接化合物としての CD．

2) **ホスト・ゲスト化学** 酵素モデル，バイオミメティック化学，キラル認識，ホスト・ゲストクロマトグラフィーとしての CD．

3) **超分子化学** ロタキサン，カテナン，クロモフォアーバイオセンサー，分子インプリンティングとしての CD．

4) **ナノサイエンス，ナノバイオテクノロジー** ナノ粒子，ナノデバイス，ナノ超分子，分子マシン，ターゲッティング DDS の成果が開花しようとしている．

5) **グリーンサステナブルケミストリー** これは最終的な目標であり，環境への応用が期待される．

　これらのコンセプトを重層的に内包しつつ CD サイエンスが発展してきた．

　一方，CD の工業生産は 1980 年代初期の堀越，中村による β-CD，1990 年代の Schmid による α-，γ-CD，小林，橋本による糖分岐 CD へと発展してきた．CD の世界生産量は，1990 年代の 1500 t/年の生産から現在は 10000 t/年以上となり，アジアの諸国でも生産が盛んである．これにより価格が下がり，CD はサイエンスの対象のみならず，テクノロジーの対象として実用的な応用研究も盛んである．日本で初めて β-CD が行き渡った 1980 年代の雰囲気以上に，いまはナノ粒子レベルの CD がナノサイエンス，ナノテクノロジーの陽の光を浴びている．

　この本には，CD という古くから知られたナノ粒子に，新しいサイエンスとテクノロジーを見出す実例と実験手法が基礎から応用まで盛られている．いわば古い皮袋に新しい酒である．世界に冠たる CD の世界を築いてきた日本のシクロデキストリン学会がその努力と成果の一端を集約し，最初の書籍を刊行するに至った．本書の内容は，第 22 回シクロデキストリンシンポジウム (2004, 熊本)で開催された教育講演を軸として，1995 年に戸田，上野らにより刊行された "シクロデキストリン－基礎と応用－" に続く刊行を志した有志によって寄稿されたものである．

　本書の読者が，若々しい知性と努力を発揮して CD による分子および粒子レベルの新機能を開発され，CD を利用したプロジェクトに立ち向かうことを望む．そして，この世界のさらなる発展に繋がることを期待する．

　この著作を故上野昭彦先生に捧げる．

2005 年 10 月

編集委員会を代表して　　服部 憲治郎

上釜 兼人

目　次

はじめに

第Ⅰ編　シクロデキストリンの誘導体の合成と化学

1. シクロデキストリンの化学修飾反応 ……………………………………（服部憲治郎）
　1.1　はじめに　*3*
　1.2　シクロデキストリンの化学修飾反応　*3*
　　1.2.1　一級位の修飾反応　*4*
　　1.2.2　二級位の修飾反応　*9*
　　1.2.3　三つすべての位置へのパー修飾反応　*11*
　　1.2.4　酵素を用いるシクロデキストリンの修飾反応　*12*
　　1.2.5　シクロデキストリン環の形成反応　*12*
　　参考文献　*12*

2. 修飾シクロデキストリンの化学 ……………………………………（池田　博）
　2.1　はじめに　*17*
　2.2　シクロデキストリンダイマーおよびトリマー　*17*
　2.3　電荷を有する修飾シクロデキストリン　*22*
　2.4　修飾シクロデキストリンを利用した分子認識センサー　*26*
　2.5　シクロデキストリン骨格の改変　*28*
　2.6　シクロデキストリンと他のホスト分子との複合体　*29*
　2.7　シクロデキストリンと糖鎖との複合体　*31*
　2.8　シクロデキストリン骨格を利用した金属配位子　*36*
　2.9　シクロデキストリンとポルフィリンとの融合　*41*
　2.10　おわりに　*44*
　参考文献　*44*

第Ⅱ編　シクロデキストリン超分子系の構造と機能

1. シクロデキストリンの不斉認識機構 ……………………………………（加納航治）
　1.1　シクロデキストリンは不斉認識用ホストとして有望視されていたか？　*51*
　1.2　シクロデキストリンによるアミノ酸の中心不斉認識とその一般性　*52*
　1.3　アミノ酸以外の化合物の中心不斉認識とその一般性　*58*
　1.4　シクロデキストリンは軸不斉やヘリシティーを非常によく認識する　*62*

1.5 シクロデキストリンによる不斉誘起と不斉認識機構　*67*
1.6 シクロデキストリンがキラルなねじれ構造をとるということ　*69*
1.7 おわりに　*71*
参考文献　*71*

2. 修飾シクロデキストリンの構造と機能　　　　　　　　　　　　　　（高橋圭子）
2.1 はじめに　*73*
2.2 アゾベンゼンキャップ化シクロデキストリンの機能　*73*
　2.2.1 ゲスト分子取り込み制御　*74*
　2.2.2 加水分解速度の光制御　*75*
　2.2.3 アゾベンゼンキャップ化シクロデキストリンの展開　*75*
2.3 柔軟性を有する一ゲスト置換シクロデキストリンの構造と機能　*76*
　2.3.1 自己包接型シクロデキストリンの機能　*77*
　2.3.2 自己包接型シクロデキストリンのNMRによる構造解析　*78*
　2.3.3 超分子ポリマーの形成　*80*
2.4 静電相互作用を導入した修飾シクロデキストリンの機能－一級水酸基側を使った水素化ホウ素ナトリウムによるケト酸の不斉還元反応－　*80*
　2.4.1 ベンゾイルギ酸の還元反応　*81*
　2.4.2 インドールピルビン酸の還元反応　*81*
2.5 おわりに－これからのCD化学にむけて　*82*
参考文献　*82*

3. シクロデキストリンの分子認識力の改質と界面化学への展開　　　　（鈴木　巌）
3.1 はじめに　*85*
3.2 シクロデキストリンの化学修飾による分子認識能の改質　*86*
　3.2.1 疎水性の増大によるゲスト包接能力の向上　*86*
　3.2.2 シクロデキストリン空孔の形状変化によるゲスト識別能力を改質　*88*
　3.2.3 他の分子認識素子との協同認識によるゲスト識別能力の改質　*92*
3.3 化学修飾シクロデキストリンを用いる界面分子認識　*96*
　3.3.1 シクロデキストリン単分子膜とその機能　*96*
　3.3.2 交互累積膜への応用　*101*
3.4 おわりに　*103*
参考文献　*103*

第Ⅲ編　シクロデキストリンのナノ超分子への応用

1. シクロデキストリンを用いたナノデバイスの構築　　　　　　　　　（小宮山　真）
1.1 はじめに　*109*
1.2 大きなゲスト分子を正確に認識するシクロデキストリンの規則的集合体の調製　*110*
　1.2.1 分子デバイスの開発における重要性　*110*

  1.2.2 シクロデキストリンの組織的集合化と巨大ゲストの認識　*110*
  1.2.3 インプリント・シクロデキストリン高分子の合成　*111*
  1.2.4 モレキュラー・インプリントの反応機構　*114*
  1.2.5 インプリント・シクロデキストリン高分子を固定相とする HPLC　*115*
  1.2.6 シリカゲル表面におけるモレキュラー・インプリントと，シクロデキストリン高分子被覆シリカゲルによる HPLC 分離　*115*
 1.3 走査型プローブ顕微鏡によるシクロデキストリン分子のマニピュレーション　*117*
  1.3.1 シクロデキストリン・ネックレスの STM 観察　*118*
  1.3.2 シクロデキストリン・ネックレスの STM 操作　*118*
  1.3.3 シクロデキストリン・ネックレスの STM 操作の特徴　*119*
 1.4 おわりに　*120*
 参考文献　*120*

2. シクロデキストリンを用いた超分子ポリマーの構築 ……………………（原田　明）

 2.1 はじめに　*123*
 2.2 一置換シクロデキストリン誘導体の合成　*124*
 2.3 分子内包接錯体の形成　*124*
 2.4 分子間包接錯体の形成　*124*
 2.5 超分子二量体　*124*
 2.6 超分子三量体　*125*
 2.7 ポリ[2]ロタキサン　*125*
 2.8 ヘリカル超分子ポリマー　*126*
 2.9 α-, β-シクロデキストリン交互重合体　*126*
 2.10 [2]ロタキサン超分子ポリマー　*127*
 参考文献　*128*

3. シクロデキストリン - ペプチドハイブリッド ……………………（濱崎啓太，堤　治）

 3.1 はじめに　*129*
 3.2 分子センサーとしてのシクロデキストリン - ペプチドハイブリッド　*129*
  3.2.1 二つのナフタレン単位をもつシクロデキストリン - ペプチドハイブリッド　*129*
  3.2.2 イオノホアを側鎖にもつシクロデキストリン - ペプチドハイブリッド　*131*
  3.2.3 分子内消光とゲスト添加による消光の解消を可能にしたシクロデキストリン - ペプチドハイブリッド　*133*
  3.2.4 分子内蛍光共鳴エネルギー移動を利用する分子検出　*134*
 3.3 分子触媒としてのシクロデキストリン - ペプチドハイブリッド　*136*
  3.3.1 複数の触媒残基の協同効果を利用した β-シクロデキストリン - α-ヘリックスペプチドハイブリッド型加水分解触媒　*136*
  3.3.2 二つのシクロデキストリンを有する β-シクロデキストリン - α-ヘリックスペプチドハイブリッド型加水分解触媒　*138*

viii　目　次

　　　3.3.3　光制御部位を有するβ-シクロデキストリン - α-ヘリックスペプチドハイブリッド型加水分解触媒　*139*
　　　3.3.4　副結合部位を有するβ-シクロデキストリン - β-ヘアピンペプチドハイブリッド型加水分解触媒　*140*
　　3.4　ナノマテリアルとしてのシクロデキストリン - ペプチドハイブリッド　*142*
　　　3.4.1　外部刺激に応答するシクロデキストリン - ペプチドハイブリッド二量体　*142*
　　　3.4.2　ホスト・ゲストブリッジによるポリペプチドのα-ヘリックス構造の安定化　*144*
　　　3.4.3　ホスト・ゲストブリッジによるポリペプチド二次構造の形状制御　*145*
　　　3.4.4　ホスト・ゲストブリッジによるポリペプチドのα-ヘリックス構造の光制御　*147*
　　3.5　おわりに　*148*
　　参考文献　*148*

第Ⅳ編　ナノバイオマテリアルサイエンスへの応用

1. シクロデキストリンによる微生物の細胞間情報伝達機構制御……（池田　宰，加藤紀弘）
　　1.1　はじめに　*153*
　　1.2　バクテリアのシクロデキストリン資化能　*153*
　　1.3　微生物の情報伝達機能制御に対するシクロデキストリンの利用　*154*
　　　1.3.1　バクテリアの情報伝達機能 － Quorum Sensing －　*154*
　　　1.3.2　シクロデキストリンのAHL包接能の確認　*156*
　　　1.3.3　バクテリアのQuorum Sensingに対するシクロデキストリンの効果　*158*
　　　1.3.4　シクロデキストリン固定化素材によるQuorum Sensing制御の可能性　*159*
　　　1.3.5　今後の展望　*160*
　　1.4　おわりに　*161*
　　参考文献　*161*

2. シクロデキストリンを用いたナノ粒子製剤の調製 －乾式操作によるホスト・ゲスト相互作用の発現－……………………………………（戸塚裕一，山本恵司）
　　2.1　はじめに　*163*
　　2.2　混合粉砕によるシクロデキストリンとゲスト分子との包接化合物生成　*163*
　　2.3　密封加熱法によるシクロデキストリンとゲスト分子との包接化合物生成　*166*
　　2.4　シクロデキストリンとの混合粉砕による医薬品ナノ粒子の形成　*170*
　　2.5　おわりに　*178*
　　参考文献　*178*

3. Current Applications of Cyclodextrins in Pharmaceutical Products in the EU and US………………（Toshikazu Nakano, Yuichiro Kurosaki, Marcus E. Brewster, Jef Peeters）
　　3.1　Introduction　*181*
　　3.2　Pharmaceutical products　*182*
　　3.3　Development aspect and future　*182*

  3.3.1 Parenteral dosage form of flunarizine *182*
  3.3.2 Parenteral dosage form of lubeluzole *183*
  3.3.3 Liquid dosage form of loviride *183*
  3.3.4 Rectal delivery of poorly water-soluble drugs *183*
  3.3.5 Glass Thermoplastic System formulation *183*
  3.3.6 Semi-solid formulation of itraconazole *184*
  3.3.7 Parenteral formulation of miconazole *184*
 3.4 Conclusion *184*
 References *184*

4. Recent Approval Situation of Sulfobuthylether β-Cyclodextrin in Pharmaceutical Formulation ……………………………………………………（Diane O. Thompson, Naomi Ono）

 4.1 はじめに *187*
 4.2 Captisol®開発の歴史 *187*
 4.3 米国および欧州市場でのCaptisol®含有製剤 *189*
 4.4 おわりに *191*
 参考文献 *192*

5. 薬物-シクロデキストリン結合体のDrug Delivery Systemへの応用………………………………………………………………………（平山文俊, 上釜兼人）

 5.1 はじめに *193*
 5.2 溶解度の調節 *194*
 5.3 大腸特異的送達システムへの応用 *196*
 5.4 遺伝子導入効率の改善 *200*
 5.5 おわりに *202*
 参考文献 *202*

6. 各種シクロデキストリンの食品および化粧品への応用…………………………………………………………（住吉秀幸, 大石真奈美, 中村信之）

 6.1 はじめに *203*
 6.2 食品用シクロデキストリンの一般的製法 *204*
  6.2.1 シクロデキストリン類を生成する酵素 *204*
  6.2.2 非修飾シクロデキストリン類の一般的製法 *205*
  6.2.3 分岐シクロデキストリンの製法 *206*
 6.3 日本におけるシクロデキストリンの利用分野 *206*
 6.4 シクロデキストリン類の飲料および食品への応用 *207*
  6.4.1 香気物質などの揮散しやすい成分の安定化および異臭の抑制 *207*
  6.4.2 吸湿しやすい成分の吸湿性の改善 *208*
  6.4.3 酸素, 紫外線, 水などで変質しやすい成分の安定化 *209*
  6.4.4 苦味, 渋みなどの呈味性の改善（マスキング） *210*

  6.4.5　水難溶性物質の可溶化や結晶析出の抑制　*211*
  6.4.6　乳化性や起泡性の改善　*212*
  6.4.7　食品中の不要成分の除去，低減化　*212*
  6.4.8　その他　*213*
 6.5　ヒドロキシプロピル化β-シクロデキストリンの化粧品への応用　*214*
  6.5.1　ヒドロキシプロピル化β-シクロデキストリンの保湿効果　*215*
  6.5.2　フレグランス成分の安定化　*215*
  6.5.3　低分子物質の経皮吸収の抑制と水難溶性物質の可溶化　*216*
 6.6　おわりに　*218*

第V編　シクロデキストリン研究の実験法

1. 修飾シクロデキストリンの合成実験例 ……………………………（池田　博）
 1.1　はじめに　*221*
 1.2　一置換体の合成法　*221*
  1.2.1　スルホニル化の位置選択性　*221*
  1.2.2　一級水酸基側（6位）一置換修飾シクロデキストリン　*222*
  1.2.3　二級水酸基側一置換修飾シクロデキストリン　*224*
 1.3　二置換体および多置換体の合成　*225*
  1.3.1　一級水酸基側（6位）二置換および多置換修飾シクロデキストリン　*225*
  1.3.2　一級水酸基側（6位）全置換体　*226*
  1.3.3　二級水酸基側二置換修飾シクロデキストリン　*227*
 1.4　おわりに　*228*
 参考文献　*228*

2. 二次元 NOE 測定－ROESY と NOESY－ ……………………………（高橋圭子）
 2.1　はじめに　*231*
 2.2　核オーバーハウザー効果　*231*
 2.3　二次元 NMR から得られる情報　*232*
 2.4　二次元 NOE スペクトルから得られる修飾シクロデキストリンの立体構造情報　*233*
  2.4.1　mono-6*N*-(formyl-L and D-phenylalanyl)amino-β-cyclodextrin の立体構造　*233*
  2.4.2　アルブチン縮合β-シクロデキストリンの立体構造　*234*
 2.5　包接化合物の立体構造　*235*
 2.6　シクロデキストリン誘導体試料の NOE 相関を測定する場合　*235*
 2.7　おわりに－どうしても検出できない場合はある　*236*
 参考文献　*236*

3. カロリメトリー実験法 ……………………………（井上佳久, Mikhail V. Rekharsky）
 3.1　はじめに　*239*
 3.2　van't Hoff プロット　*240*

3.3 カロリメトリー　*240*
　3.3.1 マイクロカロリメータ　*241*
　3.3.2 滴定マイクロカロリメータ　*242*
3.4 試料溶液の調整　*244*
3.5 マイクロカロリメータの較正と動作確認　*244*
　3.5.1 電気的較正　*244*
　3.5.2 化学的較正　*245*
　3.5.3 機器の動作と性能ならびにデータの信頼性確認　*245*
3.6 シクロデキストリンの1:1錯体形成反応　*246*
3.7 シクロデキストリンの1:2錯体形成反応　*248*
3.8 おわりに　*250*
参考文献　*250*

4. 安定度定数の決定法……………………………………………………………（上釜兼人）
4.1 はじめに　*253*
4.2 溶解度法　*254*
4.3 反応速度法　*255*
4.4 膜透過法　*257*
4.5 分光光度法　*258*
4.6 電位差滴定法　*259*
4.7 液体クロマトグラフ法　*261*
参考文献　*263*

5. 医薬品の製剤特性改善における安定度定数の活用……………………………（上釜兼人）
5.1 はじめに　*265*
5.2 B_s型溶解度相図の解析　*265*
5.3 高次complex形成の解析　*267*
　5.3.1 溶解度法による$K_{1:n}$の算出　*267*
　5.3.2 NMRスペクトル法による$K_{n:1}$の算出　*269*
　5.3.3 反応速度法による$K_{1:1}$, $K_{2:1}$, $K_{1:2}$の算出　*271*
5.4 Complex濃度の予測と包接平衡の制御　*273*
　5.4.1 Complex濃度の算出　*273*
　5.4.2 競合包接の解析　*276*
参考文献　*279*

事項索引　*281*

第Ⅰ編　シクロデキストリンの誘導体の合成と化学

1. シクロデキストリンの化学修飾反応

2. 修飾シクロデキストリンの化学

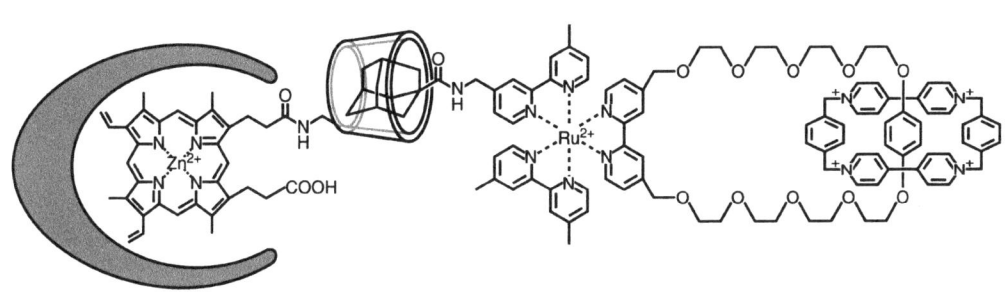

1

シクロデキストリンの化学修飾反応

1.1 はじめに

　この章では近年，主に1998～2004年の間に発表されたシクロデキストリン（CD）化学修飾に関する合成反応を取り扱う．1998年以前については，V.T. D'SouzaとK.B. Lipkowitzによる系統的な素晴らしい総説（Chemical Reviews 1998, Vol.98, No.5）を参照されたい[1]．特にD'Souzaらによる"シクロデキストリンの選択的化学修飾法"の章および，その前後の4章（Stoddartら，Breslowら，および高橋）に，CDの化学修飾とその生成物の機能が述べられている．また，SzejtliとOsaによって編集された総括的な著作が，"Comprehensive Supramolecular Chemistry"第3巻（1996）として，ペルガモン・エルゼビア（オックスフォード）から刊行された[2]．比較的最新の本は，LincolnとEastonの著作による"Modified Cyclodextrins"があり，彼らはCDを様々な超分子の素材とみなしている．H. Dodziukの著作も近くWiley-VCHから刊行される[3]．また，シクロデキストリン科学に関して，J. Inclusion Phenom. Macrocyclic Chem. 特集号や国際シクロデキストリンシンポジウムのProceedingsおよび国内で毎年刊行される「シクロデキストリンシンポジウム講演要旨集」[4]がある．CDの化学修飾に言及した和書は少ないが，戸田，上野の「シクロデキストリン-基礎と応用-」や黒田による実験法の解説がある[5]．

　この章では，置換基数と導入位置が確認され，構造が明白で混合物のない純粋な合成物となる化学修飾法に集中して概観する．

1.2 シクロデキストリンの化学修飾反応

　CDの修飾反応の研究は，水溶性の付与から超分子挙動のメカニズム研究に至るまで様々な目的で行われている．ある場合は，水易溶性をもつCD誘導体が薬剤への応用に研究されている．さらに，ヒドロキシプロピル基やスルホプロピル基およびカルボキシメチル基によるCD水酸基のランダム修飾が行われている[6]．有機溶媒に易溶性のCDが必要ならば，水酸基をシリルエーテル基で修飾できる．いずれの場合もこれらの生成物は混合物であり，構造の同定は困難である．一方，CDを用いて超分子挙動を議論しようとするならば，その化合物は純粋で構造が十分に同定される必要がある．置換基の数，置換基の正確な結合位置，すべての構造変化が確立されてはじめて，確かな超分子挙動のメカニズムの議論ができる．この章では，CD超分子の機能に関す

1.2.1 一級位の修飾反応
(1) C6位の一置換

6-モノトシルCDは種々の修飾CDの前駆体として重要である．求核試薬は6位の求電子的炭素を攻撃して，対応する官能基を6位に生成する．モノトシル-β-CDの合成は，アルカリ水溶液中でCDとモノシルクロライドとの短時間の反応でかなりよい収率で生成物が十分な収率で得られ，水からの再結晶により十分な純度となる．試薬に対してCDの錯体形成が一級位で行われている[7]．6-モノトシルCDを出発物質として極めて多くの誘導体が得られる．たとえば，アルデヒド，ヨウ素化物，塩素化物，アジ化物，アミノ化物，アルキルアミノ化物などである（図1.1）．

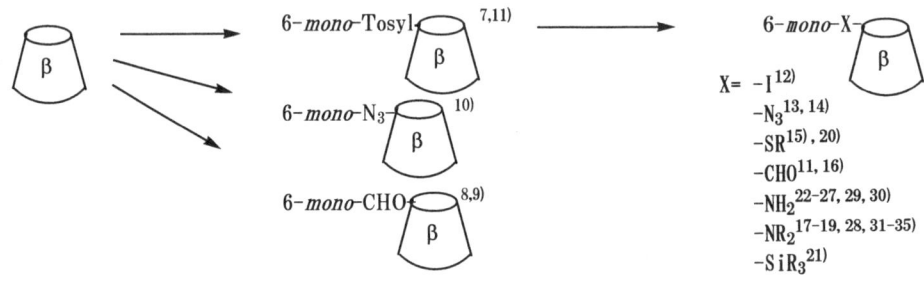

図1.1 β-CDのC6位一置換修飾反応

モノアルデヒド-β-CDの合成は，モノシルCDから行われることが報告されている．トシル化以外のC6位の新しい修飾反応は極めて少ない．最近，一段階でのCDモノアルデヒドの定量的な合成法が報告された．有機溶媒DMP（Dess-Martin perodinane, Aldrich）にCDを溶解し，室温で1時間攪拌した．アセトンを加えて冷却しろ過によって粗生成物を単離できた[8]．もう一つの方法は，IBX（1-hydroxy-1,2-benziodoxol-3(1H)-one 1-oxide）をDMSO中で酸化剤として，β-CDのモノ酸化が還元的カップリング反応によりキトサンに導入されることで行われた[9]．CD，トリフェニルホスフィン，四塩化炭素存在下でのアジ化ナトリウムによるCDへのアジ化反応が報告されている[10]．図1.1に示すように，6-モノトシルCDから出発して多数のCD誘導体が得られる．たとえば，アルデヒド[11]，ヨウ素化物，塩素化物，アジ化物，アミノ化物，アルキルアミノ化物である．β-CD二量体レセプターがモノ-6-ヨード-CDからジチオール核によって得られたが，そのレセプターはα-ヘリックスペプチドの分子認識に有用であった[12]．

フラーレンC_{60}とパーアセチル6-アジ化CDとの反応により，α-CD，β-CD，γ-CD単位をもつ[60]フラーレン誘導体が合成された．C_{60}-β-CD結合体は会合した光ルミネッセンスゲストに対して効率的なクエンチング効果を示した[13]．

6-モノアジド-β-パーアセチル化CD，あるいはヘプタキス-(6-アジド)-β-CDからポリマー結合トリフェニルホスフィンを用いて，"ワンポット"のホスフィンイミド反応が行われた．さらに，二量体とイソシアネートが得られた[14]．先ずモノシル-β-CDからモノ-6-マーキャプト-β-CDが合成された．次にモノ-6-ベンジルマーキャプト-β-CDを経由してカルボシランとの結合によ

り 3, 4 種の CD 誘導体から多種類の機能材料の出発化合物ができた[15]. モノ-6-トシル-β-CD からもモノ-ホルミル-β-CD が合成された[16]. 新規の蛍光プローブである, モノ[6-N-(4-カルボキシフェニル)]-β-CD がモノ-6-トシル CD を用いて合成され, 選択的で迅速かつ簡単な核酸の定量の分析法として応用された[17]. 星型ポリアミドアミンデンドリマーと α-CD, β-CD および γ-CD との結合体がモノトシル-α-, β-CD およびモノナフチレンスルホニル-γ-CD と星型 PAMAM デンドリマー (エチレンジアミン核, アルドリッチ社) から合成され, 効率的な遺伝子注入のための非ウイルスベクターとして用いられた[18]. α-ヒドロキシ酸とカルボン酸とのエナンチオマー分離が 6-N-ヒスタミノ-β-CD を用いて行われた[19]. トリフルオロエチルチオ-β-CD がモノ-6-トシル CD により合成され, NMR によるフッ素レポーター基になるとともに, 水への溶解性と医薬キャリヤーとの組合せが期待された[20].

二級位パーメチル-6-アミノ-β-CD の合成が, いずれも β-CD からスタートして A, B 二つの異なるルートで検討された. ルート A はヘプタキス(6-O-tert-ブチルジメチルシリル)-β-CD の合成を二級位の水酸基をヨウ化メチルと水素化ナトリウムでパーメチル化した後, 一級位水酸基のシリル化と 6 位のモノトシル化, ついでアジドイオンによる置換反応とアジド基のアミノ基への還元である. ルート B は 6-モノアジド-β-CD からスタートして残りの一級位の保護を塩化 tert ジメチルシリルで行い, 二級位をメチル化したのち, 保護基を除去しアジド基の還元を行った[21].

CD の三量体と二量体が, 適切な三量体および二量体のアミノ酸アミドを支持体として検討された. 三量体は二量体より強固であったがフリーエネルギーの加成性はなかった. このような三量体はポリペプチドやタンパクの結合に有望である[22]. キトサン結合 β-CD の合成が新しい縮合剤 DMT-MM を用いて改良された. 生成物はコハク酸化キトサンと少量のモノ-6-アミノ CD との反応で得られた. CD の生成収率は 50% 以上に達した. キトサンの架橋とアミノ CD の固定化が協奏的に起こった[23]. 芳香族ビピリジンスペーサーを含む二種類の CD 二量体の合成とコンホメーション挙動が報告された. β-CD は 6-ヘプタキス(tert ブチルジメチルシリル)-CD に変換された. C2 水酸基は C3 水酸基より酸性であるので選択的に NaH で脱プロトン化され, 1-アジド-トシルオキシプロパンと反応した. アジドはアミンに還元され, 一官能化 CD と非活性化エステルの反応で CD 二量体が得られた[24]. カチオン荷電 6-モノアミノ-β-CD が非常に疎水的な中性ラセミ体の電気動力学クロマトグラフィーの光学分離剤として用いられた[25]. 標的指向医薬送達システムが 6-アミノ-β-CD とマンノースを付けたデンドリマーの双方に反応してチオウレア結合を生成する方法で行われた. これは強いレクチン結合能力と包接能力を示した[26].

6-モノグルコース分岐 CD がアミノ-β-CD とアルブチンから合成された. そのグルコース基は反応性のグルコシルレセプターとして酵素反応によるグルコース転移レセプターとして用いられ, シアロ複合型オリゴ糖鎖分岐 CD を合成できた[27]. モノ-6-アルキルアミノ-β-CD は 6-トシル CD を経由して合成された[28]. ラクトース担持 CD が合成され, 水溶液中で疎水性ポリマーに貫通することにより紡がれてレクチン結合性の動的な多価ラクトース体を形成した. ラクトース担持 α-, β-CD の合成は, ラクトシルプロピオン酸誘導体と C6-モノアミノ CD との縮合反応が HBTU·BF₄ によるカルボン酸活性化により行われた[29]. β-D-グルコース, β-D-ガラクトース, α-D-マンノース, β-L-, および β-D-フコースが, C9 スペーサー鎖で CD 環に繋げたモノ置換

β-CD の報告がある．このアプローチは NCS 糖誘導体とナノンジカルボン酸の効率的なカップリングにより安定なアミド結合を生成する[30]．カップリング剤に EDC を用い，ウシ膵臓トリプシンが CD を化学修飾した．修飾体としてモノ-6-アミノ-β-CD，その他の 6-モノアルキレン-ジアミノ-β-CD が用いられた[31]．トリプシンの触媒作用および熱安定性が CD 基の導入により改善した[32]．6-および 3-モノ-正荷電 CD と負荷電のゲストとの相互作用が系統的に研究された[33]．インドール基を含む β-CD がインドール-3-イル酪酸とオリゴ(アミノエチルアミノ)-β-CD と DCC により新たに合成された．このクロモホア CD は自己包接・脱離段階を示し，誘導適合メカニズムが提唱された[34]．6-モノモノアザコロナンド置換 α-CD および β-CD が，6-アミノヘキシルアミノ-CD のアシル化反応から合成された[35]．CD への糖鎖アンテナの結合により，生物学的に活性なガラクトース先端基が移動してレクチンとの分子認識を示した．β-CD 誘導体の化学合成が，3,4,5,6 および 9 個の炭素からなるアームをもつ構造について報告された[36]．

(2) C6 位でのパー修飾反応

Fulton と Stoddart は，CD とカリキサレンをそれぞれベースとした新規糖複合体 (neoglycoconjugates) を提唱した．炭水化物リガンドを複数価有する分子は，レクチンに対し一価のものより非常に強い親和性能力をもつと推測される．多価 CD 分野の研究は現在まで主にパー置換された CD 合成に集中されてきた．それは CD 環を構成するグルコース基に糖リガンドを結合させている[37]．一連のグルコピラノース，セロビオース，ラクトースに関して，β-D-グルコピラノシル イソチオシアナートが容易にパー-6-アミノ-β-CD と反応して完全に置換した糖クラスターを高収率で生成した[38]．パー-6-アミノ-β-CD はクロロ酢酸無水物と反応してヘプタクロロ-β-CD 誘導体を定量的に生成した．次にその誘導体をイソチオ尿素化-β-D-グルコシドで処理すると糖クラスターが得られた[39]．CD をベースとする N-グルコシドクラスターの合成は，クロロアセチル N-グルコシドがイソチオ尿素化誘導体に変換し，次に DMF 中で炭酸セシウムにより N-グルコシドがヘプタキス(6-ヨード) および (6-クロロアセトアミド)-β-CD に結合できた[40]．ガラクトシルニトリルオキシド誘導体はパー-6-プロパギル-β-CD 誘導体と反応させて 79％の収率でクラスター化合物が生成した[41]．チオアセテート N-アセチルノイラミン酸はヘプタキス C6-(クロロアセタミド)-β-CD とのワンポット反応で多分岐シアル酸体が生成した[42]．グリコシ-CD の合成はオキシエチレンアームを有するグリコシル化ヘプタキス(6-ヨード)-β-CD 誘導体へ炭酸セシウムを用いた O-グリコシドの結合によって行われた[43]．

β-CD をベースとし，1-チオ-β-D-グルコース，1-チオ-β-マンノース，および 1-チオ-β-ラムノース残基を含む 3 種の一次デンドリマーが合成された．この反応はチオール化されたビス分岐グリコシド構築ブロックの合成および，その構築ブロックのヘプタキス(6-ヨード)-β-CD への導入からなる[44]．一連のクラスターガラクトシドが β-CD 基盤上に構築され，7 個の β-ラクトシルアミンの 1-チオ-β-ラクトースが大環状コアに種々のスペーサーアームを用いて合成された[45]．

3-(3-チオアセチル プロピオンアミド)プロピルグリコシドから誘導された脱保護したチオレートナトリウム塩によるヘプタキス 6-デオキシ-6-ヨード-β-CD のカップリング反応は容易に進行し，新規のパーグリコシル化 CD であるガラクトース，N-アセチルグルコース，ラクトース，N-アセチルラクトースをすばらしい収率 (78～88％) で生成した[46,47]．7 個のアジド基を一級側の

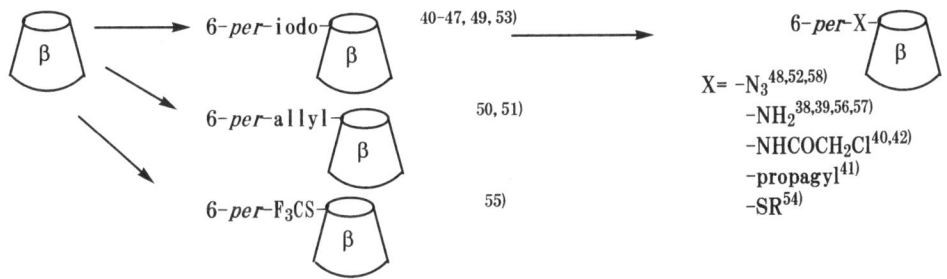

図 1.2 β-CD の C6 位へのパー修飾反応 [37]

縁にもち，14 個のパルミトイル鎖を有する新しい中間体が 40% の収率で得られた．その中間体と脱保護化したアミノ末端基をもつ過剰量のグルコサミン誘導体との間でワンポットのカップリング反応が行われた [48]．ヘプタキス 6-ヨード-β-CD から脱保護化した 3-(3-チオアセチルプロピオンアミド)プロピルグリコシド(ガラクトース，ラクトース，および N-アセチルラクトサミン)が合成された．先端に炭水化物基をもつヘプタ-置換 β-CD は，活性なガラクトシド特異的植物レクチンおよび哺乳動物レクチンや免疫グロブリン G と会合した [49]．

ナトリウム水素化物とアリルブロミドの反応で，CD の一級位の 7 個のアリルエーテル基に置換した化合物を収率 32% で得られた．二級位にアリル基がすべて置換した β-CD 誘導体がアリルブロミドとナトリウム水素化物の反応で，生成物が 26% で得られた．BaO と Ba(OH)$_2$·8H$_2$O の存在下でアリルブロミドと β-CD の反応で，7 個のアリルエーテル基を CD の上下それぞれの面に有する β-CD 誘導体が 17% 収率で得られた．また，2,6-ジアリル-β-CD と β-D-チオグルコースあるいは β-D-チオラクトースを UV 光照射下で反応させて，目的の保護化されたグルコースおよびラクトースクラスター化合物が 70% 収率で得られた [50,51]．

ヘプタヨード誘導体は DMF 中 NaN$_3$ で処理されて 96% 収率でヘプタアジド体を生成した．これを大過剰の MeI と NaH でメチル化して，パーメチル化誘導体が定量的に得られた．Ph$_3$P でついで NH$_0$ で処理して，ヘプタ-アミノ-β-CD が得られた．二糖のリガンドを結合して 79% でパー置換生成物が得られた [52]．

パー置換ガラクトシルクラスターがパー-6-ヨード-β-CD とラクトシルラクトンとの間の求核反応により得られた．SPR 手法を用いてピーナッツレクチンと制がん剤とについて会合定数が評価され，K 値が大いに増加することが見出された [53]．

両親媒性のヘプタキス(6-アルキルチオ)-β-CD 誘導体が合成され，水面での単分子層挙動が等温表面-分子面積(π-A)の関係が検討された [54]．天然の β-CD から得られた β-CD は 6 位で，トリフルオルメチルチオ基で機能化された [55]．ヘプタキス(2,3-ジヘキサノイル)-β-CD, ヘプタキス(6-ヘキサアミド)-β-CD, ヘプタキス(6-ミリスタアミド)-β-CD が合成され，ナノ沈殿法によりナノカプセルが合成された [56]．鎖長を C6 から C14 に変化させ，結合の型をエステルまたはアミドとして，ヘプタキス(6-O-両親媒性)-β-CD の合成と評価が検討された [57]．

ヘプタキス(6-アジド-6-デオキシ-2,3-ジ-O-フェニルカルバモイル化)-β-CD を，アミノ基を付けたシリカゲルに多岐尿素結合で固定化して新規のキラル固定相が得られた [58]．

(3) C6位での複数の修飾反応

2個の末端のガラクトースの間で種々の異なるスペーサーアーム長さを有するビス-A,D-ガラクトース分岐 CD は，PNA レクチンおよび医薬との会合に最適の長さをもつことが見出された．これらの化合物の二重の会合は SPR で定量的に評価され，他のオリゴ糖鎖分岐 CD と比較された[59]．新規な分岐 β-CD で，β-D-ガラクトース残基，6A,6D-ジ-O-(D-ガラクトシル)-β-CD，6A,6D-ジ-O-(4'-O β-D-ラクトシル)-β-CD，6A,6D-ジ-O-(4'-O β-D-ガラクトシル-β-ラクトシル)-β-CD がトリクロロアセタミド法を用いて化学合成された[60]．

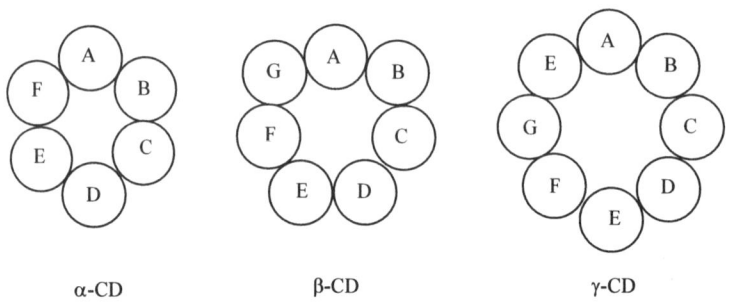

図1.3 二修飾 β-CD の位置異性体[59-61,64,65,67,70]

6A-ダンシル-6X-トシル修飾化 β-CD または γ-CD (X= B または G, C または F, D または F) が化学センサー能検討のために合成された[61]．四価-CD に結合した同一平面のポルフィリンがピロールと 6A,6E-ビスアルデヒド アセチル化 γ-CD とワンポット反応で合成された[62]．一連の分子シュガー容器が γ-CD を壁としトレハロースを底面として，6A,6X-ジマーキャップ化 β-CD と 6,6'-ジヨードトレハロース（X= C,D,E）によって合成された[63]．6A,6B-メジチレンジスルホニルキャップ化 β-CD はイミダゾールの処理により，6A 位よりも 6B 位が 10 倍高い反応性を示し，ヘテロ二置換 CD の選択的生成を導いた[64]．β-CD は渡環的に 6A 位と 6B 位にジスルホニル化されて，対応する 6A,6B-ジヨードおよび 6A,6B-ジチオールに変換された．後者の2種の交差カップリングにより，隣接 6-メチレン炭素において二つのイオウ原子がリンカーとなって単一の head-to-head に組み合わされた β-CD 二量体を生成した[65]．α-CD はジベンゾフラン-2,8-ジスルホニルクロライドと反応して，6A,6C-渡環したジスルホニル化 α-CD の選択的生成を導いた（18%）[66]．β-CD の 6A または 6B にピリドキサミンと，隣接グルコース環の 6B または 6A にイミダゾールをもつ2種の異性体化合物が合成された．それぞれは立体選択的にアミノ転移反応によりフェニルピルビン酸をフェニルアラニンとした．それぞれは逆の立体化学選択性を示した[67]．

キャピラリーガスクロマトグラフィーの新しい固定相，モノキス(2,6-ジ-O-ベンジル-3-プロピル-(3')-ヘキサキス-(2,6-ジ-O-ベンジル-3-O-メチル)-β-CD を唯一のスペーサー3-O プロピルでポリシロキサンと結合した構造が合成された[68]．CD 二量体誘導体が，二個の CD 誘導体を CD の一級位を二官能スペーサーで繋いで合成され，GC 固定相としてその分離能が検討された[69]．一級側の縁にメチル基をもつ置換 CD は，ジイソブチルアルミニウムを用いてベンジル基の存在で高度に選択的な脱 O メチル化を受ける．これにより AD あるいは AB ジ-6-O 脱メチル化誘導

体への道が開かれた[70]. β-CD がモノクロロトリアゾール誘導体の中間体によりキトサンと結合できた[71]. ヒドロキシブテニル CD エーテルが 3,4-エポキシ-1-ブテンと CD との塩基触媒反応で合成された[72].

剛直性のジスルホニルクロリドとの反応で β-CD-6-トシレートは容易にジスルホニル化されて 6A,6C,6E-トリスルホニル化 β-CD を良好な収率で生成した[73]. β-CD をベースとするターピリジン誘導体がモノヒドロキシパーメチル化 β-CD とターピリジンの反応で合成された[74]. α-, β-, および γ-CD のクロロアセチレート誘導体の合成が報告された[75].

1.2.2 二級位の修飾反応
(1) C2 位でのモノ修飾反応

γ-CD の位置選択的なモノ-2-スルホニル化がスルホニルイミダゾールとモレキュラーシーブの組み合わせを用いて行われた（36%）. この反応は厳密な無水条件や塩基条件, 特殊なスルホニル基を必要としない[76]. 2-トシルスルホニル-β-CD は 42% 収率で NaH-脱プロトン化 β-CD への p-トシル-(1H)-1,2,4-トリアゾールにより得られ, モノ-2,3-マンノ-β-CD に変換された[77]. モノ-2-ベンジル化エイコサ-メチル-β-CD が β-CD から 33% 収率でワンポット合成された後, モノ-2-OH-エイコサ-メチル-β-CD に変換された. ベンジルエーテル基は, Pd 触媒による水素化処理によって簡単に水酸基に還元された. この重要な合成物はアセテート, ジメチルカーボネート, およびサルフェートに変換された[78]. β-CD はグルコシル単位の主に C2 位水酸基が 2-オクテン-1-イルコハク酸無水物により, DMF 中で NaH により生成したオキシアニオンを経由して部分的に置換された[79].

モノ(2-フェニルセレノ)-β-CD の合成は次のとおりである. ナトリウムボロ水素化物をジフェニルジセレニドおよび 2-トシル-β-CD とともに加えた. 生成物はロイシンに対して L/D-アミノ酸異性体のエナンチオ選択性を 8.4 にまで示した[80]. 一級位および二級位面で種々の長さのスペーサーで繋いだ β-CD 二量体がキャリヤーシステムとして合成された. モノ 2-トシル-β-CD から出発してジアミノアルカンによるアルキル化, 次に N-ヒドロキシコハク酸イミドによる処理により CD 二量体が生成する[81]. β-CD-2-キトサン複合体が C2 トシル-β-CD をキトサンと反応させて合成された[82]. Na_2S は β-CD の C2 モノエポキシドに他の求核試薬よりも容易に反応することが確認され, ついで CD-2-S$^-$ の異常な開環が見出された[83].

(2) C2 位, C3 位あるいは C6 位のいずれか一個のモノ修飾反応

2,3-アンヒドロ-β-CD の 3 種の反応, すなわち求核的開環, 2-エノピラノースへの還元, 3-デオキシピラノースへの還元について位置選択的で立体選択的な β-CD 二級位の修飾が検討された. 種々の求核剤により処理して, 2,3-マンノエポキシおよび 2,3-アロエポキシ-β-CD が求核的開環反応して 2 および 3 位修飾 CD 誘導体を生成することが見出された. 3 位は 2 位よりも接近が容易である. チオ尿素も CD エポキシドと反応してチイランとオレフィンが開環生成物の代わりに生成する. 反応条件を改善すると CD オレフィン, ジエン, およびトリエンが妥当ないし高い収率で生成する[84].

C2- または C3-モノ水酸基の選択的なモノアルキル化の方法および二級位 2-2' あるいは 3-3' で繋

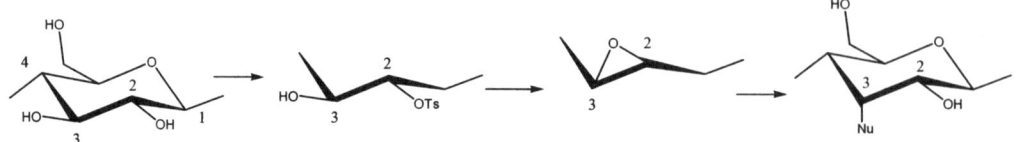

図1.4 2,3-マンノエポキシから3-デオキシピラノースへの求核的開環反応[84-87]

がったβ-CD二量体の合成法の検討が行われた[85]．モノ(3-アセチルアミノ-3-デオキシ)-β-CDはまず2-トシル-β-CDのマンノエポキシドのアンモニアによる位置選択的な開環反応で行われ，生成物はマンデル酸やNアセチルフェニルグリシンに対しキラル認識を示した[86]．プレドニソロン-21-ヘミサクシネートのカルボキシ基はα-，β-，γ-CDのC2またはC3水酸基とカルボニルジイミダゾールのカップリング剤により結合した[87]．

ヘプタキス-6-(tertブチルジメチルシリル)-β-CDは過剰のTBSClで処理して，酸性なC2位置で単一のオクタシリル誘導体を得た．パーメチル化の強力な塩基条件 (MeI, NaH, THF) の下で，2-Oシリル基は3-Oの位置に転移する．テトラブチルアンモニウムフッ化物で生成物を処理すると高収率でβ-CDの一置換体が生成する[88]．

モノ-アルトロ-β-CDはアルトロ残基の2A-OHで2-ナフチレンスルホニルクロライドにより選択的にスルホニル化された．1-ナフタレンスルホニルクロライドを反応試薬として用いると隣接グルコース残基の3G-OHが選択的スルホニル化された[89]．二級位にイミダゾールをもつβ-CDはグルコシド単位の歪みのない空洞をもつ3-アミノ-β-CD中間体から合成された．これはアルトシド単位の歪んだ空洞をもつ異性体に比較して，エステル加水分解においてずっと大きな触媒活性を示した[90]．

3位でpキシリレンジアミンで修飾されたβ-CD誘導体であるモノ-3-[4-(アミノメチル)ベンジルアミノ]-β-CDはβ-CD-2,3-マンノエポキシドとのキシリレンジアミンの反応で得られた[91]．3種のモノ-2-，3-あるいは6-ヒドロキシパーメチル化β-CDは非常に多種類のモノ官能化パーメチルβ-CDの良好な前駆体である．保護基としてC2位にベンジルオキシ基，C6位にtertブチルジメチルシリル基が用いられた．モノC3位メチル基CDは2,6-ジメチルCDの部分メチル化反応から得られた[92]．

キラルポリシロキサンを含むCDをキラル固定相について明確な位置選択的合成が行われた．これはモノ-オクタメチレンスペーサーがO-2, O-3またはO-6位のいずれかに導入された構造であり，エナンチオ選択性のGC分離に応用された[93]．CDの2-，3-および6-位置での水酸基の化学の微妙な差異が特定位置への求電子反応を用いて探求された．α-CDの一級側の選択的モノアルキル化は，2,6-ルチジン中でのα-CDと4-メチルアミノ-3-ニトロベンジルクロライドとの反応で行われ，β-CDの2位のモノアルキル化は，β-CDと1'-ブロモ-4-メチルアミノ-3-ニトロアセトフェノンとの反応で行われた[94]．

β-D-ガラクトース残基をもつ新規の分岐β-CDがトリクロロアセトアミド法により化学的に合成された．テトラアセチルガラクトシルトリクロロアセチイミデートはDBUの存在下，トリクロロアセトニトリルとの反応で得られた[95]．

(3) C3位でのパー修飾反応

パー(3-デオキシ)-γ-シクロマンニンがγ-CD を出発物質として合成された．パー(6-シリル)-パー(2,3-マンノエポキシ)-γ-CD は同様の方法でβ-CD から合成された．エポキシドの還元は LiAlH$_4$ を用いて行われた[96]．

(4) C2位およびC6位でのパー修飾反応

チオール 2,3,4,6-テトラ-O-アセチル-β-D-1-チオグルコピラノースへのパー-2-アリル-，パー-6-アリル-，およびパー-2,6-ジアリル-β-CD 誘導体のアリルエーテル基への光付加反応により，β-CD の二級位側のみならず一級位側へのグルコピラノース単位の導入が非常に簡単に効率的に 70%収率で行える方法を得た[97]．ヘプタキス(6-アルキルチオ-6-デオキシ)-β-CD へのエチレンカーボネートへの付加は C2 位置にのみ起こりエチレングリコール単位の置換度は，CD 分子あたり 8～22 を示した[98]．N-(トリメチルシリル)アセタミドによるα-およびβ-CD のトリメチルシリル化によりパー-2,6-O-トリメチルシリル誘導体が高収率かつ選択的に得られた[99]．

1.2.3　三つすべての位置へのパー修飾反応

化学的に均一なパー-2,3,6-，パー-2,3- およびパー-2,6-ヒドロキシメチル化，カルボキシメチル化β-CD 誘導体の合成への簡単で有用な方法が報告されている．パー置換は次の順で得られた．①望む位置へのアリル基の導入と残りのフリーの水酸基のアルキル化，②アリル基二重結合のジハイドロシレーション，③ワンポットでのジオール切断とヒドロキシル誘導体の還元，④TEMPO 触媒によるカルボメチル誘導体への酸化である[100]．銅(I)触媒による MMA のリビングラジカル重合は，ヘプタキス[2,3,6-トリ-O-メチル-(2-ブロモ-2-メチルプロピオニル)]-β-CD の 21 の個別の開始点をもつ CD コアを基盤とする開始剤について行われた[101]．パートリメチルシリル化α-，β-，およびγ-CD がトリメチルシリルイミダゾールを用いて合成された[102]．パーアセチル化β-CD を液体および超臨界二酸化炭素に溶解するには高圧を必要とした[103]．ヘプタキス(2,6-ジ-O-アセチル)β-CD の合成は DM-β-CD の 3 位でアセチル化して包接能や薬学的性質を検討した[104]．6-$tert$-ヘキシルジメチルシリル-β- およびγ-CD の 2,3-ジ-O-メチル-，2,3-ジ-O-エチル-，および 2,3-ジ-O-アセチル-誘導体が合成された．いずれの誘導体からもカラムを作製し一連のラセミ体の分析を評価した[105]．

オクタキス(6-O-t-ブチルジメチルシリル)-および，オクタキス(6-O-ヘキシルジメチルシリル)-γ-CD から，2 対の新規キラル分離剤が合成された．それぞれは二級位で 2-O-メチル-3-O-アセチル-および 2-O-アセチル-3-O-メチル誘導体で逆の置換パターンを有しており，C2 と C3 での置換基の効果をガスクロマトグラフィーのエナンチオ分離の効率をさらに検討する有用なモデルであると提案している[106]．ナフチルカーバメート置換した (3-(2-O-β-CD)-2-ヒドロキシプロポキシ)-プロピルシリル-担持シリカゲルが合成された．生成物は二置換ベンゼンやキラル芳香族化合物のエナンチオマーの分離に極めて素晴らしい選択性を示した[107]．ヘプタキス(2,6-ジ-O-アルキル)-β-CD，ヘプタキス(2-O-アルキル)-β-CD，およびヘプタキス(6-O-アルキル)-β-CD の合成方法論が開発された．β-CD を水酸化ナトリウムあるいは水酸化バリウムと種々のハロゲン化アルキルとの処理で対応するヘプタキス(2,6-ジ-アルキル)-β-CD が得られた[108]．

1.2.4 酵素を用いるシクロデキストリンの修飾反応

コーヒー豆または *Mortierella vinacea* からの α-ガラクトシダーゼにより，CD あるいはグルコシル CD，マルトシル CD のガラクトース転移反応の誘導体が合成された．コーヒー豆 α-グルコシダーゼはガラクトシル基をグルコシル CD やマルトシル CD の側鎖のみならず CD 環への直接的な転移反応も起こす．*Mortierella vinacea* α-ガラクトシダーゼはマルトシル CD の側鎖だけにガラクトシル基を転移した [109]．CD のマンノシル化誘導体であるマンノシル-α，β，およびγ-CD はマンノースと α，β，γ-CD との混合物からジャック豆からの α-マンノシダーゼの逆反応でそれぞれ合成された [110]．6-O-α-D-ガラクトシル，6-O-α-D-マンノシルおよび 6-O-α-D-グルコシル基をもつ新規のヘテロ分岐 CD が合成された．溶解性，溶血性および貧溶解性医薬への包接能が測定された [111]．ガラクトース分岐 CD が β-ガラクトシダーゼを用いて酵素法で合成された．ガラクトース CD は肝への特別の相互作用があり肝への標的指向キャリヤーとして有用である [112]．グルクロニルグルコシル-β-CD がマルトシル-β-CD を用いて *Psudoglucobacter saccharoketogenes* による酸化で合成されたが，溶血性が低く細胞毒性は無視できる程度であった．この化合物は基本的な医薬に大きな親和性を示した [113]．

1.2.5 シクロデキストリン環の形成反応

これらの化合物は三段階の反応に関係する．すなわち，完全にメチル化された CD の開環，適切に修飾された単糖で鎖の伸長，望む化合物を得るための大環状化である．この戦略は，キラル GC で直接有用なグルコピラノース誘導体の挿入によって，一連の非対称γ-CD の合成を達成するために応用された [114]．ヘキサ-2,5-ジイン-1,6-ジオキシ単位をもつ α-およびγ-CD 類縁体が，ビス-O-プロパギル化マルトヘキソシドあるいはマルトオクタオシド類縁体との分子内カップリングにより合成された [115]．鎖の伸長あるいは糖の環化のためのすべてのグルコシル化はフタロイル架橋により供与体を受容体に近づけた後，高収率で目的とする糖を得た [116]．

参考文献

1) V.T. D'Souza and K.B. Lipkowitz, Eds., *Cyclodextrins, Chemical Reviews 1998*, Vol.98, No.5; Stoddart et al. pp.1919-1958, and pp. 1959-1976; D'Souza et al. 1977-1996; Breslow et al. pp. 1997-2012; Takahashi, pp.2013-2034.

2) J-M. Lehn, et al., Eds, *Comprehensive Supramolecular Chemistry*, J. Szejtli and T. Osa, Eds., Vol. 3., *Cyclodextrins*, Pergamon Elsevier: Oxford (1996).

3) a) C.J. Easton and S.F. Lincoln, *Modified Cyclodextrins: Scaffolds and Templates for Supramolecular Chemistry*, Chapter 2, Strategies for Synthesis, pp. 43-100, Imperial College Press; b) K. Hattori, H. Ikeda, *Cyclodextrins and Their Complexes. Their Structure, Properties and Applications,* における *Chap. 2, Modification Reactions of Cyclodextrins and the Chemistry of the modified Cyclodextrins,* （編集 H. Dodziuk） Wiley-VCH 近刊．

4) たとえば，*Special Issue of 2nd Asian Cyclodextrin Conference in the J.Inclusion Phenom. Macrocycl. Chem.*, 50, pp.1-127 (2004) ; *Proceedings for the 12th International Cyclodextrin*

Symposium, May 16-19 (2004), Montpellier, France, D. Duchene, E. Fattal, Eds ; 第 23 回シクロデキストリンシンポジウム講演要旨集, 2005 年 9 月 (西宮)

5) a) 戸田不二緒監修, 上野昭彦編集, シクロデキストリン‐基礎と応用‐, 産業図書 (1995); b) 黒田裕久, 有機化学実験のてびき 5‐生体物質取扱い法‐, pp.109-116, 化学同人 (1991).

6) D.O. Thompson, T. Nagai, H. Ueda, M. Usuda, and T. Endo, *Cyclodextrins-Enabling Excipients: Their Present and Future Use in Pharmacauticals, Pharm.Tech. Japan*, **18**, 63 (2002).

7) K. Takahashi, K. Hattori, and F. Toda, *Tetrahedron Lett.*, **25**, 3331-1334 (1984).

8) M.J. Cornwell, J.B. Huff, and C. Bieniarz , *Tetrahedron Lett.*, **36**, 8371 (1995).

9) V. Jimenez, J. Belmar, and J.B. Alderete, *J. Inclusion Phenomena*, **47**, 71-75 (2003).

10) J.L. Jimenez-Blanco, J.M. Garcia-Fernandez, A. Gadelle, and J. Defaye, *Carbohydrate Research*, **303**, 367-372 (1997).

11) K.A. Martin and A.W. Czarnik, *Tetrahedron Lett.*, **35**, 6781-6782 (1994).

12) D. Wilson, L. Perlson, and R. Breslow, *Bioorg. Med. Chem.*, **11**, 2649-2653 (2003).

13) D-Q. Yuan, K. Koga, Y. Kourogi, and K. Fujita, *Tetrahedron Lett.*, **42**, 6727-6729 (2001).

14) S. Porwanski, B. Kryczka, and A. Marsura, *Tetrahedron Lett.*, **43**, 8441-8443 (2002).

15) K. Matsuoka, M. Terabatake, Y. Saito, C. Hagihara, D. Terunuma, and H. Kuzuhara, *Bull. Chem. Soc. Jap.*, **71**, 2709-2713 (1998).

16) K. Eliadou, P. Giastas, K. Yannakopoulou, and I.M. Mavridis, *J. Org. Chem.*, **68**, 550-8557 (2003).

17) F. Gao, Y.J. Shang, L. Zhang, S.K. She, and L. Wang, *Anal. Lett.*, **37**, 1285-1295 (2004).

18) H. Arima, F. Kihara. F. Hirayama, and K. Uekama, *Bioconjugate Chem.*, **12**, 476-484 (2001).

19) G. Galaverna, R. CorradiniR, A. Dossena, and R. Marchelli, *Electrophoresis*, **20**, 2619-2629 (1999).

20) J. Diakur, Z. Zuo, and L.I. Wiebe, *J. Carbohydrate Chem.*, **18**, 209-223 (1999).

21) T. Carofiglio, M. Cordioli, R. Fornasier, L. Jicsinsky, and U. Tonellato, *Carbohydr.Research*, **339**,1361-1366 (2004).

22) D K. Leung, J.H. Atkins, and R. Breslow, *Tetrahedron Lett.*, **42**, 6255-6258 (2001).

23) N. Aoki, R. Arai, and K. Hattori, *J.Inclusion Phenom.*, **50**, 115-120 (2004).

24) H.F.M. Nelissen, M.C. Feiters, and R.J.M Nolte, *J. Org. Chem.*, **67**, 5901-5906 (2002).

25) C. Garcia-Ruiz, A.L. Crego, and M.L. Marina, *Electrophoresis*, **24**, 2657-2664 (2003).

26) I. Baussanne, J.M. Benito, C.O. Mellet, J.M. Garcia-Fernandez, H. Law, and J. Defaye, *Chem.Commun*, **2000**, 1489-1490.

27) T. Yamanoi, N. Yoshida, Y. Oda, E. Akaike, M. Tsumida, N. Kobayashi, K. Osumi, K. Yamamoto, K. Fujita, K. Takahashi, and K. Hattori, *Bioorg. Med. Lett.*, **15**, 1009-1013 (2005).

28) R.C. Petter, J.S. Salek, C.T. Sikorski, G. Kumaravel, and F-T. Lin, *J. Am. Chem. Soc.*, **112**, 3860-3868 (1990).

29) A. Nelson, Stoddart, *Chem. Lett.*, **5**, 3783-3786 (2003).

30) H. Parrot-Lopez, E. Leray, and A.W. Coleman, *Supramol. Chem.*, **3**, 37-42 (1993).

31) M. Fernandez, A. Fragoso, R. Cao, and R. Villalonga, *J. Mol. Catalysis B:Enzymatic*, **21**, 133-141(2003).

32) M. Fernandez, A. Fragoso, R. Cao, and R. Villalonga, *J. Mol. Cat. B: Enzymatic*, **21**,133-141 (2003).

33) E. Alvarez-Parrilla, P.R. Cabrer, L.A. De La Rosa, W. Al-Soufi, F. Meijide, and J.V. Tato,

Supramol. Chem., **15**, 207-211 (2003).
34) Y. Liu, C-C. You, S. He, G-S. Chen, and Y-L. Zhao, *J. Chem. Soc., Perkin Trans.*, **2**, 463-469 (2002).
35) J.S. Lock, B.L. May, P. Clements, S.F. Lincoln, and C.J. Easton, *Org. Biomol. Chem.*, **2**, 1381-1386 (2004).
36) R. Kassab, C. Felix, H. Parrot-Lopez, and R. Bonaly, *Tetrahedron Letters*, **38**, 7555-7558 (1997).
37) D.A. Fulton, J.F. Stoddart, *Bioconjugate Chem.*, **12**, 655-672 (2000).
38) C.O. Mellet, J.M. Benito, J.M. Garcia-Fernandes, H. Law, K. Chmurski, J. Defaye, M.L. O'Sullivan, and H. Caro, *Chem. Eur. J.*, **4**, 2523-2531 (1998).
39) J.J. Garcia-Lopez, F. Hernandes-Mateo, J. Isac-Garcia, J.M. Kim, R. Roy, F. Santoyo-Gonzalez, and A. Vargas-Berenguel, *J. Org. Chem.*, **64**, 522-531(1999).
40) J.J. Garcia-Lopez, F. Santoyo-Gonzalez, A. Vargas-Berenguel, and J.J. Gimerenz-Martinez, *Chem. Eur. J.*, **5**, 1775-1784 (1999).
41) F. Calvo-Balderas, J. Isac-Garcia, F. Hernandes-Mateo, F. Perez-Balderas, J.A. Calvo-Astin, E. Sacchez-Vaquero, and F. Santoyo-Gonzarez, *Org. Lett.*, **2**, 2499-2502 (2000).
42) R. Roy, F. Hernandes-Mateo, and F. Santoyo-Gonzalez, *J. Org. Chem.*, **65**, 8743-8746 (2000).
43) A. Garcia-Barrientos, J.J. Garcia-Lopez, J. Isac-Garcia, F. Ortega-Caballero, C. Uriel, Vagas-Berenguel, and F. Santoyo-Gonzalez, *Synthesis 2001*, 1057-1064 (2001).
44) F. Ortega-Caballero, J.J. Gimerenz-Martinez, L. Garcia-Fuentes, E. Ortiz-Salmeron, and A. Vargas-Berenguel, *J. Org. Chem.*, **66**, 7786-7795 (2001).
45) A. Vargas-Berenguel, F. Ortega-Caballero, F. Santoyo-Gonzalez, J.J. Garcia-Lopez, J.J. Gimenez- Martinez, L. Garcia-Fuentes, and E. Ortiz-Salmeron, *Chemistry—A European J.*, **8**, 812-827 (2002).
46) T. Furuike and S. Aiba, *Chem. Lett.*, **1999**, 69-70 (1999).
47) T. Furuike, S. Aiba, and S-I. Nishimura, *Tetrahedron*, **56**, 9909-9915 (2000).
48) F. Sallas, K. Niikura, and S. Nishimura, *Chem. Comm.*, **2004**, 596-597 (2004).
49) S. Andre, H. Kaltner, T. Furuike, S. Nishimura, and H.J. Gabius, *Bioconjugate Chem.*, **15**, 87-98 (2004).
50) D.A. Fulton, and J.F. J. Stoddart, *J. Org. Chem.*, **66**, 8309-8319 (2001).
51) D.A. Fulton, and J.F.J. Stoddart, *Org. Lett.*, **2**, 1113-1116 (2000).
52) D.A. Fulton, A.R. Pease, and J.F. Stoddart, *Israel J. Chem.*, **40**, 325-333 (2000).
53) N. Yasuda, N. Aoki, H. Abe, and K. Hattori, *Chem. Lett.*, **2000**, 706-707 (2000).
54) K. Kobayashi, K. Kajikawa, H. Sasabr, and W. Knoll, *Thin Solid Films*, **349**, 244-249 (1999).
55) C.E. Granger, C.P. Felix, H.P. Parrot-Lopez, and B.R. Lamglois, *Teraheron Lett.*, **41**, 9257-9260 (2000).
56) C. Ringard-Lefebvre, A. Bochot, E. Memisoglu, D. Charon, D. Duchene, and A. Baszkin, *Colloids Surfaces B: Biointerfaces*, **25**, 109-117 (2002).
57) E. Memisoglu, A. Bochot, M. Sen, D. Charon, D. Duchene, and A.A. Hincal, *J. Pharm. Sci.*, **91**, 1214-1224 (2002).
58) L. Chen, L-F. Zhan, C-B. Ching, and S-C. Ng, *J. Chromatography A*, **950**, 65-74 (2002).
59) H. Abe, A. Kenmoku, N. Yamaguchi, and K. Hattori, *J. Inclusion Phenom. Macro.Chem.*, **44**, 39-47 (2002).

60) A. Ikuta, N. Mizuta, S. Kitahata, T. Murata, T. Usui, K. Koizumi, and T. Tanimoto, *Chem. Parm, Bull.*, **52**, 51-56 (2004).

61) M. Narita and F. Hamada, *J. Chem. Soc. Perkin Trans. 2*, **2000**, 823-832 (2000).

62) W-H. Chen, J-M. Yan, Y. Tagashira, M. Yamaguchi, and K. Fujita, *Tetrahedron Lett.*, **40**, 891-894 (1999).

63) K. Koga, K. Ishida, T. Yamada, D.Q. Yuan, and K. Fujita, *Terahedron Lett.*, **40**, 923-926 (1999).

64) D-Q. Yuan, T. Yamada, and K. Fujita, *Chem.Commun.*, **24**, 2706-2707 (2001).

65) D-Q. Yuan, S. Immel, K. Koga, M. Yamaguchi, and K. Fujita, *Chem. Eur. J.*, **9**, 3501-3506 (2003).

66) K. Koga, D-Q. Yuan, and K. Fujita, *Tetrahedron Letters*, **41**, 6855-6857 (2000).

67) E. Fasella, S.D. Dong, and R. Breslow, *Bioorg. Med. Chem.*, **7**, 709-714 (1999).

68) X.Y. Shi, R.N. Fu, and L.J. Gu, *J. Beijin Inst. Tech.*, **11**, 285-289 (2002).

69) X.Y. Shi, Y.Q. Zhang, J.H. Han, and R.N. Fu, *Chromatographia*, **52**, 200-204 (2000).

70) W Wang, A.J. Pearce, Y. Zhang, and P. Sinay, *Tetrahedron: Asymmetry*, **12**, 517-523 (2001).

71) B. Martel, M. Devassine, M. Morcellent, G. Crini, M. Weltrowski, and M. Bourdonneau, *J. Polymer Sci.*, A, **39**, 169-176 (2001).

72) C.M. Buchanan, S.R. Alderson, C.D. Cleven, D.W. Dixon, R. Ivanyi, J.L. Lambert, D.W. Lowman, R.J. Offerman, J. Szejtli, and L. Szente, *Carbohyd. Res.*, **337**, 493-507 (2002).

73) M. Atsumi, M. Izumida, D-Q. Yuan, and K. Fujita, *Tetrahedron Lett.*, **41**, 8117-8120 (2000).

74) X.H. Yin, *Chinese Chem. Letters*, **14**, 445-447 (2003).

75) A. Carpov, G. Mocanu, and D. Vizitiu, *Angew. Makro. Chem.*, **256**, 75-79 (1998).

76) K. Teranishi, S. Tanabe, M. Hisamatsu, and T. Yamada, *Biosci. Biotechnol. Biochem.*, **62**, 1249-1252 (1998).

77) H. Law, I. Baussanne, J.M. Garcia-Fernandes, and J. Defaye, *Carbohydr. Res.*, **338**, 451-453 (2003).

78) M. Suzuki and Y. Nozoe, *Carbohydr. Res.*, **337**, 2393-2397 (2002).

79) J-K. Choi, T. Girek, D-H. Shin, and S-T. Lim, *Carbohydr. Polym.*, **49**, 289-296 (2002).

80) Y. Liu, C-C. You, H-Y. Zhang, and Y-L. Zhao, *Eur. J Org. Chem.*, **2003**, 1415-1422.

81) A. Ruebner, D. Kirsch, S. Andrees, W. Decker, B. Roeder, B. Spengler, R. Kaufmann, and J.C. Moser, *J. Inclusion Phenomena*, **27**, 69-84 (1997).

82) S. Chen and Y. Wang, *J. Appl. Polym. Sci.*, **82**, 2414-2421 (2001).

83) J. Yan, R. Watanabe, M. Yamaguchi, D.Q. Yuan, and K. Fujita, *Tetrahedron Lett.*, **40**, 1513-1514 (1999).

84) D.Q. Yuan, T. Tahara, W.H. Chen, Y. Okabe, C. Yang, Y. Yagi, T. Nogami, M. Fukudome, and K. Fujita, *J. Org. Chem.*, **68**, 9456-9466 (2003).

85) S-H. Chju, D.C. Myles, R.L. Garrel, and J.F. Stoddart, *J. Org. Chem.*, **65**, 2792-2796 (2000).

86) T. Murakami, K. Harata, and S. Morimoto, *Chem. Lett.*, **1988**, 553-556.

87) H. Yano, F. Hirayama, H. Arima, and K. Uekama, *J. Pharm. Sci.*, **90**, 493-503 (2001).

88) S-H. Chiu and D.C. Myles, *J. Org. Chem.*, **64**, 332-333 (1999).

89) M. Fukudome, K. Oiwane, T. Mori, D.Q. Yuan, and K. Fujita, *Tetrahedron Lett.*, **45**, 3383-3386 (2004).

90) W.H. Chen, S. Hayashi, T. Tahara, Y. Nogami, T. Koga, M. Yamaguchi, K. Fujita, and *Chem. Pharm.Bull.*, **47**, 588-589 (1999).

91) K.K. Park, Y.S. Kim, S.Y. Lee, H.E. Song, and J.W. Park, *J. Chem. Soc. Perkin Trans. 2*, **2001**, 2114-2118 (2001).
92) H. Cousin, P. Cardinael, H. Oulyadi, X. Pannnecoucke, and J.C. Combert, *Tetrahedron: Asymmetry 2001*, 12, 81-88.
93) H. Cousin, O. Trapp, V. Peulon-Agasee, X. Pannecoucke, L. Banspach, G. Trapp, Z. Jiang, J.C. Combret, and V. Schurig, *Eur. J. Org. Chem.*, 2003, 3273-3287.
94) S. Tian, H. Zhu, P. Forgo, and V.T. D'Souza, *J. Org. Chem.*, **65**, 2624-2630 (2000).
95) A. Ikuta, N. Mizuta, S. Kitahata, T. Murata, T. Usui, K. Koizumi, and T. Tanimoto, *Chem. Pharm. Bull.*, **52**, 51-56 (2004).
96) C. Yang, D-Q. Yuan, Y. Nogami, and K. Fujita, *Terahedron Lett.*, **44**, 4641-4644 (2003).
97) D.A. Fulton and J.F. Stoddart, *Chem. Letters*, **2**, 1113-116 (2000).
98) A. Mazzaglia, R. Donohue, B.J. Ravoo, and R. Darcy, *Eur. J. Org. Chem.*, **2001**, 1715-1721 (2001).
99) M. Bukowska, M. Maciejewski, and J. Prejzner, *Carbohyd. Research*, **308**, 275-279 (1998).
100) T. Kraus, M. Budesinsky, and J. Zavada, *J. Org. Cem.*, **66**, 4595-4600 (2001).
101) K. Ohno, B. Wong, and D.M. Haddleton, *J. Polymer Sci., A, Polymer Chem.*, **39**, 2206-2214 (2001).
102) V. Harabagiu, B.C. Simionescu, M. Pinteala, C. Merrienne, J. Mahuteau, P. Guegan, and H. Cheradame, *Carbhyd. Polym.*, **56**, 301-311 (2004).
103) V.K. Potluti, J. Xu, R. Enick, E. Beckman, and A.D. Hamilton, *Org. Letters*, **4**, 2333-2335 (2002).
104) F. Hirayama, S. Mieda, Y. Miyamoto, H. Arima, and K. Uekama, *J. Pharm. Sci.*, **88**, 970-975 (1999).
105) C. Bicchi, G. Cravotto, A. D'Amato, P. Rubiolo, A. Galli, and M. Galli, *J. Microcolumn Separation*, **11**, 487-500 (1999).
106) G. Cravotto, G. Palmisano, L. Panza, and S. Tagliapiertra, *J. Carbhyd.Chem.*, **19**, 1235-1245 (2000).
107) Y. Gong and H.K. Lee, *J. Sep. Sci.*, **26**, 515-520 (2003).
108) P.S. Bansal, C.L. Francis, N.K. Hart, S.A. Henderson, D. Oakenfull, A.D. Robertson, and G.W. Simpson, *Aust. J. Chem.*, **51**, 915-923 (1998).
109) K. Hara, K. Fujita, N. Kuwahara, T. Tanimoto, H. Hashimoto, K. Koizumi, and S. Kitahata, *Biosci. Biotech. Biochem.*, **58**, 652-659 (1994).
110) K. Hamayasu, K. Hara, K. Fujita, Y. Kondo, H. Hashimoto, T. Tanimoto, K. Koizumi, H. Nakano, and S. Kitahata, *Biosci. Biotech. Biochem.*, **61**, 825-829 (1997).
111) Y. Okada, K. Matsuda, K. Hara, K. Hamayasu, H. Hashimoto, and K. Koizumi, *Chem. Pharm. Bull.*, **47**, 1564-1568 (1999).
112) T. Shinoda, A. Maeda, S. Kagatani, Y. Konno, T. Sonobe, M. Fukui, H. Hashimoto, K. Hara, and K. Fujita, *Internat. J. Pharm.*, **167**, 147-154 (1998).
113) S. Tavornvipas, H. Arima, F. Hirayama, K. Uekama, T. Ishiguro, M. Oka, K. Hamayasu, and H. Hashimoto, *J. Inclusion Phenom.*, **44**, 391-394 (2002).
114) E. Bourgeaux and J-C. Combret, *Terahedron Asymmetry*, **11**, 4189-4205 (2000).
115) B. Hoffmann, B. Bernet, and A. Vasella, *Helvetica Chem. Acta.*, **85**, 265-287 (2002).
116) M. Wakao, K. Fukase, and S. Kusumoto, *J. Org. Chem.*, **67**, 8182-8190 (2002).

2

修飾シクロデキストリンの化学

2.1 はじめに

　シクロデキストリン（CD）自身にもゲスト選択性な包接能が備わっており，様々な分野にすでに利用されているが，CD に修飾をほどこすことにより，その結合能や選択性を高めることが可能である．また，外部因子（たとえば，光，pH，金属イオンなど）の刺激により結合能や選択性を制御できるような仕組みを CD に導入することも可能である．さらに，CD に色素分子や触媒官能基を導入することにより化学センサーや人工酵素を構築することができる．そして，細胞表面，タンパク質や核酸と特異的に結合するユニットと CD とを連結させることにより，特定部位へ薬物を送り込むための DDS（Drug Delivery System）の構築が試みられている．これまでに，膨大な数の修飾 CD の報告がなされており，そのすべてを紹介することはできないが，いくつかの優れた総説がすでに報告されているので [1-10]，本章では，最近 8 年間に報告されている研究の中からいくつかテーマを絞って紹介していきたい．

2.2 シクロデキストリンダイマーおよびトリマー

　CD のゲスト分子に対する結合定数は，一般的に $10^2 \sim 10^4$ M^{-1} 程度であり応用を考えた場合，結合定数の向上が望まれる．二つの CD 分子が協同的に一つのゲスト分子を包接することができれば，高い結合定数が期待できる．そこで，様々な CD ダイマーやトリマーが提案されている．このとき 2 分子の CD を結合するリンカーの設計が重要である．2 分子の CD をアルキル鎖で結合するのが最も簡単な CD ダイマーの合成法であるが，フレキシブルな長いアルキル鎖をリンカーに用いて CD ダイマーを合成しても結合能は高くならない [11,12]．

　ダイマー1 は，p-toluidino-6-naphthalenesulfonate（TNS）を β-CD よりも 5 倍も強く結合するが，ダイマー2 は，3 倍程度しか強く結合しない．これは，ダイマー2 のリンカーであるアルキル鎖が一方の CD 空洞に自己包接しているためである．同様に，ビピリジンをアミド結合で直接 CD に結合させたダイマー3 は，高い結合能を示すが，ビピリジンと CD との間にアルキル鎖のスペーサーを導入した化合物 4 は，ビピリジンが自己包接できるようになってしまい，結合能が低下してしまう [12,13]．CD 環は，隣接するグルコース残基の水酸基同士による水素結合により比較的剛直な構造をしているので剛直で嵩高いスペーサーは自己包接されることがない．しかし，

水酸基をすべてメチルエーテル化すると CD 環はかなり柔軟な構造に変化し、グルコース環が α-1,4 結合を軸として回転できるようになり、剛直なスペーサーを自己包接できるようになる(図 2.1)[14,15]. この場合も、自己包接のために結合能は低下してしまう.

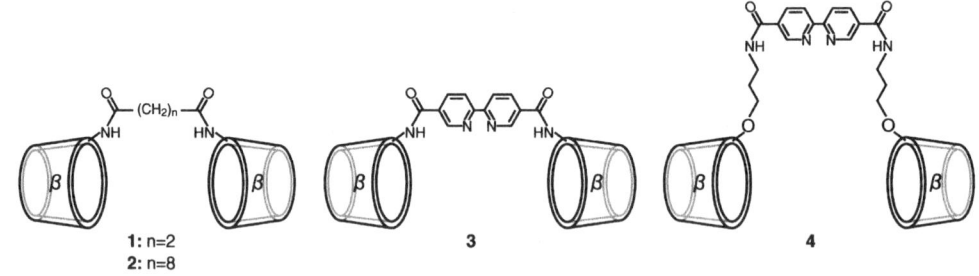

図 2.1

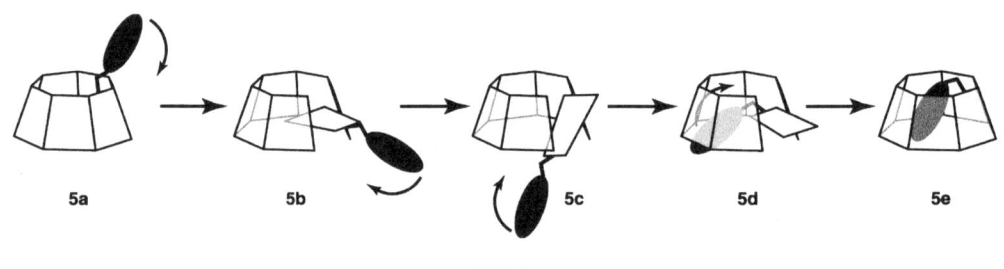

図 2.2

二級水酸基側の修飾法として一般的な手法であるマンノエポキシドを経由する方法は、グルコース環のコンホメーション変化を伴うので、CD 環が歪んでしまい CD 空洞の内径が小さくなってしまう欠点がある. ゲストの種類によっては、この構造変化が結合能に影響を及ぼす場合がある[16]. 化合物 6 は、マンノエポキシドを経由する方法で CD を二量化しているが、この場合、ペプチドに対する結合能がたいへん小さい. 一方、エステル結合やエーテル結合によりグルコース環のコンホメーション変化をすることなく CD を二量化した化合物 7-9 は、高い結合能を示す. ダイマー7 は、ペプチドの配列選択的な結合能を示し、Phe-D-Pro-X-Phe-D-Pro に対し高い結合能を示し、Phe-D-Pro-X-Val-D-Ala に低い結合能を示す. また、Trp-X-Trp や Phe-X-Phe、Trp-Trp に対する結合は観測されていない. 一方、CD を一級水酸基同士で結合したダイマー10 は、

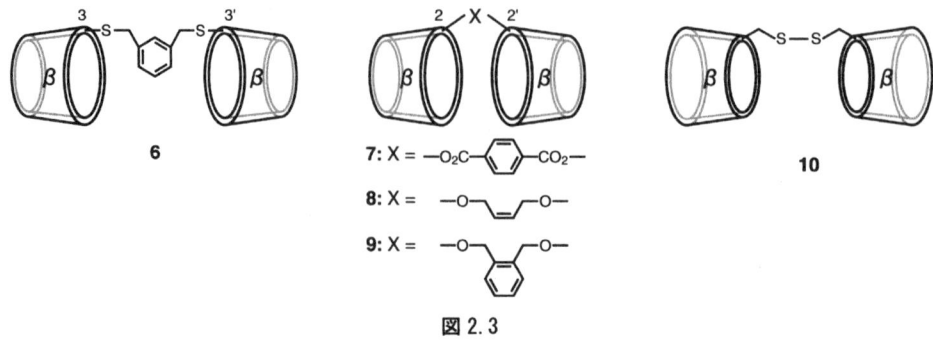

図 2.3

Trp-Trp に高い結合能を示す.

ペプチドの配列に対する選択性を上げるために，リンカー部分に官能基を導入した CD ダイマーが合成されている．ダイマー 11 の Gly-Leu に対する結合定数は Leu-Gly に対する結合定数の 5 倍大きい [17]．これは，リンカーに存在するアミノ基（-NH$_2^{+}$-）とアミノ酸残基のカルボキシル基（-CO$_2^-$）あるいはアミノ基（-NH$_3^+$）との相互作用によるものである．Gly-Leu の場合，Leu の疎水性側鎖であるイソブチル基が CD に包接されると，リンカーに存在するアミノ基（-NH$_2^{+}$-）と Leu のカルボキシル基（-CO$_2^-$）が近接し，静電相互作用により結合が強くなる．一方，Leu-Gly の場合，イソブチル基が CD に包接されると，リンカーに存在するアミノ基（-NH$_2^{+}$-）と Leu のアミノ基（-NH$_3^+$）が近接してしまい，静電反発が起こってしまうので結合が弱くなる．また，ダイマー 12 は，pH 2 において Gly-Gly に対して Gly-Gly-Gly よりも 4.7 倍強く結合する [18]．さらに，pH 7.2 において Gly-Leu に対して Leu-Gly よりも 4.2 倍強く結合する．これらの選択性は，リンカー部分のジアミドピリジンとペプチドのカルボキシル基との相互作用の大小によると考えられている．

ホスト分子が剛直な構造であれば，ゲスト包接に伴うエントロピーの損失が小さくなるので，

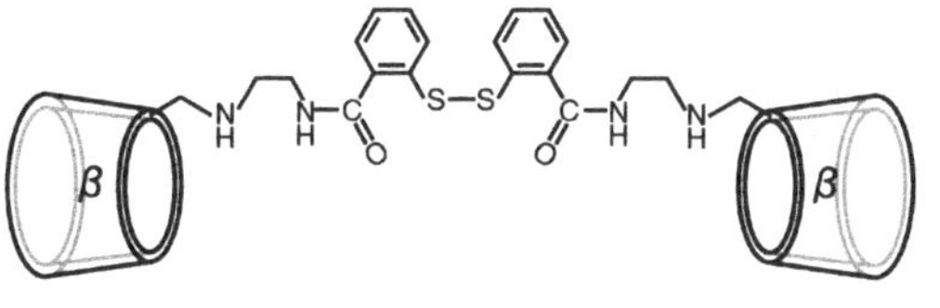

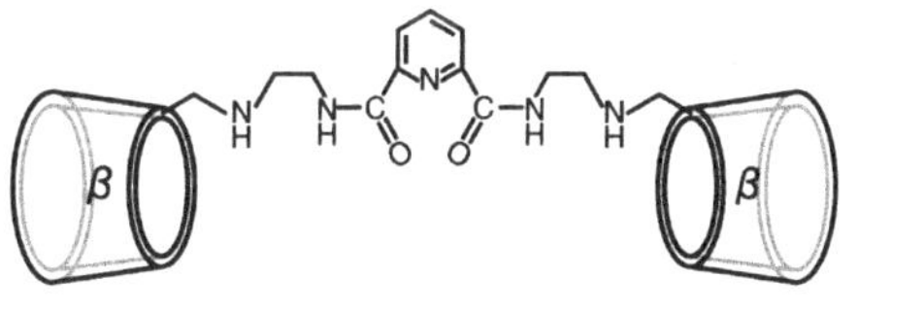

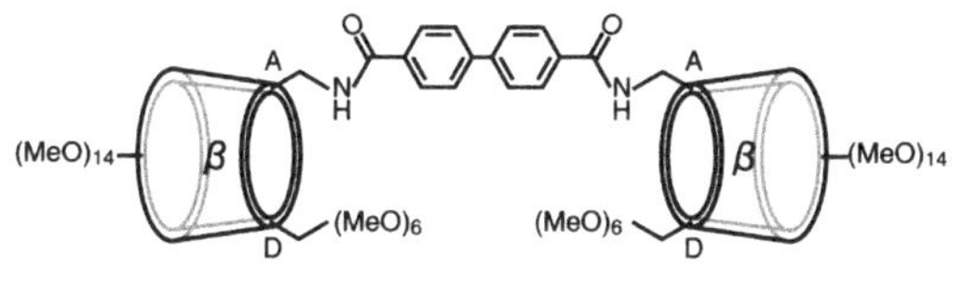

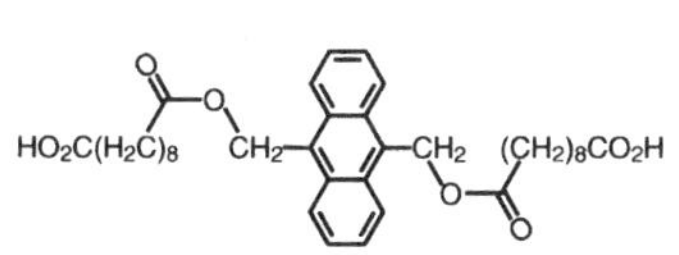

図 2.4

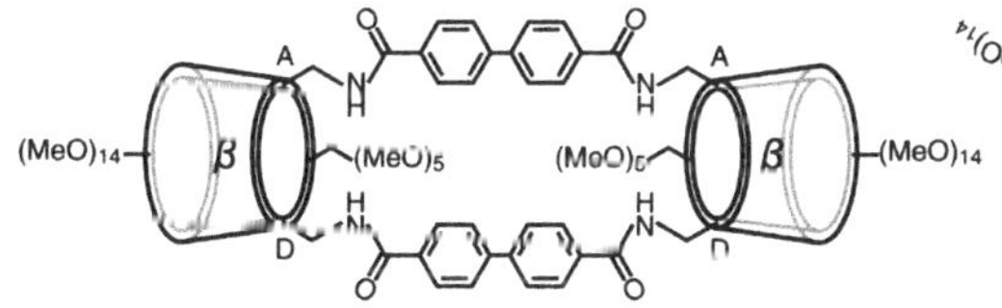

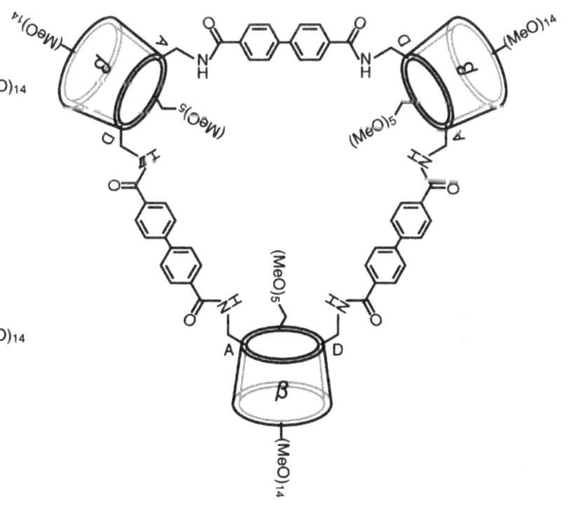

図 2.5

結合が強くなることが期待される．そこで，β-CD の A,D の位置の両方で結合させたダイマー**13** およびトリマー**14** が合成された[19]．比較のために環状になっていないダイマー**15** も合成された．アントラセン **16** に対するそれらの結合定数は，5200, 27000, 8600 M^{-1} であり，トリマー**14** は予想どおり高い結合能を示す．しかし，ダイマー**13** は，ダイマー**15** よりも小さい結合能しか示さない．これは，ダイマー**13** のリンカーであるビスフェノールがスタッキングしており，ゲストが包接されるためにはリンカー部分を押し広げる必要があり，包接に伴うエネルギー損失が大きいからであろう．

一級水酸基側の A および B の位置で 2 分子の CD を二量化する場合，2 種類の異性体が生成する可能性がある．イオウ結合で縮合した場合，*trans*体 **17**(*trans*)のみが確認された[20]．

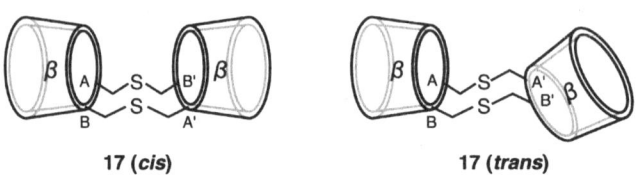

17 (*cis*)　　　　　**17 (*trans*)**

図 2.6

結合能力を調節する官能基を有するスペーサーで CD を二量化した CD ダイマーが報告されている．*p*-toluidino-6-naphthalenesulfonate (TNS) に対する結合定数は，β-CD と比べてダイマー**18a** は 3.7 倍，**18a** に Cu(II) が配位した状態のダイマー **18b** が 6.2 倍大きくなっており，Cu(II) の配位によりスペーサー部分が剛直化した効果が出ている[21,22]．

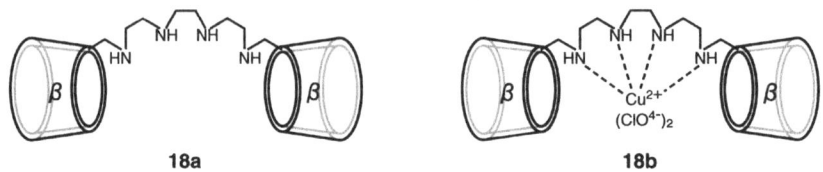

18a　　　　　**18b**

図 2.7

光刺激により環が可逆的に開閉し，スペーサーの自由度が変化するダイマー**19** が合成された[23-25]．*meso*-tetrakis(4-sulfonatophenyl)porphyrin (TSPP) に対する結合定数は，開環型 **19b** のほうが閉環型 **19a** よりも 35 倍も大きい．これは **9a** の構造が剛直なために二つの CD 環による協同包接ができないためだと思われる．

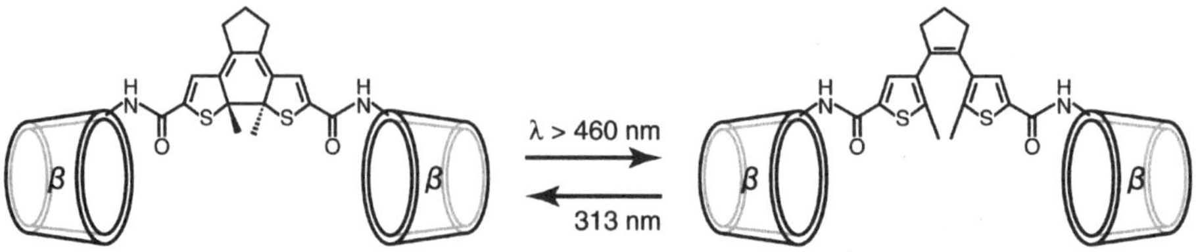

図 2.8

2分子のCDの協同効果を利用することにより, CDダイマーは糖の液膜輸送に利用できる[26,27]. 液膜輸送とは, 水層1と水層2との間にクロロホルムのような水と混ざり合わない有機層を挟み, 水層1から水層2へ有機層を通過させて基質を移動させる操作のことであり, 有機層への通過のしやすさの違いを利用して物質を分離することができる.

ダイマー20aは, 対応するモノマー20bよりもD-riboseを17倍も速く液膜輸送することができ, また, D-galactopyranosideを16倍速く液膜輸送することができる. 糖類はクロロホルムに不溶であり, 単独ではクロロホルム層を通過できない. 糖の水酸基とCDダイマー20aの二級水酸基との間で水素結合を形成し安定な複合体を形成できれば, 糖は表面が疎水的なCDに包まれた状態となり, クロロホルム層を容易に通過できるようになる. 同様にダイマー21も有効な糖類の液膜輸送をすることができる.

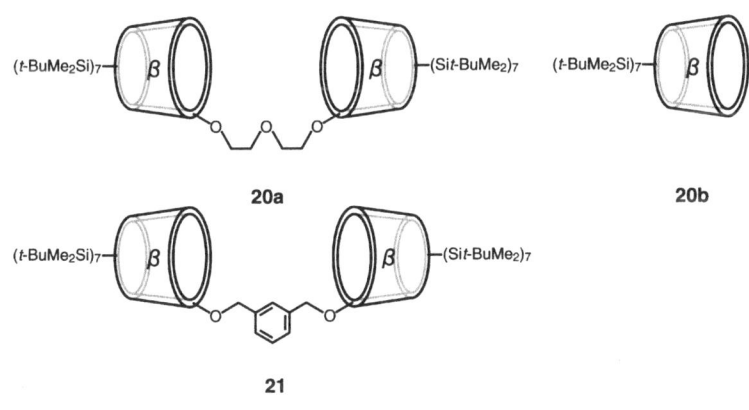

図2.9

CDを三量化し, アミノ酸三量体に対する結合能が検討されている[28]. トリマー22のゲスト23に対する結合定数は650 M^{-1}であるが, ゲスト24に対する結合定数は3.5×10^6 M^{-1}である. ホスト分子, ゲスト分子とも比較的剛直な分子なので, ホスト分子の結合部位とゲスト分子の結合部位との適合の程度が結合定数に大きく影響している.

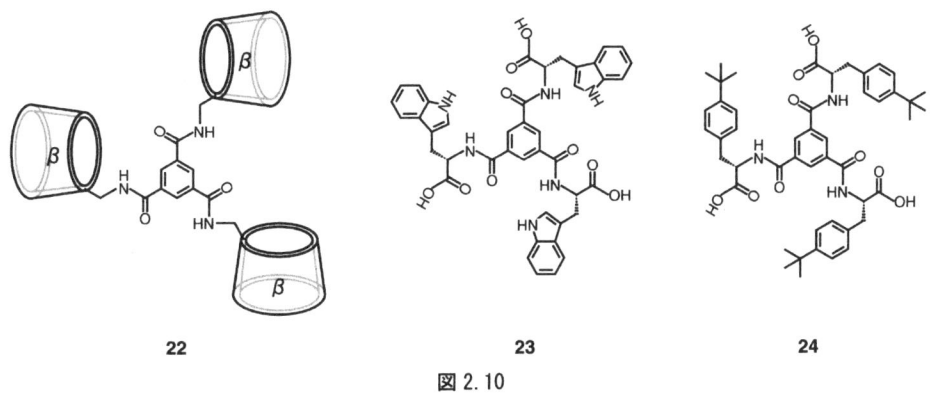

図2.10

CDトリマーを反応場に利用することにより, 触媒反応を加速することができる[29]. β-CDに2分子のα-CDを結合したCDトリマー25が合成された. 触媒分子26は, β-CDに選択的に結

合し，**27** のような複合体を形成する．基質 **28** が空いている二つの α-CD の空洞に協同的に包接され，基質のエステル部位と触媒分子のイミダゾール部位が接近した位置に固定化されるため，基質の加水分解反応は加速される．

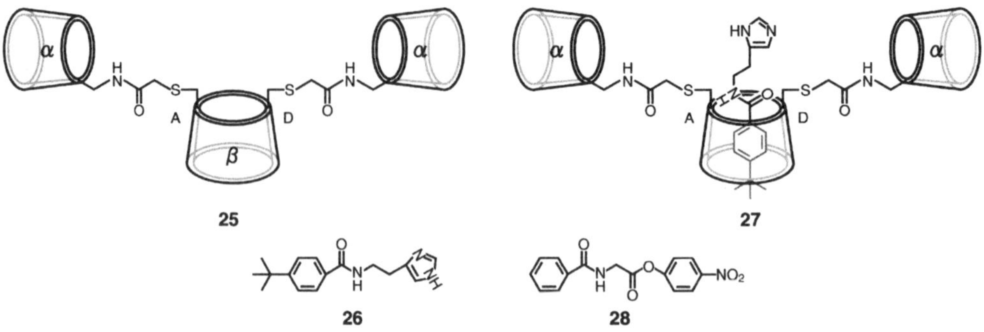

図 2.11

2.3 電荷を有する修飾シクロデキストリン

天然の CD は，電荷を有するゲストに対しては結合能があまり高くないが，電荷を有するゲストと静電相互作用できる官能基を CD に導入することにより，電荷を有するゲストに対する結合能を高くできる場合がある．

β-CD の一級水酸基をすべてアミノ化した化合物 **29** は，中性条件でもプロトン化しカチオン性を示す．化合物 **29** のリン酸エステル **30** に対する結合定数は β-CD の 3 倍であるが，フェノール **31** に対する結合定数は β-CD の 2% しかない[30]．これは，ゲストを包接していない状態での化合物 **29** と β-CD とでの水和水の安定化の違いによって説明できる．β-CD の疎水空洞に取り込まれている水は，バルク水のように水分子同士の水素結合ネットワークをつくることができないので不安定であり，ゲスト包接に伴うこの不安定な水分子のバルクへの放出が，ゲスト包接の機動力の一部であると考えられている．

一方，化合物 **29** の場合，水酸基よりも水素結合能が高いアミノ基を有するため，水和水と安定な水素結合を形成でき，水和水は β-CD と比べて安定である．化合物 **29** がリン酸エステル **30** を包接すると，安定な水和水の放出によりエネルギーの損出をしてしまうが，リン酸イオンとの静電相互作用により新たにエネルギーを獲得することができ，化合物 **29** とリン酸エステル **30** は安定な包接体を形成できる．一方，フェノール **31** の場合，化合物 **29** とフェノール **31** との間で静電相互作用によるエネルギーを獲得できないので，安定な水和水の放出によるエネルギー損出の影響を解消できず包接体を形成できないと考えることができる．

化合物 **32** は，リン酸エステル加水分解酵素反応の阻害剤として利用することができる[31]．化合物 **32** は，リン酸化チロシン **33** のようなリン酸エステルと強い包接複合体を形成できるために，リン酸化チロシンの脱リン酸化反応を阻害することができる．化合物 **32** は，*p*-nitrophenyl phosphate と弱い包接複合体しか形成できないために，*p*-nitrophenyl phosphate の包接した状

図 2.12

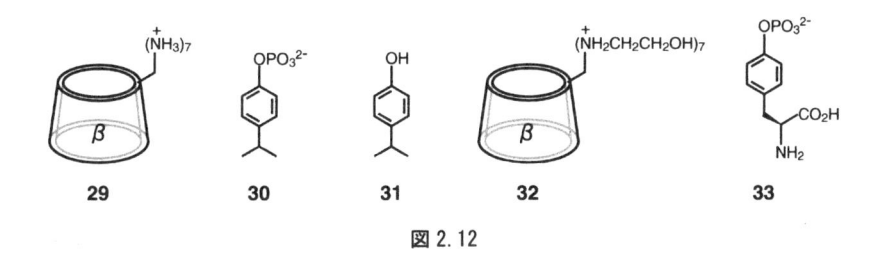

態とその遊離した状態を NMR で区別することができないが，化合物 32 はリン酸化チロシン 33 と強固な包接複合体を形成するために，リン酸化チロシン 33 の包接した状態とその遊離した状態を NMR で別々のシグナルとして観測できる．^{31}P NMR による測定から，包接複合体の解離速度は，$7±1\ s^{-1}$ と見積もられた．

グアジニウム基もアニオン性ゲストの包接を強めるのに利用されている[32,33]．ビスグアジニウム修飾 β-CD 34 およびジアミノ修飾 β-CD 35 のリン酸エステル（たとえば 36）に対する包接能力は，モノグアジニウム修飾 β-CD やモノアミノ修飾 β-CD よりもかなり高く，これらのいくつかのリン酸エステルに対する包接能が熱力学的に検討されている．ビスグアジニウム修飾 β-CD 34 およびジアミノ修飾 β-CD 35 のリン酸エステルの包接に伴うエンタルピーおよびエントロピー変化はいずれも包接反応に有利な値を示した．その中でも，ビスグアジニウム修飾 β-CD 34 による包接錯体形成はよりエンタルピー的に有利であり，一方，ジアミノ修飾 β-CD 35 による包接錯体形成はエントロピー的に有利であると報告されている．

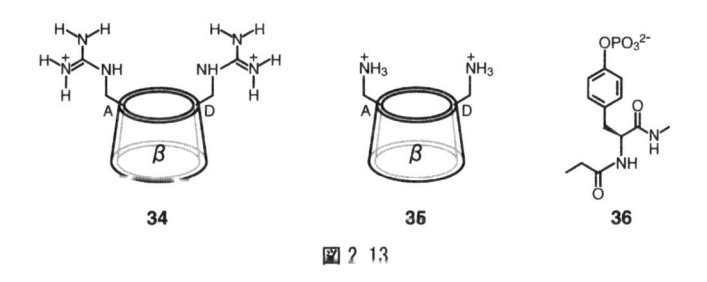

図 2.13

カチオン性，アニオン性，および中性な多数のゲストに対するモノアミノ修飾 β-CD の包接能が熱力学的に検討されている[34,35]．全般的に予想どおりアニオン性ゲストに対する結合が β-CD よりも高かったが，その程度はゲストの構造に大きく依存している．モノアミノ修飾 β-CD は hexahydromandelic acid のようなコンホメーションの自由度の高い構造のゲストや mandelic acid のようなあまり嵩高くないゲストに対しては β-CD の 3〜5 倍強い結合能を示すが，camphanic acid のような嵩高かったり剛直なゲストに対しては β-CD とあまり変わらない結合能しか示さない．すなわち，ゲストのアニオン性官能基とモノアミノ修飾 β-CD のアミノ基とが有効に静電相互作用できるように，ゲストが CD 空洞内で回転したりコンホメーションを変化できるゲストに対してモノアミノ修飾 β-CD は高い結合性を示す．また，光学活性なゲスト分子に対しても，モノアミノ修飾 β-CD と有効に静電相互作用できる包接構造を取れる光学活性異性体に対して高い認識能を示す．

CD 空洞内では，ゲストは対称軸周りに比較的速く回転しているのが一般的であり，NMR で包接複合体を観察するとその平均的な構造しか観測できない．カチオン性 CD とアニオン性ゲストとの相互作用を利用することにより，この回転を抑えることができる場合がある [36,37]．A,D-ビスピリジニオα-CD **37** に *p*-nitrophenol **38** が包接されると，静電相互作用により *p*-nitrophenol **38** の対称軸周りの回転が抑制され，*p*-nitrophenol **38** の環電流効果の異方性により A,D-ビスピリジニオα-CD **37** の ^{1}H NMR のピークが大きく分散する．一方，*p*-hydroxybenzoic acid **39** と包接複合体を形成しても ^{1}H NMR のそのような変化はみられない．これは，*p*-hydroxybenzoic acid **39** の場合，静電相互作用があったとしても，カルボキシル基とベンゼン環の間の炭素−炭素結合が自由に回転できるためであろう．

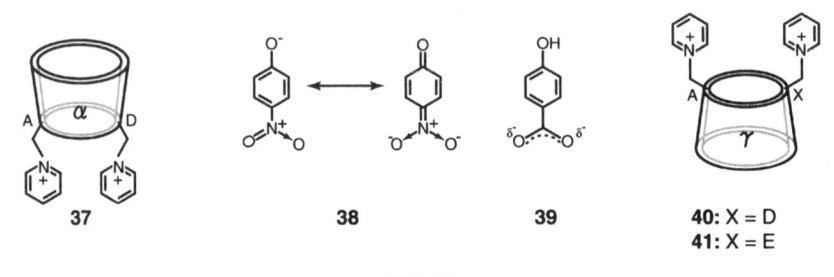

図 2.14

A,D-ビスピリジニオγ-CD **40** は，2-naphthylacetic acid を 2 分子空洞内に取り込み，ゲスト分子の会合によるエキシマー蛍光の発光を強める作用がある [38]．さらに，A,E-ビスピリジニオγ-CD **41** 存在下 2-anthracenecarboxylic acid を光二量化反応を行うと，その反応生成物の異性体比率を変えることができる（図 2.15）．基質のみ，あるいは未修飾γ-CD 存在下では生成比率が低かった head-to-head/anti 異性体の生成比率を 2 倍にすることができる．さらに，その不斉選択性も未修飾γ-CD と比べて 10 倍も向上させることができる [39,40]．これは CD 環上でらせん状に配向した二つのピリジニウムカチオンの静電相互作用により，基底状態における head-to-head/anti 会合異性体の一方の光学活性体のみが安定化されたためであろう．

イオン性 CD を利用することにより薬剤の効果を制御することができる．たとえば，神経阻害

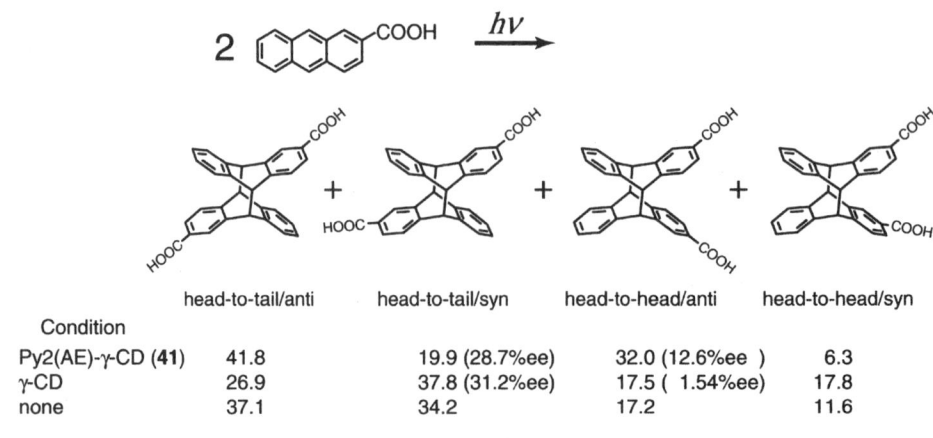

Condition	head-to-tail/anti	head-to-tail/syn	head-to-head/anti	head-to-head/syn
Py2(AE)-γ-CD (**41**)	41.8	19.9 (28.7%ee)	32.0 (12.6%ee)	6.3
γ-CD	26.9	37.8 (31.2%ee)	17.5 (1.54%ee)	17.8
none	37.1	34.2	17.2	11.6

図 2.15

剤を外部から加えたホスト分子で捕まえることができれば，活性部位からの神経阻害剤の遊離を促進することができ，神経阻害剤の効果を反転させることが可能である[41,42]．アニオン性 CD **42** はステロイド性筋弛緩剤である rocuronium **43** を強く包接することができ，*in vitro*，および *in vivo* において rocuronium の神経阻害効果を反転できることが報告されている．

42　　Rocuronium (**43**)　　**44**

図 2.16

イオン性 CD の包接能が pH に依存する場合，pH の変化によってゲストを放出するシステムを構築できる．β-CD のすべてにカルボキシメチル基を導入した化合物 **44** の 1-pyrenesulfonate に対する結合定数は pD 2.0 で 2300 M^{-1} だが，pD が 6.0 以上では包接が観測されない[43]．このことを利用すれば pH の変化を利用してゲストの放出が可能である．

ゲスト包接後に外部刺激によりイオン性官能基を外すことができても，結合能力が低下するのでゲストを放出するシステムを構築できる．リン酸エステルを有する化合物 **45** は，カチオン性官能基を有する抗腫瘍剤 berenil を β-CD の 100 倍も強く包接するが，ホスファターゼ処理をすることによりリン酸エステル基がはずれ結合能力が低下するので，berenil を放出することができる[44]．

45 → β-CD + berenil

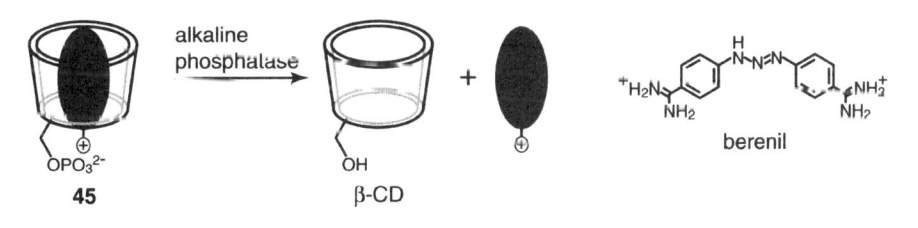

図 2.17

アミンやカルボン酸を多数有する CD 誘導体は，分子間水素結合により様々な自己組織体を形成する．たとえば，全アミノ化 CD は，水溶液中で水素結合により自己組織化し，不溶性の会合体になりやすい．化合物 **46** は，水溶液中で直径が約 120 nm のナノ粒子を形成し，化合物 **47** は，直径が 30〜35 nm の二重膜ベシクルを形成する[45]．水溶液表面上に化合物 **48-50** の安定な単分子膜を形成することができる[46]．化合物 **49** は，dipalmitoyl phosphatidylcholine および cholesterol と混ぜ合わせることにより赤血球様のリポソームを形成できる[46]．その直径は約 100〜300 nm であり，dipalmitoyl phosphatidylcholine と cholesterol のみでつくったリポソームよりも大きく，リポソーム内水層に存在する物質を徐放させることができる．化合物 **51** は，分子間水素結合によりらせん状のナノチューブを形成する[47]．化合物 **52-53** がたいへん安定な 2 分子

46: R = C₆H₁₃
47: R = C₁₆H₃₃

48: n = 6 (α-CD)
49: n = 7 (β-CD)
50: n = 8 (γ-CD)

51

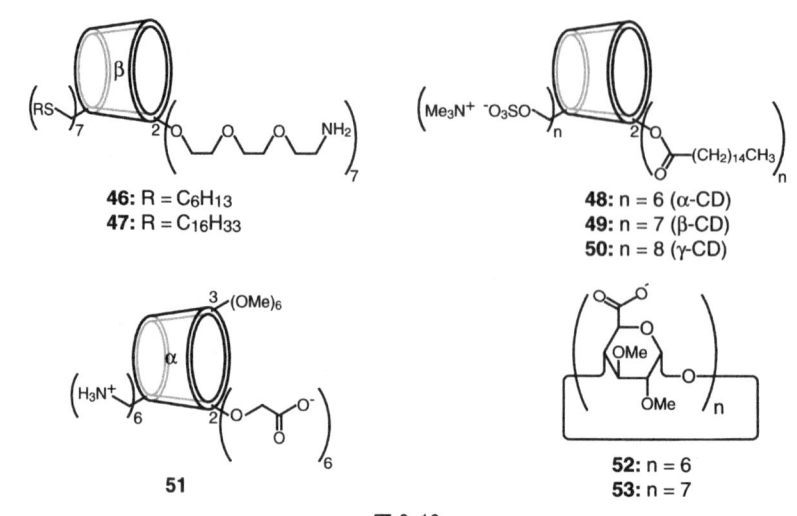

52: n = 6
53: n = 7

図 2.18

会合体を形成していることが VPO（Vapor Pressure Osmometry, 蒸気圧浸透法）により確かめられている[48]．

2.4 修飾シクロデキストリンを利用した分子認識センサー

CD に適当な長さのスペーサーを介して色素を導入することにより分子認識センサーを構築できる[49-53]．分子認識センサーとは，溶液中に存在する分子の存在を，蛍光強度変化や色変化により示すことのできる指示薬のことであり，化学センサー（chemosensor）とも呼ばれている．水溶液中では，色素修飾 CD の色素単位は様々な配置をとっている．立体的に無理がなければ自己包接状態のコンホメーションが主成分となる．その水溶液に，CD 空洞に包接されやすいゲストを添加すると，ゲストが CD 空洞に取り込まれる代わりに色素が CD 空洞外へ出る．色素が蛍光色素の場合，CD 空洞内に存在するときは水分子から遮蔽されているのでその蛍光強度は高い．しかし，CD 空洞外に出ると色素は水分子と接触するようになり，蛍光強度は減少する（図 2.19）．この蛍光強度変化の程度は，ゲストの包接のされやすさに依存するので，ゲストによって蛍光強度変化量は異なり，分子認識センサーとして利用できる．

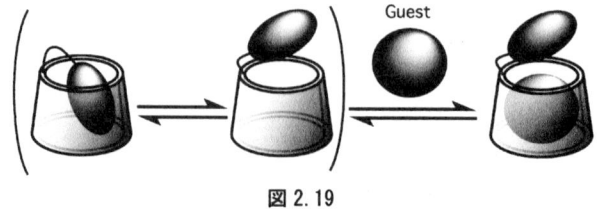

図 2.19

CD を利用した分子認識センサーの分子認識特性は，そのゲストに対する結合能に大きく依存するので，ゲスト結合能を高める目的で CD ダイマー 54[54]，CD トリマー 55[55]を利用した分子認識センサーが合成されている．

54

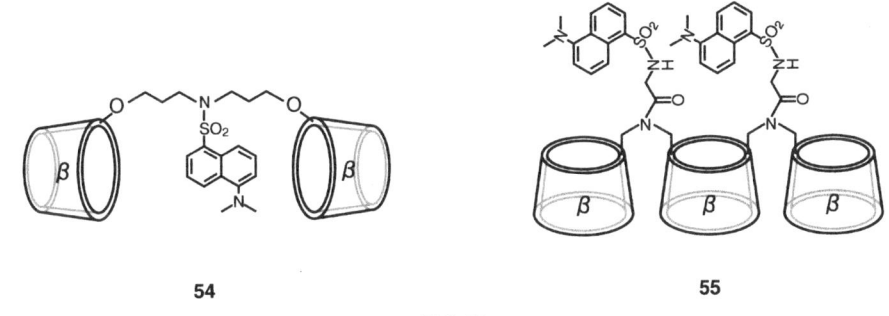

55

図 2.20

2-naphthylamine を有する β-CD/calix[4]arene 複合体 **56** は，calix[4]arene の影響でステロイドやテルペン類に対して β-CD とは異なる分子認識特性を示す[56]．しかしながら，ダンシル基を有する β-CD/calix[4]arene 複合体 **57** は，ダンシル基が CD 空洞内に強く包接されてしまい，ほとんどゲストに対して応答性がない．

56: X = (2-naphthylamine)

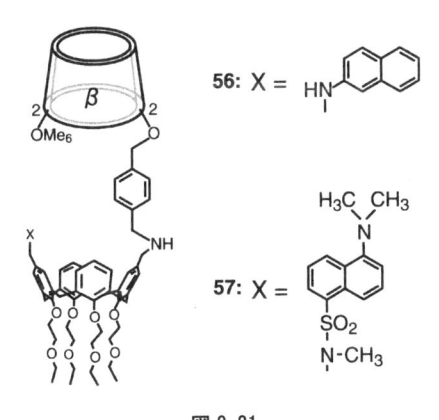

57: X = (dansyl group)

図 2.21

イオノフォアであるモネンシンは，親水性部分を内側にしてナトリウムイオンを取り込むと環状になり分子の外側は疎水性となる．このモネンシンを CD の一級水酸基側に配置した蛍光性センサー **58** が構築されている[57]．ナトリウムイオンが存在するときのみ，モネンシンが疎水性キャップとして働き，ゲスト結合能を高めることができ，また，ゲスト添加時における蛍光強度変化が大きくなった．

また，アビジンを疎水場に利用するためにビオチン修飾蛍光性センサー **59-60** が合成されている[58]．アビジンの効果によりダンシル基は CD 空洞内により強く包接されるが，そのゲストに対する結合能はアビジンの添加により高くなる．

分子認識センサーの感度を上げるためには，多種類の色素を CD 環に対して様々な位置に配置する必要があるが，多種類の官能基を CD に導入することは合成上たいへん困難である．そこで，ペプチドの α-ヘリックスを足場として 2 種類の色素および CD を配置する試みがなされており，効果的な分子認識センサーが構築されている．詳しくは第Ⅲ編第 3 章を参照していただきたい．

図 2.22

2.5 シクロデキストリン骨格の改変

　CD の分子認識特性を変える目的で，CD 骨格自体を改変する試みがなされている．
　グルコース環以外の骨格を挿入したら，分子包接能はどうなるだろうか．iosphthaloyl 基 **61** を挿入しても *p*-nitrophenol に対する包接能は対応する全メチル化 β-CD と同程度であるが，**pyridinedicarbonyl 基 62** を挿入すると包接能は 1/13 に減少してしまう[59]．窒素原子が 1 個入っただけで，疎水性空洞の環境が大きく変化してしまうようである．
　二つの triazole 環を挿入した化合物 **63** が合成されている[60]．8-anilino-1-

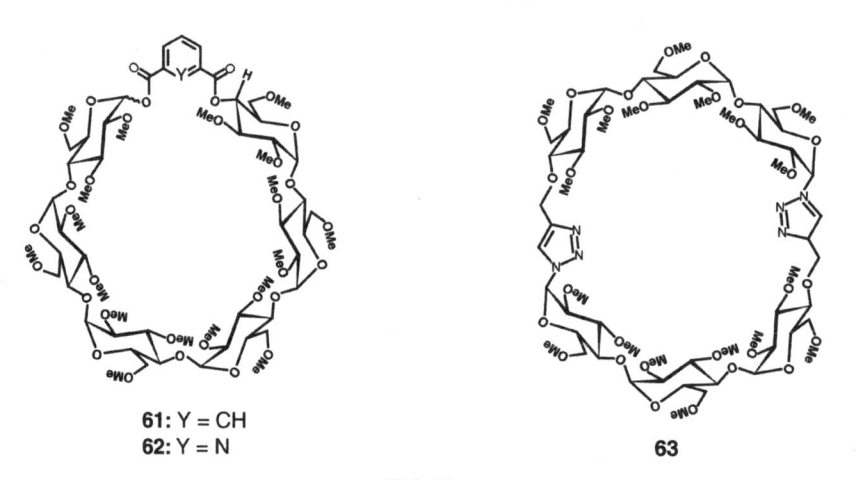

61: Y = CH
62: Y = N

63

図 2.23

Naphthalenesulfonate (ANS) に対する結合能は，β-CD と同程度であり，触媒官能基などを CD 環内に挿入できる可能性が示され，先の結果とは対照的である.

CD 環は α-1,4 グリコシド結合でグルコースが結合して構成されているが，グリコシド結合の一つだけを β-1,4 グリコシド結合に変えた化合物 **64-65** が，わずか 3 ステップで合成されている [61,62]. 環が歪んで狭くなったために，その結合能は低下したが，nitrobenzoate の位置異性体に対する選択性が変化した. 対応する全メチル化 CD がパラ選択性であるのに対し，合成された化合物 **64-65** はメタ選択性を示した.

グルコース残基の C3 位と C6 位の水酸基がエーテル結合で縮合した 3,6-anhydro 体は，ピラノース環が反転した構造を取っており，ピラノース環すべてが 3,6-anhydro 体になった化合物 **66** はクラウンエーテルのように金属イオンを取り込む性質がある [63,64]. β-CD のグルコース残基の六つが 3,6-anhydro 体に変換され，残り一つのグルコース残基の C6 位にアミノ基を導入した化合物 **67** が合成されている [65]. この化合物は Cs イオンを選択的に取り込むことができ，アミノ基にさらに官能基を導入できれば新たな機能性物質を合成できるであろう.

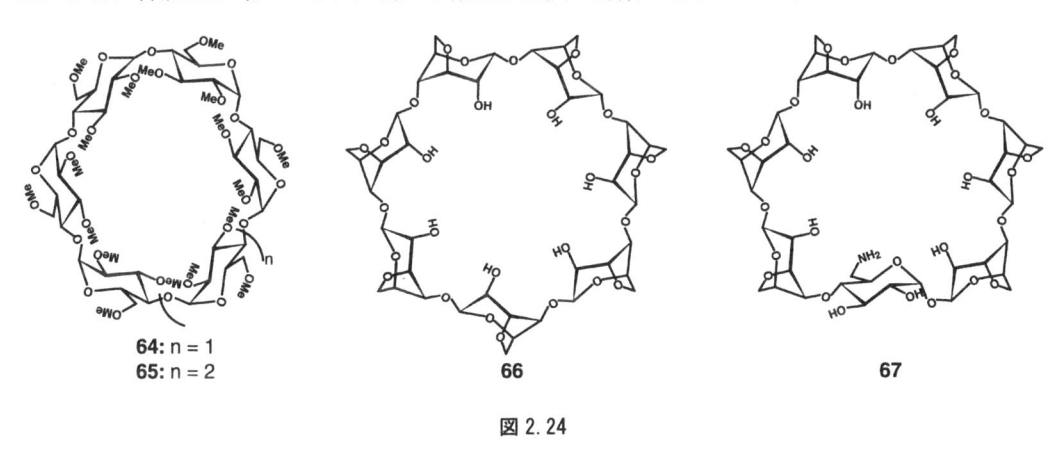

64: n = 1
65: n = 2

図 2.24

2.6 シクロデキストリンと他のホスト分子との複合体

CD とカリックスアレーンやクラウンエーテルを縮合させることにより，結合能や選択性を変える試みがなされている.

diaza-18-crown-6 単位 **68** を β-CD の一級水酸基側に結合することにより，アンモニウム基を有する芳香族ゲストに対する包接能が 7～10 倍向上する [66]. 芳香環部分を CD が包接し，アンモニウムイオンが diaza-18-crown-6 に取り込まれることによる協同効果により結合能が向上すると考えられている. benzo-15-crown-5 単位あるいは benzo-18-crown-6 単位を β-CD の一級水酸基あるいは二級水酸基側に導入した化合物 (**69-72**) が合成されている [67]. その中で benzo-18-crown-6 単位を二級水酸基側に導入した化合物 **72** が，最もトリプトファンの高い不斉識別能を示した. benzo-18-crown-6 単位とトリプトファンのアンモニウムカチオンとの相互作用がこの不斉識別能には重要であり，クラウンエーテル環の大きさや CD 環への結合位置の違いが，その相互作用の程度に大きく影響しているようである.

	R¹	R²	R³	R⁴	R⁵
69	H	OH	OH	H	15Cr5
70	H	OH	OH	H	18Cr6
71	OH	H	H	15Cr5	OH
72	OH	H	H	18Cr6	OH

15Cr5: n = 1
18Cr6: n = 2

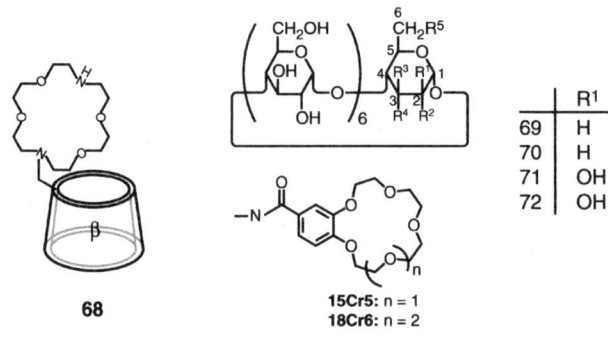

図 2.25

benzo-15-crown-5 単位を β-CD の一級水酸基側にイミノ基で結合した化合物 73 の 8-anilino-1-naphthalenesulfonate (ANS) に対する結合能は，β-CD の 88 倍大きい．一方，Acridine Red (AR) や Rhodamine B (RhB) に対する結合能は，それぞれ β-CD の 1/17, 1/5 であり，ANS に対する結合能の向上とともに選択性の向上もみられた [68]．

カリックスアレーンと CD とを結合した化合物 74 が合成されており，Acridine Red (AR) に対する結合能が，β-CD の 55 倍向上した [69]．カリックスアレーンが荷電したゲスト部分と相互作用し結合定数の向上に寄与したと思われる．

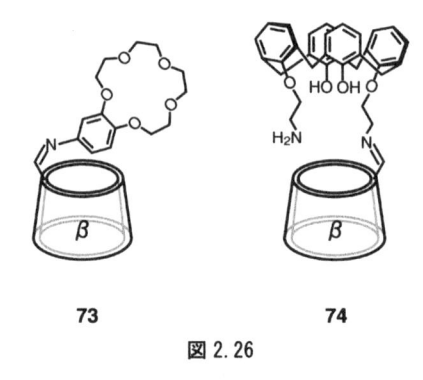

図 2.26

1 分子を多点で認識することにより，結合定数は増大することが知られている．複数のクラウンエーテルによる多点認識を実現するために，CD 骨格を足場として利用しクラウンエーテルを

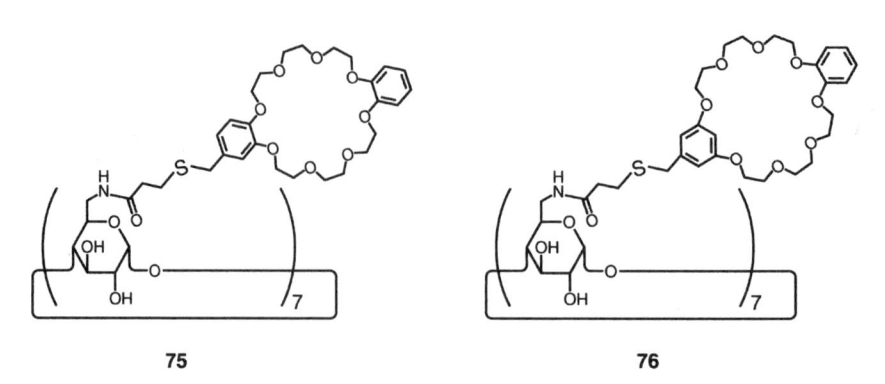

図 2.27

7分子並べた化合物 **75-76** が合成された[70]．多点認識により二つのアンモニウムイオン残基を有するゲストに対する結合能を，クラウンエーテル1分子のときと比べて2桁大きくすることができる．

2.7 シクロデキストリンと糖鎖との複合体

タンパク質と糖鎖との相互作用は生物学的な情報伝達に必要不可欠な作用である．組織細胞，バクテリア，ウイルスなどが互いを認識するのにタンパク質-糖鎖相互作用が利用されている．また，胚形成，腫瘍の転移，炎症反応，バクテリアやウイルスの感染などにタンパク質による糖鎖の認識が重要な働きをしている．1分子の糖鎖とタンパク質との相互作用はあまり強くなく，結合定数は 10^3 から 10^6 M^{-1} 程度であるが，細胞表面に存在する複数の糖鎖を多重認識することにより，タンパク質は高い結合定数および選択性を得ている．そこで，特定の標的に薬物を輸送するシステムを構築したり糖鎖レセプターの阻害剤を合成するために，多数の糖鎖を有するキャリア分子が報告されており，CDを利用した例も多数報告されている．

CDに多数の糖鎖を導入する反応における合成収率を向上させるための様々な手法が報告されている．

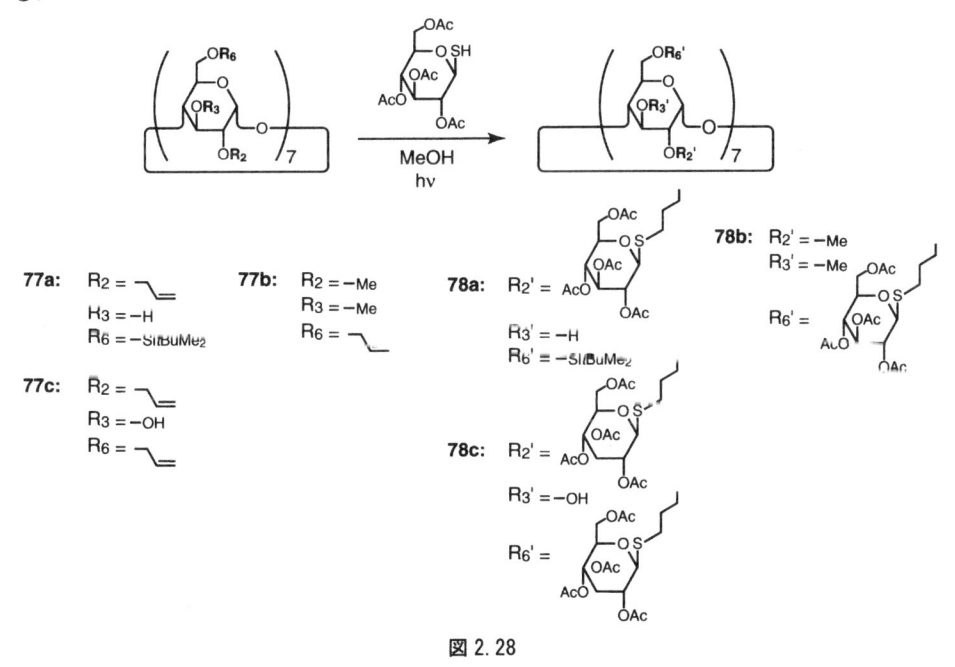

図 2.28

まず，チオールのアリルエーテルへの光付加反応を利用することにより約70％の収率で，C2位，C6位，あるいはC2位およびC6位のすべてにグルコース残基を導入することができる（図2.28）[71]．

1,3-双極子環化付加反応を利用することにより，C6位のすべてにグルコース残基を78％の収率で導入することができる（図2.29）[72]．

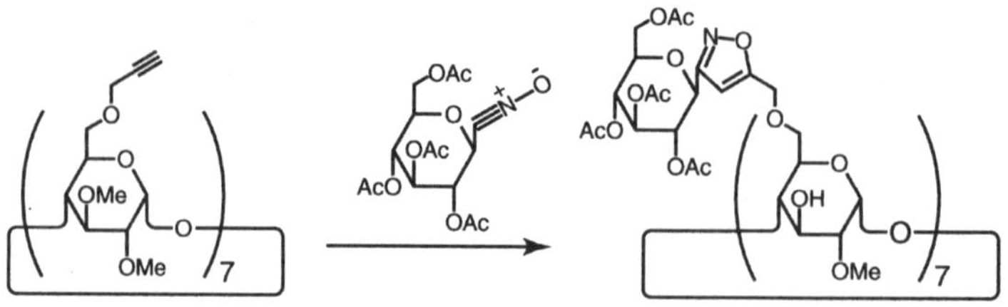

79　　80

図 2.29

Sonogashira cross-coupling 反応を利用することにより高収率でグルコースを導入した化合物が合成されている（図 2.30）[73].

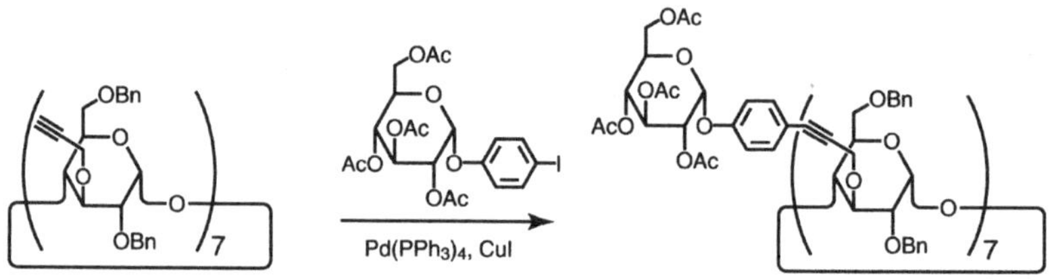

81　　82

図 2.30

C6 位を全ヨウ素化した β-CD と水酸基を保護していないグリコシドのチオール誘導体とを反応させることにより 78～88%の収率で，糖鎖を導入することができる（図 2.31）[74].

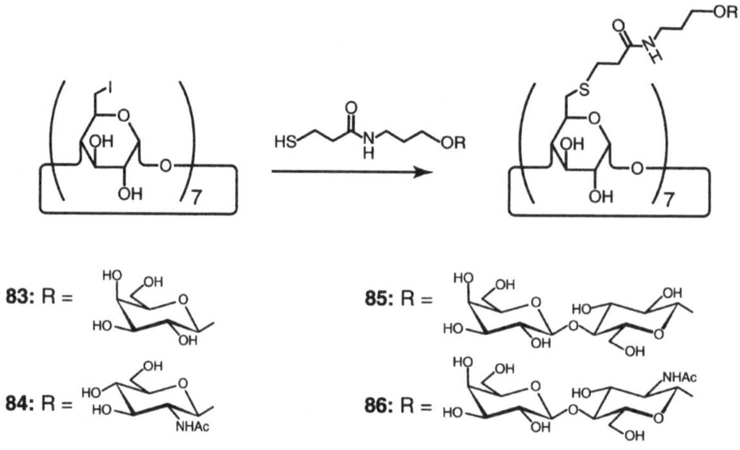

図 2.31

酵素を利用して糖鎖を導入する試みも行われており，α-ガラクトシダーゼを利用することにより C6 位に 2-hydroxyethylamine を有する β-CD にガラクトースを 80%の収率で導入することができる（図 2.32）[75].

糖鎖を認識するタンパク質であるレクチンと糖鎖との相互作用の強さには，糖鎖の数ばかりで

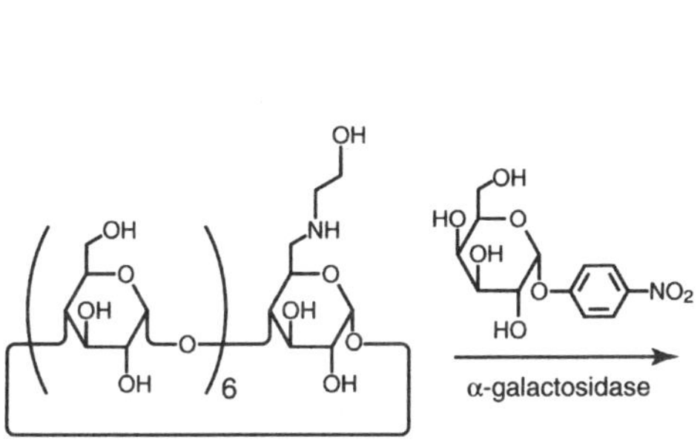

2. 修飾シクロデキストリンの化学　33

図 2.32

なくその相対的な配置，分岐のしかた，グリコシド結合の立体化学など様々な要素が関係しており，様々な糖鎖修飾 CD が合成され，*in vitro* および *in vivo* において活性が検討されている．

グリコクラスター **83-86** の阻害能が固層上で検討されている[76]．CD 上に存在するガラクトースの galectin に対する結合阻害効果の能力は，遊離の対応するラクトースの 400 倍，ガラクトースの 217 倍にも達した．

CD と糖部分をつなぐスペーサーの有無について検討がなされた．レクチンに対する結合のしやすさはスペーサーを有する化合物 **89b-92b** のほうが，スペーサーを挟まず直接糖を結合した化合物 **89a-92a** よりも高く，CD 環はレクチンと糖が結合する際の立体障害になるようである[77]．

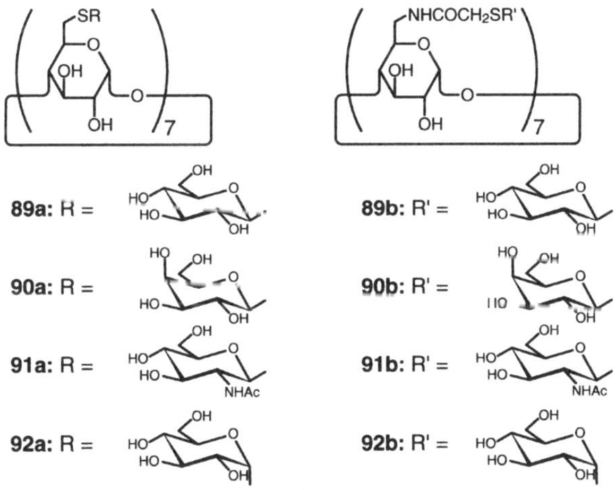

図 2.33

CD を利用した抗腫瘍剤である Taxtère を標的組織へ薬物輸送するシステムが研究されている．まず，合成した化合物のレクチンへの結合能を調べるために，Concanavalin A の酵母マンナンへの結合に対する阻害効果が調べられている．**93-97** の IC_{50} はそれぞれ，800，780，91，95，10 μM であった[78]．また，糖鎖を修飾しても Taxtère に対する CD の包接能は低下しておらず，**95** の 25 mM 溶液に Taxtère が 4.5g・L^{-1} 可溶化し，Taxtère の水に対する溶解度の 1000 倍も可溶化することができる．さらに CD および糖鎖の数を 2 倍にした化合物 **98** が合成された[79]．

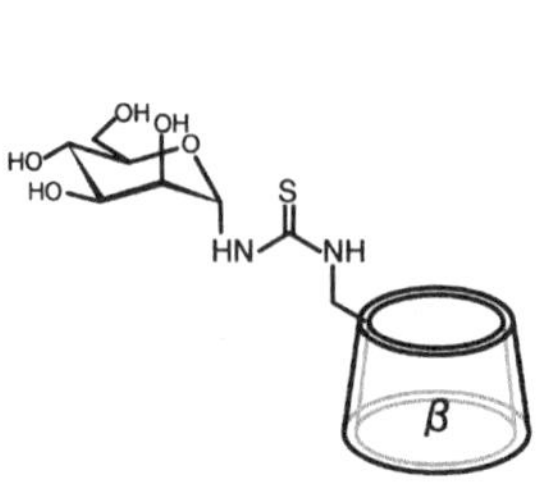

34　第Ⅰ編　シクロデキストリンの誘導体の合成と化学

93

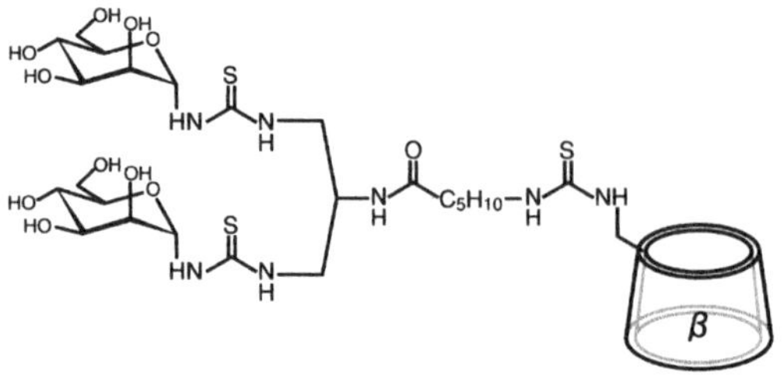

94

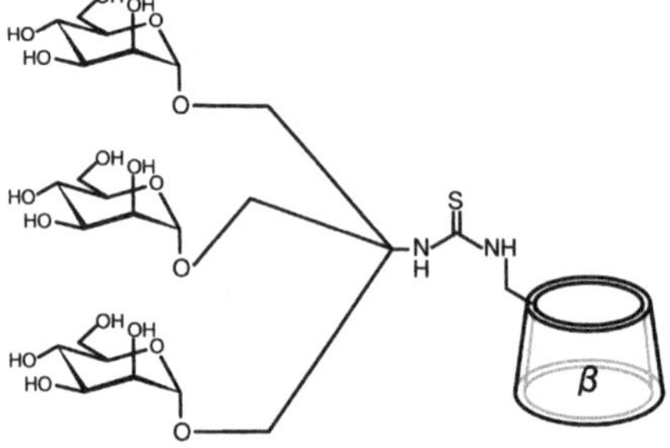

95

図 2.34

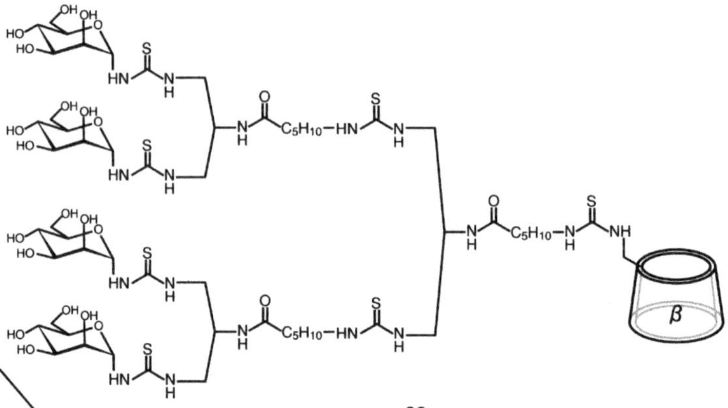

96

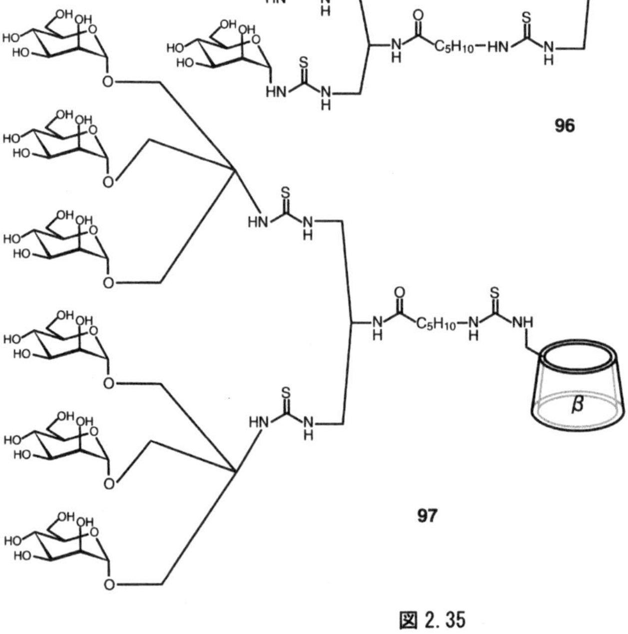

97

図 2.35

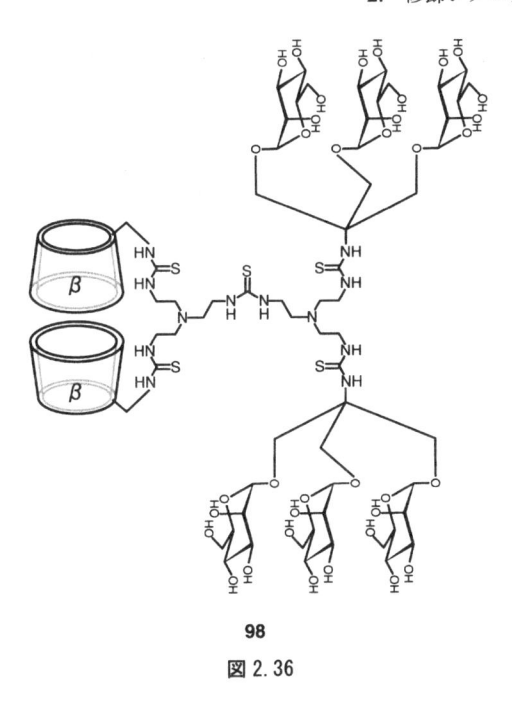

2. 修飾シクロデキストリンの化学　35

98

図 2.36

　Taxtère に対する **98** の結合定数は，$1.5 \times 10^5 \mathrm{M}^{-1}$ で，**97** の 37.5 倍もあり，二つの CD 環による協同効果が有効に作用している．また，Taxtère を包接したことによる **98** の Concanavalin A への結合能に対する影響はなく，**97** が Taxtère を包接したことにより Concanavalin A への結合能が 2 倍になったこととは対照的である．マクロファージ表面上に存在するレセプターのうち，研究が進んでいるマンノース/フコースレセプターを標的とし，色素である TNS を包接した状態でのレセプターへの結合能が *in vitro* 実験で調べられている．化合物 **97** および **98** は β-CD と比べて 20 倍もマクロファージ表面に結合しやすいことが示された．

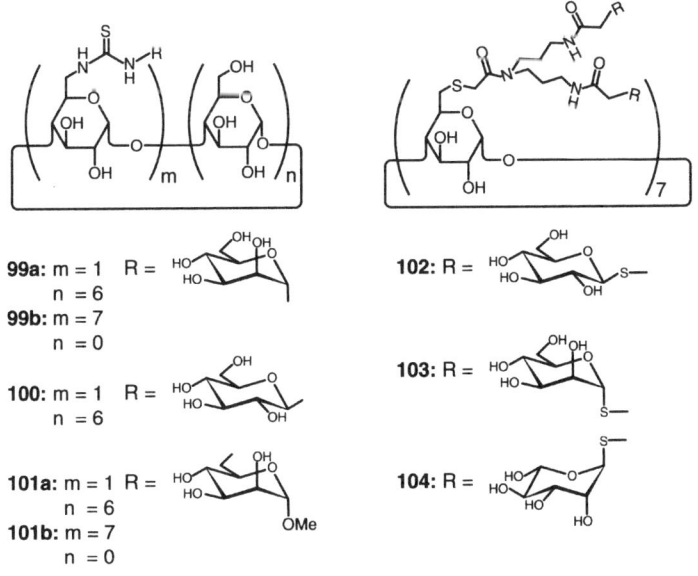

99a: m = 1, n = 6
99b: m = 7, n = 0
100: m = 1, n = 6
101a: m = 1, n = 6
101b: m = 7, n = 0

102: R =
103: R =
104: R =

図 2.37

Concanavalin A への結合に対するアノマーの立体配置，リンカーの種類，糖の数の効果を調べるために化合物 **99-101** が合成されている[80]．天然糖鎖の Concanavalin A への結合は α-アノマーのほうが β-アノマーより 40 倍強いが，CDに導入した糖の場合アノマーの立体配置の違いによる Concanavalin A への結合の強さに違いはなかった．また，thiourea をリンカーに用いると単純な *O* グリコシド結合で CD 環に導入した場合よりも Concanavalin A への結合は若干弱くなった．さらに，マンノースを 1 分子だけ CD に導入すると，CD の影響で Concanavalin A への結合が強くなるが，マンノースを 7 分子結合させると，立体障害のために Concanavalin A への結合はほとんどみられなかった．

14 分子（**102-104**）あるいは 7 分子（**105-112**）の糖を結合した CD 誘導体が合成され，ゲスト包接能および Concanavalin A に対する結合能が検討されている[81]．7 分子の糖を結合した化合物の 8-anilino-1-naphthalenesulfonate に対する包接能は β-CD の約 8 倍強いが，2-naphthalenesulfonate に対する包接能はたいへん小さい．β-CD が 2-naphthalenesulfonate を 8-anilino-1-naphthalenesulfonate の 2000 倍強く包接することと対照的である．14 分子の糖を結合した化合物には，ゲストに対する包接能力がみられなかった．また，7 分子の糖を CD に結合させることにより，Concanavalin A に対する結合能は 1 分子結合させたときより増加したが，14 分子に増やしても 7 分子結合した分子の結合能とほとんど同じであった．

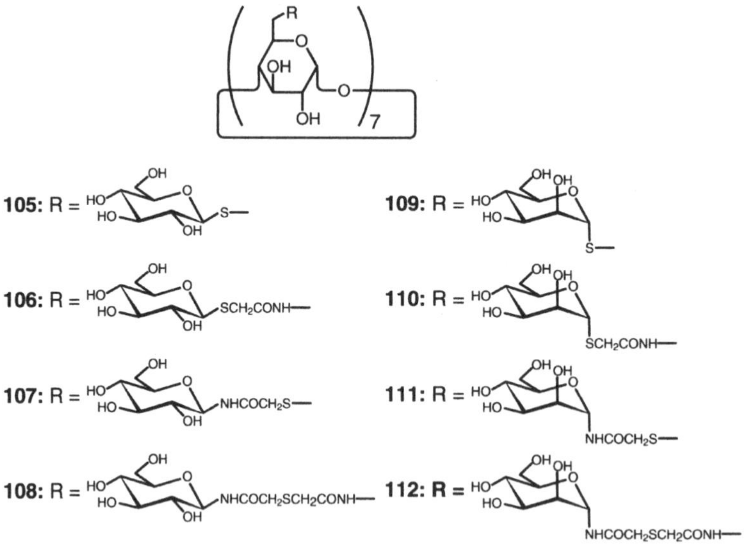

図 2.38

2.8 シクロデキストリン骨格を利用した金属配位子

CD 骨格を足場とすることにより，金属配位子を特殊な立体配置におくことができる．たとえば，α-CD 一級水酸基側の A および D の位置にホスフィンを配置するとその非共有電子対を向かい合わせることができ，従来にはなかった錯体構造を容易に構築できる．CD 骨格上に配位子

を配置することで，CD 環が立体障害となり，望ましくない反応を抑制する効果が期待できる．また CD 環の存在により，通常は不安定で存在しにくい錯体構造を安定化できることも期待される．さらに，CD の疎水空洞を基質取り込み部位に利用することにより，触媒反応の反応性を高めたり，反応の選択性を高めることも可能であろう．

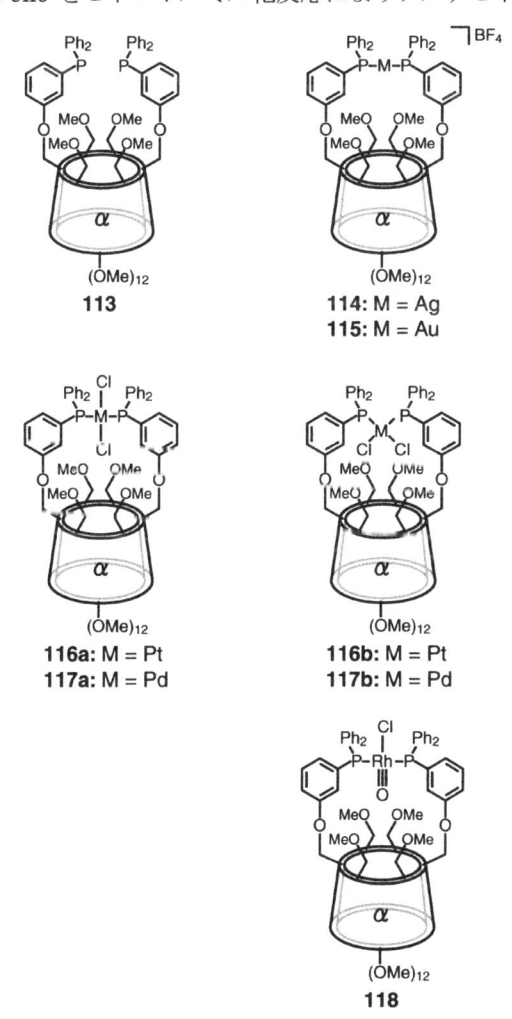

C_2 対称を有する配位子 113 が合成され，これを用いて錯体 114-118 が合成された [82]．配位子 113 と [Au(thf)(SC$_4$H$_8$)]BF$_4$ とを反応させることにより，C_2 対称を有する錯体 115 が得られた．この錯体は空気中で安定で，シリカゲルカラムクロマトグラフィーで分解することなく単離が可能であり，これまでにはない錯体構造を安定に合成できた．配位子 113 と [PtCl$_2$(PhCN)$_2$] とを反応することにより，*trans* 体の 116a が得られた．得られた錯体 116a を光を当てながらエタノール中で還流すると，*trans* 体 116a と *cis* 体 116b が 65:35 の混合物になった．一方，配位子 113 と [PdCl$_2$(PhCN)$_2$] とを反応させると，*trans* 体 117a と *cis* 体 117b が 80:20 の混合物が得られた．また，配位子 113 と [{Rh(CO)$_2$Cl}$_2$] とを反応させると，定量的に錯体 118 が得られた．この錯体 118 は，oct-1-ene をヒドロホルミル化反応によりアルデヒドに変換でき，直鎖型と分

図 2.39

岐型の比率が 70 : 30 の割合の生成物を与えた．

　CD 一級水酸基側の A および D の位置にホスフィンを配置した配位子 **119** と AgBF$_4$ をアセトニトリル中で反応すると，定量的に錯体 **120** が得られたが，15 当量以上のアセトニトリルが存在するときに限って安定であった[83]．アセトニトリル 2 分子が CD 空洞に包接する形で金属に配位している．アセトニトリルを蒸発させると，錯体 **121** と錯体 **122** の 80 : 20 の混合物になり，その平衡比率は，90℃で減圧乾燥しても変化しなかった．錯体 **122** にクロロホルム中アセトニトリルを添加すると錯体 **120** と錯体 **211** の混合物になり，いずれも錯体 **122** と相互転換可能である．CD の疎水的空洞の存在により，通常不安定な Ag(CH$_3$CN)$_2$ 単位を安定化しているようである．錯体 **120** を CHCl$_3$/CH$_3$CN 中(120/CH$_3$CN = 1 : 15)，8 当量のベンゾニトリルと反応すると，ベンゾニトリル 1 分子が配位した錯体 **123** が得られた．

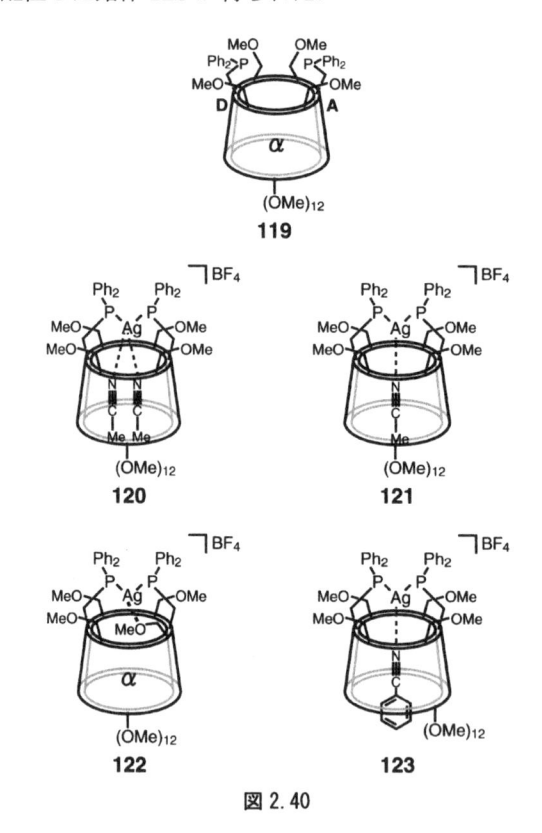

図 2.40

　CD 一級水酸基側の A および C の位置にホスフィンを配置した配位子 **124** も合成され，前述の配位子 **119** とともにいくつかの錯体が合成された[84,85]．配位子 **119** と [PdCl$_2$(PhCN)$_2$] および [PtCl$_2$(PhCN)$_2$] とを反応すると，それぞれ錯体 **125**, **126** が得られた．また，配位子 **124** と反応することにより，非対称な錯体 **127**, **128** が得られた．錯体 **126** の P-Pt-P 結合の角度は，固体状態では 172°であり，Pt が少し CD 空洞側に湾曲している．P-Pt-P 結合は比較的柔軟であり，143°まで歪ませることが可能である．また，金属に配位した塩素が CD の H-5 と相互作用していることが，^{1}H NMR から明らかとなっており，錯体の安定化に寄与している．ポルフィリン様の結合を示す配位子 **119** は，[PdClCH$_3$(cod)](cod = cycloocta-1,5-diene) と反応し錯体 **129** を定量

的に生成した．この場合，Pd-Cl 結合が CD 環側に配向した構造をとっている．配位子 **119** と [{RhCl(CO)$_2$}$_2$] との反応で得られる錯体 **130** も同様に，Rh-Cl 結合が CD 環側に配向した構造をとっている．この M-Cl 結合が CD 空洞側に配向した構造は，配位数が多い錯体にもみられ，[RuCl$_2$(CO$_2$)]$_n$ との反応では，錯体 **131** が得られている．

さらに，CD 一級水酸基側の 2 箇所でホスフィンを固定化することにより，リンの立体配置が

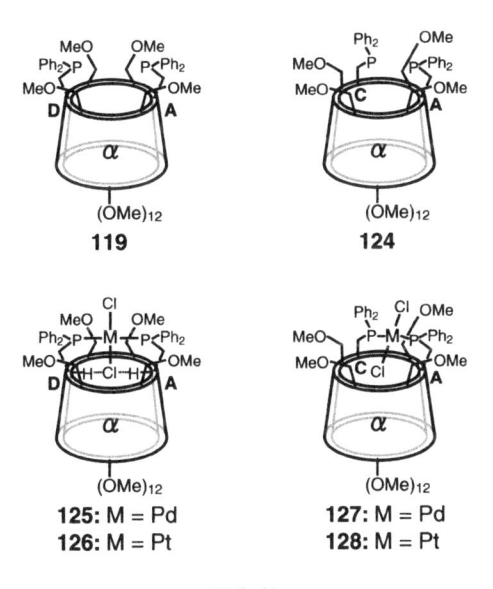

図 2.41

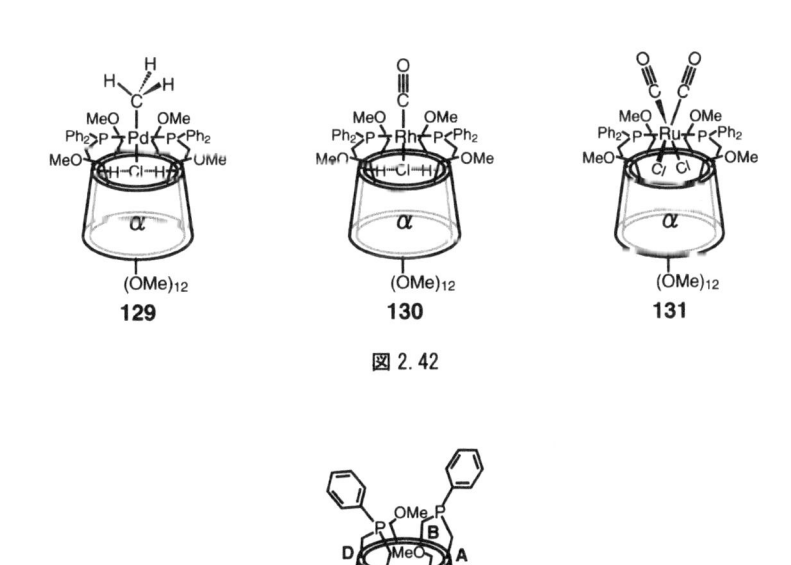

図 2.42

図 2.43

より剛直な配位子 **132** が合成されており，この配位子を利用することにより金属はほぼ CD 環の中心上に配置することができる[86]．

遷移金属を利用した不斉選択的反応のための反応場として CD を利用した例が，最近報告されている．CD を反応場として不斉選択的な反応を行う試みはこれまでにもいくつか報告されているが，ほとんどの不斉収率は 50%未満であった．そこで，光学活性のアミノアルコールを β-CD の一級水酸基側に導入した配位子 **133** が合成された[87]．この配位子と [{RuCl$_2$(C$_6$H$_6$)$_2$}] とを反応させ Ru 錯体 **133b** を調整し，ケトンの不斉還元反応が試みられた．アセトフェノン **134** をギ酸ナトリウム存在下，H$_2$O/DMF=3:1 の混合溶媒中 Ru 錯体と反応したところ，還元反応が 90%の収率で進行し，77%ee の選択性で S 体が得られた（図 2.45）．CD を結合していない光学活性の(S)-1-amino-2-propanol から合成した Ru 錯体を用い還元反応を行ったところ，50%ee の選択性で S 体を与えた．このことは，アミノアルコールの C2 位の不斉中心が不斉選択性発現に重要

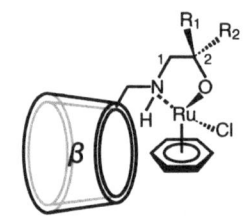

133a: R$_1$ = H, R$_2$ = H
133b: R$_1$ = H, R$_2$ = Me

図 2.44

134: R$_1$ = H, R$_2$ = CH$_3$
135: R$_1$ = p-tBu, R$_2$ = CH$_3$

図 2.45

136 → 95% ee, yield: 50%
137 → 95% ee, yield: 80%
138 → 88% ee, yield: 95%

図 2.46

であることを示しているが，CD を結合することが選択性の向上に役立つことも示している．CD に包接されやすい基質 **135** を用いると選択性が向上し，97%ee の不斉選択性を与えた．興味あることに，錯体 **133a** を用いて還元反応を行うと *R* 体のアルコールが得られるのに対して，錯体 **133b** を用いて還元反応を行うと *S* 体のアルコールが得られ，このことからも C2 炭素の不斉中心が不斉選択性に重要な働きをしていることがわかる．さらに，CD を反応場に用いた不斉反応ではほとんど報告例のない基質である非芳香族炭化水素ケトン(**136-138**)を，錯体 **133b** は高い不斉選択性で還元することができる（図 2.46）．

2.9 シクロデキストリンとポルフィリンとの融合

ポルフィリン含有タンパク質は，生体内の様々なところで機能している．そして，ポルフィリンが特異的な機能を発現するために，タンパク質が重要な働きをしている．このタンパク質の疎水場を模倣するために CD の疎水場が有効に利用された例がいくつか報告されている．

ポルフィリンの面上に基質を固定できれば，基質の特定な場所のみと反応することが期待される．そこで，ポルフィリンに CD を 2 分子結合した誘導体が合成された[88]．生体内では，retinal **140** は酵素による β,β-carotene **139** の酸化開裂反応で生成する．酵素（carotene dioxygenase）は，多数存在する二重結合のうち 15-15' 位の二重結合のみを酸化開裂することができる（図 2.47）．この酵素反応を模倣するために，化合物 **141** が合成された．化合物 **141a** の **139** に対する結合定数は，8.3×10^6 M^{-1} であり，一方，β-CD の retinal **140** に対する結合定数は，3.6×10^3 M^{-1} である．このことから二つの CD により協同的に β,β-carotene **139** が包接されていると思われる．また，酸化開裂反応の生成物である retinal **140** に対する結合定数が，基質に対する結合定数よりもかなり小さいので生成物阻害の心配もないようである．*tert*-butyl hydroperoxide (HBHP) 存在下，Ru(II) を配位させた化合物 **141b** を用いて，β,β-carotene **139** の酸化開裂反応を行ったところ，生成物として retinal **140** とともに化合物 **142** および化合物 **143** が得られた（図 2.49）．

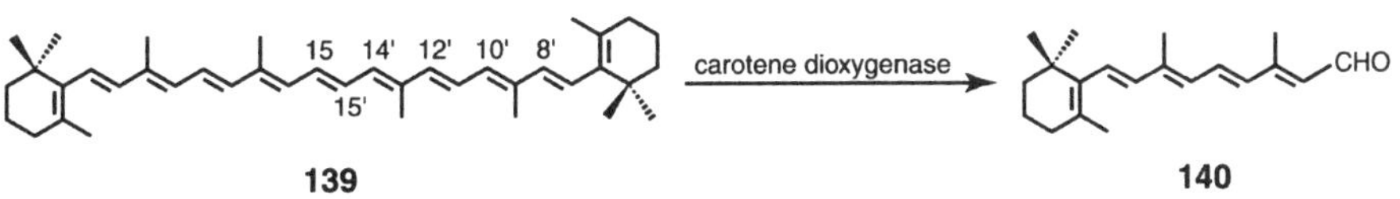

図 2.47

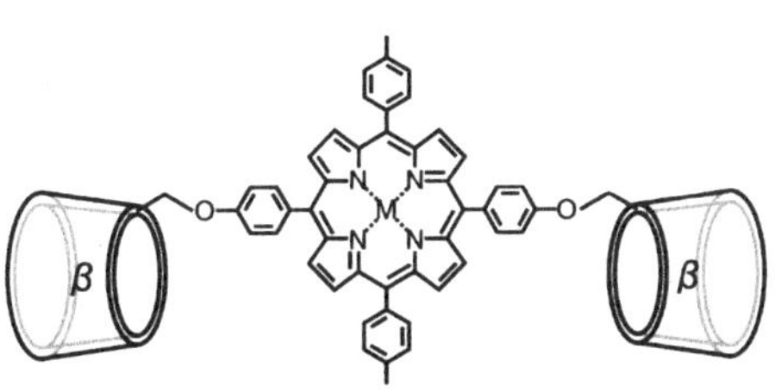

141a: M = Zn^{2+}
141b: M = Ru^{2+}

図 2.48

42 第Ⅰ編 シクロデキストリンの誘導体の合成と化学

図 2.49

β,β-carotene 139 は，CD に包接されている状態でも若干動いており，そのために15-15'位の二重結合のみではなく，両側の二重結合とも反応してしまうようである．そこで，β,β-carotene 139 の一端をベンゼン環に置換し，CD に対する親和性を上げた化合物 144 を基質として反応を行ったところ，ほぼ選択的に retinal 140 が得られた．

4 分子の CD を結合したポルフィリン誘導体 145a が合成され，ステロイド 146 の位置選択的ヒドロキシル化が達成されている[89]．ステロイド 146 の A 環および D 環に CD と親和性の高い置換基を導入したステロイド 147 が合成され，10 mol％のポルフィリン誘導体 145a および 5 当量の PhIO 存在下反応が試みられた（図 2.51）．得られた化合物を加水分解したところ，C6 位にヒドロキシル基が付いたステロイド 148 のみが得られた．CD に包接される部位の一方をアルキル基などに置き換えると，ヒドロキシル化の位置選択性が低下し，複数の生成物が得られたこと

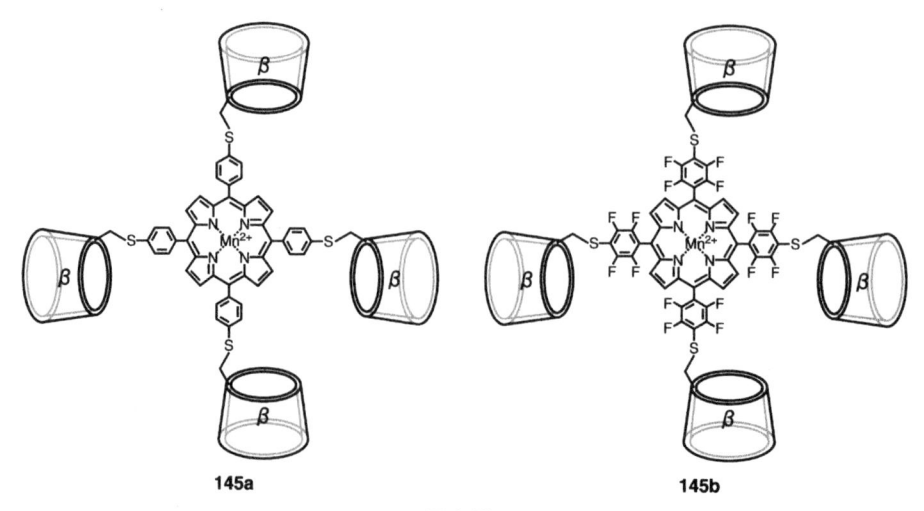

図 2.50

から，A 環および D 環に導入した置換基が CD に包接されることによりポルフィリン面上にステロイドが固定化され，C6 位が最もヒドロキシル化されやすくなったために位置選択性が得られたと思われる．

さらに，ステロイド **148** の C6 位の水酸基にも CD と親和性の高い置換基を導入し，酸化分解されにくいようにベンゼン環をすべてフッ素化したポルフィリン誘導体 **145b** を用いて酸化反応を行ったところ，C9 位がヒドロキシル化されたステロイド **150** が得られた（図 2.52）[90]．新たに導入した置換基も CD に包接されることにより，ステロイドのポルフィリン面上での位置が先の例とは異なり，Mn 上にステロイドの C9 位が固定化されたために新たな選択性が発現したのであろう．

CD に protoporphyrin IX を結合した分子を利用して，電子供与体-増加剤-電子受容体の三成分

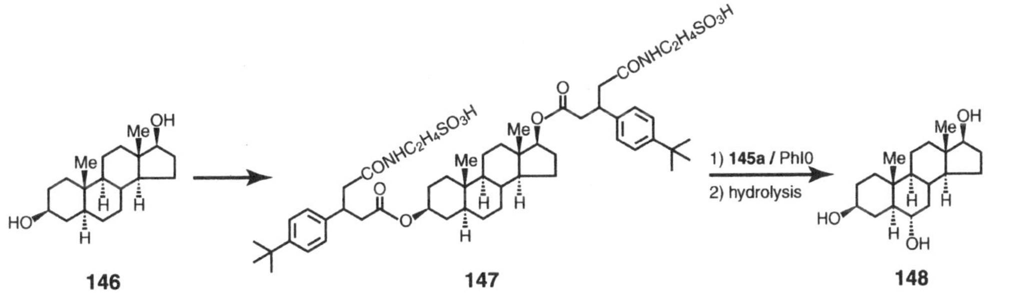

146　147　148

図 2.51

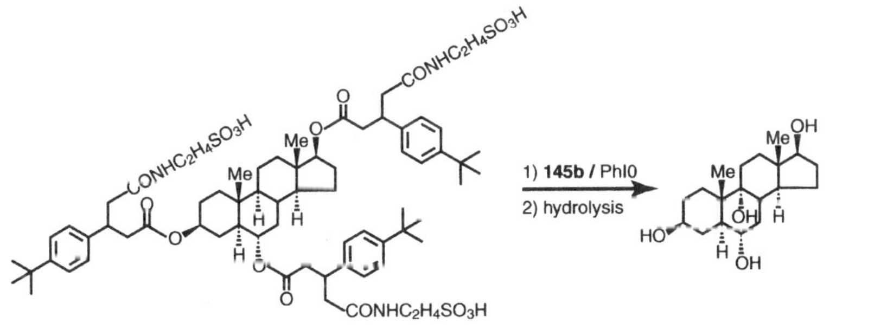

149　150

図 2.52

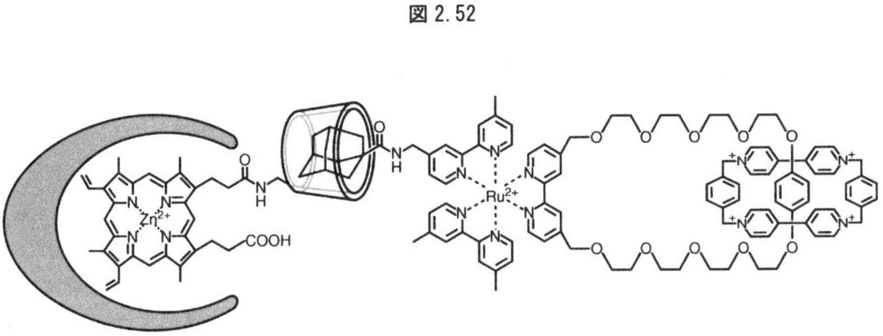

151

図 2.53

系を構築し，光誘起電子移動反応を成功させた例 151 が報告されている [91]．この系は，電子供与体，増加剤および電子受容体が非共有結合により会合しており，そのことが効率的な電子移動に寄与しているようである．

生体内ではヘモグロビンやミオグロビンが酸素運搬をしている．ここで，重要なことはヘムが酸素分子と配位はするが，ヘムが酸素と反応してオキシヘムにはならない点である．タンパクに包まれていないヘムと酸素分子を溶液中で反応すると，酸素が橋渡しをする形でヘムが二量化し，中心の鉄は酸化されてしまう．アポーヘモグロビンやアポーミオグロビンにヘムが取り込まれていると，このような酸化反応は起こらない．CD の疎水空洞の中にヘムを閉じ込めることで，酸化反応をすることなく，酸素分子と可逆的な錯体 152 を形成できることが報告されている [92]．

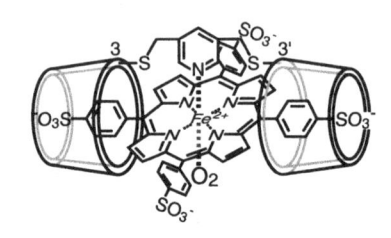

152

図 2.54

2.10 おわりに

ここに紹介したように，CD の疎水性空洞の利用を念頭に置いた修飾 CD の研究ばかりでなく，CD 骨格を分子素子を配置するための足場として利用した研究も行われており，機能性分子を合成する際の部品として CD がますます重要な位置を示していくであろう．

参考文献

1) M.L. Bender and M. Komiyama, *Cyclodextrin Chemistry*, Springer-Verlag: Berlin (1978).
2) S. Szejtli, *Cyclodextrin Technology*, Kluwer Academic Publishers: Dordrecht (1988).
3) *Comprehensive Supramolecular Chemistry*, Vol. 3; J. Szejtli and T. Osa, Eds., Pergmon, Oxford (1996).
4) C.J. Easton and S.F. Lincoln, *Modified Cyclodextrins : Scaffolds and Templates for Supramolecular Chemistry*, Imperial College Pr Published, Great Britain (1999).
5) G. Wenz, *Angew. Chem., Int. Ed. Engl.*, **33**, 851-870 (1994).
6) Cyclodextrins, Special Issue (No. 5), *Chem. Rev.*, **98**, 1741-2076 (1998).
7) E. Engeldinger, D. Armspach, and D. Matt, *Chem. Rev.*, **103**, 4147-4173 (2003).
8) 戸田不二緒監修，上野昭彦編集，シクロデキストリン−基礎と応用−，産業図書 (1995).
9) 上野昭彦，季刊化学総説 "超分子をめざす化学"，学会出版センター，**31**, 44-57 (1997).
10) 池田 博，戸田不二緒，*有機合成化学協会誌*，**147**, 503-513 (1989).
11) N. Birlirakis, B. Henry, P. Berthault, F. Venema, and R. J.M. Nolte, *Tetrahedron*, **54**,

3513-3522 (1998).
12) F. Venema, H.F.M. Nelissen, P. Berthault, N. Birlirakis, A.E. Rowan, M.C. Feiters, and R.J.M. Nolte, *Chem. Eur. J.*, **4**, 2237-2250 (1998).
13) H.F.M. Nelissen, M.C. Feiters, and R.J.M. Nolte, *J. Org. Chem.*, **67**, 5901-5906 (2002).
14) T. Yamada, G. Fukuhara, and T. Kaneda, *Chem. Lett.*, **32**, 534-535 (2003).
15) R. Nishiyabu and K. Kano, *Eur. J. Org. Chem.*, 4985-4988 (2004).
16) R. Breslow, Z. Yang, and R. Ching, G. Trojandt, and F. Odobel, *J. Am. Chem. Soc.*, **120**, 3536-3537 (1998).
17) Y. Liu, Y.-W. Yang, Y. Song, H.-Y. Zhang, F. Ding, T. Wada, and Y. Inoue, *Chem. Bio. Chem.*, **5**, 868-871 (2004).
18) Y. Liu, G.-S. Chen, Y. Chen, F. Ding, T. Liu, and Y.-L. Zhao, *Bioconjugate Chem.*, **15**, 300-306 (2004).
19) K. Sasaki, M. Nagasaka, and Y. Kuroda, *Chem. Commun.*, 2630-2631 (2001).
20) D.-Q. Yuan, S. Immel, K. Koga, M. Yamaguchi, K. Fujita, *Chem. Eur. J.*, **9**, 3501-3506 (2003).
21) Y. Liu, C.-C. You, T. Wada, and Y. Inoue, *Tetrahedron Lett.*, **41**, 6869-6873 (2000).
22) Y. Liu, C.-C. You and B. Li, *Chem. Eur. J.*, **7**, 1281-1288 (2001).
23) A. Mulder, A. Juković, L.N. Lucas, J. van Esch, B.L. Feringa, J. Huskens, and D.N. Reinhoudt, *Chem. Commun.*, 2734-2735 (2002).
24) A. Mulder, A. Juković, J. Huskens, and D.N. Reinhoudt, *Org. Biomol. Chem.*, 1748-1755 (2004).
25) A. Mulder, A. Juković, F.W.B. van Leeuwen, H. Kooijman, A.L. Spek, J. Huskens, and D.N. Reinhoudt, *Chem. Eur. J.*, **10**, 1114-1123 (2004).
26) H. Ikeda, A. Matsuhisa, and A. Ueno, *Chem. Eur. J.*, **9**, 4907-4910 (2003).
27) T. Kida, T. Ohe, H. Higashimoto, H. Harada, Y. Nakatsuji, I. Ikeda, and M. Akashi, *Chem. Lett.*, **33**, 258-259 (2004).
28) D.K. Leung, J.H. Atkins, and R. Breslow, *Tetrahedron Lett.*, **42**, 6255-6258 (2001).
29) H. Nakajima, Y. Sakabe, H. Ikeda, and A. Ueno, *Bioorg. Med. Chem. Lett.*, **14**, 1783-1786 (2004).
30) D. Vizitiu and G.R.J. Thatcher, *J. Org. Chem.*, **64**, 6235-6238 (1999).
31) M. Ghosh, T.C. Sanders, R. Zhang, and C.T. Seto, *Org. Lett.*, **1**, 1945-1948 (1999).
32) E.S. Cotner and P.J. Smith, *J. Org. Chem.*, **63**, 1737-1739 (1998).
33) S.L. Hauser, E.W. Johanson, H.P. Green, and P.J. Smith, *Org. Lett.*, **2**, 3575-3578 (2000).
34) M.V. Rekharsky and Y. Inoue, *J. Am. Chem. Soc.*, **124**, 813-826 (2002).
35) M. Rekharsky, H. Yamamura, M. Kawai, and Y. Inoue, *J. Am. Chem. Soc.*, **123**, 5360-5361 (2001).
36) H. Ohtsuki, J. Ahmed, T. Nagata, T. Yamamoto, and Y. Matsui, *Bull. Chem. Soc. Jpn.*, **76**, 1131-1138 (2003).
37) J. Ahmed, T. Nagata, S. Imaoka, Y. Matsui, and T. Yamamoto, *Chem. Lett.*, **29**, 960-961 (2000).
38) H. Ikeda, Y. Iidaka, and A. Ueno, *Org. Lett.*, **5**, 1625-1627 (2003).
39) H. Ikeda, T. Nihei, and A. Ueno, *J. Inclusion Phenom. Macrocycl. Chem.*, **50**, 63-66 (2004).
40) H. Ikeda, T. Nihei, and A. Ueno, *J. Org. Chem.*, **70**, 1237-1242 (2005).
41) A. Bom, M. Bradley, K. Cameron, J.K. Clark, J. van Egmond, H. Feilden, E.J. MacLean, A.W. Muir, R. Palin, D.C. Rees, and M.-Q. Zhang, *Angew. Chem. Int. Ed. Engl.*, **41**, 265-270 (2002).

42) K.S. Cameron, J.K. Clark, A. Cooper, L. Fielding, R. Palin, S.J. Rutherford, and M-Q. Zhang, *Org. Lett*, **4**, 3403-3406 (2002).
43) K. Kano, Y. Horiki, T. Mabuchi, and H. Kitagishi, *Chem. Lett.*, **33**, 1086-1087 (2004).
44) A. Cho, K.L.O. Lara, A.K. Yatsimirsky, and A.V. Eliseev, *Org. Lett.*, **2**, 1741-1743 (2000).
45) R. Donohue, A. Mazzaglia, B.J. Ravoo, and R. Darcy, *Chem. Commun.*, 2864-2865 (2002).
46) T. Sukegawa, T. Furuike, K. Niikura, A. Yamagishi, K. Monde, and S. Nishimura, *Chem. Commun.*, 430-431 (2002).
47) T. Kraus, M. Buděšínský, I. Císařová, and J. Závada, *Angew. Chem. Int. Ed. Engl.*, **41**, 1715-1717 (2002).
48) T. Kraus, M. Buděšínský, and J. Závada, *Eur. J. Org. Chem.*, 3133-3137 (2000).
49) A. Ueno and H. Ikeda, "*Supramolecular Photochemistry of Cyclodextrin Materials*," In *Molecular and Supramolecular Photochemistry 8*, V. Ramamurthy and Kirk S. Schanze Eds., Marcel Dekker, New York, 2001, pp. 461-503.
50) 上野昭彦, *蛋白質・核酸・酵素*, **41**, 1407-1414 (1996).
51) A. Ueno, "*Fluorescent Cyclodextrins for Detecting Organic Compounds with Molecular Recognition*," In *Fluorescent Chemosensors for Ion and Molecule Recognition*; A. W. Czarnik Ed; ACS Symposium Series, **538**, 74-84 (1993)
52) A. Ueno, H. Ikeda, and J. Wang, NATO ASI Series, Series C, **492**, 105-119 (1997).
53) A. Ueno, *Supramol. Sci.*, **3**, 31-36 (1996).
54) M.R. de Jong, J.F.J. Engbersen, J. Huskens, and D.N. Reinhoudt, *Chem. Eur. J.*, **6**, 4034-4040 (2000).
55) T. Kikuchi, M. Narita, and F. Hamada, *Tetrahedron*, **57**, 9317-9324 (2001).
56) J. Bügler, J.F.J. Engbersen, and D.N. Reinhoudt, *J. Org. Chem.*, **63**, 5339-5344 (1998).
57) A. Ueno, A. Ikeda, H. Ikeda, T. Ikeda, and F. Toda, *J. Org. Chem.*, **64**, 382-387 (1999).
58) T. Ikunaga, H. Ikeda, and A. Ueno, *Chem. Eur. J.*, **5**, 2698-2704 (1999).
59) T. Kida, T. Michinobu, W. Zhang, Y. Nakatsuji, and I. Ikeda, *Chem. Commun.*, 1596-1567 (2002).
60) K.D. Bodine, D.Y. Gin, and M.S. Gin, *J. Am. Chem. Soc.*, **126**, 1638-1639 (2004).
61) T. Kida, A. Kikuzawa, Y. Nakatsuji, and M. Akashi, *Chem. Commun.*, 3020-3021 (2003).
62) A. Kikuzawa, T. Kida, Y. Nakatsuji, and M. Akashi, *J. Org. Chem.*, **70**, 1253-1261 (2005).
63) P.R. Ashton, G. Gattuso, R. Königer, J.F. Stoddart, and D.J. Williams, *J. Org. Chem.*, **61**, 9553-9555 (1996).
64) H. Yamamura, H. Masuda, Y. Kawase, M. Kawai, Y, Butsugan, and H. Einaga, *Chem Commun.*, 1069-1070 (1996).
65) H. Yamamura, T. Yotsuya, S. Usami, A. Iwasa, S. Ono, Y. Tanabe, D. Iida, T. Katsuhara, K. Kano, T. Uchida, S. Araki, and M. Kawai, *Perkin Trans 1*, 1299-1303 (1998).
66) J.W. Park, S.Y. Lee, and K.K. Park, *Chem. Lett.*, **29**, 594-595 (2000).
67) I. Suzuki, K. Obata, J. Anzai, H. Ikeda, and A. Ueno, *Perkin Trans 2*, 1705-1710 (2000).
68) Y. Liu, Y.-W. Yang, L. Li, and Y. Chen, *Org. Biomol. Chem.*, 1542-1548 (2004).
69) Y. Liu, Y. Chen, L. Li, G. Huang, C.-C. You, H.-Y. Zhang, T. Wada, and Y. Inoue, *J. Org. Chem.*, **66**, 7209-7215 (2001).
70) D.A. Fulton, S.J. Cantrill, and J.F. Stoddart, *J. Org. Chem.*, **67**, 7968-7981 (2002).
71) D.A. Fulton and J.F. Stoddart, *Org. Lett.*, **2**, 1113-1116 (2000).

72) F.G. Calvo-Flores, J. Isac-García, F. Hernández-Mateo, F. Pérez-Balderas, J.A. Calvo-Asín, E. Sanchéz-Vaquero, and F. Santoyo-González, *Org. Lett.*, **2**, 2499-2502 (2000).
73) F. Ortega-Caballero, J.J. Giménez-Martínez, and A. Vargas-Berenguel, *Org. Let.*, **5**, 2389-2392 (2003).
74) T. Furuike, S. Aiba, and S. Nishimura, *Tetrahedron*, **56**, 9909-9915 (2000).
75) V. Bonnet, C. Boyer, V. Langlois, R. Duval, and C. Rabiller, *Tetrahedron Lett.*, **44**, 8987-8989 (2003).
76) S. André, H. Kaltner, T. Furuike, S. Nishimura, and H.-J. Gabius, *Bioconjugate Chem.*, **15**, 87-98 (2004).
77) J.J. García-López, F. Hernández-Mateo, J. Isac-García, J.M. Kim, R. Roy, F. Santoyo-González, and A., Vargas-Berenguel, *J. Org. Chem.*, **64**, 522-531 (1999).
78) I. Baussanne, J.M. Benito, C.O. Mellet, J.M.G. Fernández, and H. Law, J. Defaye, *Chem. Commun.*, 1489-1490 (2000).
79) J.M. Benito, M. Gómez-García, C.O. Mellet, I. Baussanne, J. Defaye, and J.M.G. Fernández, *J. Am. Chem. Soc.*, **126**, 10355-10363 (2004).
80) I. Baussanne, J.M. Benito, C.O. Mellet, J.M.G. Fernádez, and J. Defaye, *Chem. Bio. Chem.*, **2**, 777-783 (2001).
81) F. Ortega-Caballero, J.J. Giménez-Martínez, L. García-Fuentes, E. Ortiz-Salmerón, F. Santoyo-González, and A. Vargas-Berenguel, *J. Org. Chem.*, **66**, 7786-7795 (2001).
82) D. Armspach and D. Matt, *Chem. Commun.*, 1073-1074 (1999).
83) E. Engeldinger, D. Armspach, and D. Matt, *Angew. Chem. Int. Ed. Engl.*, **40**, 2526-2529 (2001).
84) E. Engeldinger, D. Armspach, D. Matt, P.G. Jones, and R. Welter, *Angew. Chem. Int. Ed. Engl.*, **41**, 2593-2596 (2002).
85) E. Engeldinger, D. Armspach, D. Matt, and P.G. Jones, *Chem. Eur. J.*, **9**, 3091-3105 (2003).
86) E. Engeldinger, L. Poorters, D. Armspach, D. Matt, and L. Toupet, *Chem. Commun.*, 634-635 (2004).
87) A. Schlatter, M.K. Kundu, and W.-D. Woggon, *Angew. Chem. Int. Ed. Engl.*, **43**, 6731-6734 (2004).
88) R.R. French, P. Holzer, M.G. Leuonberger, and W.-D. Woggon, *Angew. Chem. Int. Ed. Engl.*, **39**, 1267-1269 (2000).
89) R. Breslow, X. Zhang, and Y. Huang, *J. Am. Chem. Soc.*, **119**, 4535-4536 (1997).
90) J. Yang and R. Breslow, *Angew. Chem. Int. Ed. Engl.*, **39**, 2692-2695 (2000).
91) I. Hamachi, H. Takashima, Y.-Z. Hu, S. Shinkai, and S. Oishi, *Chem. Commun.*, 1127-1128 (2000).
92) K. Kano, H. Kitagishi, M. Kodera, and S. Hirota, *Angew. Chem. Int. Ed. Engl.*, **44**, 435-438 (2005).

第Ⅱ編　シクロデキストリン超分子系の構造と機能

1. シクロデキストリンの不斉認識機構

2. 修飾シクロデキストリンの構造と機能

3. シクロデキストリンの分子認識力の改質と界面化学への展開

1

シクロデキストリンの不斉認識機構

1.1 シクロデキストリンは不斉認識用ホストとして有望視されていたか？

　シクロデキストリン（CD）は 5 個の不斉炭素を有するグルコピラノースが α-1,4-グルコシド結合した環状オリゴ糖である．そのためよく知られている α-，β- および γ-CD は 1 分子中にそれぞれ 30，35 および 40 個もの不斉炭素をもっている．20 種類のアミノ酸からなるペプチドの場合であれば，これだけ多くの不斉炭素がその主鎖中にあれば，ペプチドはそのアミノ酸配列の違いにより，多種多様な立体構造をとることになる．しかし，オリゴマーの構成単位が単一の環状オリゴマーである CD の場合には，極めて単純な構造となる．X 線結晶構造解析の結果からも明らかなように，未修飾 CD は比較的対称性のよい構造をしている．水中に溶けている CD も図 1.1 に示すような対称性のよい構造をしていると予想される．その理由は二級水酸基間の分子内水素結合にある．2 位の水酸基と隣接するグルコピラノースの 3 位の水酸基間に水素結合が形成され，この水素結合帯が CD の対称性のよい構造を安定化する．そのため，未修飾 CD は比較的リジッドな円錐台形の空洞を有している．水中では CD の水酸基と水分子との水素結合が形成されるため，固体ほど水素結合帯は安定ではないとしても，近傍効果により水素結合帯は維持される．

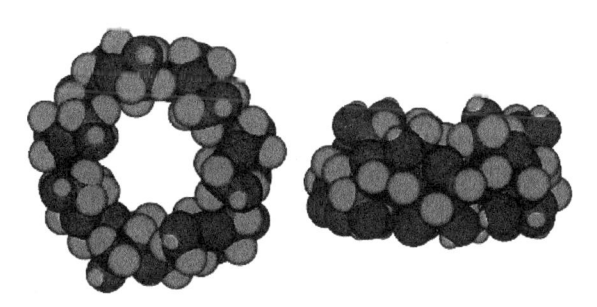

図 1.1　β-CD の分子模型

　図 1.1 の構造をながめてアミノ酸のような中心不斉をもつゲスト分子の不斉が CD によって認識できると思えるだろうか？　図 1.1 の構造からすると未修飾 CD は中心不斉を認識しにくいと予想される．なぜなら，ゲスト分子の不斉を見分けるための要因である "立体的なでっぱり" が認められないからである．

　CD はゲスト分子の不斉認識には不向きであると予想されるが，光学活性化合物であるので，

ラセミ体のゲスト分子と結合すると包接錯体はジアステレオマーとなる．エナンチオマーとは異なり，二つのジアステレオマーはお互いの化学的性質を異にする化合物である．このジアステレオマーの関係にある包接錯体の安定性に差があれば，CD はゲスト分子の不斉を認識したことになる．CD による不斉認識についての最初の研究は 1959 年に Cramer と Dietsche によって行われた[1]．β-CD とマンデル酸誘導体とを水中で混合し，不溶性包接錯体を単離してその光学純度を測定し，最高で 11.3% の純度で光学分割できたと報告している．その後，1978 年に Mikolajczyk と Drabowicz はスルフィニル化合物の β-CD による光学分割を Cramer らと同様の方法で試み，最高 68.2% という光学純度で光学分割に成功している[2]．しかし，これら二つの報告以降は中心不斉の効率のよい光学分割に成功した例は皆無である．従来，CD は不斉認識に適さないと考えられていたというのが表題の問いに対する答えである．

1.2 シクロデキストリンによるアミノ酸の中心不斉認識とその一般性

アミノ酸は最も興味をひかれる中心不斉をもつゲスト分子である．アミノ酸の CD による不斉認識の最初の例は 1978 年に Cooper と MacNicol により簡単に報告されている[3]．フェニルアラニン（Phe）アニオンと α-CD との包接錯体に対する結合定数 K は (R)- および (S)-Phe に対してそれぞれ 20.6 および 15.9 M^{-1} であり，一応 (R)-選択性があるといえるが，K の値も小さく，不

表 1.1 熱量測定から求められたアミノ酸誘導体の CD による不斉認識[4]

ゲスト		K (M^{-1})	$\Delta\Delta G$ (kJ・mol^{-1})	選択性
PhCH(NHCOCH₃)CO₂⁻	R S	60.7±1.3 67.5±1.4	0.26	S
インドール-CH(NHCOCH₃)CO₂⁻	R S	12.7±0.5 17.1±0.5	0.74	S
HO-C₆H₄-CH(NHCOCH₃)CO₂⁻	R S	125±2 130±2	0.10	S
PhCH(NH₂)CO₂CH₃	R S	11±2 12±1	0.22	S
PhCH(NH₂)CONH₂	R S	101±1 109±1	0.19	S
PhCH₂-OCO-NH-CH(CO₂⁻)	R S	149±4 147±4	0.03	R
t-Bu-OCO-NH-CH(CO₂⁻)CH₂OH	R S	306±2 285±2	0.18	R
t-Bu-OCO-NH-CH(CO₂⁻)CH₃	R S	392±4 367±4	0.16	R
t-Bu-OCO-NH-CH(CO₂CH₃)CH₃	R S	659±6 578±4	0.32	R

斉認識機構を議論できるような結果とはいいがたい．表 1.1 には，これまでに報告されているアミノ酸誘導体と β-CD との錯体に対する K の内，熱測定（等温滴定カロリメトリー法）から得られた最も信頼できるデータを示している[4]．表 1.1 以外にも多くの報告がなされているが，それらの結果は他の総説[5]に記載されている．表 1.1 中の最初の 6 例は K の値が小さすぎるかあるいは不斉選択性が低く，不斉認識機構を議論するためのデータとしては採用しにくい．最後の 3 例は不斉認識の一般性を議論する上で有用だと思われる．これら Boc 保護されたアミノ酸の β-CD による不斉認識では，いずれも (R)-選択性を示している．

一般に結合定数 K は吸収スペクトルや NMR スペクトルの滴定曲線を解析して決定される（表 1.1 の結果はカロリメトリー法）．この K の値には当然ながらある程度の誤差が含まれる．そのため，エナンチオマー間にそれらの CD 包接錯体に関してあまり大きな K 値の差がない場合には，CD の不斉選択性すらも見誤ることがある．一方，HPLC やキャピラリー電気泳動（CE）法あるいは質量分析法といった分析手段では，正確な結合定数は決定しにくいが，CD が (R)-選択性を示すか(S)-選択性を示すかという不斉選択性は正確に決定することができる．二つのゲストエナンチオマー間に K 値の大きな相違が認められないような系についての不斉選択性を正確に知るためには，分析手段で得られた結果が有用である．

これまでに報告されているこれら分析手段を用いた CD のアミノ酸に対する不斉選択性をまとめて表 1.2 に示す[6-11]．表 1.2 には，水を媒体に使う分析法の結果のみが示されている．質量分析法により求められた Trp（トリプトファン）および Phe に対する TMe-β-CD (heptakis (2,3,6-tri-O-methyl)-β-CD) の不斉選択性以外は，すべての場合において CD は (R)-選択性を示す．キャピラリーゾーン電気泳動法（CZE）を用いたメチル化 CD に対する結果（表 1.3）も，若干の例外はあるものの，ほとんどのメチル化 CD はアミノ酸誘導体アニオンの (R)-エナンチオマーとより選択的に結合し，選択性に対する CD の化学修飾の効果は小さい[12,13]．アミノ酸誘導体のアニオンは疎水性の高い TMe-β-CD にはほとんど結合しないため，不斉選択性を示さない．表 1.2 の TMe-β-CD の (S)-選択性の結果は，再検討する必要がある．

これだけ多くのアミノ酸に対して CD がその種類によらずに (R)-選択性を示すという事実は，CD の不斉認識の一般性を議論する上で極めて重要である．ではどのような一般則が成り立っているのであろうか．図 1.2 には，Val-β-CD および DanGlu-γ-CD 系における可能な包接錯体の構造を示している．ただし，DanGlu はダンシルグルタミン酸である．まず包接錯体の構造の妥当性を議論しなければならない．図 1.2 には，包接は二級水酸基側で起こるように示されている．CD の包接はほとんどの場合二級水酸基側で起こることは多くの例ですでに明らかにされている．また，Val の最も疎水的な基はイソプロピル基であり，この基が CD 空洞に包接される大きな要因であると考えるのは妥当である．同様な議論が DanGlu の系にも成り立つ．この二つの包接錯体における (R)-配置をもつゲスト分子の CD 空洞内での配列を二級水酸基側からながめてみると，いずれの場合にも置換基の大きさが右回りに大–中–小という順番で並ぶ．他のアミノ酸についても同様である．

これだけでは一般性に乏しい．加納らはポリイオン性 CD を用いてアミノ酸誘導体の不斉認識について検討している．なぜポリイオン性 CD なのか？ 単純なアミノ酸誘導体と CD との錯体

表1.2 種々の分析手段により決められたCDによるアミノ酸の不斉認識の選択性[5]

ホスト	ゲスト	選択性	分析手段	文献
β-CD	アルギニン	R	HPLC	6
β-CD	メチオニン	R	HPLC	6
β-CD	フェニルアラニン	R	HPCL	6
β-CD	セリン	R	HPLC	6
β-CD	バリン	R	HPLC	6
β-CD	N-ナフトイルアラニン	R	CZE	7
α-CD	チロシン	R	Mass	8
α-CD	トリプトファン	R	Mass	8
β-CD	トリプトファン	R	Mass	8
TMe-β-CD	アラニン	R	Mass	9
TMe-β-CD	バリン	R	Mass	9
TMe-β-CD	フェニルアラニン	S	Mass	9
TMe-β-CD	トリプトファン	S	Mass	9
β-CD	ダンシル-Glu	R	HPLC	10
β-CD	ダンシル-Asp	R	HPLC	10
β-CD	ダンシル-Ser	R	HPLC	10
β-CD	ダンシル-Thr	R	HPLC	10
β-CD	ダンシル-Val	R	HPLC	10
β-CD	ダンシル-Leu	R	HPLC	10
β-CD	ダンシル-Phe	R	HPLC	10
β-CD	ダンシル-Trp	R	HPLC	10
γ-CD	ダンシル-Val	R	CE	11
γ-CD	ダンシル-Leu	R	CE	11
γ-CD	ダンシル-Thr	R	CE	11
γ-CD	ダンシル-Glu	R	CE	11
γ-CD	ダンシル-Asp	R	CE	11

表 1.3 ナフタレンスルホニルアミノ酸の各種メチル化 CD をキラル分離剤とする CZE (pH9.0) [12,13]

ゲスト	選択性					
	β-CD	γ-CD	3-Me-β-CD	6-Me-β-CD	2,6-DMe-β-CD	3,6-DMe-β-CD
1-Nap-SO₂NH-CH(CO₂H)- (Gly系)	-	R	R	R	-	R
1-Nap-SO₂NH-CH(CO₂H)-Et	R	R	R	R	R	R
1-Nap-SO₂NH-CH(CO₂H)-Pr	-	R	R	R	R	R
1-Nap-SO₂NH-CH(CO₂H)-iPr	-	R	R	R	R	R
1-Nap-SO₂NH-CH(CO₂H)-iBu	R	R	R	R	R	R
2-Nap-SO₂NH-CH₂-CO₂H	R	-	R	R	S	R
2-Nap-SO₂NH-CH(CO₂H)-Et	R	R	R	R	-	R
2-Nap-SO₂NH-CH(CO₂H)-Pr	R	R	R	R	R	R
2-Nap-SO₂NH-CH(CO₂H)-Me	R	R	R	-	-	R
2-Nap-SO₂NH-CH(CO₂H)-iPr	R	R	R	R	R	R

3-Me-β-CD: heptakis(3-O-methyl)-β-CD, 6-Me-β-CD: heptakis(6-O-methyl)-β-CD, 2,6-DMe-β-CD: heptakis(2,6-di-O-methyl)-β-CD, 3,6-DMe-β-CD: heptakis(3,6-di-O-methyl)-β-CD

の結合定数は一般に小さい．そのため，アミノ酸を Boc やベンゼン環あるいはナフタレン環で修飾し，CD に包接しやすくする必要がある．しかし，ポリイオン性 CD を用いれば，大きなクーロン相互作用の助けにより安定な包接錯体が得られるので，ごく簡単な修飾アミノ酸をゲスト分子として用いることができる．さらに，ホスト・ゲスト間にクーロン力を作用させることにより，包接錯体の構造を正確に固定化できる (anchoring effect).

加納らは図 1.3 に示すようなポリカチオンおよびポリアニオン性 β-CD を用いた [14]．ゲスト分子としてはポリカチオンおよびポリアニオン性 β-CD に対してそれぞれ N-アセチルアミノ酸アニオンおよびアミノ酸メチルエステルカチオンを用いている．結果を表 1.4 および 1.5 に示す．表 1.4 に示されたポリカチオン性 β-CD と N-アセチルアミノ酸アニオンの系では，いずれの場合にも (S)-アミノ酸の包接錯体が (R)-体よりも安定である．一方，表 1.5 に示されたポリアニオン性

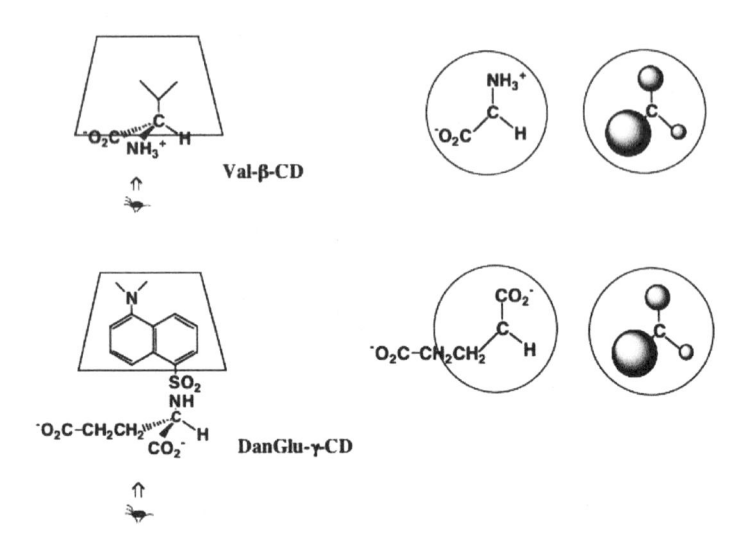

図 1.2 アミノ酸の CD による不斉認識 - 二級水酸基側におけるゲスト分子の置換基の配置 [5]

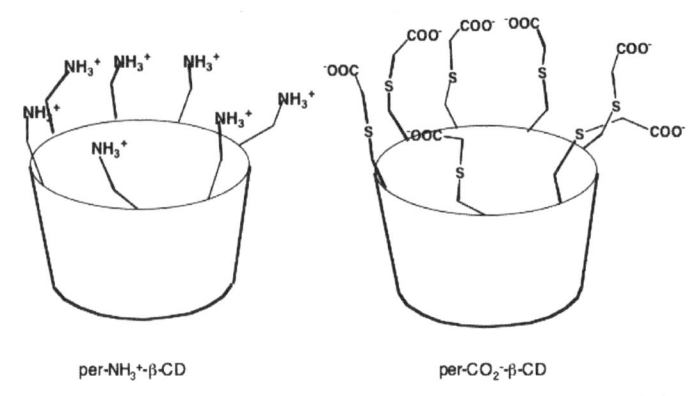

図 1.3 ポリイオン性 β-CD．化学計算によるとイオン性官能基が付いている二級水酸基側は静電反発により広がっていると思われる [14]

表 1.4 アミノ化 β-CD による N-アセチルアミノ酸アニオンの不斉認識 [14]

ゲスト	K (M^{-1})		選択性
	mono-NH$_3^+$-β-CD	per-NH$_3^+$-β-CD	
CH$_3$CONH-CH(COO$^-$)-CH$_2$-(indole)	99	2310	S
	64	1420	
CH$_3$CONH-CH(COO$^-$)-CH$_2$-C$_6$H$_5$	67	2180	S
	55	2000	
CH$_3$CONH-CH(COO$^-$)-CH$_2$CH(CH$_3$)$_2$	58	2480	S
	50	2380	
CH$_3$CONH-CH(COO$^-$)-CH(CH$_3$)$_2$	nd	2090	S
	nd	1310	

mono-NH$_3^+$-β-CD は β-CD の 6 位の水酸基の一つが NH$_3^+$ に置換したものであり，per-NH$_3^+$-β-CD はすべての一級水酸基が NH$_3^+$ に置換したものである．

表 1.5 per-CO$_2^-$-β-CD によるアミノ酸メチルエステルカチオンの不斉認識 [14]

ゲスト		K (M^{-1})	$|\Delta\Delta G|$ (kJ·mol^{-1})	選択性
$^+$H$_3$N―COOCH$_3$ (インドール)	(S)	380	0.92	R
	(R)	550		
$^+$H$_3$N―COOCH$_3$ CH$_2$―Ph	(S)	1520	0.08	R
	(R)	1570		
$^+$H$_3$N―COOCH$_3$ ―Ph	(S)	260	0.18	R
	(R)	280		

β-CD とアミノ酸メチルエステルカチオンの系ではすべての場合で逆の(R)-選択性となっている. では, CD 空洞中におけるアミノ酸の置換基の配列を見てみよう. 結果を図 1.4 に示す.

ゲストであるアミノ酸イオンはいずれの場合にも静電相互作用と疎水性効果の共同効果により, イオン性置換基をアンカーとしてその他の置換基を CD 空洞に配置する構造をとることが, NMR スペクトルの ROESY 測定から明らかにされている. これらの系ではゲスト分子の CD 空洞内での配置が限定されるという特徴がある. いずれの系の包接錯体も, 二級水酸基側からアミノ酸の置換基の配列を観察すると, 右回りに大-中-小という順序となっており, 先述の分析化学的手法によって得られた結果と一致する.

アミノ酸の CD による不斉認識の結果をまとめると,「ほとんどのアミノ酸(修飾アミノ酸を含

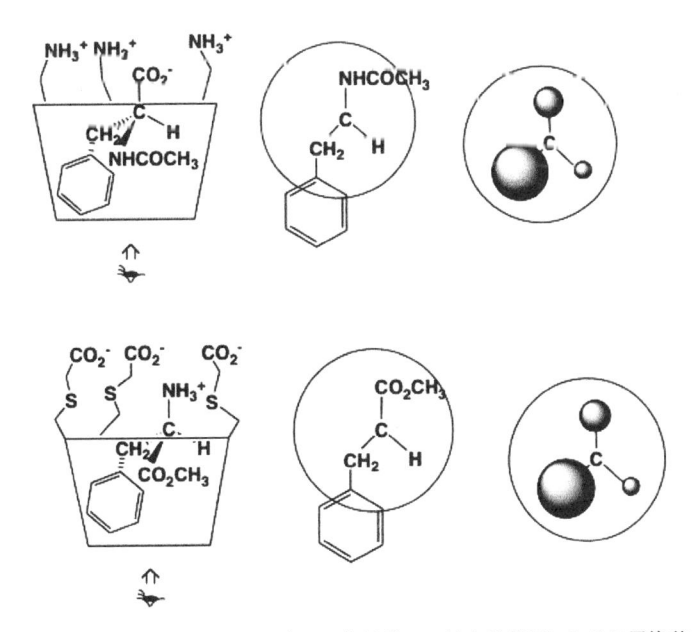

図 1.4 ポリイオン性 CD によるアミノ酸の不斉認識. 二級水酸基側における置換基の配置 [5]

む）に対して，CD（CDの種類によらない）空洞中での二級水酸基側でのアミノ酸分子中にある三つの置換基の配列が，二級水酸基側からみて右回りに大−中−小と並ぶようなエナンチオマーはもう一方のエナンチオマーよりも安定な包接錯体を形成する」といえる．

1.3 アミノ酸以外の化合物の中心不斉認識とその一般性

アミノ酸以外のキラルな化合物についてのCDによる不斉認識も研究されているが，不斉認識を議論できるほど際立った不斉選択性を示す認識系は見出されていない[5]．多くの例の中から，ゲストのエナンチオマー間で比較的大きな結合定数の差が認められた結果を抽出して表1.6に示す[15-18]．表1.6のはじめの4例は比較的大きな不斉選択性が認められる．不斉認識の機構を議論するためには，CD空洞に包接される原因となる置換基が何かを明確にしなければならない．このような置換基の特徴は，疎水性が高く（疎水性効果）かつそのサイズがCD空洞によくフィットする（分散力）ことである．炭酸エステルの場合にα-CDとβ-CDとで不斉選択性が逆転しているのは，空洞サイズの小さなα-CDの場合にはアルキル鎖が，一方，空洞サイズの大きなβ-CDの場合にはp-ニトロフェニル基が包接されるため，選択性の逆転が起こるものと思われる（図1.5）．

表1.6中のフェニル酢酸エステル誘導体の場合にはフェニル基が主に包接されると考えると，安定な包接錯体の二級水酸基側における置換基の配列は，やはり右回りに大−中−小となる．1-フェニルプロパン酸アニオンの場合はフェニル基が包接されることは明らかであり，この場合にも

表1.6 中心不斉をもつゲスト分子のCDによる不斉認識

ホスト	ゲスト		K (M^{-1})	選択性	配置	文献
α-CD	C$_6$H$_{13}$-OCOO-C$_6$H$_4$-NO$_2$	(R) (S)	400 200	(R)	大−中−小	15
β-CD	C$_6$H$_{13}$-OCOO-C$_6$H$_4$-NO$_2$	(R) (S)	227 303	(S)	大−中−小	15
α-CD	Ph(OCH$_3$)CH-COO-C$_6$H$_4$-NO$_2$	(R) (S)	111 91	(R)	大−中−小	15
β-CD	Ph(OCH$_3$)CH-COO-C$_6$H$_4$-NO$_2$	(R) (S)	333 250	(R)	大−中−小	15
β-CD	Ph-CH(CH$_3$)-COO$^-$	(R) (S)	63 52	(R)	大−中−小	16
β-CD	Ph-CH(OH)-COOCH$_3$	(R) (S)	60 72	(S)	大−小−中	17
TMe-α-CD	ナフチル-CH(OH)CH$_3$	(R) (S)	277 239	(R)	大−中−小	18
TMe-α-CD	ピレニル-CH(OH)	(R) (S)	565 421	(R)	大−中−小	18

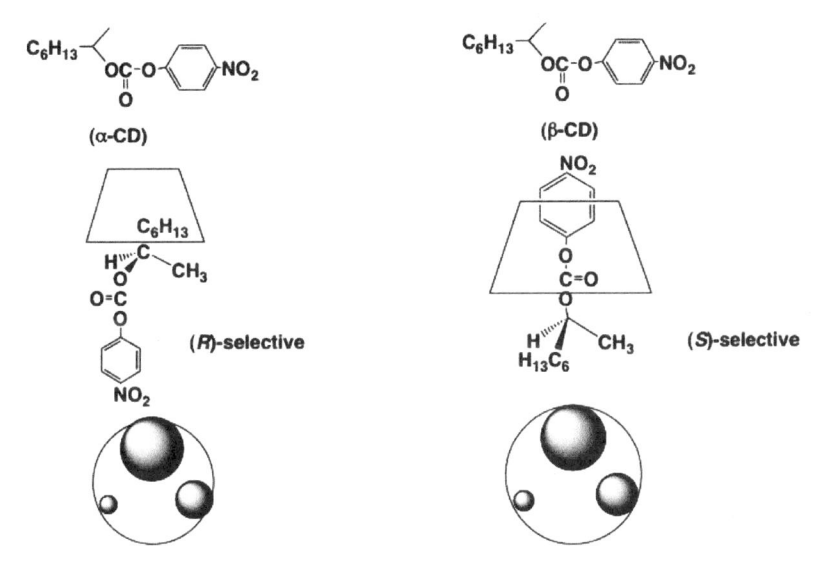

図 1.5 炭酸エステル類の α-CD および β-CD による不斉認識 - 二級水酸基側における置換基の配置

安定なエナンチオマーの置換基の配列は右回りに大-中-小である．データは記載していないが，非解離の 1-フェニルプロパン酸の場合も(R)-選択性を示す．ここで 1 例の例外が認められる．マンデル酸メチルエステルでは(S)-選択性であり，置換基の配列が逆になる（右回りに大-小-中）．しかし，実験結果は示していないが，マンデル酸アニオンは(R)-選択性を示す[17]．

1-アリールエタノール類の TMe-α-CD による不斉認識は興味深い[18]．TMe-α-CD の空洞サイズは小さく，ナフタレンやピレンのような大きなアリール基を包接することはできない．しかし，表 1.6 に示されているように，1-(4-ナフチル)エタノールや 1-(1-ピレニル)エタノールとは比較的安定な錯体を形成し，かつ比較的大きな(R)-選択性を示す．1-フェニルエタノール（$K = 128$ M^{-1}）や 1-(4-ピリジル)エタノール（$K = 34$ M^{-1}）のようにそれらのアリール基が TMe-α-CD の空洞に包接されるようなゲスト分子に対しては，結合定数も小さくかつ不斉選択性もまったく認められない．NMR スペクトルの詳しい解析から，1-(4-ナフチル)エタノールや 1-(1-ピレニル)エタノールのようなゲスト分子は，図 1.6 に示すような二級 OCH$_3$ 基の縁部分を覆うような形の錯体を形成していることが明らかにされている．この際ゲスト分子中の親水的な水酸基を水層に向けると仮定すれば，これらのゲスト分子の二級 OCH$_3$ 基縁部分での配向は，やはり右回りに大-中-小となる．この結果は CD による不斉認識は CD の二級水酸基側で主に起こることを強く示唆している．

Mikolajczyk と Drabowicz によるスルフィニル化合物の β-CD による光学分割[2]の結果を表 1.7 に示す．この例は包接沈殿で得られた錯体の光学純度を測定したものであり，表 1.7 の結果のみから β-CD が優れた光学分割剤であると結論するわけにはいかないし，かつ β-CD の不斉選択性を直ちに議論することはできない．ここでは包接沈殿で生じるエナンチオマーが安定な錯体を形成すると仮定する．そのような仮定のもと，β-CD の二級水酸基側での置換基の配列を示すと図 1.7 のようになる．比較的大きな光学純度を示す系では，配列はやはり右回りに大-中-小となるが，光学純度が 10% 未満の系では右回りに大-小-中となる．いままでの議論と矛盾するのか

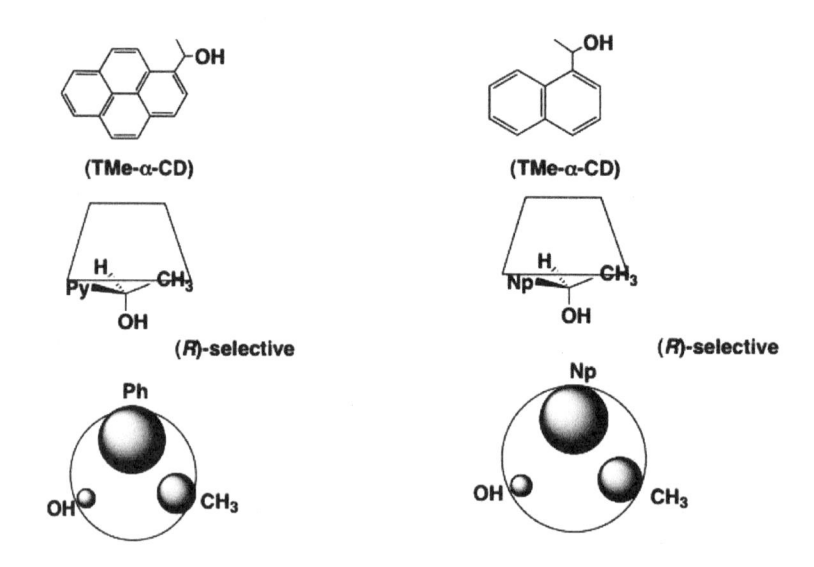

図1.6 1-アリールエタノール類のTMe-α-CDによる不斉認識 - 二級水酸基側における置換基の配置

表1.7 β-CDによるスルフィニル化合物の光学分割[2]

R^1	R^2	光学純度(%)	選択性
$CH_2C_6H_5$	CH_3	8.0	R
$CH_2C_6H_5$	CH_2CH_3	4.7	R
$CH_2C_6H_5$	$CH_2CH(CH_3)_2$	14.5	R
C_6H_5	$CH_2(CH_2)_2CH_3$	9.2	R
CH_3	$OCH(CH_3)_2$	68.2	S
CH_3	$OCH_2CH(CH_3)_2$	8.7	R
CH_3	$OC(CH_3)_3$	12.4	S
$CH(CH_3)_2$	OCH_3	12.8	R

どうかを判断するためには，包接沈殿するエナンチオマーがCDによって選択的に包接されるゲストエナンチオマーかどうかを明らかにする必要がある．

　この節のまとめは以下のようになる．「不斉炭素を一つ有するキラルゲスト分子において，CDとより安定な錯体を形成するエナンチオマーの二級水酸基側での三つの置換基の配列は右回りに大–中–小であり，不斉認識はCDの二級水酸基側で起こる．」

　多くの例を検証すると，CDによる不斉認識には明らかな傾向が認められる．つまり，不斉認識サイトは，多くの場合CDの二級水酸基側であり，より安定な錯体を形成するエナンチオマーの三つの置換基の二級水酸基側での配列は，このサイト側から眺めたとき，右回りに大–中–小となる．このことから「CDの二級水酸基側は水中でゲスト分子を包接する際に立体的に規則正し

1. シクロデキストリンの不斉認識機構   *61*

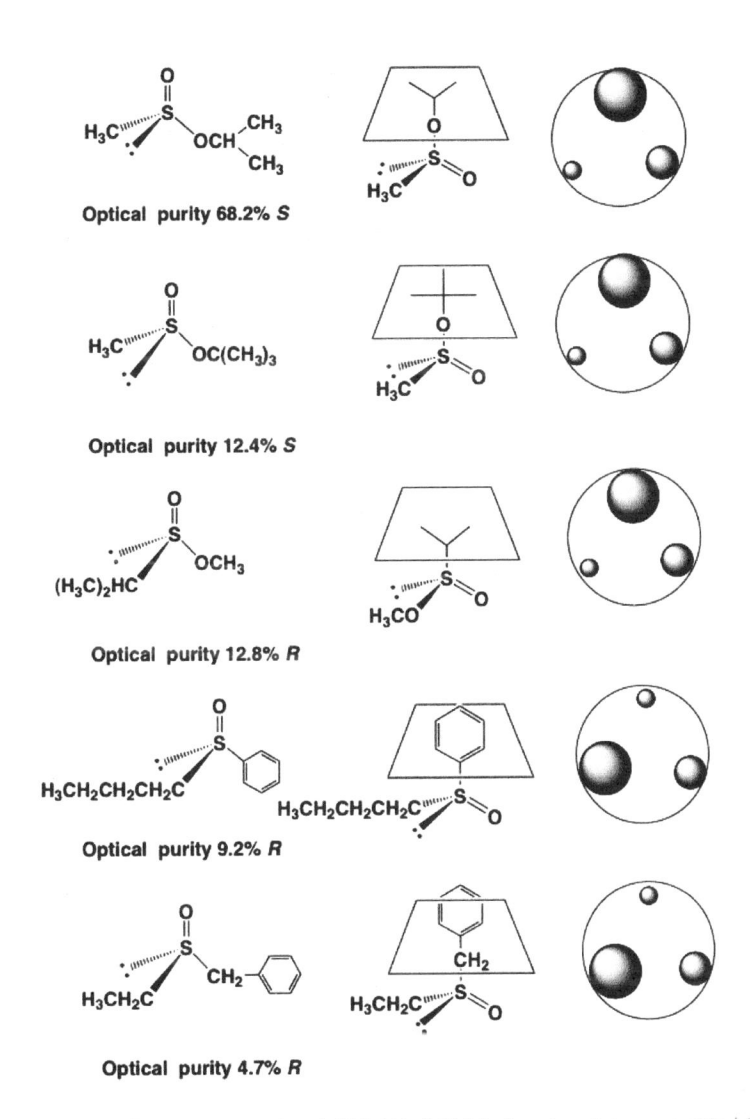

Optical purity 68.2% *S*

Optical purity 12.4% *S*

Optical purity 12.8% *R*

Optical purity 9.2% *R*

Optical purity 4.7% *R*

図1.7 スルフィニル化合物のβ-CDによる光学分割と分割されたエナンチオマーの二級水酸基側での置換基の配置

二級水酸基側

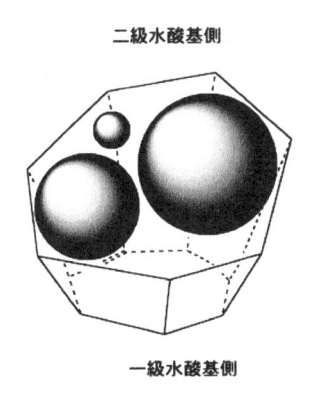

一級水酸基側

図1.8 CDがゲストを包接したときに起こるキラルな歪みの概念図

く歪み，この歪みにより，ゲスト分子の三つの置換基をその大きさで認識する」という仮定が導ける（図1.8）．

1.4 シクロデキストリンは軸不斉やヘリシティーを非常によく認識する

もし，CD がキラルに歪むホスト分子であるならば，キラルな歪みをもつゲスト分子の右歪み構造と左歪み構造とを認識できるはずである．2,2'-ジ置換ビナフチル誘導体はキラルに歪んだ構

表 1.8　CD によるビナフチル誘導体の軸不斉認識 [5]

ホスト	ゲスト	キラリティー	K (M^{-1})	$|\Delta\Delta G|$ ($kJ\cdot mol^{-1}$)	選択性
β-CD		R S	230 280	0.49	S
TMe-β-CD		R S	17±0.1 (5±1)×10^4 M^{-2}		S
β-CD		R S	451±21 920±54	1.8	S
TMe-β-CD		R S	175±11 370±33	1.9	S
EtDMe-β-CD		R S	254±18 954±61	3.3	S
mono-NH$_3^+$-β-CD		R S	998 3474	3.1	S
β-CD		R S	340±6 309±6	0.24	R
TMe-β-CD		R S	420±16 375±18	0.28	R
β-CD		R S	28 ~0	—	R
TMe-β-CD		R S	691±42 114±4	4.5	R
2,6-DMe-β-CD		R S	675±18 583±28	0.36	R
mono-NH$_3^+$-β-CD		R S	415 214	1.6	R

造をもつ軸不斉の化合物である．この軸不斉を各種の CD で認識した結果を表 1.8 に示す [19-22]．表 1.8 からまず気づくことは，規則正しい不斉識別が CD によって実現されていることである．すなわち，ビナフチル骨格にカルボキシル基あるいはカルボキラートアニオンを有するビナフチルカルボン酸類はその(R)-体が CD とより選択的に結合し，それ以外のビナフチル誘導体の場合には(S)-エナンチオマーがより安定な包接錯体を形成する．この規則性は不斉認識機構を論じる上で重要である．さらにこの系の特徴は，中心不斉認識に比べて，軸不斉認識の効率は非常に高いということである．たとえば，heptakis(2,6-di-O-methyl-3-O-ethyl)-β-CD (EtDMe-β-CD) を用いた場合には，1,1'-ビナフタレン-2,2'-ジイルホスファート (BNP) に対して $K_S/K_R = 3.8$ にもなり，$|\Delta\Delta G| = 3.3$ kJ·mol^{-1} と非常に大きな不斉選択性が認められる．さらに大きな不斉選択性が 1,1'-ビナフタレン-2,2'-ジカルボン酸（非解離型）-TMe-β-CD 系（$|\Delta\Delta G| = 4.5$ kJ·mol^{-1}）に認められる．このように大きな CD の不斉選択性はこの研究以前には知られておらず，CD が不斉認識用ホストとして劣っているという従来の考えは改めなければならなくなった．

図 1.9 に，Chem3D Pro に組み込まれている分子動力学計算によって得られた，BNP-β-CD 錯体の安定な構造を示す．この計算は溶媒としての水の関与は無視しているし，結果の妥当性について厳密な議論はできないが，実験者が予想した錯体構造と Chem3D Pro の MD 計算結果が一致する場合には，推定構造をビジュアル化するのには極めて有用である．二級水酸基側で BNP 分子は比較的浅く CD 空洞に包接されており，BNP の歪んだ構造に合わせて van der Waals 接触を最大にするためには，CD はキラルに歪む必要がある．図 1.9 はそのような推論をビジュアル化している．

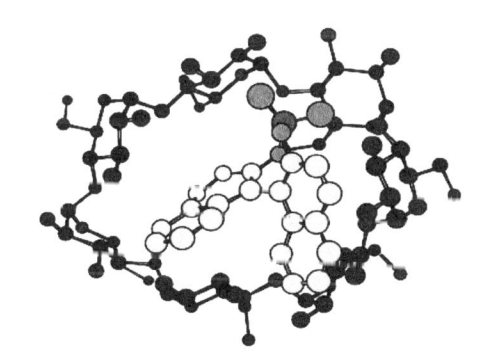

図 1.9 β-CD-(S)-BNP 包接錯体の可能な構造．水素原子は省略している．

(P)-HDC   **(M)-HDC**

図 1.10 HDC ジアニオンのヘリシティー．二つのメチル基間の立体反発により各エナンチオマーは安定に存在する．

軸不斉によく似たキラリティーにヘリシティーがある．1,12-ジメチルベンゾ[c]フェナントレン-5,8-ジカルボン酸 (HDC) は 1 および 12 位の二つのメチル基の立体障害により (P)- および (M)-ヘリシティーをもつエナンチオマーが安定に取り出せる（図 1.10）．この HDC を用いて CD による不斉認識が検討され，その結果が表 1.9 にまとめられている[23]．結合定数の測定は NMR 滴定によって pD 7.0 で行われており，HDC はジアニオンの状態である．β-CD も γ-CD も HDC の (P)-体と非常に選択的に結合する．K_P/K_M = 8.5 と大きく，$|\Delta\Delta G|$ = 5.2 kJ·mol^{-1} となり，CD の不斉認識の例の中では最大級の不斉選択性を示す．NMR スペクトルの検討から，不斉認識は二級水酸基側で起こっていることがわかる．この結果も，CD がキラルに歪むために HDC の不斉認識が可能になるという説明で理解される．CD がゲスト分子の形に合わせて歪むのであれば，このような不斉選択性の発現は不可能であるので，やはり，CD はゲスト分子を取り込む際にはキラルに歪むとしか考えられない．

表 1.9　CD による HDC のヘリシティー認識（pD7.0, 25℃）[23]

ホスト	ゲスト	K (M^{-1})	$\Delta\Delta G$ (kJ·mol^{-1})	ΔH (kJ·mol^{-1})	ΔS (J·mol^{-1}·K^{-1})
β-CD	(P)-HDC	18700	5.2	-51.1	-90.1
β-CD	(M)-HDC	2200		-35.1	-53.2
γ-CD	(P)-HDC	3100	3.7	-30.2	-34.4
γ-CD	(M)-HDC	690		-16.0	0.45

β-CD との錯体生成は負に大きなエンタルピー変化により進行しており，エントロピー的には不利な過程である．しかし，(M)-HDC の錯形成は (P)-HDC の場合に比べて ΔS 項がやや大きくなっている．この傾向は γ-CD と HDC との錯形成においてより顕著である．より選択的に CD と結合できる (P)-体の場合には，ゲスト分子の疎水性の高いヘリセン環を CD 空洞に深く挿入できるが，(M)-HDC の場合にはヘリセン環を深く挿入できず，そのため親水的なカルボキシラート部を CD 空洞近くに位置せざるを得なくなり，そのために CO$_2^-$ 部からの脱水和が錯形成時に進行するため ΔS が大きくなり，その反面 ΔH 的には不利になるものと考えられる（ΔH-ΔS 補償効果）．

トリス(1,10-フェナントロリン) 金属錯体（M(phen)$_3$$^{n+}$) も HDC と同様にヘリシティーをもつ化合物である（図 1.11）．このヘリシティーも各種 CD によって認識される（表 1.10, 1.11）[24]．ただし，Ru(phen)$_3$$^{2+}$ および Rh(phen)$_3$$^{3+}$ はそれぞれ +2 および +3 価のイオンであり，中性の CD とは結合しない．そこで，図 1.3 に示されているポリアニオン性 β- および γ-CD を不斉認識用ホスト分子として用い，静電相互作用と疎水性効果により錯体を形成させた場合の不斉認識結果が表 1.10 に示されている．いずれの系においても Δ-体が比較的良好に認識される．NMR スペクトルによる詳細な検討から，ゲスト分子である M(phen)$_3$$^{n+}$ はポリアニオン性 CD に静電相互作用で結合するため，結合部位は CD の一級水酸基側であり，疎水的なフェナントリン環の一部を CD の空洞に浅く挿入した構造をとっていることが明らかになっている．この系のもう一つの

Δ-M(phen)₃ⁿ⁺   Λ-M(phen)₃ⁿ⁺

M = Ru : Ru(phen)$_3^{2+}$
Rh : Rh(phen)$_3^{3+}$

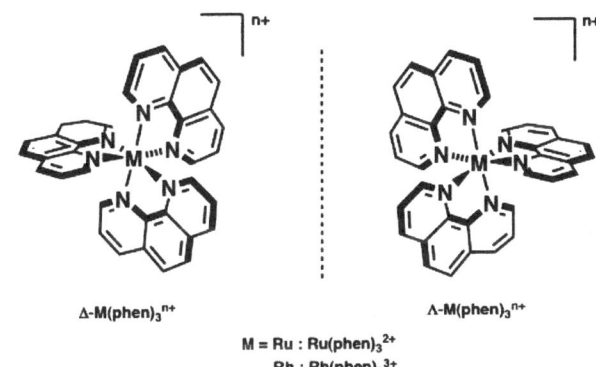

図 1.11　トリス(1,10-フェナントロリン)金属錯体のヘリシティー

表 1.10　Ru(phen)$_3^{2+}$Rh(phen)$_3^{3+}$の per-CO$_2^-$-β-CD によるヘリシティー認識（pD7.0）[24]

		K (M^{-1})	ΔH (kJ·mol^{-1})	ΔS (J·mol^{-1}·K^{-1})
per-CO$_2^-$-β-CD	Δ-Ru(phen)$_3^{2+}$	1250±50	-11.4±1.0	22.2±2.2
per-CO$_2^-$-β-CD	Λ-Ru(phen)$_3^{2+}$	590±40	-4.4±1.2	39.4±4.3
per-CO$_2^-$-γ-CD	Δ-Ru(phen)$_3^{2+}$	1140±50	-12.9±0.5	16.9±1.6
per-CO$_2^-$-γ-CD	Λ-Ru(phen)$_3^{2+}$	890±40	-15.1±0.9	6.7±3.2
per-CO$_2^-$-β-CD	Δ-Rh(phen)$_3^{3+}$	1500±60	-6.1±0.1	40.2±0.5
per-CO$_2^-$-β-CD	Λ-Rh(phen)$_3^{3+}$	1050±40	-4.4±0.1	43.0±0.4

表 1.11　Ru(phen)$_3^{2+}$の TMe-α-CD によるヘリシティー認識（pD7.0）[24]

	K (M^{-1})	ΔH (kJ·mol^{-1})	ΔS (J·mol^{-1}·K^{-1})
Δ-Ru(phen)$_3^{2+}$	54±4	-40.5±2.1	-102±7
Λ-Ru(phen)$_3^{2+}$	108±4	-34.3±2.3	-75±8
Δ-Ru(bpy)$_3^{2+}$	59±4	-46.9±0.4	-123±1
Λ-Ru(bpy)$_3^{2+}$	77±4	-36.8±0.6	-87±2

特徴は，錯形成に対する ΔS が正の値を示すことである．この熱力学的特徴は，静電相互作用と疎水性効果の共同効果で包接錯体を形成するときにしばしば観察される[25]．データは示していないが，アミノ酸イオンの不斉をポリカチオンおよびポリアニオン性 CD で認識するという先述の系でも，同様の熱力学的特徴が観察される[14]．

ほとんどの電荷をもたない中性 CD は M(phen)$_3^{n+}$ と結合しないにも関わらず，空洞サイズの小さな TMe-α-CD は Ru(phen)$_3^{2+}$ と錯体を形成する．^{1}H NMR スペクトルを測定しても，TMe-β-CD の添加は Ru(phen)$_3^{2+}$ の NMR スペクトルを全く変化させないが，TMe-α-CD を加えると (±)-Ru(phen)$_3^{2+}$ のシグナルが2組に分裂し，TMe-α-CD による Ru(phen)$_3^{2+}$ のヘリシティー認識が起こっていることがわかる．先述の 1-アリールエタノールと TMe-α-CD との錯体でも同

様の現象が認められる．NMRスペクトルの解析からゲスト分子はTMe-α-CDの二級水酸基側に結合しており，この場合の不斉選択性はper-CO$_2^-$-β-CDの場合とは逆の(Λ)-選択性である．この結果は不斉認識機構を論じる上で重要である．すなわち，CDの不斉認識はCDの一級水酸基側と二級水酸基側とでは逆転するという可能性をこのデータは示唆している．後述するように，CDがキラルに歪むのであれば，CDの空洞の上下で不斉選択性は逆転するはずである．

それでは，二級水酸基側を修飾し，この部位にアニオン性の官能基をつけたCDを用いてRu(phen)$_3^{2+}$の不斉認識をすれば，上の予想を実験的に確かめることができるはずである．そこで，図1.12に示すようなアニオン性CDが合成され[26]，そのRu(phen)$_3^{2+}$に対する不斉認識が検討された．結果を表1.12に示す[27]．これらの結果は定温滴定カロリメトリー法によって得られたものであり，測定のpHはカルボキシル基が解離型と非解離型とが共存している条件となっている．完全解離した状態では2,3-CO$_2^-$-β-CDはその静電反発により，裾を大きく広げたような形をとり，ゲスト分子を包接しにくいため，非解離型を共存させ，二級水酸基側での静電反発を弱めている．結果は予想どおり，per-CO$_2^-$-β-CDとは逆の(Λ)-選択性となる．この結果は，一級水酸基側と二級水酸基側とでは，その不斉選択性は逆転するという推論を強く支持するものである．

この節をまとめると，「CDはゲスト分子の軸不斉やヘリシティーを高い選択性で認識する．またCDによる不斉認識では，一級水酸基側と二級水酸基側とではその選択性が逆転する．このことは，CDがゲスト分子を包接するときに自由にその形を変えるのではなく，ある規則をもって

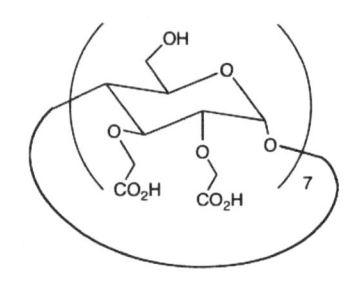

2,3-CO$_2$H-β-CD

図1.12 Heptakis(2,3-di-O-carboxylatomethyl)-β-CDの構造

表1.12 2,3-CO$_2^-$-β-CDによるRu(phen)$_3^{2+}$のヘリシティー認識 (pH4.0) [27]

	K (M^{-1})	ΔH (kJ·mol^{-1})	ΔS (J·mol^{-1}·K^{-1})
Δ-Ru(Phen)$_3^{2+}$	2950 ± 230	1.7 ± 0.1	71
Λ-Ru(Phen)$_3^{2+}$	4740 ± 600	1.1 ± 0.1	74

NMRスペクトル測定から，2,3-CO$_2$H-β-CDの酸解離はpD 2.0から始まり，pD 5.0で完了することがわかる．よって，pH 4.0の測定ではわずかに酸解離したCDを用いていることになる．

キラルに歪むことを意味する」ということになる.

1.5 シクロデキストリンによる不斉誘起と不斉認識機構

これまで取り扱ってきた CD による不斉認識では，ゲスト分子が中心不斉や軸不斉などの不斉要素をもっていた．一方，CD はアキラルな分子の不斉を誘起することがある．ここではそのような例を取り上げ，最終的に不斉認識機構についての結論に結びつける．

1985 年に以下のような二つの論文が発表された．空洞サイズの大きな γ-CD はピレンを二量体として包接する．このピレン二量体が普通の face-to-face 形の立体配座をとればアキラルである．しかし，この γ-CD 空洞中に包接されたピレン二量体は光学活性であることが円偏光蛍光（CPF）スペクトルから明らかになった [28,29]．CPF スペクトルは蛍光の円二色性を測定するものであり，γ-CD 空洞中に包接されたピレン二量体からの蛍光は左巻き円偏光成分が多い．ピレン二量体が光学活性ということは，γ-CD 空洞中で二つのピレン分子がキラルにねじれた配向をとっていることを明確に示している．もしも CD 空洞が右巻きにも，左巻きにも自由にねじれるものであればこのような不斉誘起は起こらないはずである．

同じ年に，Lightner らにより，α-，β-および γ-CD によるビリルビン（BR）の不斉誘起が報告された [30]．円二色性スペクトルの解析から，β-CD や γ-CD は BR の(M)-ヘリックス体（図 1.13）を誘起することがわかる．不思議なことに，円二色性スペクトル強度は，これら三つの CD であまり大きな差がない．CD 研究者であればすぐにこの不思議さに気づくはずである．つまり CD 空洞への BR の深い包接は起こらなくても不斉誘起が進行することを意味している．換言すれば CD の外側で不斉誘起が起こることになる．事実非環状オリゴ糖であるマルトースやマルトトリオース，マルトヘプタオースも BR の不斉を誘起するし [31]，糖ミセルや [32] さらにはヌクレオシドも同じような効果を示す [33]．CD のすべての水酸基を OCH_3 化した TMe-β-CD を β-CD の代わりに用いると，BR の不斉はまったく誘起されなくなる [34]．つまり，CD の水酸基が重要であることがわかる．さらに heptakis(6-O-methyl)-β-CD(6-Me-β-CD)では BR の不斉は誘起され

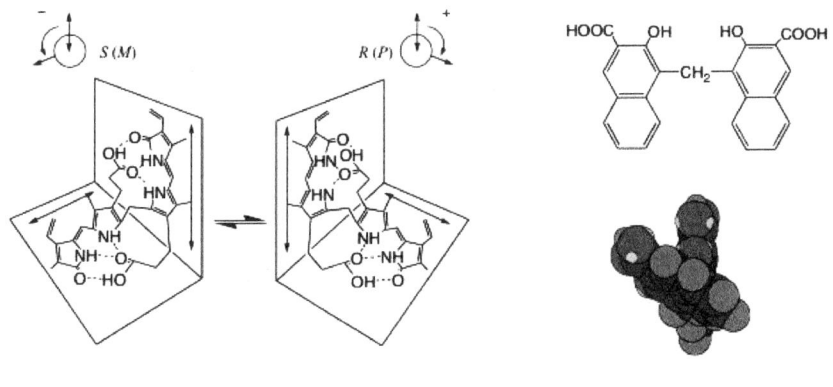

ビリルビンの分子内水素結合による二つの配座エナンチオマー

パモン酸の一つの配座エナンチオマー

図 1.13 ビリルビンおよびパモン酸の配座エナンチオマー（conformational enantiomers）

るが，heptakis(2,6-di-O-methyl)-β-CD(2,6-DMe-β-CD) ではまったく誘起されないことから，CD の 2 および 3 位の水酸基が BR の不斉誘起には同時に関与していると考えることができる[35]．このことから，未修飾 CD による BR の不斉誘起には BR のカルボキシラートイオンと CD の 2 および 3 位の水酸基間の水素結合が関与していると思われる．

　DMSO のような有機溶媒中でゲストのカルボキシラートイオンと CD の 2,3-OH との水素結合生成については，NMR スペクトルにおける水酸基のシグナル変化から確かめられる[36]．カチオン性 CD も BR の不斉を誘起することから，CD 空洞の縁部分でのホスト・ゲスト相互作用が BR の不斉誘起には大切であることがわかる[37]．BR 以外にはパモン酸（図 1.13）がよく似た挙動を示す[38]．以上のような CD による不斉有機に関する結果のすべては，CD がキラルに歪んだ構造をとり，その規則的な歪みが空洞内あるいは空洞外に結合したアキラルな分子の不斉を誘起するとして理解される．

　ピレン，BR あるいはパモン酸の不斉誘起は軸不斉やヘリシティー認識に類似している．そこでこれまでに得られたキラルなヘリックス構造の認識に対する認識部位と不斉選択性の関係をまとめて表 1.13 に示す．このようにまとめてみると面白いことに気づく．すなわち，カルボキシル基をもたないゲスト分子の場合，CD は一級水酸基側で認識する場合には (P)-ヘリックス構造を好むが，二級水酸基側で認識する場合には (M)-ヘリックス構造を選択する．カルボキシル基をもつ場合には選択性が逆転する．このような規則性は図 1.14 に示すような CD の構造によって説明される[24]．

　図 1.14(a) には，C7 対称軸を有する β-CD の概念図が書かれている．グルコピラノースの 4 位から 1 位へ向けて矢印を付けると，矢印の方向は CD の一級水酸基側から眺めた場合と二級水酸

表 1.13　CD によるヘリシティーの認識

系	認識サイト	選択性	文献
BN / β-CD	2°OH	M	22
BN / TMe-β-CD	2°OH	M	22
BNP / β-CD	2°OH	M	22
BNP / TMe-β-CD	2°OH	M	22
BNC / β-CD	2°OH	P	22
BNC / TMe-β-CD	2°OH	P	22
HDC / β-CD	2°OH	P	23
HDC / γ-CD	2°OH	P	23
Ru(phen)$_3^{2+}$ / per-CO$_2^-$-β-CD	1°OH	P	24
Ru(phen)$_3^{2+}$ / per-CO$_2^-$-γ-CD	1°OH	P	24
Ru(phen)$_3^{2+}$ / TMe-α-CD	2°OH	M	24
Ru(byp)$_3^{2+}$ / TMe-α-CD	2°OH	M	24
pyrene / γ-CD	2°OH	M	29
bilirubin / β-CD	2°OH	M	34
acridine orange / γ-CD	2°OH	M	39

BN: 1,1'-bi-2-naphthol, BNP: 1,1'-binaphyl-2,2'-diyl phosphate, BNC: 1,1'-binnaphthyl-2,2'-dicarboxylic acid

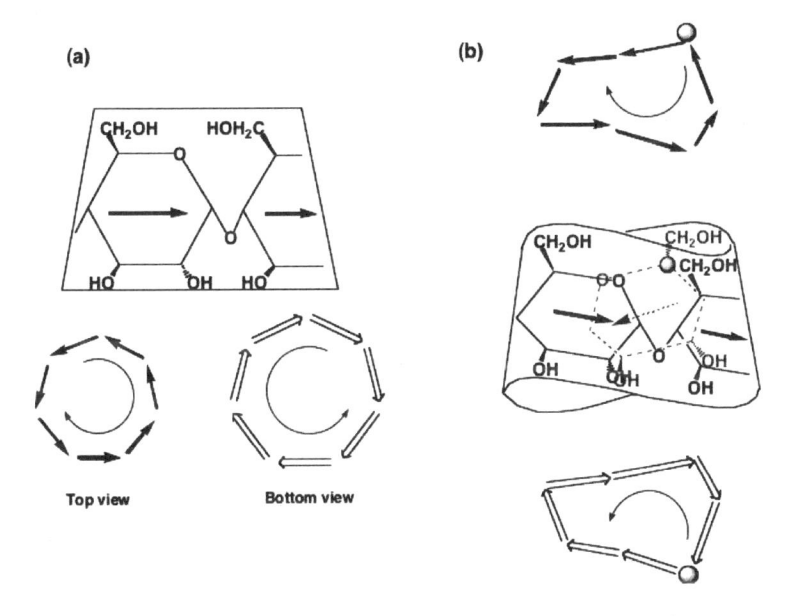

図 1.14 β-CD の歪みのない空洞とキラルに歪んだ空洞 [24]

基側から眺めた場合とでは逆転する．しかし，このように対称性のよい空洞にゲスト分子が包接される場合には，ゲストの(P)-ヘリックスと(M)-ヘリックスとを見分けるための要素を CD 構造中に見出すことができない．一方，図 1.14(b)には CD 空洞がねじれた構造をとったときの概念図が書かれている．このようにキラルに CD 空洞がねじれた場合には，一級水酸基側と二級水酸基側との縁部分では，お互いに逆のヘリックス構造をもつ形のゲストとうまく形を合わすことができる．このように考えると，一級水酸基側と二級水酸基側とではその不斉選択性が逆転することが説明できる．

これまでに得られた CD による不斉認識の結果をまとめてみると，かなり良好な規則性があることがわかる．CD による不斉認識には以下のような特徴がある．

① CD はゲスト分子のあらゆるタイプの不斉を認識することができる [40]．
② 多くの場合，不斉認識は CD の二級水酸基側の縁部分で進行する．
③ より選択的に CD に包接されるゲスト分子の不斉炭素に結合した三つの置換基の配置は，二級水酸基側から眺めたとき，右回りに大–中–小となる．
④ ゲスト分子のキラリティーが分子の大きな歪みを生じる場合（軸キラリティーやヘリシティー），CD は良好な不斉認識用ホスト分子となる．
⑤ 不斉選択性は CD の一級水酸基側と二級水酸基側とでは逆転する．
⑥ ゲスト分子を包接する際の CD 空洞のキラルな歪みにより，ゲスト分子の不斉が認識される．

1.6 シクロデキストリンがキラルなねじれ構造をとるということ

TMe-β-CD は二級水酸基側での分子内水素結合がないため，ゲスト分子を包接する際にその

空洞の形を変えて，induced-fit 形の包接現象を示すことが従来から知られている [41]．一方，未修飾 CD や 2,6-DMe-β-CD の場合には，二級水酸基側での分子内水素結合帯の形成により，水中でゲスト分子を包接してもその形を大きくは変えないことが ^{13}C NMR スペクトルの測定からわかっている [42]．確かに水中においても β-CD などの未修飾 CD は二級水酸基の分子内水素結合が近傍効果により形成されていると考えられる．しかし，溶媒である水分子との分子間水素結合も形成されるため，固体状態ほどの強固な分子内水素結合帯ではないと予想される．不斉認識には必ずしも CD 環が大きく歪む必要はなく，極わずかに歪めば，ゲスト分子の不斉は認識できるはずである．

では，なぜ CD 環が歪むのであろうか．キラルに歪むという傾向を CD がもつことにはその構成単位であるグルコピラノースの 1,4-グルコシド結合が関与している．DNA が右巻きらせん構造をとるのはデオキシリボースという 5 員環の糖がもつ不斉による．CD の原料であるデンプンも右巻きらせん構造をとることが知られている．糖のポリマーやオリゴマーも右巻きらせん構造をとる性質をもっている．CD は環を巻いており，かつ二級水酸基間の分子内水素結合帯で対称性のよい円錐台形をしているが，水素結合帯が一部でも破壊されれば，CD が潜在的に有する右巻きらせん構造をとろうとする傾向が表に出てくるものと思われる．

化学計算は，6 から 7 個のグルコピラノースが α(1-4)グルコシド結合した場合に 1 らせん単位を構成することを示唆する．非環状オリゴ糖であるマルトヘキサオースやマルトヘプタオースが未修飾 CD と同じように BNP や HDC の不斉を認識することが報告されており [43,44]，これらの結果は糖のキラルな歪み構造が不斉認識には必要であることを強く支持する．X 線結晶構造解析の結果は，グルコピラノースが 9，10 および 14 個と増えるに従い，all-*cis* 配座をとっていた CD のグルコシド結合に *trans* 配座が混じるようになることを示している（図 1.15）[45]．CD が本来キラルにねじれた構造をとる傾向にあることは間違いない．

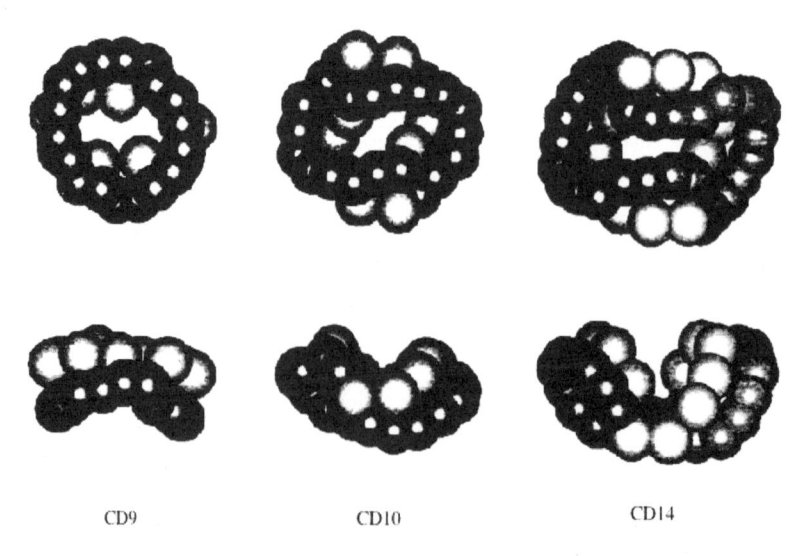

CD9　　　　　　CD10　　　　　　CD14

図 1.15 環拡張 CD 類の X 線結晶構造解析結果 [45]

1.7 おわりに

本章では，CD による不斉認識機構をできるだけ単純化して考察することを試みた．ここで結論されている機構以外の不斉認識例が存在してもまったく不思議ではない．たとえば，2 および 3 位の水酸基が同時にゲスト分子と分子間水素結合すれば（二点水素結合），CD 空洞への包接を加えると，三点相互作用認識機構（three-point attachment model）が適用されることになる．この場合には CD 空洞はキラルに歪む必要はなく，不斉認識は不斉炭素に結合した 2 および 3 位の水酸基の立体配置と包接とが不斉選択性を決定する．しかし，この認識機構ではホストとゲスト間に必ず分子間水素結合が形成さればならない．分子間水素結合が形成できない多くの不斉認識系には，この機構は適用できない．

本章で述べられている不斉認識機構は，これまでに報告されている多くの研究結果を説明することができる．今後，CD による不斉選択性の予想や，より選択性の高い不斉認識系の設計にこの機構が利用されることが望まれる．

参考文献

1) F. Cramer and W. Dietsche, *Chem. Ber.*, **92**, 378-385 (1959).
2) M. Mikolajczyk and J. Drabowicz, *J. Am. Chem. Soc.*, **100**, 2510-2515 (1978).
3) A. Cooper and D. D. MacNicol, *J. Chem. Soc., Perkin Trans.* 2, **1978**, 760-763.
4) M. Reckharsky and Y. Inoue, *J. Am. Chem. Soc.*, **122**, 4418-4435 (2000).
5) K. Kano and R. Nishiyabu, *Adv. Supramol. Chem.*, **9**, 39-69 (2003). 本書の図表の一部は文献 5) の編集委員長の許可を得て，文献 5) と同じものが使われている．
6) W. L. Hinze, T. E. Richl, D. W. Armstrong, W. DeMond, A. Alak, and T. Ward, *Anal. Chem.*, **57**, 237-242 (1985).
7) Y. Yamashoji, T. Ariga, S. Asano, and M. Tanaka, *Anal. Chim. Acta*, **268**, 39-47 (1992).
8) Y. Cheng and D. M. Hercules, *J. Mass Spectrom.*, **36**, 834-836 (2001).
9) (a) J. Ramirez, F. He, and C. B. Lebrilla, *J. Am. Chem. Soc.*, **120**, 7387-7388 (1998). (b) J. Ramirez, S. Ahn, G. Grigorean, and C. B. Lebrilla, *J. Am. Chem. Soc.*, **122**, 6884-6890 (2000).
10) K. Fujiwara, S. Suzuki, K. Hayashi, and S. Masuda, *Anal. Chem.*, **62**, 2198-2205 (1990).
11) C. L. Cooper, J. B. Davis, R. O. Cole, and M. J. Sepaniak, *Electrophoresis*, **15**, 785-792 (1994).
12) M. Miura, K. Funazo, and M. Tanaka, *Anal. Chim. Acta*, **357**, 177-185 (1997).
13) M. Miura, K. Kawamoto, K. Funazo, and M. Tanaka, *Anal. Chim. Acta*, **373**, 47-56 (1998).
14) T. Kitae, T. Nakayama, and K. Kano, *J. Chem. Soc., Perkin Trans.* 2, **1998**, 207-212.
15) R. Fornasier, P. Scrimin, and U. Tonellato, *Tetrahedron Lett.*, **24**, 5541-5542 (1983).
16) S. E. Brown, J. H. Coates, P. A. Duckworth, S. F. Lincoln, C. J. Easton, and B. L. May, *J. Chem. Soc., Faraday Trans.*, **89**, 1035-1040 (1993).
17) M. Rekharsky, H. Yamamura, M. Kawai, and Y. Inoue, *J. Am. Chem. Soc.*, **123**, 5360-5361 (2001).
18) S. Negi, K. Terai, K. Kano, and K. Nakamura, *J. Chem. Res. (M)*, **1998**, 3268-3296.
19) K. Kano, K. Yoshiyasu, and S. Hashimoto, *J. Chem. Soc., Chem. Commun.*, **1989**, 1278-1279.

20) K. Kano, Y. Tamiya, C. Otsuki, T. Shimomura, T. Ohno, O. Hayashida, and Y. Murakami, *Supramol. Chem.*, **2**, 137-143 (1993).
21) K. Kano, T. Kitae, and H. Takashima, *J. Inclusion Phenom. Mol. Recogn. Chem.*, **25**, 243-248 (1996).
22) K. Kano, Y. Kato, and M. Kodera, *J. Chem. Soc., Perkin Trans.* 2, **1996**, 1211-1217.
23) K. Kano, H. Kamo, S. Negi, T. Kitae, R. Takaoka, M. Yamaguchi, H. Okubo, and M. Hirayama, *J. Perkin Trans.* 2, **1999**, 15-21. この論文に記載されているHDCのヘリシティーの表示はすべてが(*M*)-は(*P*)-，(*P*)-は(*M*)-と読みかえる必要がある.
24) K. Kano and H. Hasegawa, *J. Am. Chem. Soc.*, **123**, 10616-10627 (2001).
25) K. Kano, T. Kitae, Y. Shimofuri, N. Tanaka, and Y. Mineta, *Chem. Eur. J.*, **6**, 2705-2713 (2000).
26) K. Kano, Y. Horiki, T. Mabuchi, and H. Kitagawa, *Chem. Lett.*, **33**, 1086-1087 (2004).
27) K. Kano and Y. Horiki, 未発表.
28) K. Kano, H. Matsumoto, S. Hashimoto, M. Sisido, and Y. Imanishi, *J. Am. Chem. Soc.*, **107**, 6117-6118 (1985).
29) K. Kano, H. Matsumoto, Y. Yoshimura, and S. Hashimoto, *J. Am. Chem. Soc.*, **110**, 204-209 (1988).
30) D. A. Lightner, J. K. Gawronski, and K. Gawronska, *J. Am. Chem. Soc.*, **107**, 2456-2461 (1985).
31) K. Kano, K. Yoshiyasu, and S. Hashimoto, *J. Chem. Soc., Chem. Commun.*, **1989**, 1278-1279.
32) K. Kano and T. Ishimura, *J. Chem. Soc., Perkin Trans.* 2, **1995**, 1655-1660.
33) K. Kano, K. Yoshiyasu, and S. Hashimoto, *Chem. Lett.*, **1990**, 21-24.
34) K. Kano, K. Yoshiyasu, H. Yasuoka, S. Hata, and S. Hashimoto, *J. Chem. Soc., Perkin Trans.* 2, **1992**, 1256-1269.
35) K. Kano, K. Imaeda, K. Ota, and R. Doi, *Bull. Chem. Soc. Jpn.*, **76**, 1035-1041 (2003).
36) K. Kano, N. Tanaka, and S. Negi, *Eur. J. Org. Chem.*, **2001**, 3689-3694.
37) K. Kano, S. Arimoto, and T. Ishimura, *J. Chem. Soc., Perkin Trans.* 2, **1995**, 1661-1666.
38) K. Kano, M. Tatsumi, and S. Hashimoto, *J. Org. Chem.*, **56**, 6579-6585 (1991).
39) N. Kobayashi, N. Hino, A. Ueno, and T. Osa, *Bull. Chem. Soc. Jpn.*, **56**, 1849-1850 (1983).
40) 本書では面不斉認識について述べられていないが，CDはゲスト分子の面不斉も認識できる：(a) Y. Morimoto, K. Ando, M. Uno, and S. Takahashi, *Chem. Lett.*, **1996**, 887-888. (b) K. Kano, R. Takaoka, M. Sato, and M. Yamaguchi, *Chem. Lett.*, **1999**, 1337-1338.
41) (a) K. Harata, K. Uekama, M. Otagiri, and F. Hirayama, *Bull. Chem. Soc. Jpn.*, **56**, 1732-1736 (1983). (b) K. Harata, K. Uekama, M. Otagiri, and F. Hirayama, *J. Inclusion Phenom.*, **1**, 279-293 (1984). (c) K. Harata, K. Uekama, T. Imai, F. Hirayama, and M. Otagiri, *J. Inclusion Phenom.*, **6**, 443-460 (1988). (d) K. Harata, *J. Chem. Soc., Chem. Commun.*, **1988**, 928-629. (e) K. Harata, F. Hirayama, H. Arima, K. Uekama, and T. Miyaji, *J. Chem. Soc., Perkin Trans.* 2, **1992**, 1159-1166. (f) K. Kano, R. Nishiyabu, T. Asada, and Y. Kuroda, *J. Am. Chem. Soc.*, **124**, 9937-9944 (2002).
42) K. Kano, R. Nishiyabu, and R. Doi, *J. Org. Chem.*, **70**, 3667-3673 (2005).
43) K. Kano, K. Minami, K. Horiguchi, T. Ishimura, and M. Kodera, *J. Chromatogr.*, **694**, 307-313 (1995).
44) K. Kano, S. Negi, R. Takaoka, H. Kamo, and T. Kitae, *Chem. Lett.*, **1997**, 715-716.
45) W. Saenger, J. Jacob, K. Gessler, T. Steiner, D. Hoffmann, H. Sanbe, K. Koizumi, S. M. Smith, and T. Takaha, *Chem. Rev.*, **98**, 1787-1802 (1998).

2

修飾シクロデキストリンの構造と機能

2.1 はじめに

「底なしバケツ」と「ボール」の概念図は非常に印象的で，シクロデキストリン（CD）のホスト・ゲスト現象を広く知らしめるに至った（図 2.1）．反面，この図は CD 化学を制限してしまった．実は，空洞の疎水性環境にゲスト分子が存在する（完全にバルク水環境から隔絶している）系のみが CD 機能の特徴ではなく，空洞の縁付近にゲスト分子が存在する会合でも興味深い機能が発現している．

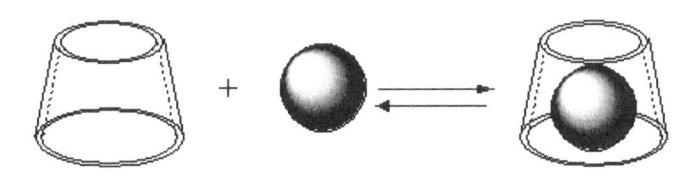

図 2.1 CD 包接現象の概念図

たとえば，ニトロフェニルエステルの加水分解は，遷移状態で CD 環にアリール基が包接されるスキームが書かれることが多いが，必ずしもそうではない．本来，阻害剤として働くはずの CD 空洞を占有するゲスト分子の添加で加速効果を観察した Tee らは，ニトロフェニルエステルが二級水酸基側の空洞外部に存在することをつきとめ，spectator catalysis [1] と称し，適切な spectator（allostere）で反応を on または off できるものと提示している．

本章では筆者の研究を中心に，CD 空洞の縁での包接体形成（＝outside 型）と機能発現という観点から改めて CD 化学を眺めてみたい．

2.2 アゾベンゼンキャップ化シクロデキストリンの機能

まず筆者が CD 研究を始めたアゾベンゼンキャップ化 CD について概説したい．30 年ほど前の研究であるが，現在の CD 化学のシーズがちりばめられている．上野らはアゾベンゼンを側鎖にもつポリペプチドについて，アゾベンゼンの *trans-cis* 光異性化によるポリペプチド二次構造の左巻きヘリックスから右巻きヘリックスの反転を実現していた [2]．*cis* 体は熱あるいは可視光で *trans* 体に変換される．側鎖化学構造と，溶媒組成や光の組み合わせで分子が意のままに動くオ

モチャのようで，心楽しい日々であったと上野は後述している[3]．アゾベンゼンの *trans-cis* 光異性化による構造変化を単なる構造制御から機能制御に展開する目的で選択されたのが CD 分子であった．

2.2.1 ゲスト分子取り込み制御[4]

アゾベンゼンの両端をエステル結合で β-CD に化学結合させてキャップ化を施した I のアゾベンゼン基は CD 空洞による誘起円偏光二色性（ICD）を示す[5]．ICD は光照射前後で異なり，ゲスト分子を取り込むと変化する．光学的に不活性なゲストの包接挙動も評価できる．これを利用してゲスト取り込み制御の検討を行った．キャップアゾベンゼンは空洞外部に存在しているので，この二色性は outside 型のスペクトルパターンの一つと考えてよい．I は楕円率をパラメーターとしてセンシング能を有するホストである．後に，上野はダンシル基やアントラセン基，ピレン基や色素修飾 CD を合成し，分子指示薬＝ホスト・ゲスト分子認識センサー，疎水性センサーの研究を展開するが[6]，アゾベンゼンキャップ化 CD に端を発しているように思われる．

アゾベンゼンが *trans* 体のときは空洞が浅すぎてゲストを十分に包接できない．しかし，*cis*

表2.1 各種ゲスト分子に対する *trans* I，*cis* I アゾベンゼンキャップ化 β-CD の会合定数 K_2

ゲスト	Enantiomeric Form	ホスト	会合定数 K_2 (M^{-1})	選択性 K(L)/K(D)
Carvone	L(-)	*trans*-I	204	1.29
	D(+)		158	
	L(-)	*cis*-I	1550	0.92
	D(+)		1680	
Fencone	L(-)	*trans*-I	604	1.13
	D(+)		536	
	L(-)	*cis*-I	1230	0.86
	D(+)		1480	
Phenylalanine	L	*trans*-I	1.20	1.22
	D		1.47	
	L	*cis*-I	45	1.02
	D		37	
α-methylbenzylalcohol	L	*trans*-I	16.1	1.29
	D		15.8	
	L	*cis*-I	145	0.73
	D		112	
N-Acethyl-α-l-methylbenzylamine	L	*trans*-I	27.5	0.73
	D		37.9	
	L	*cis*-I	2090	2.23
	D		939	

体になるとアゾベンゼンが外に屈曲して空洞が深くなるのでゲストを強く結合することができる．β-CD の空洞はナフタレン 1 分子包接にちょうどいい大きさで，ベンゼン誘導体 2 分子を包接させることは難しい．ところが，2 分子の包接が可能となる（表 2.1, 図 2.2）．さらに不斉選択性も示した．

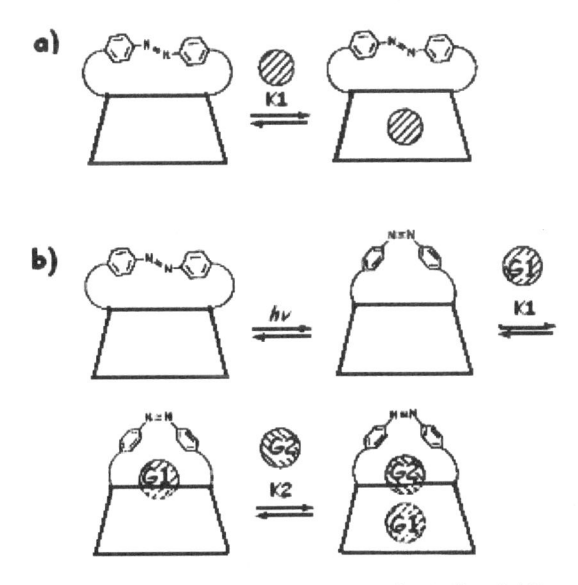

図 2.2 アゾベンゼンキャップ化 CD による分子認識の光制御

2.2.2 加水分解速度の光制御[7]

cis-I から $trans$-I への変換は半減期が長く（33 時間）反応触媒能の光制御も可能である．I を添加した p-ニトロフェニルアセテートの加水分解は Michaelis-Menten 式に従う．反応速度のパラメーターを求めると，$trans$ 体は cis 体に比べ，k_2 は 2.3 倍大きく有利であるが，Michaelis-Menten 定数は 12 倍大きく，総合すると cis 体のほうが，5.4 倍の加速性を示した．cis-I の挙動は他に報告されている rigid なキャップ化 CD の挙動と類似している[8]．

表 2.2 p-nitrophenyl acetate の加水分解における Michaelis-Menten 型反応パラメーター

触媒	$10^3 K_m$ (M)	$10^2 k_2 (s^{-1})$	$10^2 k_2/K_m (s^{-1} \cdot M^{-1})$
β-CD [a]	1.09	0.73	15
$trans$-I	1.62	2.34	6.9
cis-I	0.70	0.19	37

[a] Reported values k_2: 1.15×10^{-3} s^{-1}, K_m: 0.83×10^{-2} M, k_2/K_m: 14×10^{-2} (s$^{-1} \cdot$M^{-1})
(A.Harada, M.Furue, and S.Nozakura, *Macromolecules*, **9**, 705 (1976)).

2.2.3 アゾベンゼンキャップ化シクロデキストリンの展開

I はアゾベンゼン酸クロリドと β-CD を脱水ピリジン中で反応させた．カラムクロマトグラフィーにより 2 種類の精製物が得られた．一方は上記で示した性質が明らかにされている化合物であるが，他方は元素分析・NMR（1970 年代当時）でいずれもアゾベンゼンキャップ化 CD と同

定されるのに，光異性化がまったく起こらない．後に，位置特異的2点キャップ化CD合成を報告した論文[9]の指摘を見て，我々はACキャップ体とADキャップ体を合成し，「不思議な生成物」がADキャップ体であることがわかった．AD体では*trans*アゾベンゼンが伸び切って橋架けされており，*cis*体が生成しなかったのである．

CDはグルコースが複数連なっているので，β-CDであれば7個の一級水酸基と14個の二級水酸基が存在する．多置換修飾はCDの機能を飛躍的に向上させるが，決まった位置に決まった数の修飾基を導入するのは工夫を要する．これは現在もCD化学の大きな研究分野である．詳細は第II編第1章を参考にされたい．

また，*m,m'*-アゾベンゼンキャップ化β-CDも合成された．*cis*体は包接能力がβ-CDより低く，*trans*体への変換が遅かった[10]．分子モデルによると*trans*体ではアゾベンゼン基がいすの背もたれのようにCD壁にそって存在し，*cis*体ではCD空洞の内側に入り込み空洞を占有してしまう．

上野らはさらにアゾベンゼンでキャップしたγ-CDも合成している[11]．この場合はアゾベンゼンとγ-CDはスルホン酸エステルとして化学結合している．分子モデルで検討すると，*trans*アゾベンゼンが伸びきってCDの空洞上に橋架けしており，*cis*体が生成しない可能性があったが，光照射すると*cis*体が生成する．この事実はγ-CDがβ-CDよりフレキシブルで可動であることを示唆している．各ゲスト分子との結合定数を求めたところβ-CDのときと異なり，*trans*体は強い結合能力を示すが，*cis*体では結合能力が低下した．*m*-アゾベンゼンキャップ化β-CDのときと同様，折れ曲がったアゾベンゼン単位がγ-CDの空孔の中に入り込んでいると思われる．

2.3　柔軟性を有する一ゲスト置換シクロデキストリンの構造と機能

表2.3　様々な1点ゲスト修飾CDの分子構造

修飾ゲスト基	キラリティ	包接型	
formylPhe	D	*intra*	inside
	L	*intra*	inside
ZPhe	L	*intra*	outside
Phe	L	*intra*	inside
	D	inter	
BocPhe	L	inter	
pheGly	D	*intra*	outside(pendant)
	L	*intra*	outside(pendant)
Tyr	L	*intra*	outside(capped)
	D	*intra*	outside(capped)
TyrGly	L	*intra*	inside
Z(Gly)$_n$, $n=0,1$	L	*intra*	outside(pendant)
$n=2,3,4,5,6$	L	*intra*	inside
Boc(Gly)$_n$, $n=0,1$	L	inter	
$n=2$	L	*intra*	inside
Z(Ala)$_n$, $n=0,1$	L	*intra*	outside(pendant)
$n=2,3$	L	*intra*	inside
BocTrp	L	inter	

アゾベンゼンキャップ CD 1:2 の包接化合物の 2 個目の会合定数において分子認識が認められたことから，あらかじめゲストを有する CD（ゲスト修飾 CD）合成を行った．溶解性，官能基相互作用を考慮しアミド結合で D-, L-芳香族アミノ酸誘導体をそれぞれ導入した．これらは CD と芳香族基間に "flexible" なアームを有しており，立体構造や運動性が修飾基の化学構造やキラリティに依存し，様々のコンホメーションをとる（表 2.3）[12]．これらの立体構造は温度・溶媒に依存し，包接に際してはゲスト分子に応じて変化する．

2.3.1 自己包接型シクロデキストリンの機能

フレキシブルな自己ゲスト分子が包接に際してスペーサー（分子立体調節）の働きをするので

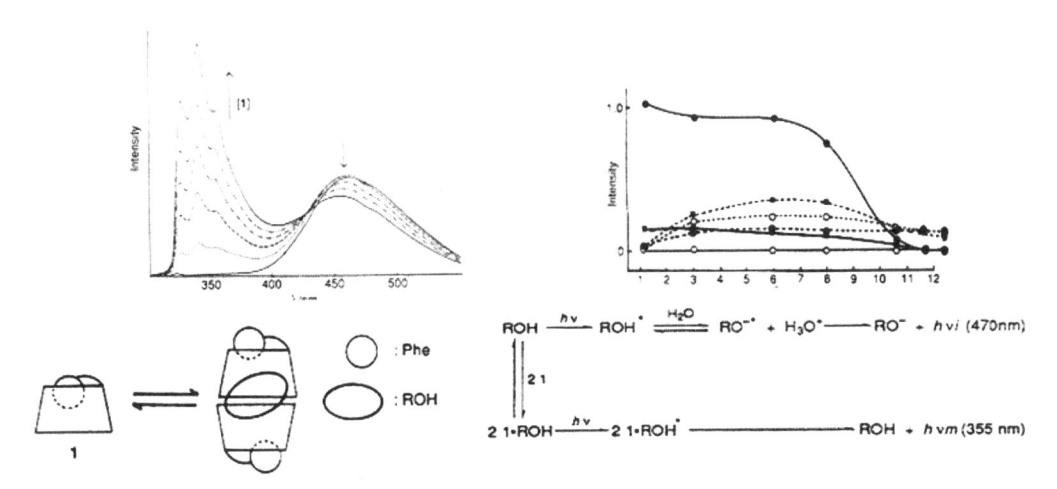

図 2.3　1-ナフトールの分子型蛍光とイオン型蛍光

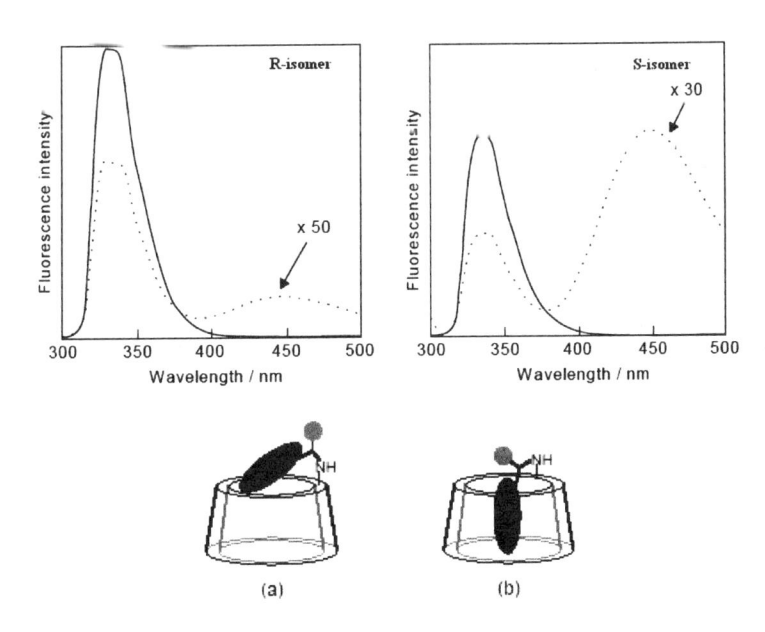

図 2.4　ナフチルエチルアミン修飾 CD のエキシプレックス蛍光

一般に未修飾 CD より高い分子選択性を示す．アミノ基を CHO 基で保護したフェニルアラニンを導入した f-PheCD は inside 型の自己包接錯体を形成している．ダンシルアミノ酸を不斉選択的に包接し，選択性は導入した Phe のキラリティに応じて逆転した．さらに f-L-PheCD は 1-ナフトールと 2:1 包接錯体を形成し，バルク水溶液からのプロトン攻撃の完全妨害[13]を示す（図2.3）．興味深いことに，この際，自己ゲスト Phe 基は 1-ナフトールにより空洞外部に移動し，outside 型となっている[14]．

6-mono-tosyl-CD に R, S-ナフチルエチルアミンをそれぞれ導入した CD はいずれも分子内包接体を形成するが，ナフチル基と CD の相対的位置関係が大きく異なる．水溶液中にも関わらず，アミン基とナフチル基間でエキシプレックス蛍光[15]が出現した．ナフチル基が CD 空洞に深く包接されている R 体より，空洞の縁付近に位置している S 体のほうが際立ったエキシプレックス蛍光が観察された（図2.4）．

2.3.2 自己包接型シクロデキストリンの NMR による構造解析

CD の自己包接体（分子内）は約 40℃で解除され，分子間包接体は 80〜90℃で解除されるといわれているが，本節で示した酸修飾 CD はこのルールに従わない．空洞の縁で水素結合が関与している可能性がある．空洞の中に入らないゲスト分子系，しかも空洞に結合している自己ゲスト修飾 CD を詳細に検討すると，水素結合部位を特定できる可能性がある．

各元素の個別情報を得られる NMR は重要な情報源となる．1 点自己ゲスト修飾 CD の一級水酸基側のメチレンプロトンの全帰属をし，自己包接体のコンホメーション変化に伴うメチレンの変化と水素結合性基の変化から水素結合の直接証拠を提示するべく検討を重ねている[16]．すでにいくつかの CD の水素および炭素の全帰属を終了している．分子運動性の相違に起因するのであろうか，類似 CD 誘導体でも測定パラメーターは異なり，それぞれ微調整したほうがよい．しかし，全帰属のための手順は同様である（図 2.5）．outside 型，inside 型，それぞれの代表的プロトン帰属の結果を図 2.6, 2.7 に示した．

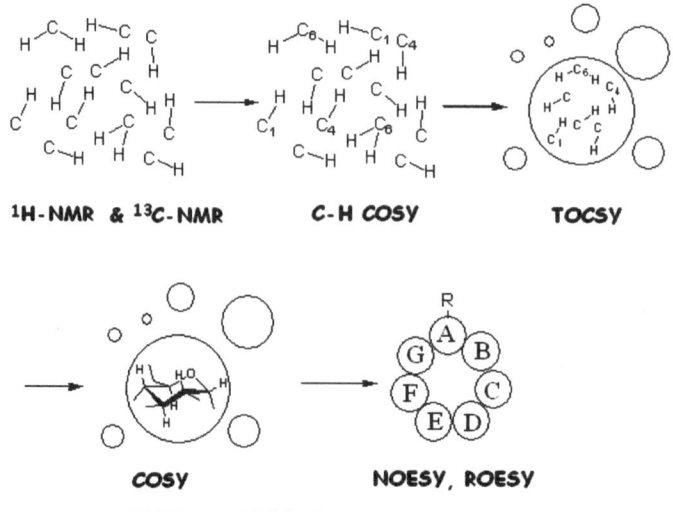

図 2.5 CD 誘導体プロトン同定の手順

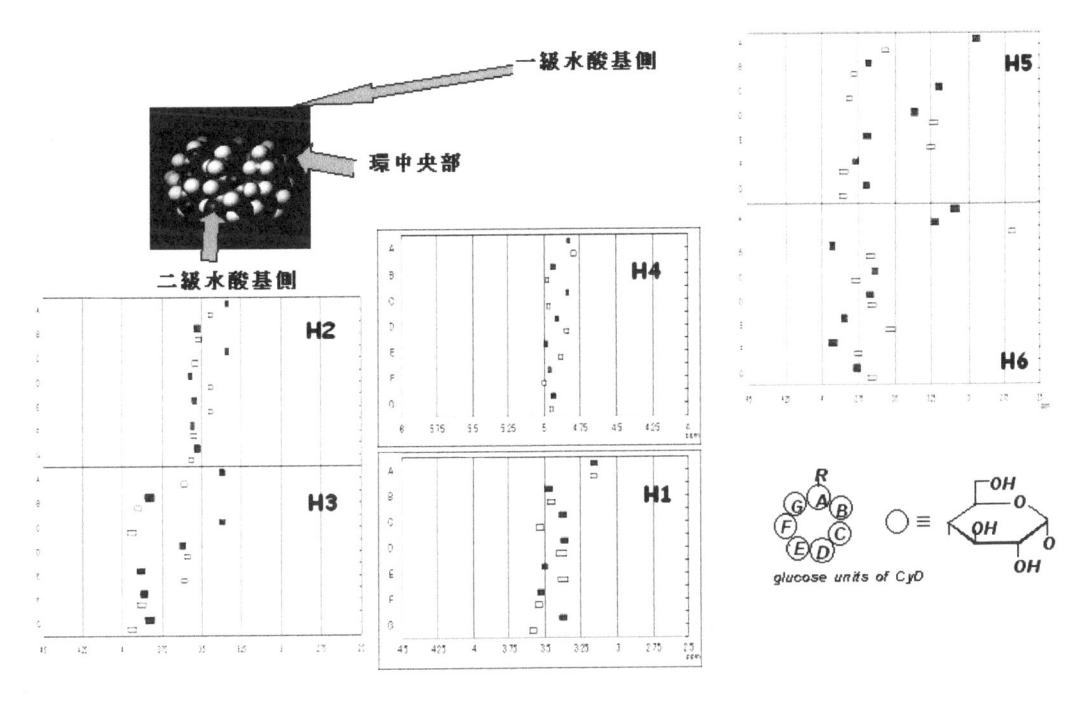

2. 修飾シクロデキストリンの構造と機能　79

図 2.6　outside 型自己包接チロシニル CD の帰属

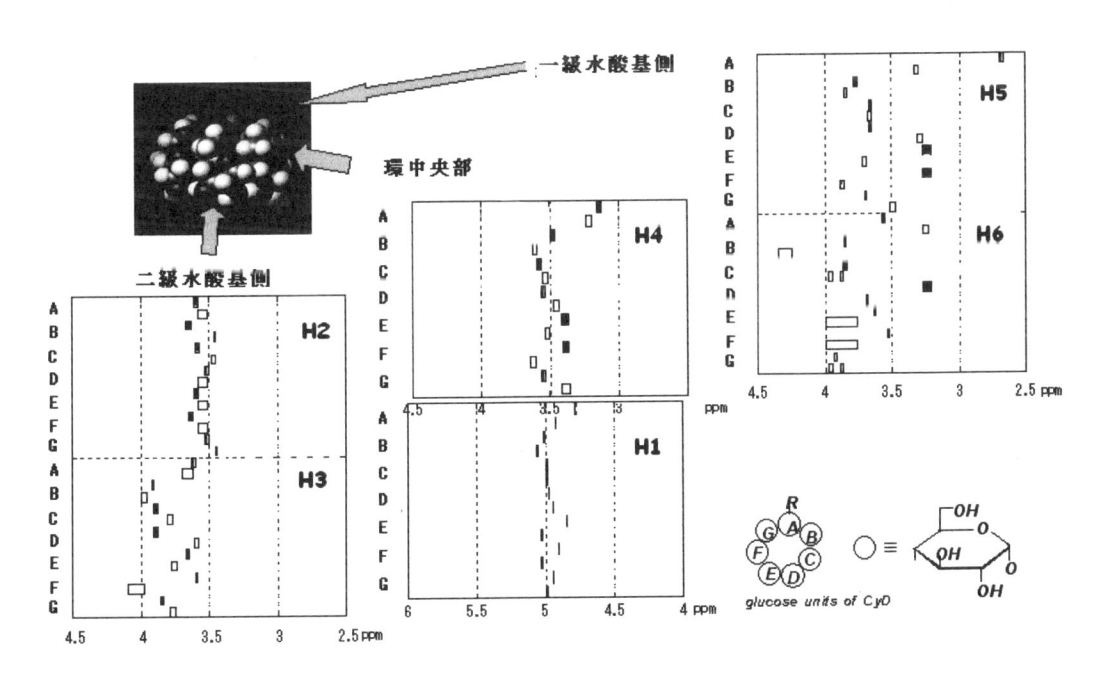

図 2.7　inside 型自己包接ホルミルフェニルアラニル CD の帰属

2.3.3 超分子ポリマーの形成

自己ゲスト修飾 CD の分子内 - 分子間包接平衡は濃度・温度に依存するが，自己ゲスト分子種およびアームの構造・CD と修飾基の相対的大小関係にも依存する．空洞の小さい α-CD に導入したゲスト分子は自らの空洞に入ることが難しく，分子間包接錯体を形成しやすい．たとえば，原田らによる桂皮酸導入 α-CD の超分子ポリマー形成の報告がある．我々も空洞と疎水性基間を結ぶアームの側鎖に糖を導入した α-CD が 30 分子程度分子間包接により連結した超分子ポリマーを形成することを見出している（図 2.8）[17]．特殊な糖誘導体を経由 [18] して合成したこの CD 誘導体は水溶性が非常に高く，高い重合度の超分子ポリマーの形成やポリマー同士での超構造を構築する可能性がある．同様の β-CD 誘導体では分子内相互作用が優先し超分子ポリマーは形成されない．

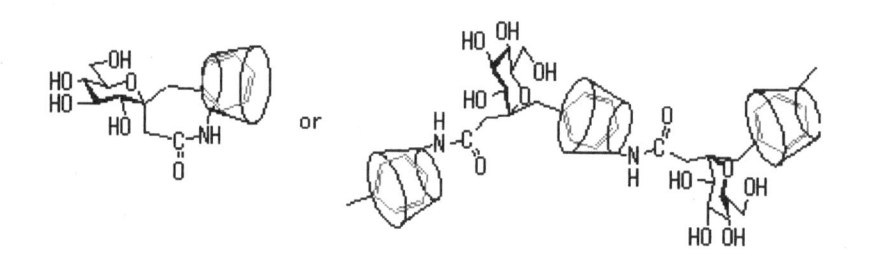

図 2.8 グリコシル CD のホスト・ゲスト相互作用

嵩高い *tert*-butoxycarbonyl（Boc）基を導入した場合，β-CD 誘導体は分子間包接をし，超分子ポリマーを形成する．α-CD 誘導体では超分子ポリマーは形成されない．興味深いことに NMR において分子間包接体と分子内包接体の Boc 基が異なるシフト値で観察されている [19]．

2.4 静電相互作用を導入した修飾シクロデキストリンの機能
- 一級水酸基側を使った水素化ホウ素ナトリウムによるケト酸の不斉還元反応 -

$NaBH_4$ は水溶液中で最も一般的に用いられる還元剤であるが，位置選択性はない．ところが CD をミクロ反応環境（分子フラスコ）[20] として利用すると不斉選択的に反応が進行する．分子フラスコとは 2 個の分子がその中で相互作用や反応をする容器を意味している。アルカリ塩存在下，あらかじめ β-CD との包接化合物としたベンゾイルメチルケトンが 91% の不斉選択性で *S*-ベンジルメチルアルコールが得られている．バルク水溶液中に，CD を添加した系では不斉選択性はやや劣る．これは平衡が関係していることと，水溶液中と結晶では CD とゲスト分子の相対的位置関係が異なることに起因していると思われる．高い選択性は CD - 基質複合体の安定性と被還元種であるカルボニル基の複合体中での orientation に依存しているのであろう．(*R*)-(-)-carbone, menthone の立体特異的還元 や styrene oxide の開環反応が β-CD の存在下，90% 以上の選択性で達成されている．

2.4.1 ベンゾイルギ酸の還元反応

β-CD に静電相互作用点としてアミノ基を導入した CD (A-β-CD) を mediator として中性水溶液中ベンゾイルギ酸（BFA）の還元で高いエナンチオ選択性が得られている[21]．円偏光二色性の結果，触媒反応遷移状態における BFA と CD の相対的位置関係はアミノ基を導入した CD と未修飾 CD ではさほど違っていない．アミノ基と BFA のイオン相互作用により CD 空洞に存在する基質濃度の増加がエナンチオ選択性増加の原因であると思われる．ところが，疎水性基を併せ持つアミノ CD の結果は機構を異にする（図 2.9）[22]．これらのアミノ基修飾 CD の疎水性基はすべて，分子内包接体を形成する．疎水性基と CD を結ぶアームの長さによりその平衡は異なる．BFA により自己包接が解除されない系においては，高いエナンチオ選択性が得られている．

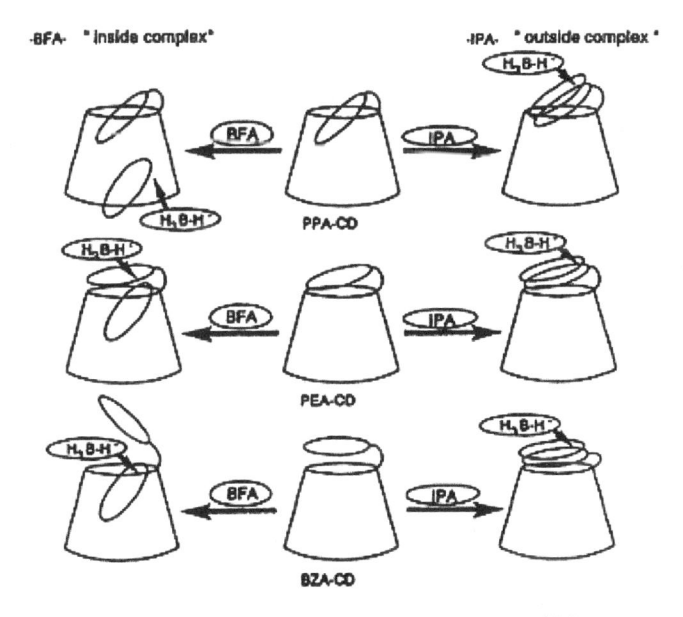

図 2.9 基質 - 修飾 CD 錯体のコンホメーション概念図

2.4.2 インドールピルビン酸の還元反応 [23]

楕円形のゲスト 3-indolpyruvic acid（IPA）の $NaBH_4$ による水溶液中の還元反応では，BFA と異なり，自己包接を解除できないので，すべての系で"outside complex"を形成し，高いエナンチオ選択性を示した．隣り合ったグルコースに 2 個アミノ基を導入した di-6ABamino-6AB-deoxy-β-CD（DA-β-CD）の添加も高い不斉選択性を示す（表 2.4）．包接錯体の詳細な検討を α-, β-, γ-CD, A-β-CD と比較して NMR，円偏光二色性で行ったところ，α-CD ではカルボキシル基がプロトン化されずに空洞に深く，β-CD ではインドール基が空洞に深く，γ-CD には 2 分子の IPA が互いに逆向きに空洞に包接されているのに対し，A-β-CD および DA-β-CD ではアミノ基とカルボキシル基のイオン相互作用により，空洞にふたをするように存在し 1：1 あるいは 1：2 の包接錯体を形成していることが判明した（図 2.10）．イオン相互作用が会合定数を増加させて反応選択性を向上させた前節の場合とは大いに異なる．

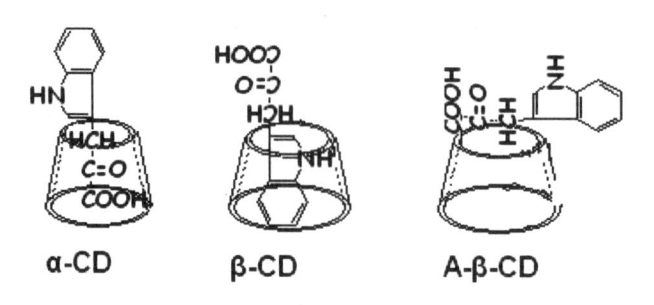

図 2.10 各種 CD とインドールピルビン酸の包接錯体

2.5 おわりに——これからの CD 化学にむけて

　以上，CD 空洞の縁に着目した CD 化学の例をいくつか示した．空洞の縁は疎水性場と親水性場が存在するナノサイズの界面である．CD 化学の展開において，様々な"or"が議論されてきた．初期においてはゲスト分子が ①包接されているか否か？であり，ついで ②包接化合物の立体構造において，一級側か二級側か？ ③空洞深く存在しているのか，浅くほとんど外側に存在しているのか [24]？ さらには ④分子間包接か分内包接か？ ⑤ホスト修飾 CD そのものが flexible か rigid か？ など，それぞれの"or"が長じては"on-off"につながり，機能制御や生体関連機能解明に到達すると思われる．

　一方，生体系での相互作用を解明するためには水分子をさけては通れない．水中でいかにして効率よく水素結合を働かせるかという課題は超分子化学の重要な分野である．水素結合が所定の位置に形成されるには，それに先立って，水素結合が自然に生じるような環境が整っていなければならない．すなわち，①多重相互作用，②疎水性相互作用との連携，③水和の有効利用の条件を備えている分子系が必要である．CD は中央の空洞に疎水性相互作用を主な駆動力として水溶液中で中性分子をもゲスト分子として包接することが最大の特徴である．しかも環状構造はペプチドの三次元構造のようにたやすく壊れはしない．CD 空洞の両縁には複数の水酸基が配置され極性相互作用，水素結合が働き，水中でいかにして水素結合を働かせるかという条件と合致する．これらのことを考慮すると，CD 空洞周りに存在する複数の水酸基の情報を聞き取り，水素結合の働きを検討するにはもってこいの分子である．疎水性空洞中での反応だけに目を向け「水をかくす」だけの役割を CD に与えてはもったいない．水素結合が自然に生じるように整えた環境に「水分子」が存在している系を構築することが「水を生かす」ことにつながる．空洞内部だけではなく，空洞の縁，さらには空洞外部の相互作用に着目し，これまでに集積された CD 化学の結果を生かすことが，CD 化学の新展開の鍵となると確信する．

参考文献

1) O. S. Tee and J. J. Hoeven, *J. Am. Chem. Soc.,* 111, 8318 (1989); O. S. Tee, M. Bozzi, J. J. Hoeven,

and T. A. Gadosy, *J. Am. Chem. Soc.*, **115**, 8990 (1993).

2) A. Ueno, K. Takahashi, J. Anzai, and T. Osa, *Macromol.*, **13**, 459 (1980); A.Ueno, K.Takahashi, J. Anzai, and T. Osa, *Kobunnshi Ronbunshu*, **37**, 281 (1980); A. Ueno, K. Takahashi, J. Anzai, and T. Osa, *Bull. Chem. Soc. Jpn.*, **53**, 1988 (1980); A. Ueno, K. Takahashi, J. Anzai, and T. Osa, *Makromol. Chem.*, **182**, 693 (1981); A. Ueno, K. Takahashi, J. Anzai, and T. Osa, *Chem. Lett.*, **1981**, 133; A. Ueno, K. Takahashi, J. Anzai, and T. Osa, *J. Am. Chem. Soc.*, **103**, 6410 (1981).

3) 上野昭彦，超分子の科学，産業図書（1993）.

4) A. Ueno, K. Takahashi, R. Saka, and T. Osa, *Heterocycles*, **15**, 671 (1981).

5) A. Ueno, H. Yoshimura, and T. Osa, *J. Am. Chem. Soc.*, **101**, 2779 (1979).

6) A.Ueno et al, *Nature*, **356**, 136 (1992).

7) A. Ueno, K.Takahashi, and T. Osa, *J. Chem. Soc. Chem. Comm.*, **1981**, 94; A. Ueno, K. Takahashi, and T. Osa, *J. Chem. Soc. Chem. Comm.*, **1980**, 837.

8) J.Emert and R.Breslow, *J. Am. Chem. Soc.*, **97**, 670 (1975); I. Tabushi, K. Shimokawa, H. Shimazu, H. Shirata, and K. Fujita, *J. Am. Chem. Soc.*, **98**, 7955 (1976).

9) I. Tabushi, Y. Kuroda, K. Yokota, and L.C. Yuan, *J. Am. Chem. Soc.*, **103**, 711 (1981); I. Tabushi and L.C. Yuan, *J. Am. Chem. Soc.*, **103**, 3574 (1981).

10) A. Ueno et al, unpublished data.

11) A. Ueno, F. Moriwaki, T. Osa, F. Hamada, and K. Murai, *J. Am. Chem. Soc.*, **110**, 4323 (1988); F. Hamada, M. Fukushima, T. Osa, H. Ikeda, F. Toda, and A. Ueno, *Macromol. Chem., Rapid Commun.*, **14**, 287 (1993); A. Ueno, F. Moriwaki, T. Osa, F. Hamada, and K. Murai, *Tetrahedron Lett.*, **26**, 3339 (1985); A. Ueno, F. Moriwaki, T. Osa, F. Hamada, and K. Murai, *Bull. Chem. Soc. Jpn.*, **59**, 465 (1986); F. Moriwaki, A. Ueno, T. Osa, F. Hamada, and K. Murai, *Chem Lett.*, **1986**, 1865.

12) W. Saka, K. Takahashi, and K.Hattori, *Bull. Chem. Soc. Jpn.*, **63**, 3175-3182 (1990). K.Takahashi et al, *Chem. Lett.*, **1990**, 2227; *Bull. Chem. Soc. Jpn.*, **63**, 3175 (1990); *J. Incl. Phenom. Mol. Recg. Chem.*, **10**, 63 (1991); *Chem. Lett.*, **1991**, 1189; *Bull. Chem. Soc. Jpn.*, **66**, 540 (1993); *Supramol. Chem.*, **2**, 305 (1994).

13) K.Takahashi, *J. Chem. Soc., Chem. Comm.*, **1991**, 929.

14) K. Takahashi and K. Hattori, *Supramol. Chem.*, **2**, 209 (1993).

15) K. Takahashi et al, *J. Molecular Structure*, **602-603**, 223 (2002).

16) K. Takahashi et al, *J. Incl. Phenom. Macrocycl. Chem.*, in press.

17) Y. Oda, T. Yamanoi, and K. Takahashi, *The Proceedings of the 23 rd Japan Cyclodextrin Symp.*, (Nishinomiya 2005).

18) T. Yamanoi and Y. Oda, *Heterocycles*, **57**, 229 (2002).

19) K. Takahashi, et al, *Polymer J.*, **28**, 458 (1996).

20) A. Ueno, K. Takahashi, and T. Osa, *J.Chem. Soc. Chem. Commun.*, 921 (1980).

21) K. Hattori, K. Takahashi, M. Uematsu, and N. Sakai, *Bull. Chem. Soc. Jpn.*, **65**, 2690 (1990); K. Hattori, K. Takahashi, M. Uematsu, and N. Sakai, *Chem. Lett.*, 1463 (1990).

22) K.Takahashi, K.Hattori, *J. Incl. Phenom., Mol. Recognit. Chem.*, **17**, 1 (1994); K. Hattori and K. Takahashi, *Supramol. Chem.*, **2**, 209 (1993).

23) K. Takahashi, H. Yokomizo, M. Kitsuta, and M. Ohhashi, *J. Incl. Phenom. Macrosycl. Chem.*, submitted.

24) K.Takahashi, *Chem. Rev.*, **98**, 2013 (1998).

3

シクロデキストリンの分子認識力の改質と界面化学への展開

3.1 はじめに

　シクロデキストリン（CD）の分子包接現象は，有機溶媒中では著しく弱くなることから，疎水性の相互作用が働いていることは間違いないが，包接の熱力学パラメーターの検討より，多くの場合，CDの包接は主として負のエンタルピー変化によって駆動されていることが明らかになっている．「水と油が混じらない」ことを説明する疎水性相互作用では正のエントロピー変化が期待されるため，水中でのCDの包接には疎水性相互作用以外の，いわゆる「化学結合」が形成されることになる．この主たる要因は双極子間の相互作用であると考えられている．双極子間の相互作用エネルギーは分子間距離の6乗に反比例することから，CDの分子包接の強弱は，結果としてCD空孔とゲスト分子間の相対的な大きさと形状の一致の程度に依存することになる．したがって，CDによるゲスト包接は，ゲスト分子の疎水性の他に，形状や大きさが重要であり，また，CDの空孔サイズが限定されている以上，選択されるゲスト分子も限定されることになる．定量的な面から眺めると，CDのゲスト包接時の会合定数は多くの場合，$10^4 M^{-1}$程度が最大であり，それほど大きいものではない．以上の観点から，CD-ゲスト間で形成される包接錯体の安定度を高める，あるいはゲストに対する選択性を変えるために，種々の化学修飾CDが合成されている．

　CDに対する化学修飾のもう一つの目的としては，分光学的に不活性なCDを分光学的に活性な分子とすることで，ゲスト包接に関する情報を容易に得ようとするものがある．分光学的に活性なCDは，ゲスト包接による修飾残基由来の分光信号変化を与えることから，化学センシング分子としての位置づけも可能である．現時点で化学センシング分子の対象となっているものは主として無機イオン種であり，化学修飾CDは非荷電の有機分子に対する化学センシング分子のプロトタイプとして受け入れられている．

　また，近年では，気液界面，固液界面，液液界面での分子認識についての研究が大きく進展し，界面におけるCDの分子認識挙動や，その機能性についても明らかにされつつある．本章では，これらの点を踏まえ，化学修飾によるCDの分子認識機能の改質ならびに界面化学へのCDの応用について，化学センシングの観点も踏まえて触れることにする．

3.2 シクロデキストリンの化学修飾による分子認識能の改質

CD に化学修飾を施し，分子認識機能を改質する試みは 1970 年代に始まっている．ここでは化学修飾による CD の分子認識機能の改質の例を，①疎水性の増大によるゲスト包接能力の向上を目指すもの，②CD 空孔の形状を変化させ，ゲスト識別能力を改質するもの，③他の分子認識素子との協同認識によるゲスト識別能力を改質するもの，に分け，それぞれのケースについて簡潔に解説する．

3.2.1 疎水性の増大によるゲスト包接能力の向上

CD がモデルとして研究されているタンパクなどの生体ホストは，ゲスト分子を包接する部位がタンパクの内部空間であり，包接されたゲスト分子は水分子との接触をほぼ完全に遮断されている．このため，疎水性環境下で非常に有効な水素結合やイオン結合が効果的に機能し，非常に高いゲスト包接能力と識別能力を発揮する．翻って CD に包接されたゲスト分子では，CD 空孔の両端が水と接触しているため，ゲスト分子はかなりの程度，水分子の接触にさらされることになり，ゲスト包接には不利である．この欠点を改善するためには疎水性の修飾残基を導入することが効果的である．

たとえば，図 3.1 に示した 1（このような修飾 CD をキャップ化 CD と呼ぶ）では，対応する未修飾 β-CD に比べ，蛍光性色素である ANS（8-anilinonaphthalene-1-sulfonate）を 20 倍以上強く包接することが知られている[1]．疎水性のビフェニルキャップ残基により，二つある CD 空孔の開口部を閉じることで，CD 空孔の疎水性が増大し，ANS を強く包接することが可能になったと考えられる．疎水性のキャップ残基の導入により，さらに双極子相互作用も増強されると考えられるため，このことも効果的な ANS 包接に結びつくのであろう．

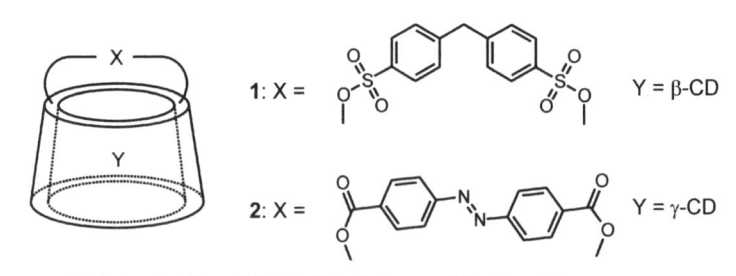

図 3.1 疎水性の増大を目指したキャップ化 CD の例

キャップ化剤にアゾベンゼン誘導体を用いた 2 は，アゾベンゼンキャップ残基の光異性化によるゲスト包接能力の変化が起こり，平面型の *trans* 体では未修飾 β-CD とほぼ同程度のゲスト包接能力を示すのに対し，*cis* 体では *trans* 体や未修飾 β-CD よりも数倍程度大きな会合定数を有する包接化合物形成が起こる[2]．*cis* 体では *trans* 体よりも疎水性空孔の容積が増大するために大きなゲスト包接能力が発揮されたものと考えられる．

疎水性の修飾残基を一つ導入することで CD 空孔の疎水性を増大させる試みも行われている．

3. シクロデキストリンの分子認識力の改質と界面化学への展開　*87*

この場合，修飾残基が取りうる配座の自由度は剛直なキャップ化残基を有する 1, 2 に比べ大きく，エントロピー的には不利であるが，合成が容易なため数多くの誘導体が合成され，そのゲスト包接挙動が精査されている．多くの場合で，これらフレキシブルな修飾残基を有する CD のゲスト包接能力は，未修飾 CD に比べ劣っている．これは，図 3.2(a)に示すように，疎水性の修飾残基が近傍にある CD 空孔に包接され，自己包接体となっており，外部からのゲスト分子の包接は，この自己包接との競合過程になるためである．しかしながら，自己包接しにくい修飾 CD では，空孔外にある疎水性の修飾残基が CD 空孔の提供する疎水場を増強させる効果を発揮するため，ゲスト包接能力が増大する（図 3.2(c)）．たとえば，図 3.3 に示した α-CD 誘導体 3 は，直鎖アルキル基を有するアルコール，アミン，カルボン酸などを未修飾 α-CD に比べ強く包接することが可能である[3]．以上の結果は，適切な分子設計を施すことで CD 空孔あるいは空孔周辺の疎水性を増大させることが可能となり，疎水性のゲストをより強く認識する CD が得られることを示している．

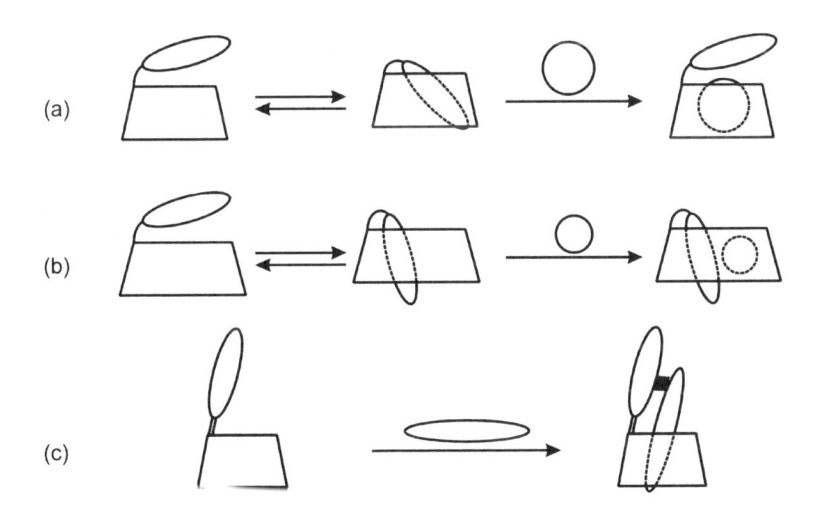

図 3.2　一点修飾 CD の修飾残基のゲスト包接時の効果．(a)疎水性キャップとしての機能，(b)スペーサーとしての機能，(c)疎水場拡大など付加的な認識場としての機能

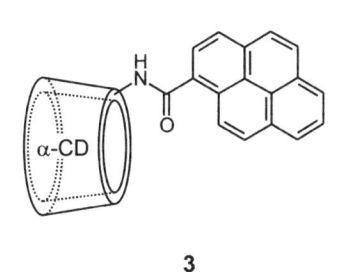

各種ゲストとの会合定数 K (M^{-1})

ゲスト	3	α-CD
1-hexanol	1580	800
1-heptanol	2470	1800
1-hexylamine	810	380
1-heptylamine	2450	1070
1-hexanoic acid	770	300
1-heptanoic acid	1580	850
C7HV (1:1)	7400	1970
C7HV (1:2)	10300	980

C7HV:

図 3.3　疎水場拡大型ホストとしてのピレン修飾 α-CD と，水中での会合定数

3.2.2 シクロデキストリン空孔の形状変化によるゲスト識別能力を改質

CD の空孔の形状は対称性の高い構造となっており，またその構造もかなり剛直である．しかも，容易に入手できる CD は α-，β-，γ- の3種類に限定されており，包接されるゲスト分子の選択性は基本的には CD 空孔の大きさによって決定されるため，疎水性の増大を目的とした化学修飾 CD ではゲスト結合能力の改善は可能であっても，選択されるゲスト分子の種類を大きく変化させることが困難である．この観点から，ゲスト分子の選択性を変えるためには CD 空孔の形状を変化させる手法が用いられる．

CD 同士をリンカーにより直接結合させた CD 二量体は大きな疎水場を提供することが可能になり，1 分子の CD では認識し難い大きなゲスト分子との間で形成される包接化合物の安定性が大きく向上することが期待される．実際に，図 3.4 に示した CD 二量体 4 は，アゾ色素であるメチルオレンジを会合定数 $K = 3160\ M^{-1}$ で包接する[4]．この値は未修飾 β-CD との値とほぼ同程度であるが，4 の二つの CD のうちの一つを取り除いた 5 では $K = 520\ M^{-1}$ であることから，4 における二つ目の CD 残基がメチルオレンジとの包接化合物形成を著しく促進していることがわかる．同様の例は，CD ポリマーにおいても認められている[5]．さらに，R. Breslow らが開発した CD 二量体 6 では，適切に分子設計されたゲスト分子を用いることで，生体分子認識である抗原-抗体間の複合体形成に匹敵あるいは凌駕する会合定数（$K = 10^8\ M^{-1}$ 以上）を実現している[6]．また，CD 二量体ではジペプチド[7]やタンパク[8]に対する親和性が大きく向上する．このほかにも多くの CD 二量体[9]，さらには三量体[10] が合成されており，そのゲスト結合力が評価されている．

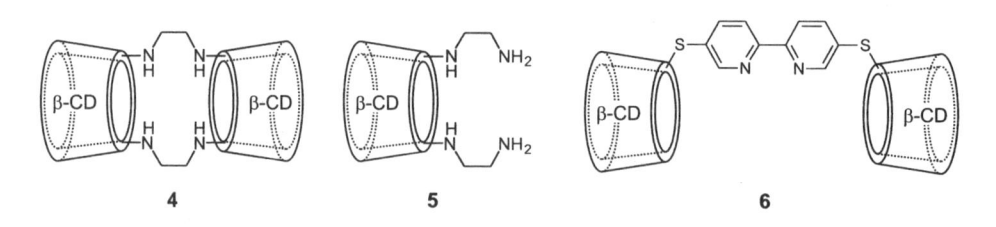

図 3.4 CD 二量体の例

一般に CD に化学修飾を施す場合，一級水酸基側に修飾残基を導入する場合が多い．この場合，修飾残基の導入は CD 空孔の形状に変化をもたらさない．しかし，二級水酸基側に修飾残基を導入する場合，手法によっては CD 空孔の形状が変化する．二級水酸基側への化学修飾は，まずグルコース残基の一つの 2 位水酸基をトシル化し，ついで隣接する 3 位水酸基でエポキシ化させた後にアンモニアによって開環，アミノ化して修飾残基導入の足場をつくる．この際，このグルコース残基がアルトロース残基となり，その糖残基の配座が $^4C_1$ のいす型から $^1C_4$ のいす型，あるいはねじれたボート型になるため環の形状が変化する（図 3.5）[11,12]．

CD は光学活性体であり，光学異性体の識別を行う本質的な能力を有しているが[13]，その識別は満足すべきものではない．弱い光学異性識別能の原因の一つとして，CD 空孔の高い対称性が考えられる（逆にこの弱いが明らかにある光学異性識別能を活用し，クロマトグラフィーにおけ

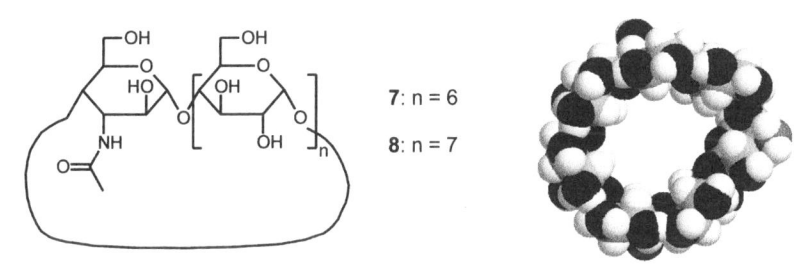

図3.5 アルトロース残基を有する二級水酸基側修飾CDの例（左）と**7**の前駆体（アミノ化β-CD；**23**）のCPKモデル（構造最適化はしていない）

る固定相として利用することは可能であり，すでに製品化されている）．したがって，空孔の対称性が低下する二級水酸基側修飾体では，対応する一級水酸基側修飾体や未修飾体よりも光学異性の識別には有利であることが期待される．実際に，二級水酸基側にアセチルアミノ基を導入した**7**は，マンデル酸誘導体やNアセチルフェニルグリシンの光学異性過剰率をNMRにて決定できるいわゆるシフト試薬としての機能をもつほか[14]，**7**のCD部分をγ-体にした**8**は，モノテルペン類の両対掌体との間で形成される包接化合物の会合定数の差が顕著であり，フェンコンの場合では約2.5倍の差を示す[15]．二級水酸基側修飾によるCD空孔の形状は，ゲストの種類によって変化することも示唆されている．この場合，CDはゲストの形状を認識し，自己の環構造自体を変化させる誘導適合型のゲスト包接を行っていることになる[16]．また，二級水酸基側修飾体でも，アルトロース残基に大きな修飾残基を導入すると，糖残基の配座変化は起こり難いようである．

　大きな空孔を有するγ-CDは2分子の芳香族化合物を包接することが知られている．したがって，γ-CDの化学修飾体で自己の修飾残基が包接されると，大きいγ-CD空孔が狭められ，1分子包接が可能になる（図3.2(b)）[17]．また，二つの修飾残基をもつβ-CDの場合，一方の修飾残基が空孔内に自己包接し，他方の修飾残基が疎水性のキャップ残基として働き，ゲスト包接を著しく阻害する場合もある[18]．これに対し，二つの修飾残基をもつγ-CDでは，二つの修飾残基が同時に自己包接される場合もあるが，一般にゲスト包接能力は著しく増強される．たとえば，修飾残基としてピレン残基を二つ有するγ-CDでは，30% DMSO水溶液中において胆汁酸誘導体を10^6 M^{-1}以上の会合定数にて包接する場合もある[19]．

　また，図3.6に示した修飾γ-CD **9**も胆汁酸誘導体を強く包接する．この**9**は胆汁酸誘導体を強く認識するだけでなく，その定性的な識別にも能力を発揮する[20]．一般に，修飾β-CDや修飾γ-CDでは，修飾残基の大きな配座変化がゲスト包接によって誘起される．このため，修飾残基由来の紫外可視吸収，蛍光，円二色性が大きく変化することがある．これが化学修飾CDによる分子認識センサーの作動原理である．このCDによる化学センシングの観点からは，多くの化学修飾CDが精査されており，有機化合物に対する化学センシング素材としての能力を発揮している[21,22]．修飾CDの化学センシングでは，ゲストを認識する部位が基本的にはCD空孔であるため，ゲスト分子のCD空孔に対する親和性が応答（分光信号変化）を規定する．したがって，CD空孔に適合するゲスト分子に対する応答はよいが，ゲスト分子間の微細な構造上の違いを認識することは容易ではない．また，修飾CDの化学センシングの作動原理は，修飾残基の環境の変化（疎水性の空孔内にある場合と空孔外の水環境下にある場合）であり，多くの場合，得られる分

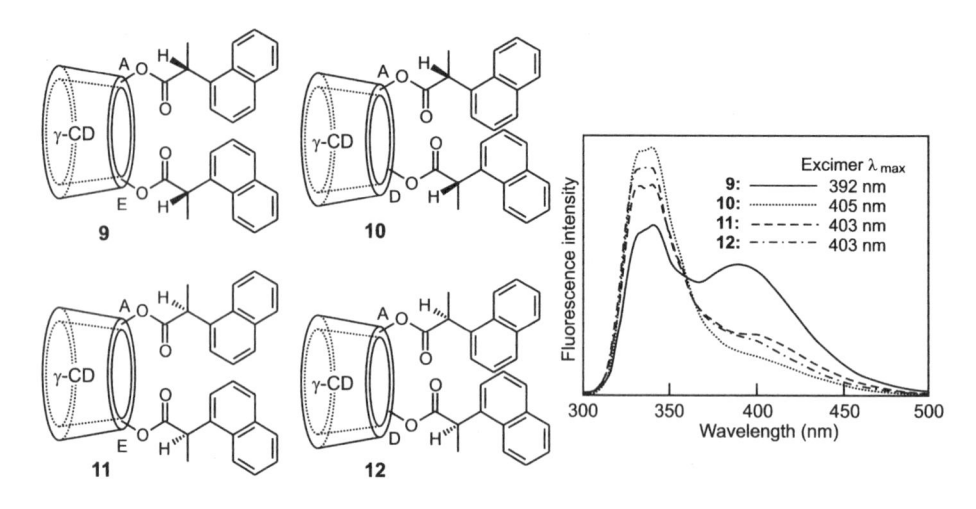

図3.6　2-(1-ナフチル)プロパノイル基修飾γ-CDとその蛍光スペクトル

光信号変化はその強度の変化のみである．このことは，ゲスト分子の種類間の識別は困難であることを意味している．しかし，分光信号が修飾残基の配座変化に基づくものであっても，ゲスト包接によって誘起される修飾残基の配座変化がゲスト種間で異なれば，定性可能となる．

この点，9のように二つの芳香族修飾残基を有するCDでは，二つの芳香族残基の相互配座の違いにより，発するエキシマー蛍光の極大波長が異なる可能性がある．化合物9は修飾残基に光学活性体（(R)-2-(1-ナフチル)プロパノイル基）を用いており，また，その修飾位置はγ-CDの八つのグルコース残基のAとEである．化合物9のほか，AとDのグルコース残基に(R)-2-(1-ナフチル)プロパノイル基を導入した10や，(R)-2-(1-ナフチル)プロパノイル基の対掌体である(S)-2-(1-ナフチル)プロパノイル基を導入した11，12は，考えられる八つの異性体のうちで顕著なエキシマー蛍光を発するものである．興味深いことに，9-12のエキシマー蛍光の極大波長はそれぞれ392，405，403，403 nmであり，それらの違いはわずかではあるが明らかに異なるエキシマー蛍光を発している[23]．このことは，これら4種の異性体における二つのナフチル残基の相互配座が微妙に異なっていることを示している．しかもこのことは，ゲスト分子の包接により二つのナフチル残基の相互配座が異なる可能性を示唆しており，さらにはゲスト分子の種類によって異なる配座を二つのナフチル基が取りうることを示唆している．

実際，9ではゲスト分子不在下で392 nmに認められたエキシマー蛍光の極大が，ウルソデオキシコール酸共存下ではその強度減少とともに395 nmにシフトする．これに対し，ウルソデオキシコール酸のエピマーであるケノデオキシコール酸共存下では蛍光極大波長はより長波長側（400 nm）付近に移動するとともに，強度の増大が観察される．この事実は，修飾CDによる化学センシングにおいても，ゲスト分子間の認識が行いうることを示しており，適切な分子設計を施すことでゲスト分子に対する定性面を大きく改善できる可能性がある．

CDは光学活性体であり，9-12のような光学活性修飾残基を導入した場合はジアステレオメリックな自己包接体を形成する．その極端な例が13と14である[24]．これらは修飾残基としてそれぞれ光学活性な(S)-2-(1-ナフチル)エチルアミノ基と(R)-2-(1-ナフチル)エチルアミノ基を有し

ている.図3.7に示したように,**13**はアルカリ性条件下で顕著な分子内エキシプレックス蛍光を示すのに対し,**14**のエキシプレックス蛍光はそれほど強くない.エキシプレックス由来の蛍光は中程度の極性環境下で強く発すること,また電子受容体となるナフチル基と電子供与体となるアミノ基との相互配座がエキシプレックス形成の要因になることから,観察されるエキシプレックス蛍光強度の著しい違いは**13**と**14**では形成される自己包接体の構造が大きく異なっていることを示している.

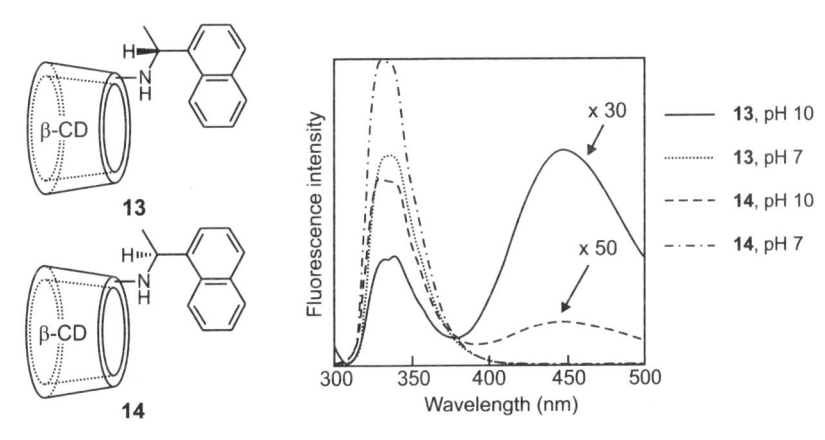

図3.7 ナフチルエチルアミン修飾 β-CD とその蛍光スペクトル

^{1}H NMR において,強いエキシプレックス蛍光を発する**13**では CD 骨格部のシグナルは重畳していたのに対し,弱いエキシプレックス蛍光を発する**14**では CD 骨格部のシグナルが 2.4〜4.4 ppm(通常は 3.3〜4.0 ppm 付近に重畳している)に分散して観察された.修飾 CD において,芳香族残基が自己の空孔内に深く挿入されると,芳香族残基の及ぼす磁気異方性効果(いわゆる環電流効果)により著しく高磁場側あるいは低磁場側にシフトするシグナルが観察される.したがって,**14**のナフチル基は自己の空孔内に深く取り込まれていることがわかった.これに対し,**13**ではナフチル基は浅く包接されていることが示唆される.CD 誘導体の ^{13}C NMR において,グルコース単位の1位と4位の炭素の化学シフト値は CD 空孔の対称性に密接に関係することが知られているが[25],**13**と**14**の1位と4位の炭素の化学シフト値の検討から**14**の CD 空孔は**13**に比べ歪みが大きいことが判明した.浅い自己包接が起こっていると考えられる**13**空孔の対称性が保たれているのに対し,深い自己包接が主となる**14**では空孔が歪んでいると推察されるため,^{1}H NMR の結果を支持する.**13**の浅い包接は,ナフチル基とアミノ基との間の相互位置関係をエキシプレックス形成に有利にしていることになる.

ゲスト包接については,浅い自己包接を行う**13**は,そのナフタレン環が疎水性増大の効果を示すキャップとして機能し,一方**14**の深い自己包接はゲスト包接を阻害することが期待される.実際に β-CD の代表的なゲストである *l*-ボルネオールの包接化合物との会合定数は,それぞれ 25300 および 1030 M^{-1} であり,ナフチル基が浅く包接されている**13**はそのナフチル基が疎水性のキャップとして機能しゲスト包接に有利であるのに対し(図3.8 (a)),深く包接されている**14**はナフチル基がゲスト包接を阻害している(図3.8 (b))ことが確認された.

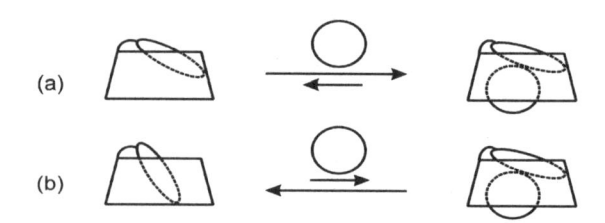

図 3.8　ナフチルエチルアミン修飾 β-CD（**13**, **14**）のゲスト包接

3.2.3　他の分子認識素子との協同認識によるゲスト識別能力の改質

　CD は疎水性の物質に対する良好なホストであり，疎水性の骨格を有するゲスト分子は広く認識できる．これに対し，親水性の物質に対する認識力は非常に弱い．しかし，CD を超分子素材として考慮すると，親水性の物質に対する認識力についても改善する必要があろう．また，ゲスト分子の微細な構造上の違いを認識させるためにも，ゲスト分子の親水性官能基の違いを識別する必要がある．この観点からも化学修飾 CD による親水性物質あるいは親水性官能基の認識が研究されている．

　CD 機能の最大の特徴は，生体ホストと同じく水の中でのゲスト包接を行うことにある．親水性物質あるいは親水性官能基の関与する分子認識は，水素結合や静電相互作用など，低極性下で効果的な相互作用に立脚しており，クラウンエーテルなどのように，有機溶媒中ではその認識力を発揮するホストも水の中ではまったくといっていいほど役に立たない場合が多い．これは，親水性の環境下では親水性官能基の周囲に水和水が強固に結合しており，これらの認識にはまずこの水和水の結合を上回る自由エネルギー変化を与える必要があるためである．しかし，たとえば核酸 DNA では水の中でも水素結合が機能し二重らせん構造を取るように，多点相互作用を用いれば水中においても親水的な官能基の認識が可能になる．CD は水中で低極性の環境を提供できるため，CD 空孔にゲスト分子の非極性部位を認識させ，周囲に極性官能基を認識できる部位を導入すれば，これらの協同認識により親水性ゲストに対する認識能力や選択性を与えることができよう．たとえば，修飾 CD ではないが，γ-CD は図 3.9 に示したクラウンエーテル残基を有する蛍光性のプローブ分子を 2 分子包接する．この 2 分子包接はカリウムイオンにより促進されており，水溶液中ではほとんど機能しないクラウンエーテルによるカチオン捕捉が，CD と疎水性のピレン残基との間の包接化合物形成により実現できていることは興味深い[26]．ちなみに，このプローブ分子と γ-CD との組み合わせは，水中でカリウムイオンに選択的に応答する超分子型蛍光性カチオン認識プローブとなる．

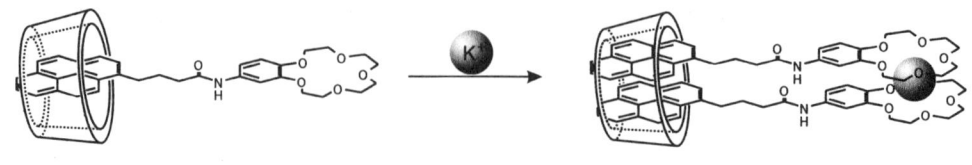

エキシマー蛍光なし　　　　　　　　　　　強いエキシマー蛍光

図 3.9　γ-CD とピレン修飾クラウンエーテルによるカリウムイオン認識

クラウンエーテルを直接 CD に導入し，ゲスト包接の選択性を与える研究も行われており，クラウンエーテル修飾 CD の例を図 3.10 に示した．β-CD にアザクラウンエーテル基を導入した **15** は，p-ニトロフェノールのアニオン型を DMF 中で強く包接し，対カチオンがナトリウムの場合に特に安定な包接化合物を形成する [27)]．この選択性は，18-クラウン-6-エーテルがカリウムイオンを強く認識する事実と異なるが，クラウン環と CD の協同認識が包接化合物の安定性を増大させている初めての例である．この **15** は，蛍光性のランタニドイオン（Eu^{3+}, Tb^{3+}）を捕捉することも可能で，この場合には増感剤となる芳香族分子が CD 空孔に包接されることで効果的なエネルギー移動が起こり，ランタニドイオン由来の蛍光強度が増大する [28)]．

クラウンエーテル，特にアミノ基を有するアザクラウンエーテルは，芳香族残基を導入することで光誘起電子移動に基づく蛍光強度の著しい変化がカチオン包接により起こり，イオンセンサーとなる．アザクラウンエーテルにピレン残基を導入し，さらにこれを γ-CD に結合させた **16** は，しかしながら，水中でのカチオン認識プローブにはなり得なかった [29)]．DMF 中では機能した **15** も水中での協同認識は実現できていない．これらの事実は，水中でのクラウンエーテルによるカチオン認識には，CD による疎水性残基の強固な認識を組み合わせる必要性を示唆していよう．

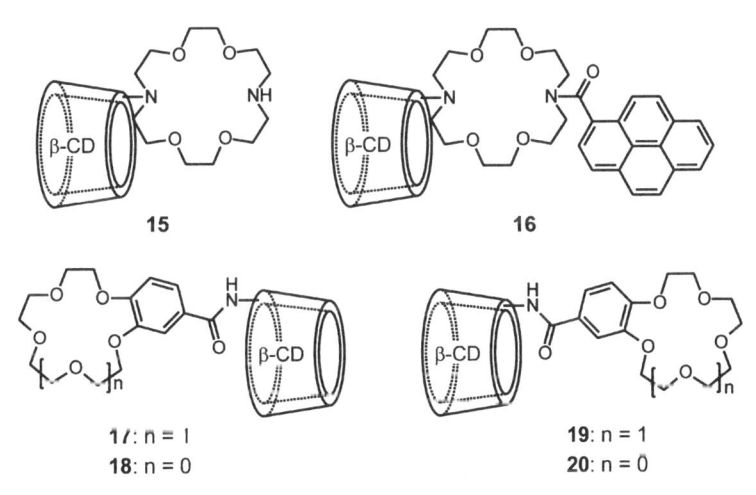

図 3.10 クラウンエーテル修飾 CD の例

この点に関し，ベンゾ-18-クラウン-6-エーテルを β-CD に導入した **17** によるトリプトファン認識の結果は分子設計を含め，有益な情報をもたらした [30)]．化合物 **17** は，β-CD の二級水酸基側にクラウンエーテル残基を有しており，このクラウンエーテル残基はゲスト（トリプトファン）のアンモニウム基に対する認識力を有している．これに対し，ベンゾ-15-クラウン-5-エーテル残基を有する **18** では，対称性の違いからアンモニウム基を認識することはできない．実際，**17** はトリプトファンを未修飾 β-CD に比べ約 5 倍強く包接することができるのに対し，**18** は若干強く認識するものの **17** には及ばない．

NMR における NOE の相関ピークの解析により，トリプトファンの芳香環上の水素原子が **16** の CD の環を構成している水素原子と空間的に近接していることがわかり，トリプトファンのイ

ンドール部位が **17** の CD 空孔に包接されていることがわかった．したがって，**17** はトリプトファンのインドール部分を CD 空孔が認識し，これと同時にトリプトファンのアンモニウム基をクラウンエーテル残基が認識することで，トリプトファンに対する高い親和性を示したことになる．水中におけるクラウンエーテルのカチオン認識はほとんど効果がないが，CD の認識力を活用することで，水中でもゲストの識別程度には大いに機能することを示す結果である．しかし，トリプトファンの光学異性体間の会合定数には大きな差はなく，光学異性の識別にはさらなる認識残基の導入が必要である．このほかにもクラウンエーテル修飾 CD についての報告はいくつかあり，そのゲスト包接力が評価されている[31-33)]．

CD による親水性ゲストの認識には，親水性残基を認識する部位を二級水酸基側に導入することが有効かもしれない．これは **17, 18** の類縁体である **19, 20** のトリプトファンに対する包接能力が **17, 18** には遠く及ばないことから推察できるほか，後述するアンモニウム基を有する β-CD の結果からも推察された．

CD にアミノ基やカルボキシル基などを導入すると，カチオン性あるいはアニオン性の CD（図3.11）となり，それぞれゲストのアニオン性あるいはカチオン性の部位を認識できる．たとえば，CD の一級水酸基をすべてアミノ化した CD **21** は，中性条件下で正電荷をもち，同じ中性条件下で負電荷をもつヌクレオチドに対する良好なホストとなる．この場合，ヌクレオチドのリボースあるいは核酸塩基部位が CD 空孔内に包接され，アニオン性のリン酸基が CD 空孔周縁部にあるアンモニウム基に認識されることで，高いゲスト結合能力を示す[34)]．なお，リボースやグルコースといった糖も CD に弱いながら包接されることが知られており[35)]，**21** の場合も，NMR における NOE の相関ピークの解析から，核酸塩基部分よりもむしろリボースの部分が CD 空孔内に包接されていることが示唆されている．代表的なヌクレオチドに対する **21** の親和性は最も疎水性のアデニンヌクレオチドで最大であったことから，核酸塩基部分は CD 空孔に包接されないものの，空孔周縁の疎水性を増強している可能性も示唆される．

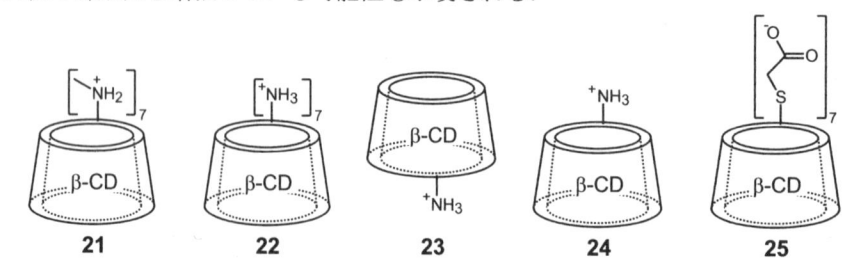

図 3.11　イオン性 CD 誘導体の例

化合物 **22** もやはり中性条件下でカチオン性ホストとなり，アニオン性のトリプトファンメチルアミドを強く包接する．この **22** は，ゲストの光学異性識別も可能であり，トリプトファンメチルアミドの D 体を L 体に比べ強く包接する[36)]．

多点修飾 CD は，多数のイオン性官能基の影響で対電荷をもつゲストの認識には非常に有効であるが，一つの荷電性残基の導入でも CD の親水性物質に対する親和性を大きく改善できる．たとえば，**23** は β-CD の二級水酸基側にアミノ基を導入したものであり，中性～酸性の条件下では

アンモニウム型になる．この状態で，**23** はアニオン性のアデニンヌクレオチドを認識することが可能となる[37]．塩基部分がアデニン以外のヌクレオチドには親和性を示さず，多点修飾体である **21** と同様に，最も疎水性の高いアデニン塩基に対する相対的に高い親和性を CD は有しているようである．しかし，アデニンそのものはゲストにはなりえず，リボースの結合したアデノシンとなって初めて CD に包接されることから，アデニン塩基部分は CD 空孔の縁辺で空孔の疎水性の増強あるいは水酸基との水素結合を通して，アデニンヌクレオシド，ヌクレオチドの包接化合物形成に関与していると考えられる．アデニンヌクレオチドに対する **23** の親和性は ATP > ADP > AMP であり，**23** のアンモニウム基と相互作用可能なリン酸基の数に比例する．この序列は未修飾 β-CD では AMP > ATP > ADP となっており，**23** のわずか一つの正電荷でも CD のゲスト分子に対する識別力を変えるのに十分であることがわかる．化合物 **23** の正電荷とゲストであるアデニンヌクレオチドの負電荷がイオン対型の相互作用をしていることは，ヌクレオチドのリン酸基に配位するマグネシウムイオン共存下での会合定数が有意に小さくなることより理解されよう．

化合物 **23** に対して，一級水酸基側修飾体である **24** ではアデニンにヌクレオチドとの間の包接化合物形成は未修飾 β-CD との間の場合とほとんど変わらない．二級水酸基側への親水性の分子認識残基の導入は，親水性のゲスト分子に対する認識に対して有用であることが支持される．精緻な合成手法を駆使して得られるアミノ基とカルボキシル基を一級水酸基側に同時に有する β-CD においても，そのゲスト（トリプトファン）包接能力は未修飾 β-CD とはそれほど変わらない[38]．二級水酸基側は一級水酸基側に比べ 2 倍の水酸基があるため，より親水的な環境であり，包接されるゲストの親水性官能基には有利な環境であろう．したがって，二級水酸基側への親水性の分子認識残基の導入が親水性ゲストに対する一つの分子設計指針となろう．

このほかのカチオン性 CD 誘導体にはグアニジウム基を有するものがあり，リン酸化されたチロシン誘導体を基質とした場合のゲスト包接力と選択性について検討されている[39,40]．グアニジウム基はカルボキシル基やリン酸基と塩橋型の相互作用を行うことができるので，有機アニオン認識素材としてのポテンシャルは高いといえる．

カチオン性の修飾 CD に比べ，アニオン性の修飾 CD はあまり検討されていない．アニオン性の修飾残基としてはリン酸基やカルボキシル基があり，このうちリン酸基修飾 CD については，そのゲスト包接挙動は不明である[41,42]．これに対し，カルボキシル基を有する **CD25** は，そのゲスト包接挙動が精査されている[43]．

親水性のゲストに対する CD 誘導体にはイオン性の官能基を導入することが有用である．これに対し，CD に対する親和性がもともと高い疎水性のゲストに対する選択性を変えるには，前節で記した芳香族残基を β- あるいは γ-CD に導入することが行われていたが，空孔径の小さい α-CD に芳香族残基を導入すると，空孔径の大きい β- や γ-CD 誘導体でゲスト包接の阻害要因となる自己包接体が形成され難いため，空孔外に存在する芳香族残基が付加的な疎水場あるいは π 電子場を与えることとなり，ゲスト包接能力や選択性を増強させることができる．

化合物 **26** は α-CD にピレン残基を導入したもので，空孔外にある大きな π 平面であるピレン残基が付加的な分子認識場となる[44]．ゲストとして種々のオクタン酸の各種アミノ酸アミドを

用いた場合，π-π相互作用が N-D-トリプトファニルオクタンアミド（C8-D-Trp）でのみ起こる．これに対し，光学異性体である N-L-トリプトファニルオクタンアミド（C8-L-Trp）では π-π 相互作用の存在は認められない．会合定数においても，**26** は C8-D-Trp を C8-L-Trp の約2倍強く認識する．同じ芳香族残基を有するゲストであってもフェニルアラニン誘導体や，芳香族分子との間の相互作用が弱いながらも知られているメチオニン誘導体での光学異性識別は達成できない．このことから，**26** のピレン残基の提供する π 平面は，同様の大きな π 平面をもつトリプトファンのインドール環とのみ相互作用することがわかる．化合物 **26** には，疎水性で π 電子場となるピレン残基の他にアミノ基があるため，ゲストのカルボキシル基との間のイオン結合も期待される．図 3.12 に示すように，CD 空孔によるアルキル基の，ピレン残基によるインドール環の，そしてアミノ基（アンモニウム基）によるカルボキシル基（カルボキシラート基）の三点認識が達成されて，C8-D-Trp と C8-L-Trp との間で形成される包接化合物の配座のみならず熱力学的な安定性にも大きな差を生じさせている可能性がある．

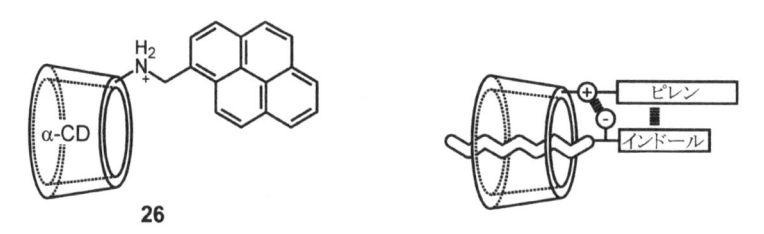

図 3.12 ピレニルメチルアミン修飾 α-CD と C8-D-Trp との包接化合物の模式図

また，**3** は ω-ブロモ-1-アルカノールを強く包接する．蛍光や NMR での検討より，**3** のピレン残基とゲストの臭素原子間の CBr-π 相互作用が包接化合物の安定化に大きく寄与していることが示唆された[45]．この場合，ピレン残基は単に疎水場を拡大させるのみでなく，積極的に分子認識に関与していることになる．

3.3 化学修飾シクロデキストリンを用いる界面分子認識

生体における分子認識の多くは，生体膜上に存在するタンパクと溶存している基質との間で起こる界面分子認識である．したがって，疎水性の分子を認識できる CD を界面に吸着させれば，生体系の界面分子認識のモデルとなる．また，化学センシングの観点からは，前節で述べた溶液中の挙動はイメージングやスクリーニング試薬としての位置づけになるのに対し，界面での分子認識を直接利用することは，物理センサーデバイスとしての利用価値がある．さらに CD を界面に固定化させることでナノメートルサイズのホールを固体基板上に作製できるため，CD の単分子膜は電子デバイスとしての可能性にも着目されている．

3.3.1 シクロデキストリン単分子膜とその機能

CD を界面に吸着させる研究は，CD の二つある開口部の一方に長鎖アルキル基を導入し，ラン

グミュアー・ブロジェット膜（LB膜）の素材とすることで始められた．CDの一方の開口部にある水酸基をすべて長鎖アルキル化することで，CDは両親媒性物質となり，容易に気液界面に単分子膜を形成させることができる[46]．得られる単分子膜はゲスト分子を取り込む能力がある．ゲスト分子の取り込まれる場所は，CD空孔の可能性もあるが[47]，疎水性のゲストでは長鎖アルキル基の空隙に取り込まれている可能性が大きいことも指摘されている[48]．後者の場合，CDは適度に自由度のあるアルキル基由来の疎水場を提供するプラットフォームとしての機能を果たしていることになる．

1980年代に開発された貴金属（特に金）とチオール（スルフィド，ジスルフィド）との間に形成される自己集合的な単分子膜（自己集合膜）を利用することで，CD空孔の分子認識力を固液界面で容易に利用できるようになった．この場合，CDが自己集合膜を形成できるようにイオウ原子を含んだ官能基を導入する必要がある．A. E. Kaiferらはβ-CDのすべての一級水酸基をチオール化した化合物27を金電極の上に自己集合膜とし，その物性を精査した．この七置換体では，表面の金原子とCDのチオール基の位置的な関係とCD部分の自由度の小ささから完全な単分子膜は形成できず，その表面被覆率は約70%である[49]．彼らはこの状態で固液界面におけるCDの機能を検討するため，残存している空隙をペンタンチオールにて塞いだ（図3.13 (a)）．この際，CD空孔もペンタンチオールにて塞がれてしまう可能性があるため，ペンタンチオールによる表面修飾時にβ-CDの良好なゲストとなるフェロセンを用い，CD空孔を保護した．

このようにして得られた混合単分子膜中のCDは，電気化学的評価によりフェロセンを包接する能力があることが示された．また，界面での質量変化を直接測定する水晶振動子ミクロバランス（QCM）法によっても，CD空孔へのキノン誘導体の包接が観察されており[50]，均一水溶液中と同様の分子サイズの選択性をCDは単分子膜状態でも保持していることが明らかにされている．

このチオール多置換体はその後も研究され続けており，たとえばα-CDのヘキサキスチオール体28とデカンチオールとの混合単分子膜は，グルコースに対する電気化学センサーとしての機能を有していることが明らかにされている[51]．この場合，28はデカンチオールの中に埋没しており，28の二級水酸基は疎水性環境下にあることになる．したがって，水素結合能力が著しく増強され，グルコースなどの糖に対する水素結合性の良好なレセプターとなる．この例は，CDの形状を利用し，水溶液中では発揮し難いが元来そのポテンシャルが高い水素結合を積極的に分子認識に活用したもので興味深い．

多置換体のみを用いた完全な単分子膜形成は，チオールをCDに直接結合させるのではなく，置換基として長鎖アルキルスルフィドを用いることで達成できる（図3.13 (b)）．たとえば，29はイオウ原子の両側に長鎖アルキル基を有しており，イオウ原子が金表面に自己集合膜を形成すると，一つのイオウ原子に対して二つあるアルキル基間のパッキングが良好となる．その結果，29は通常のチオールの自己集合膜のように，非常に密な自己集合膜を形成できる[52-54]．この29自己集合膜の分子認識素子としての能力は，原子間力顕微鏡や表面プラズモン共鳴を利用して評価されている．

CD部分の運動自由度が高い一置換体などの少ないイオウ官能基を有する修飾CDでも，表面

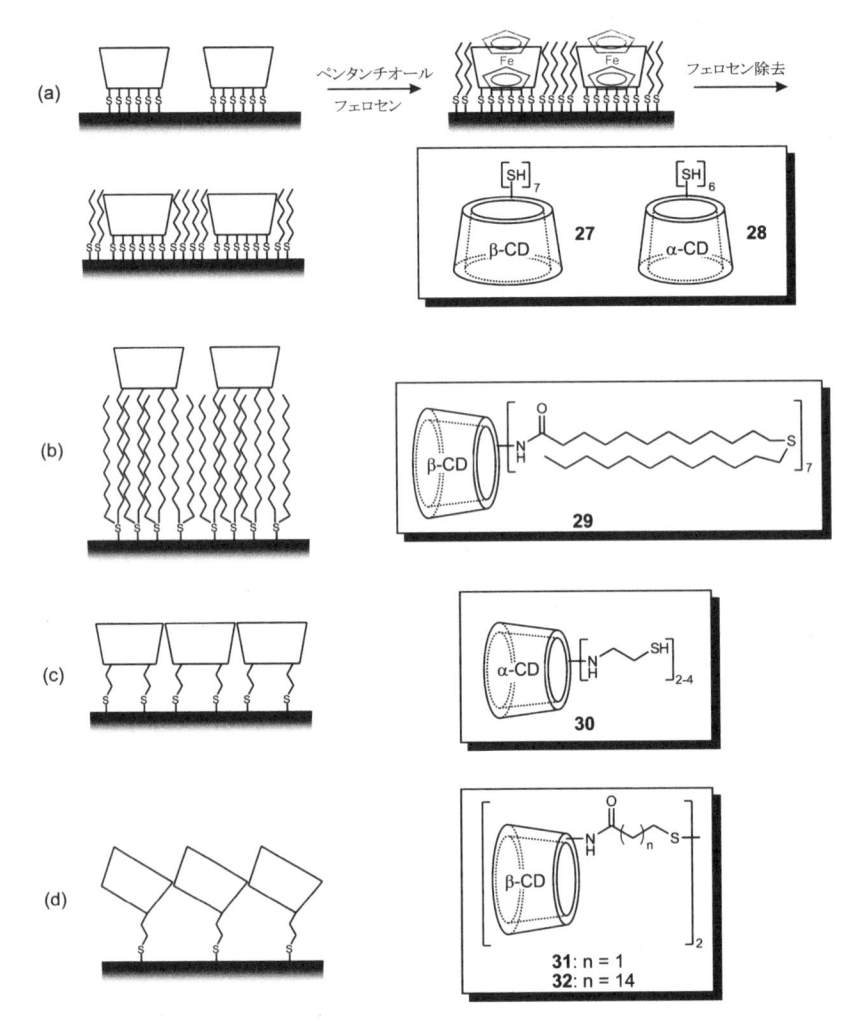

図 3.13 金-イオウ間の自己集合膜法により単分子膜を形成する種々の CD 誘導体と形成される単分子膜の模式図

被覆率がほぼ 100% の単分子膜が形成される（図 3.13 (c)，(d)）．これらの CD 誘導体による単分子膜は，**27**，**28** と同様に電気化学的な評価が可能であり，また，適切なマーカー（溶液中に存在する電気化学活性種）を使用することで電気化学センサーデバイスとなる．化合物 **30** は α-CD の一級水酸基側に 2～4 残基のチオール基を有しており，この単分子膜修飾電極ではキノン-ヒドロキノンの電極反応が観察される．このキノン-ヒドロキノン系の電極応答は，溶液中に存在する他のアゾ色素によって容量依存的に阻害される（図 3.14）[55]．その阻害度を Langmuir 型の吸着式にて解析することで，固液界面での CD の分子認識力が評価できる．均一溶液中の場合に比べ，固液界面での会合定数は一般に大きく，CD は固液界面での優れた分子認識素材となる．また，光学異性識別能力に関しても均一溶液中よりも優れていることが示唆されている．さらに，**30** 単分子膜修飾電極は同じキノン-ヒドロキノン系をマーカーとすることで，内分泌攪乱物質（ビスフェノール A など）に対する電気化学センサーとなる[56]．検出限界は抗原-抗体反応を利用した酵素免疫測定法やガスクロマトグラフィー-質量分析法などに比べると劣るものの，簡便

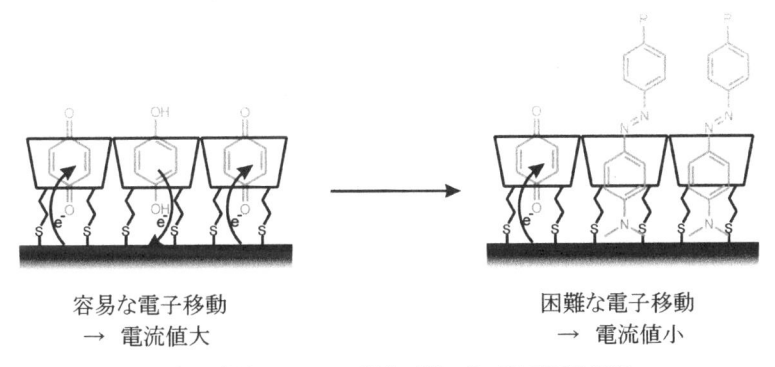

図 3.14 電気化学法による CD 単分子膜の界面分子認識評価

な操作でかつ安価に測定できることから，一次スクリーニングなどへの利用が考えられる．

図 3.13 (d) に示した CD 二量体 **31** は，ジスルフィド基が金電極上に吸着することで，他のチオール修飾 CD と同様に容易に単分子膜を形成する．この **31** 単分子膜修飾電極の分子認識能力は，界面での分子認識の評価に効果的な交流インピーダンス法を用いて検討されている[57]．ゲストにアダマンタン誘導体を用い，陰イオンであるヘキサシアノ鉄酸(III)イオン（$Fe(CN)_6^{3-}$）をマーカーとした場合，負電荷をもつアダマンタンカルボキシラートがゲストの場合には電子移動が抑制され，逆に正電荷をもつアダマンタンアンモニウムがゲストの場合には電子移動が促進される．この結果の解釈には，図 3.15 に示したように，固液界面上に存在する **31** の CD 空孔への陰イオン，あるいは陽イオンの包接により，陰イオンであるマーカーの検知する界面電位の変化が重要な役目を果たしているようである．

他のジスルフィド結合を利用した CD 二量体 **32** を単分子膜とした場合，電気化学的に活性なカテコールアミン類（ドーパミン，エピネフリン，ノルエピネフリン）の応答は若干阻害されるものの，明瞭に観察される．これらは中性条件下で正に荷電しており，**30** の結果から推察すると，CD によって包接されたカテコールアミンの正電荷が，溶液中のカテコールアミンの電極応答を促進している可能性が考えられる[58]．同じカテコールアミンでも分子内にカルボキシル基を有

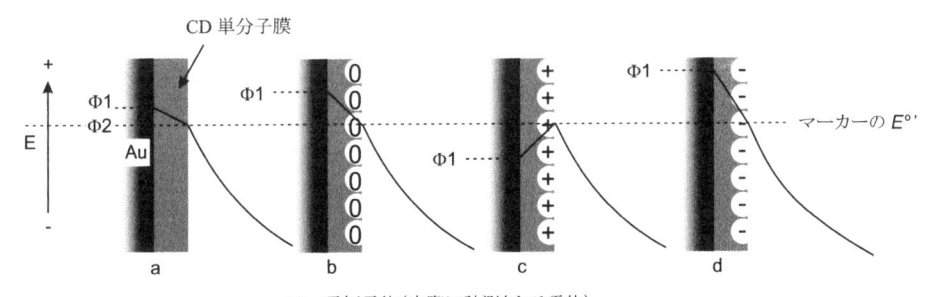

Φ1: 電極電位（実際に計測される電位）
Φ2: 界面電位（マーカーが感知する最高電位）

図 3.15 CD 単分子膜修飾電極の電位プロファイル．(a)CD 単分子膜のみの状態，(b)CD 単分子膜に中性分子が結合した状態，(c)CD 単分子膜に陽イオンが結合した状態，(d)CD 単分子膜に陰イオンが結合した状態．マーカー（この場合，負電荷をもっているとする）は，陽イオンが電極表面に結合すると標準酸化還元電位よりも低い電位で電子移動を行い，陰イオンが結合すると標準酸化還元よりも高い電子移動に必要とする．

し，中性条件下で電荷をもたない L-DOPA の電極応答は **31** の単分子膜の存在によって著しく阻害される．双性イオン型であり形式的に電荷をもたない L-DOPA が，**31** 単分子膜に包接されても，界面電位の上昇は起こらず，溶存している L-DOPA の電極応答は促進されないことが考えられる．以上の結果は，CD 単分子膜がゲスト分子種の電荷を識別できる能力を有していることを示している．

CD 単分子膜修飾電極に関する検討は容易に合成できるリポ酸修飾 CD **33-35** によってもなされている（図 3.16）．金表面への吸着は数分でほぼ完了することが走査型トンネル顕微鏡の観察によって確認された[59]．β- および γ-CD 空孔に対し相対的に小さいフェロセンカルボン酸をマーカーとしたところ，**34** と **35** の単分子膜修飾電極ではフェロセンカルボン酸の電極酸化および再還元がサイクリックボルタモグラム上に明瞭に現れ，**34** と **35** の CD 空孔はフェロセンカルボン酸を透過させることが判明した．これに対し，フェロセンカルボン酸が透過できない大きさの α-CD 空孔を有する **33** では，フェロセンカルボン酸の電極酸化は著しく抑制され，再還元ピークも不明瞭であった．したがって，リポ酸修飾 CD 単分子膜 **33-35** は，分子の大きさを認識できる機能性単分子膜であることになる[60]．また，フェロセンカルボン酸が透過できる空隙を **34**，**35** 単分子膜は有していることから，電気化学的に不活性な物質はフェロセンカルボン酸の電極反応を阻害することが期待される．実際に，**33** 単分子膜修飾電極におけるフェロセンカルボン酸の電極応答は電気化学的に不活性な *l*-ボルネオール，シクロヘキサノール，ウルソデオキシコール酸により容量依存的に抑制される．さらに，抑制の程度は均一溶液中の β-CD がこれらのゲスト化合物に示す親和性と同じくウルソデオキシコール酸＞*l*-ボルネオール＞シクロヘキサノールであり，やはり固液界面でも CD の基本的な分子認識特性は保持されている．

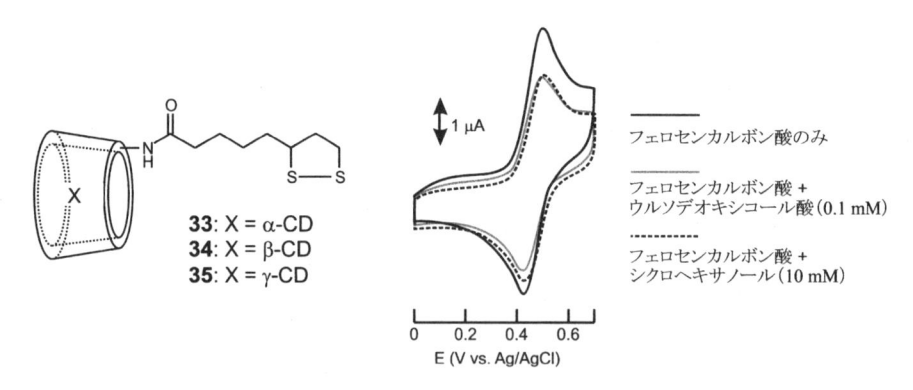

図 3.16 リポ酸修飾 CD と **34** 単分子膜修飾金電極上でのフェロセンカルボン酸の電極応答

これらのゲスト分子が誘起する電極反応の抑制において興味深いことは，これらのゲスト分子がフェロセンカルボン酸の **34** 単分子膜修飾電極上での応答電位には何ら影響を与えず，酸化および再還元電流の減少のみを引き起こすことである．このことは，電子移動反応が抑制されたのではなく，電極の面積が減少したことを意味する．したがって，**34** 単分子膜における CD 空孔はフェロセンカルボン酸を空孔内に捕捉するレセプターとしての機能よりもむしろ，バルク水相中のフェロセンカルボン酸が金電極表面に到達させるチャンネルとしての機能を示していることに

なる．

この 34 および 35 単分子膜修飾電極は，陰イオン性のマーカーである $Fe(CN)_6^{3-}$ の電極反応を若干阻害する．現象的にはサイクリックボルタモグラム上での酸化ピーク電位と再還元ピーク電位の差が広がることになる．ここにゲスト分子として，中性条件下で負電荷をもつ胆汁酸誘導体を溶液中に共存させると，マーカーと電極との間の電子移動が胆汁酸誘導体により抑制されるため，図 3.17 に示すように容量依存的にピーク電位差が拡大する．胆汁酸誘導体による電子移動の抑制は，31 単分子膜修飾電極と同様に CD 空孔に包接される負電荷の影響による．したがって，34 および 35 単分子膜修飾電極と $Fe(CN)_6^{3-}$ の組み合わせは，胆汁酸誘導体に対する電気化学センサーとしての機能をもつ．膜表面での会合定数は 35 単分子膜上，ウルソデオキシコール酸で約 $1.6×10^6 M^{-1}$ 程度であり，均一溶液中に比べかなり大きな値となっている[61]．化合物 34 あるいは 35 の単分子膜では，CD の一方の開口部は電極表面とリポ酸残基に接しており，バルク水相に比べると疎水的な環境にあると思われる．よって，疎水性のキャップを施した場合と同様に，ゲスト分子に対する認識力が増大している可能性が考えられる．

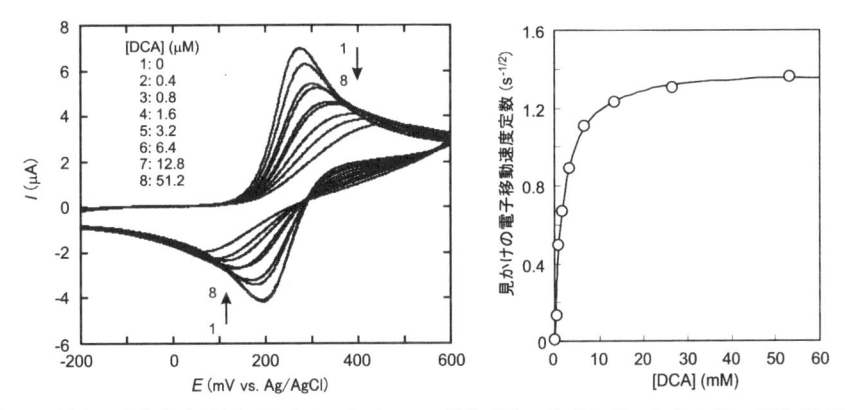

図 3.17 34 単分子膜修飾金電極におけるヘキサシアノ鉄(II)酸のサイクリックボルタモグラフに及ぼすデオキシコール酸（DCA）の影響（左）と Langmuir プロットによる解析結果（$K=1,100,000 M^{-1}$）

CD 単分子膜修飾電極を電気化学センサーとした場合，溶液中にマーカーを共存させる必要がある．CD にフェロセンなどの電気化学活性種を結合させた誘導体を単分子膜にすれば，それ自体が分子認識情報を電気化学応答の変化に結びつけるシグナルトランスデューサーとしての機能も併せ持つことになり，溶存マーカー種は不要となる可能性がある．フェロセン修飾 β-CD [62]，アントラキノン修飾 β-CD [63] がこれまでに合成されたものであるが，その分子認識力とそれに伴う電気化学信号変化については検討されておらず，今後の展開が期待される．

3.3.2 交互累積膜への応用

近年，薄膜の簡便な作製法として交互累積膜が注目を集めている．これは正または負に荷電した高分子間の静電相互作用を利用したもので，それぞれの高分子溶液に交互に浸漬することで得られる．簡便な割には，かなりの精度で膜厚の制御が可能であり，タンパクを利用したバイオセンサーなどへの展開が図られている．静電相互作用以外にもタンパクと基質間の相互作用や抗

原-抗体間の相互作用，さらには電荷移動相互作用を利用した交互累積膜も作製されている．したがって，CDとゲスト分子間の相互作用を利用することも可能である．このような例は，CDの二量体を用い，高分子側鎖にCDに認識される残基を導入することで達成される．すなわち，自己集合膜の作製に用いられたβ-CD二量体31は，フェロセン残基を側鎖に導入したポリ(アリルアミン)(FcPAA)の積層を可能にした[64]．

QCM法による検討の結果，FcPAAは金表面に吸着するものの，二層目以後の吸着は正に荷電したFcPAA間の静電反発により妨げられる．しかし，一層目のFcPAAの吸着操作後，31の溶液に基板を浸漬し，再度FcPAA溶液に浸漬したところ，同程度の振動数変化が観察され，FcPAAはお互いの静電反発に打ち勝ち積層可能となった．同様に三層目以後の積層も31による処理を行うことで可能となった．実際に31のCD部分がFcPAAのフェロセン残基を認識することでFcPAAの積層が可能になることは，二層目以後のFcPAAの積層操作時にβ-CDの良好なゲスト分子であるシクロヘキサノールやフェロセンカルボン酸を共存させると，FcPAAの吸着が著しく抑制されることや，FcPAAの代わりにCDとの相互作用が期待できないポリ(アリルアミン)(PAA)の積層が不可能であったこと，さらには31の代わりに未修飾β-CDを用いた場合でも積層が不可能であったことから確認できた．FcPAAの積層に対する31の機能を図3.18に模式的に示した．

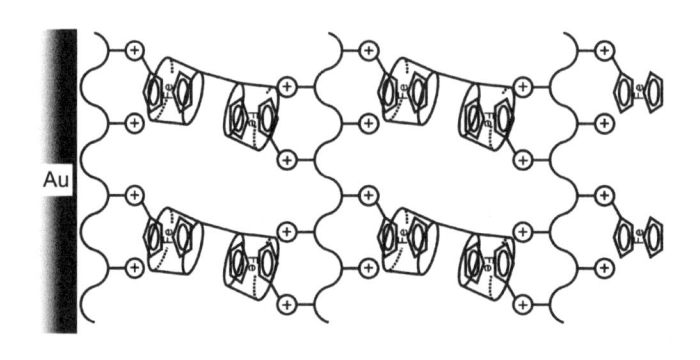

図 3.18 CD 二量体 31 によるフェロセン修飾ポリアリルアミン (FcPAA) の積層膜

上の例は，CDの分子認識作用を薄膜の積層に利用したものであるが，CDに電荷を与えることでCDの関与する交互累積膜の作製も可能である[65,66]．一例として，負に荷電している硫酸化CDを用い，正に荷電したPAAなどの高分子との間の交互累積膜の作製があげられる．得られた交互累積膜では，この硫酸化CDはPAAの積層の結合に関与するのみではなく，CDの機能，すなわち空孔へのゲスト包接も保持されていることが各種色素を用いた検討で明らかになった．

CDの薄膜は，化学センサーとしての利用のみならず，分離材料や界面の改質，あるいはナノレベルでのチャンネルとしてなど，多方面への応用が期待される．近年注目されている金属コロイドは作製時の条件によりそのサイズが決定されるが，CDの包接化合物形成を利用することで，*in situ*での粒径変化を実現できる．この例は31とFcPAAの例とは逆に，表面に27由来のCD単分子膜を形成させ，フェロセン残基を二つ有するリンカー分子にて金コロイドの凝集を実現している[67]．

3.4 おわりに

以上述べたように，CD の化学修飾体は，CD の分子認識力を改質するのみではなく，未修飾の CD では得られない種々の機能性，たとえば分光的化学センシング能力や界面への吸着など，を発揮する．しかも，CD は水溶性であり，化学修飾 CD の合成あるいは特に精製の途上では有機溶媒をそれほど必要としない．合成・精製途上で多量の有機溶媒を必要とする他の機能性有機化合物に比べると，環境に与える負荷が小さい機能性物質といえる．また，CD はそのものがナノメートルサイズの機能性分子であり，その機能性をより高度にする化学修飾 CD は，種々の観点から注目されうる素材となる．さらに修飾 CD の機能を活用したおもしろい例として，J.F. Stoddart らの研究がある．彼らは α-CD に糖残基を導入し，ビピリジニウムを用いた軸分子との間で擬ロタキサンを形成させた．この擬ロタキサンは細胞表面にある糖タンパクとの結合を通して細胞凝集を阻害する機能を発揮する，という興味深いものであり，修飾 CD の新たな利用法として注目に値する[68]．

参考文献

1) I. Tabushi, K. Shimokawa, N. Shimizu, H. Shirakata, and K. Fujita, *J. Am. Chem. Soc.*, **98**, 7855-7856 (1976).
2) A. Ueno, H. Yoshimitsu, R. Saka, and T. Osa, *J. Am. Chem. Soc.*, **101**, 2779-2780 (1979).
3) I. Suzuki, H. Suzuki, and A. Yamauchi, 未発表データ．
4) I. Tabushi, Y. Kuroda, and K. Shimokawa, *J. Am. Chem. Soc.*, **101**, 1614-1615 (1979).
5) A. Harada, M. Furue, and S. Nozakura, *Macromolecules*, **9**, 705-710 (1976).
6) R. Breslow, N. Greespoon, T. Guo, and R. Zarzycki, *J. Am. Chem. Soc.*, **111**, 8296-8597 (1989).
7) R. Breslow, Z. Yang, R. Ching, G. Trojandt, and F. Odobel, *J. Am. Chem. Soc.*, **120**, 3536-3537 (1998).
8) D.K. Leung, Z. Yang, and R. Breslow, *Proc. Natl. Acad. Sci. USA*, **97**, 5050-5053 (2000)
9) A. Mulder, J. Huskens, and D.N. Reinhoudt, *Org. Biomol. Chem.*, **2**, 3409-3424 (2004).
10) D.K. Leung, J.H. Atkins, and R. Breslow, *Tetrahedron Lett.*, **42**, 6255-6258 (2001).
11) H.J. Lindler, D.-Q. Yuan, K. Fujita, K. Kubo, and F. W. Lichtenthaler, *Chem. Commun.*, **2003**, 1730-1731.
12) K. Harata, Y. Nagano, H. Ikeda, T. Ikeda, A. Ueno, and F. Toda, *Chem. Commun.*, **1996**, 2347-2348.
13) C.J. Easton and S.F. Lincoln, *Chem. Soc. Rev.*, **1996**, 163-170.
14) T. Murakami, K. Harata, and S. Morimoto, *Chem. Lett.*, **1988**, 553-556.
15) I. Suzuki, Y. Sakurai, K. Obata, T. Osa, and J. Anzai, *Heterocycles*, **49**, 469-474 (1998).
16) W.-H. Chen, M. Fukudome, D.-Q. Yuan, T. Fujioka, K. Mihashi, and K. Fujita, *Chem. Commun.*, **2000**, 541-542.
17) A. Ueno, Y. Tomita, and T. Osa, *J. Chem. Soc., Chem. Commun.*, **1983**, 976-977.
18) I. Suzuki, M. Ito, and T. Osa, *Chem. Pharm. Bull.*, **45**, 1073-1079 (1997).

19) I. Suzuki, M. Ohkubo, A. Ueno, and T. Osa, *Chem. Lett.*, **1992**, 269-272.
20) I. Suzuki, Y. Kato, and T. Osa, *J. Chem. Soc., Perkin Trans. 2*, **1997**, 1061-1063.
21) A. Ueno, I. Suzuki, and T. Osa, *Anal. Chem.*, 1990, **62**, 2461-2466 (1990).
22) A. Ueno, Q. Chen, I. Suzuki, and T. Osa, *Anal. Chem.*, **64**, 1650-1655 (1992).
23) I. Suzuki, Y. Kato, T. Osa, J. Anzai, M. Narita, and F. Hamada, *Int. J. Soc. Mater. Eng. Resour.*, 8, 64-68 (2000).
24) I. Suzuki, Y. Kato, Y. Egawa, J. Anzai, M. Wadamori, H. Yokomizo and K. Takahashi, *J. Mol. Struct.*, **602-603**, 223-231 (2002).
25) K. Takahashi, *Bull. Chem. Soc. Jpn.*, **66**, 540-546 (1993).
26) A. Yamauchi, T. Hayashita, A. Kato, S. Nishizawa, M. Watanabe, and N. Teramae, *Anal. Chem.*, **72**. 5841-5846 (2000).
27) I. Willner and Z. Goren, *J. Chem. Soc., Chem. Commun.*, **1983**, 1469-1470.
28) Z. Pikramenou and D.G. Nocera, *Inorg. Chem.*, **31**, 532-536 (1992).
29) I. Suzuki, M. Ito, T. Osa, and J. Anzai, *Chem. Pharm. Bull.*, **47**, 151-155 (1999).
30) I. Suzuki, K. Obata, J. Anzai, H. Ikeda, and A. Ueno, *J. Chem. Soc., Perkin Trans. 2*, **2000**, 1705-1710.
31) Y. Liu, Y. Chen, S.-Z. Kang, L. Li, C.-H. Diao, and H.-Y. Zhang, *J. Inclusion Phenom., Macrocycl. Chem.*, **47**, 91-95 (2003).
32) Y. Liu, Y.-W. Yang, L. Lei, and Y. Chen, *Org. Biomol. Chem.*, **2**, 1542-1578 (2004).
33) Y. Liu, Z.-Y. Duan, Y. Chen, J.-R. Han, and L. Cui, *Org. Biomol. Chem.*, **2**, 2359-2364 (2004).
34) A.V. Eliseev and H.-J. Schneider, *J. Am. Chem. Soc.*, **116**, 6081-6088 (1994).
35) Y. Aoyama, Y. Nagai, J. Otsuki, K. Kobayashi, and H. Toi, *Angew. Chem., Int. Ed. Engl.*, **31**, 745-747 (1992).
36) T. Kitae, T. Nakayama, and K. Kano, *J. Chem. Soc., Perkin Trans. 2*, **1998**, 207-212.
37) I. Suzuki, T. Miura, and J. Anzai, *J. Supramol. Chem.*, **1**, 283-288 (2001).
38) I. Tabushi, Y. Kuroda, and T. Mizutani, *J. Am. Chem. Soc.*, **108**, 4514-4518 (1986).
39) E.S. Cotner and P.J. Smith, *J. Org. Chem.*, **63**, 1737-1739 (1998).
40) S.L. Hauser, E.W. Johanson, H.P. Gree, and P.J. Smith, *Org. Lett.*, **2**, 3575-3578 (2000).
41) E. Tarelli, Z. Lemercinier, and S. Wheeler, *Carbohydr. Res.*, **302**, 27-34 (1997).
42) K. Kano, T. Kitae, Y. Shimofumi, N. Tanaka, and Y. Mineta, *Chem. Eur. J.*, **6**, 2705-2713 (2000).
43) B. Siegel, A. Pinter, and R. Breslow, *J. Am. Chem. Soc.*, **99**, 2309-2312 (1977).
44) M. Ui, A. Yamauchi, and I. Suzuki, *Bunseki Kagaku*, **54**, 495-499 (2005).
45) I. Suzuki, Y. Ise, M. Ui, and A. Yamauchi, 未発表データ.
46) A. Yabe, Y. Kawabata, H. Niino, M. Tanaka, A. Ouchi, H. Takahashi, S. Tamura, W. Tagaki, H. Nakamura, and K. Fukuda, *Chem. Lett.*, **1988**, 1-4.
47) S. Nagase, M. Kataoka, R. Naganawa, R. Komatsu, K. Odashima, and Y. Umezawa, *Anal. Chem.*, **62**, 1252-1259 (1990).
48) S. Taneva, K. Ariga, Y. Okahata, and W. Tagaki, *Langmuir*, **5**, 111-113 (1989).
49) M.T. Rojas, R. Königer, J.F. Stoddart, and E.A. Kaifer, *J. Am. Chem. Soc.*, **117**, 336-343 (1995).
50) J.-Y. Lee and S.-M. Park, *J. Phys. Chem. B*, **102**, 9940-9945 (1998).
51) S.-J. Choi, B.-G. Choi, and S.-M. Park, *Anal. Chem.*, **74**, 1998-2002 (2002).
52) M.W. J. Beulen, J. Bügler, B. Lammerink, F.A.J. Geurts, D.M.F. Biemond, K.G.C. can Leerdam,

F.C.J.M. van Veggel, J.F.J. Engbersen, and D.N. Reinhoudt, *Langmuir*, **14**, 6424-6429 (1998).

53) M.W.J. Beulen, J. Bügler, M.R. de Jong, B. Lammerink, J. Huskins, H. Schönherr, G.J. Vnasco, B.A. Boukamp, H. Wieder, A. Offenhäuser, W. Knoll, F.C.J.M. van Veggel, and D.N. Reinhoudt, *Chem. Eur. J.*, **6**, 1176-1183 (2000).

54) H. Schönherr, M.W.J. Beulen, J. Bügler, , J. Huskins, F.C.J.M. van Veggel, D.N. Reinhoudt, and G.J. Vnasco, *J. Am. Chem. Soc.*, **122**, 4963-4967 (2000).

55) Y. Maeda, T. Fukuda, H. Yamamoto, and H. Kitano, *Langmuir*, **13**, 4187-4189 (1997).

56) H. Kitano and Y. Taira, *Langmuir*, **185**, 5835-5840 (2002).

57) A. Michalke, A. Janshoff, C. Steinem, C. Henke, M. Sieber, and H.-J. Galla, *Anal. Chem.*, **71**, 2528-2533 (1999).

58) I. Suzuki, Y. Egawa, and J. Anzai, *Bunseki Kagaku*, **51**, 403-407 (2002).

59) S. Yasuda, H. Shigekawa, I. Suzuki, T. Nakamura, M. Matsumoto, and M. Komiyama, *Appl. Phys. Lett.*, **76**, 643-645 (2000).

60) I. Suzuki, K. Murakami, J. Anzai, T. Osa, P. He, and Y. Fang, *Mater. Sci. Eng. C*, **6**, 19-25 (1998).

61) Y. Egawa, Y. Ishida, A. Yamauchi, J. Anazai, and I. Suzuki, *Anal. Sci.*, **21**, 361-366 (2005).

62) I. Suzuki, K. Murakami, and J. Anzai, *Mater. Sci. Eng. C*, **17**, 149-154 (2001).

63) K.J. Stine, D.M. Andrauskas, A.R. Khan, P. Forgo, and V.T. D'Souza, *J. Electroanal. Chem.*, **465**, 209-218 (1999).

64) I. Suzuki, Y. Egawa, Y. Mizukawa, T. Hoshi, and J. Anzai, *Chem. Commun.*, **2002**, 164-165.

65) I. Suzuki, K. Sato, M. Koga, Q. Chen, and J. Anzai, *Mater. Sci. Eng., C*, **23**, 579-583 (2003).

66) K. Sato, I. Suzuki, and J. Anzai, *Langmuir*, **19**, 7406-7412 (2003).

67) J. Liu, S. Mendoza, E. Román, M. J. Lynn, R. Xu, and A.E. Keifer, *J. Am. Chem. Soc.*, **121**, 4304-4305 (1999).

68) A. Nelson, J. M. Belitsky, S. Vidal, C. S. Joiner, L.G. Baum, and J.F. Stoddart, *J. Am. Chem. Soc.*, **126**, 11914-11922 (2004).

第Ⅲ編　シクロデキストリンのナノ超分子への応用

1. シクロデキストリンを用いたナノデバイスの構築

2. シクロデキストリンを用いた超分子ポリマーの構築

3. シクロデキストリン - ペプチドハイブリッド

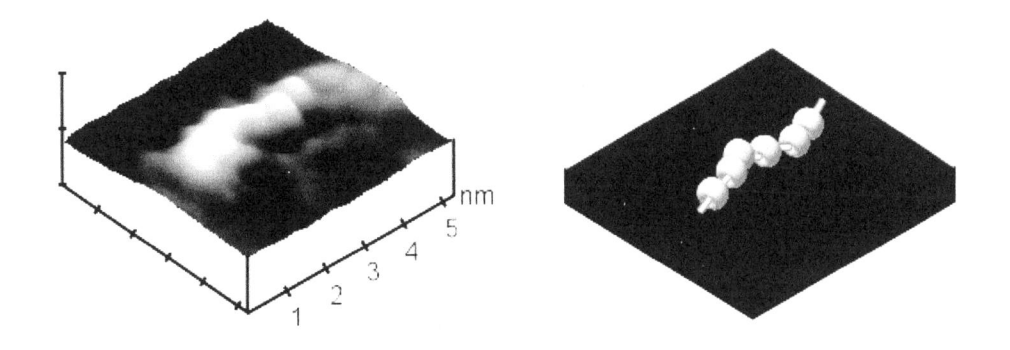

1

シクロデキストリンを用いたナノデバイスの構築

1.1 はじめに

　一般に，我々が溶液や気体を観測する際には，その中に含まれる個々の分子の機能を問題とする場合は極めて希である．むしろ，数多くの分子がランダムに運動し，これらがボルツマン分布をした集合体の諸性質を見ている場合がほとんどである．しかし，分子はそれぞれ特徴のある化学構造をもつので，ある種の工夫をしさえすれば，1分子単独でも特異的な機能を発揮するはずである．たとえば，分子が置かれた環境を少しずつ変えてやれば，極めて数多くの"機能性分子"をつくり出すことができる．一つ一つの分子が単位素子として独自の役割を果たすように分子群を集約した超微細デバイス，それが分子デバイスである．半導体産業におけるフォトリソグラフィに代表されるトップダウン方式によるダウンサイズに限界が生じるとともに，このような限界のない分子素子に注目が集まったのは当然の趨勢であった．分子の多くは数オングストロームの大きさであるから，これを10～100個集合化したところで，数ナノメートルから数十ナノメートル程度の大きさである．こうしたボトムアップ方式による"ナノテクノロジー"により，極小サイズで，しかも従来材料をはるかに超える高機能を発揮する材料をつくり上げることができれば，これはまさに科学の大革命である．

　このような概念自体は，はるか昔からあったようである．しかし，明確な形態で提案されたのは，エリック・ドレクスラーの著書「創造する機械　ナノテクノロジー」が最初であった．1986年に発行されたこの本には，"超ミクロサイズのロボットを使って人の身体の中に入り，病気の部分を捜して治療する"といったことまでも書かれており，まさに先見の明にあふれている．しかし，当時の技術ではこれを実現することはもちろん不可能であり，その後も，科学者の夢物語として語られるレベルにとどまっていた．ところが，ここ20～30年ほどの間に科学が飛躍的な進歩を遂げた結果，その"夢"がようやく現実味を帯び，科学者の目指す大きな研究ターゲットとなってきた．この傾向にさらに拍車をかけたのが，2001年における米国大統領クリントンによる「米国国家ナノテクノロジー構想」の提案であった．こうして，ナノテクノロジーには大きな研究予算が流れ込み，学問的興味のみならず経済的欲望を原動力として数多くの研究者がこの分野に参画し，瞬く間に一大研究領域が形成された．

　さて，分子デバイスは数多くの分子から構築されるが，これを構成する各々の分子には，少なくとも，①設計どおりに集合化して所望のナノ構造体を形成する，②種々の官能基を決められた

場所に正確に導入できる, ③種々のゲスト分子を正確に認識してこれを結合する, ④他の分子と正確な情報交換をすることができる, などの能力が要請される. こうしてみると, シクロデキストリン (CD) が, 非常に有力な候補分子であることがわかるであろう. 本章では, ①大きなゲスト分子を正確に認識するCDの規則的集合体の調製と ②走査型プローブ顕微鏡によるCD分子のマニピュレーションについて紹介する. いずれも, CDを素材として分子デバイスを開発するのに必須の技術であるとともに, その他の用途にも広範に応用できる基盤技術である.

1.2 大きなゲスト分子を正確に認識するシクロデキストリンの規則的集合体の調製 [1-9)]

1.2.1 分子デバイスの開発における重要性

ホスト・ゲスト化学の急激な進展により, オングストローム・オーダーのゲスト分子を認識するホスト分子の合成技術は, すでに完成の域に達している. しかし, それらのほぼすべては, 「小さなゲスト分子を有機溶媒中で認識する」ものであり, より大きなナノメートルスケール・ゲストを水溶液中で選択的に結合するレセプター分子は容易には合成できなかった. それは, 複数個の官能基を10Å以上も離れた場所に正確に配置することは, 最新の合成技術をもってしても極めて困難であるためである. それに対して, 天然のレセプターである抗体や酵素は, 大きなゲスト分子を苦もなく正確に認識している. ここでは, 数ナノメートル四方にも及ぶ広い領域 (たとえば, 30Å×30Å) で相手分子と多数の相互作用をし, その結果, ほぼall or nothingに近い顕著な分子認識を実現している. しかも, これらの生体系での分子認識がすべて水の中で正確に行われているのに対して, 人工レセプターの多くは有機溶媒中でのみ十分な機能を発揮する. このように, 対象となるゲスト分子のサイズの違い, ならびに使用される媒体の違いは, これまでに開発されてきた人工レセプター分子と天然のレセプター分子との大きな差異である.

我々がCDを使って分子デバイスを構築する際には, ①部品となるCD誘導体が, 分子サイズの大小に関わらず, 系内の種々のゲスト分子を正確に分子認識すること, ならびに ②これらのCD誘導体同士が互いに相手を正確に認識して, 設計どおりに会合して目的のナノ組織体を構築すること, が必要である. さらに, 将来的な展開を考慮すると, タンパクや核酸などのバイオ分子とのハイブリッド化も必要となるはずであり, その意味で, 「大きな分子を水中で認識するCD誘導体の調製」が極めて重要な課題となる.

1.2.2 シクロデキストリンの組織的集合化と巨大ゲストの認識

それでは, CDを素材として, 大きなゲストを正確に認識するにはどうしたらよいだろうか? 単にCDに官能基を導入するだけでは, ゲスト選択性は向上できても, ゲスト分子のサイズの壁を崩すことはできない. そこで, 我々は, 「CD分子を複数個, ゲスト分子の構造に合わせて正確に配向して固定する」という手法を提案している. CDは, 単独の状態であっても, 相手を見分けて複合体を形成する. ただし, この場合には, ゲスト化合物は空洞に包接される必要があるので, そのサイズは数オングストローム以下に限られる. ゲスト化合物がより大きくなった場合に

も，CDが結合するのは，ゲストの一部（たとえば，ベンゼン環，アルキル基など）にすぎない．そこで，必然的に，ゲストの中の"CDと結合する部位以外の構造"が少々変わっても，複合体の安定性はほとんど変化しない．すなわち，このような大きなゲスト分子に対する分子認識能はないに等しい．

しかし，複数のCD分子を"ナノメートルスケール・ゲスト"の構造に合わせて規則的に集合化すると，その状況は一変する（図1.1）．この場合も，集合体中のCD分子のそれぞれは，"ナノメートルスケール・ゲスト"の一部分（たとえばベンゼン環）と一定（一般には1：1）のモル比で結合するにすぎない．しかし，集合体の中ではCD分子が所定の位置に固定されているために，集合体全体としては，特定の構造をもつ"ナノメートルスケール・ゲスト"だけを効率的に結合する．ゲスト化合物の構造が多少とも異なると，複合体形成が著しく抑制されたり，あるいは，もっと極端な場合には立体的や物理化学的に反発してしまう．こうして，所定のゲスト分子だけを正確に見分けて結合することができる．これが，高機能性CD高分子の構築の基本原理である．

= ナノメートルスケールのゲスト

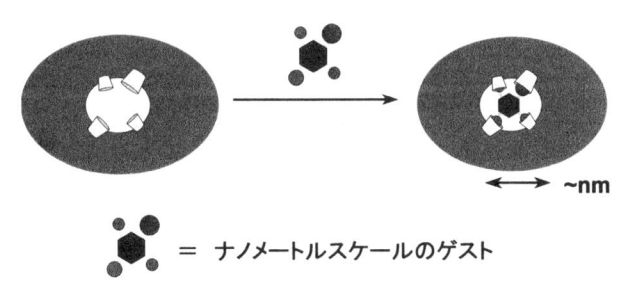

図1.1 CDの規則的集合体による大きなゲスト分子の認識

1.2.3 インプリント・シクロデキストリン高分子の合成
(1) モレキュラー・インプリント法とは

では，複数のCD分子を"ナノメートルスケール・ゲスト"の構造に合わせて規則的に集合化するには，どうしたらよいだろうか？ すぐに思い浮かぶのは，純合成化学的な方法である．しかし，読者の多くがよくご存知のとおり，これらの合成操作は一般に多段階を要し，煩雑であり，目的生成物を大量にしかも簡便に入手するのは容易ではない．この難題に対する一つの解決策がモレキュラー・インプリント法である．この方法は，レセプター高分子をテーラーメードに合成する手法として考案された（図1.2）[1]．すなわち，認識したいゲスト分子（あるいはその類似体）の存在下に機能性モノマーを重合させ，高分子の中に鋳型の型を取る方法である．まず，機能性モノマーとゲスト分子を溶媒に溶かすと，鋳型の周囲に複数の機能性モノマーが（瞬間的に）結合する．そこで，この状態で機能性モノマーを重合させ，複合体の分子運動を凍結して，鋳型分子の構造を高分子構造の中に記憶させる（ステップ1）．重合の際に，適当な架橋剤を加えておくと，高分子がより堅くなり，インプリント効果がさらに高まる．重合後に，高分子が"記憶を失わないような"条件で鋳型分子を除去すれば，鋳型があった場所に"穴"が出来上がる（ステップ2）．除去条件が適切でありさえすれば，この穴の形状は鋳型分子に合致しているはずだし，ま

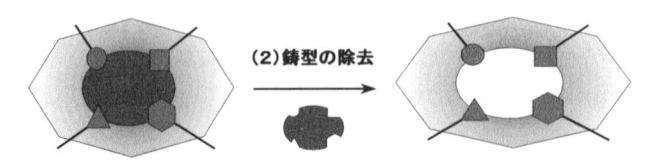

(1) 鋳型存在下で
機能性モノマーを重合

(2) 鋳型の除去

図 1.2　モレキュラー・インプリント法の基本概念

た，その周囲には（機能性モノマーに由来する）官能基が正確に配置されているはずである．したがって，この"穴"は，ゲスト分子を正確に認識することができる．

　これまでに報告されたモレキュラー・インプリント法の多くでは，機能性モノマーとしてアクリル酸やビニルピリジンを用い，これらと鋳型（ならびに適当な架橋剤）とを混合して重合させている．その後，有機溶媒で鋳型を抽出除去する．これだけの簡便な操作で，望みのレセプターがテーラーメードに得られる．しかし，この方法は，我々が目指している「大きな分子を水中で認識するレセプターの調製」には必ずしも十分ではない．第1の問題点は，大きなゲスト分子に対するレセプターの合成が容易でないことである．用いられている機能性モノマーは小さな分子であり，大きなゲスト分子を認識するためには，数十あるいは数百個のモノマー分子が正確に配向して重合する必要がある．これは明らかに，エントロピー的に大いに不利であり特殊な場合を除いてその実現は容易でない．第2の問題点は，分子認識に用いる媒質がクロロホルムのような非プロトン性溶媒に限られるということである．それは，ほぼすべての場合に，機能性モノマーと鋳型との間に水素結合を形成させて両者の（瞬間的な）会合体を形成しているためである．そこで，水のようなプロトン性溶媒を用いたのでは水素結合が破壊されてしまうので，これを避けるために，非プロトン性溶媒を使用することが必須となるわけである．このような状況下では，核酸やタンパクなどの生体分子を鋳型とするインプリント反応は困難であるし，また，これらの生体分子とのハイブリッド化による高機能分子デバイスの構築もほぼ不可能といわざるを得ない．

(2)　シクロデキストリンを機能性モノマーとしてインプリントすることの意義

　以上のことから，「大きな分子を水中で認識する人工レセプター」を構築するために，CDに白羽の矢を立て，これを機能性モノマーとして用いてインプリントすることとした．CDは単一分子でも分子認識能をもつので，仮にゲスト分子が巨大なものであっても，数個のCD分子があれば十分にこれを認識することができる．すなわち，この場合に必要なことは，数個のCD分子の位置と配向を制御して集合体を構築することだけである．これならばエントロピーのロスも小さく，モレキュラー・インプリント法で実現するのは造作もない．また，CDによる分子認識は水溶液中で行われるので，この点でも，本章のテーマである"分子デバイス"の構築にうってつけである．

(3)　インプリント・シクロデキストリン高分子の合成とゲスト認識能

　CDに対するモレキュラー・インプリント反応の概念図を図3.1に示す．鋳型分子はナノメートルスケールであり，その中にCDと相互作用する部位を複数個もつ．ここで，溶媒としてDMSO

を用いれば，CDをそのまま（特別な重合性官能基を導入することなしに）使用することができる（DMSO中では，CDは水溶液中と同様に包接化合物を形成する）．この場合，架橋剤としては，ジイソシアナート化合物（たとえばトルエンジイソシアナート（TDI））を用いる．重合反応では，CDの水酸基（一級および二級）とジイソシアナート基が反応してウレタン結合を形成し，CD同士を架橋してインプリント高分子を生成する（A）．一方，水溶液中でインプリント高分子を作製するには，CDにまずビニル基を導入し，ジビニル化合物（架橋剤：たとえばメチレンビスアクリルアミド）とともにラジカル重合する．いずれの場合にも，CDに種々の官能基を導入してインプリント反応に用いれば，規則的集合体の分子認識能をさらに高めることができる．

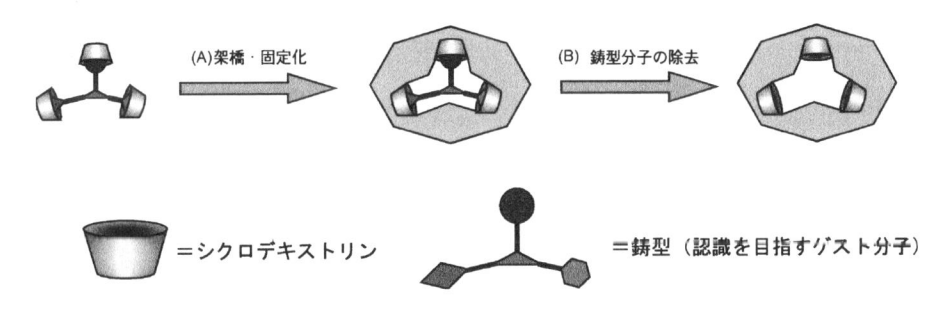

図1.3 モレキュラー・インプリント法によるCDの規則的集合体の合成

重合反応後にCD高分子を適当な溶媒（アルコールなど）で洗浄して鋳型分子を除去し，CD分子群を高分子構造の中の目的位置に正確に配置して固定する（B）．こうして，"鋳型に合わせて配向されたCD分子の規則的集合体"が高分子の中に残される．これがゲスト結合サイトとなる．ここで紹介した方法論は，CDだけでなく，様々なホスト分子をゲスト分子に合わせて規則的に集合化するのに適用できる．

この手法により，ステロイド類，ペプチド類，抗生物質類をはじめとする広範なナノメートルスケール・ゲストを水溶液中で効率的に認識するインプリント・CD高分子が合成された．設計どおりに，ゲスト選択性と結合力の両方が，インプリント効果により飛躍的に大きくなる．たとえば，DMSO中でコレステロールを鋳型としてインプリントしたβ-CD高分子は，効率的にコレステロールを結合する．ここでは，インプリント効果により，2個のCD分子が向かい合ったゲスト結合サイト（図1.4）が数多く形成され，このサイトにコレステロールが強く結合される．ステロイド類でも，置換基がコレステロールと違ったり，あるいは骨格が多少とも異なると，結合力が激減する．それに対して，コレステロールの不在下にβ-CDとTDIを反応させて合成した高分子は，コレステロールをほとんど結合しない．また，β-CDをエピクロロヒドリンで架橋して合成した高分子（ランダム集合体）には，コレステロール結合能はまったくない．このように，インプリント効果は顕著である．

コレステロールは分子サイズが大きすぎて，1個のβ-CDの空洞では十分に収容することができない．そこで，コレステロールを効率的に結合するためには，少なくとも2個のCD分子が協同的に機能する必要がある．しかし，通常の溶液反応では，CD分子は互いに自由に動き回っているので，このような結合サイトは容易に形成されない．そこで，インプリント法により複数の

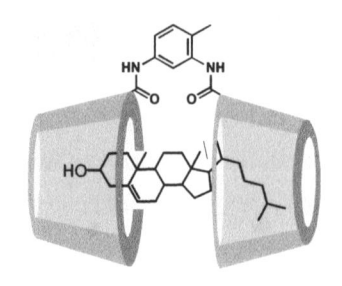

図 1.4 コレステロールでインプリントした CD 高分子の中に形成されるゲスト結合サイト

CD を（瞬間的に）並べ，これらを架橋することによりゲスト結合サイトを生成することが必須となる．このように，単独でも分子認識能をもつ CD 分子をさらに組織的に集合させる手法は，広範な人工レセプターの合成に適用可能であり，大きな展開が期待される．

1.2.4　モレキュラー・インプリントの反応機構[7]

インプリント過程をさらに詳細に調べるために，コレステロールを鋳型とするモレキュラー・インプリント反応（DMSO 溶媒中）を初期段階で停止し，得られる水溶性の β-CD 高分子を MALDI-TOFMS で解析した．その結果，インプリント過程において，β-CD の二量体と三量体が非常に効率的に生成することがわかった（図 1.5，右側）．ここで，$(CD)_2$，$(CD)_3$ で示したのが β-CD の二量体，三量体である（それぞれの領域に存在する質量数の異なるシグナルは，置換度の異なる β-CD 集合体に対応している）．それに対して，鋳型の不在下では，β-CD はほぼすべてが単量体のままで，二量体や三量体はほとんど生成しない（図 1.5，左側）．ここでは，架橋剤（TDI）の一方のイソシアナート基は CD の水酸基と反応してウレタン結合を形成するが，もう一つのイソシアナート基は未反応のままで，その結果，複数の β-CD の間に橋架けは起こらない．

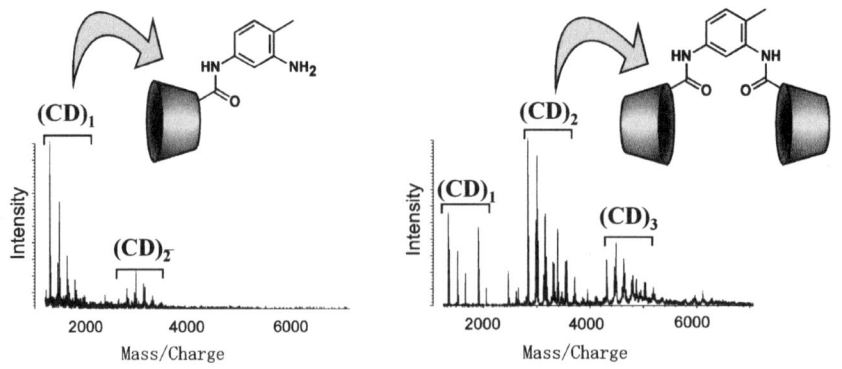

図 1.5 コレステロールの不在下（左）ならびに存在下（右）に合成された β-CD 集合体の MALDI-TOFMS スペクトル

すなわち，インプリント条件では，鋳型分子が，自らに対して相補的な構造に複数の β-CD 分子を集合化させ，この集合体が高分子の中に大量に生成する．これらの β-CD の規則的集合体がゲスト結合サイトである．反応過程を ^1H NMR で追跡した結果，鋳型不在下では β-CD の一級水酸基だけが架橋剤のイソシアナート基と反応することがわかった．これは，この水酸基のほう

がより高反応性であるためである．それに対して，鋳型存在下では，通常は不活性でほとんど反応しない二級水酸基が効率的に反応してβ-CDを結合することがわかった．このように，インプリント効果は，単にCD分子の集合体形成を促進するのみならず，特定のサイトの反応を促進し，その結果としてCD集合体の分子構造を支配する．

1.2.5 インプリント・シクロデキストリン高分子を固定相とするHPLC [8]

上記のようにして調製したインプリント・CD高分子を固定相として利用すると，鋳型分子を効率的に分離するHPLCカラムをテーラーメードに作製することができる．カラムの調製操作は簡単で，インプリント高分子を合成した後にこれを細かく砕き，さらに，ふるいを使って粒径をそろえ，この高分子粒子をカラムにつめるだけである．表1.1に示すように，コレステロールに対してインプリントしたβ-CD高分子で作製したカラムでは，一連のステロイドの中で，コレステロールに対する結合力のみが顕著に増加する．別の鋳型を使って調製したインプリント高分子を使えば，これを効率的に分離するカラムが得られる．このテーラーメード性こそが，この手法の大きな特色である．

表1.1 Capacity factors of cholesterol-imprinted and non-imprinted β-CD polymers (crosslinking agent is TDI)

Guests	Capacity factor k a)		kimp/knon
	kimp	knon	
Cholesterol	2.05	0.10	21
Stigmasterol	0.59	0.42	1.4
Prognenolone	1.97	0.50	3.9
Progesterone	1.20	0.69	1.7
4-Cholesten-3-one	0.52	0.20	2.6

a) Eluent : water/AN = 5/95 (v/v).

1.2.3項で述べたように，CDのモレキュラー・インプリント反応は，水溶液中でも実施できる．また，調製した高分子を固定相とするカラム分離も水溶液系で行える．そこで，水溶液中で調製したインプリント高分子を用いれば，有機溶媒をまったく用いることなしに，分離能の優れたカラム充填剤を調製することができる．これは，食品産業や医薬業界などのように，有機溶媒の使用が極端に制限される場合には，特に大きな長所である．たとえば，バンコマイシンやセファゾリンなどの抗生物質を鋳型としてインプリント・CD高分子を用いれば，これらに対する有効な分離カラムが得られる．タンパクや核酸などの生体分子を分離するためのカラムを調製するにも，本法は有用である．

1.2.6 シリカゲル表面におけるモレキュラー・インプリントと，シクロデキストリン高分子被覆シリカゲルによるHPLC分離 [9]

上記のように，インプリント・CD高分子は，非常に優れた分子認識能をもっている．ただし，この高分子の機械的強度は必ずしも十分に大きくはなく，そのままHPLC用の充填剤として使用すると，高圧下で圧縮されて流路を閉塞し，内圧の急激な上昇を伴う場合も少なくない．また，ふるいで分けた後でも高分子粒子の粒径には分布があり，またその他の諸物性が不均一である．

これらの要因はいずれも HPLC ピークのブロード化をもたらし，これらを避けるのは技術的に相当に困難である．

これらの諸問題を解決するために，シリカゲル表面でモレキュラー・インプリンティングを進行させ，シリカゲルをインプリント・CD 高分子で被覆することとした．シリカゲルは機械強度に優れ，また粒径が均一なものが容易に入手できるので，これとインプリント・CD 高分子の優れた分子認識能とをハイブリッド化しようというわけである．まず，図 1.6 (A) に示すように，ビニル基を含むシランカップリング剤とシリカゲルとを反応させて，シリカゲルの表面にビニル基を導入する．また，別に，CD にもビニル基を導入しておく．その上で，これら二つを鋳型分子，架橋剤（メチレンビスアクリルアミド），ラジカル開始剤（過硫酸カリウム/テトラメチルエチレンジアミン系）とともに混合し，加熱して重合させる．すると，シリカゲル表面でインプリント反応が進行し，その表面がインプリント・CD 高分子で被覆される（図 1.6 (B)）．

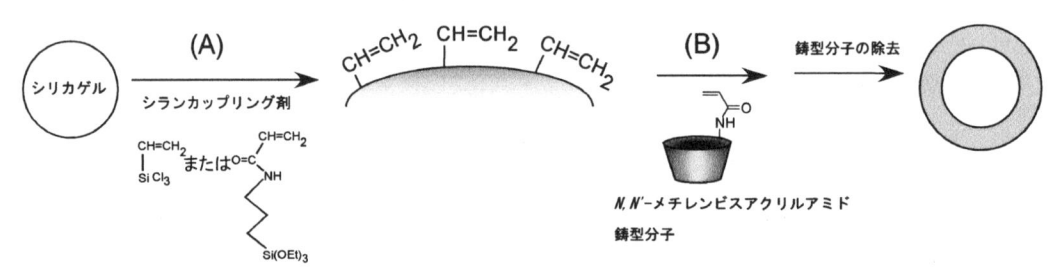

図 1.6 シリカゲル表面へのビニル基の導入(A)と、モレキュラー・インプリント反応(B)

上記の方法により L-Phe-L-Phe を鋳型としてインプリント高分子被覆シリカゲルを合成し，これを用いて HPLC を行うと，D-Phe-D-Phe よりも L-Phe-L-Phe をより強く結合する．一方，D-Phe-D-Phe を鋳型とした場合には，予想どおりに D-Phe-D-Phe に対する結合のほうが L-Phe-L-Phe よりも強い．このように，インプリント効果は顕著である．類似の手法により，テトラペプチドの中のアミノ酸配列も認識することができる．また，内因性オピオイドペプチドであるエンケファリン（ペンタペプチド）を効率的に分離するカラムも容易に作製することができる．

この系の大きな特長は，HPLC のピークが非常にシャープなことである．従来のインプリント高分子では，充填剤の粒径が不ぞろいであり，また認識対象分子に対する結合力にもばらつきがあるために，ピークが極端にブロードとなってしまう場合がほとんどであった．そのために，ターゲット分子の保持時間はインプリントにより大きく変化しても，ピーク同士の重なりが激しくて，実際の分離操作には利用できない場合が多かった．したがって，ここで紹介したインプリント高分子/シリカゲルコンポジットの有用性は明らかである．このようなシリカゲルの表面でのインプリントは，分子デバイスを構築する際にも，非常に重要な技術になるものと思われる．

1.3 走査型プローブ顕微鏡によるシクロデキストリン分子のマニピュレーション

当然のことながら，一つ一つの分子を意のままに動かす技術は，分子デバイスの実現に向けての最重要課題の一つである．これまでにも，世界中の有力な研究室で，数多くの活発な研究が展開されている．特に近年の走査型トンネル顕微鏡（STM）技術の進歩により，分子レベルでの分子配列制御や単一分子の操作が可能になりつつある．しかし，当然のことながら，分子は単独では極めて大きな自由度の可動性をもち，熱運動や様々な摂動により基板上を自由に移動してしまう．そこで，多くの場合，超高真空（たとえば 10^{-6} Torr 以下），極低温（たとえば液体ヘリウム温度）の条件を適用してこれらの運動性を極端に抑制し，それによってようやく一つ一つの分子を操作していた．実用上の観点からは，再現性の向上とともに，室温，大気下での分子操作が望ましいことはいうまでもない．

これらの点に鑑み，我々は，α-CD とポリエチレングリコール（PEG）から形成される超分子ロタキサン（分子ネックレス（図 1.7(a)）に着目した[10]．1.3.2 項で詳細に述べるように，この超分子では，多くの α-CD 分子が PEG の主鎖により串刺しにされているので，主鎖方向には自由に動けるが，これと垂直な方向への動きは著しく制限されている．そこで，分子ネックレスを構成する α-CD を STM 探針によって操作すれば，PEG がガイドレールとして機能して α-CD 分子のランダムな動きを抑制し，そのために，室温，大気下でも再現性よく分子操作できると期待したわけである．実際に，以下に示すとおり，STM 像は非常に安定であり，分子操作は室温，大気下で，再現性よく行うことができる．しかも，STM を使えば，実空間で，原子レベルで原子/電子構造を観察することもできる．また，CD は化学修飾が容易であるとともに，ゲスト包接特性をもつので，望みの諸特性をもつデバイスが構築される．したがって，CD・ネックレスの分子操作が実現すれば，分子を利用した情報の記憶や伝達が可能となるはずである．

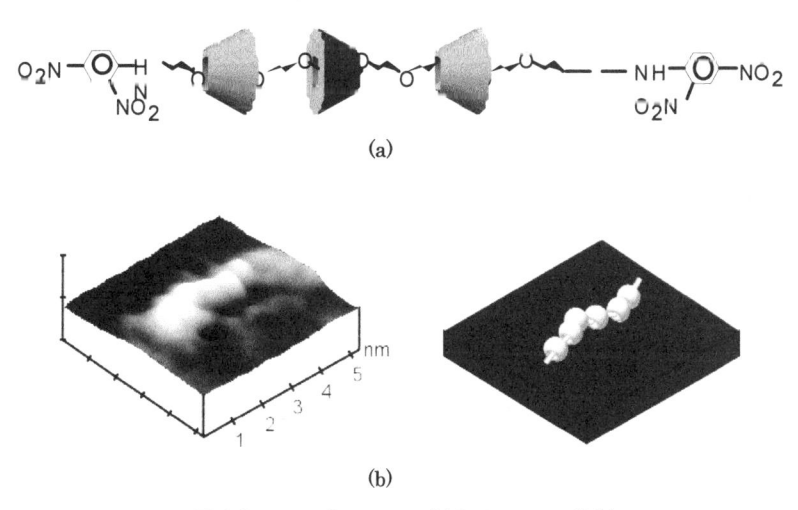

図 1.7　CD・ネックレス(a)とその STM 像(b)

1.3.1 シクロデキストリン・ネックレスのSTM観察

安定なSTM像を得るには，基板の選択が重要である．CDとの相互作用が強い基板として，劈開したMoS₂の清浄表面を用いた．CD・ネックレスを0.1N・NaOH溶液に溶かし，基板上に滴下し，自然乾燥させてSTM用の試料とした．STM測定には探針としてPt/Irを用い，すべて大気中，室温で，高さ一定モードで測定した．分子ネックレスのSTM像の一例を図1.7(b)に示す．多くのα-CD分子が山脈のように連なった構造がはっきりと確認できる．

基板として用いたMoS₂とα-CDとの間には，高い格子整合性が成立している．この格子整合性を利用すると，CD・ネックレスの中に存在するCD分子の相対的な向きを評価することが可能になる．解析手法の詳細は原著論文[11]を参照していただくとして，STM画像を詳細に解析した結果，ネックレス中のα-CDの配列構造は，大半は，これまで報告されてきたとおりにhead-to-headの配列構造であるが，20％程度の配列構造の乱れが存在することがわかった．

1.3.2 シクロデキストリン・ネックレスのSTM操作

次に，この分子ネックレス中のα-CD分子を，STMの探針により操作した．以下に示すとおり，1分子移動，2分子移動，主鎖曲げ伸ばしの3種類の操作が可能である（図1.8(a)～(c)）．いずれの変化も完全に可逆的であり，分子メモリーとして有用と思われる．さらに，これらの3種の構造変化を組み合わせることにより，分子情報の質と量をさらに高度化することができ，分子コンピュータなどへの応用が期待される．

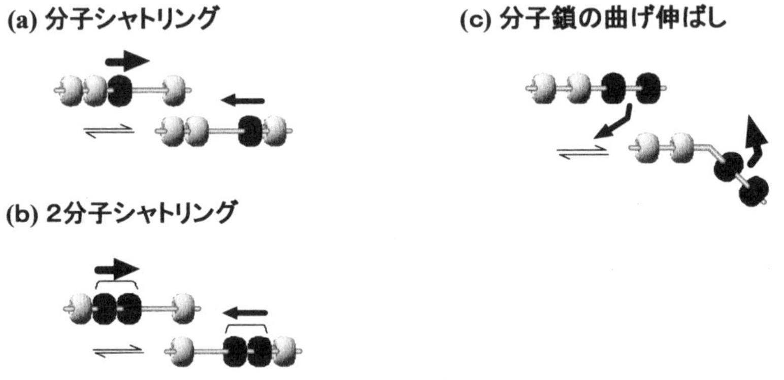

(a) 分子シャトリング

(b) 2分子シャトリング

(c) 分子鎖の曲げ伸ばし

図1.8　走査型プローブ顕微鏡を用いたCD・ネックレスの分子操作

(1) 1分子移動（図1.8(a)）

STMイメージの中で，特定のCD分子にSTM探針を当て，基板と水平な方向に探針を移動した．図1.9で，矢印で示したのが，探針の操作により移動したα-CDである．(ⅰ)から(ⅱ)では，画面上で左から右に探針を移動しているが，それに伴って左端のCD分子が中央のCD分子に近づいている．探針を固定している限り，STM像はこのままで不変である．しかし，探針を逆方向（右から左）に移動すると，当該CD分子が左に移動し，最終的にはもとの位置に戻る．このように，STMの探針を基板に水平に移動することにより，特定のCD分子を，高分子鎖に沿って可

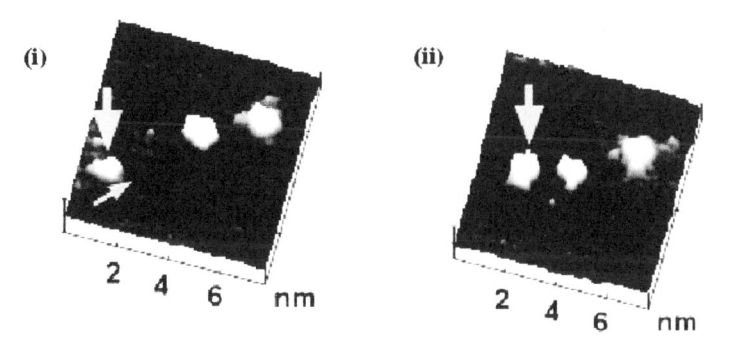

図 1.9　STM 探針による CD・ネックレス中の一つの CD 分子の可逆的移動

逆的に移動することに成功した.

(2) 2 分子移動（図 1.8(b)）

上記の 1 分子移動の代わりに，分子ネックレス上で隣接した 2 個の CD 分子を探針で選択する.その上で，（1）と同じように探針を移動することにより，これら 2 分子の CD を高分子鎖に沿って同時に動かすことができる.

(3) 高分子主鎖（PEG 鎖）の曲げ伸ばし（図 1.8(c)）

分子ネックレスでは，数多くの CD を PEG の主鎖が突きぬいている. そこで，この高分子主鎖の垂直方向に探針を移動して鎖を横方向から押すと，CD・ネックレスの主鎖が折り曲げられる. それに伴って多くの CD が同時に大きく移動した（図 1.10）. この構造変化は相当に大きなものであるが，それでも，室温，大気下で十分に可逆的である.

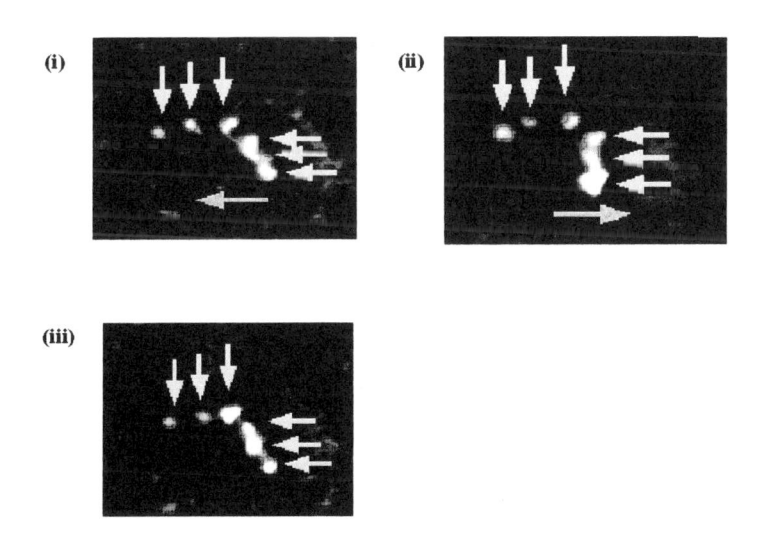

図 1.10　STM 探針による CD・ネックレスの主鎖の曲げ伸ばし

1.3.3　シクロデキストリン・ネックレスの STM 操作の特徴

これらの STM 操作は，いずれも常温，大気雰囲気下で行っている. それにも関わらず，STM

像は非常に安定であり，また，いずれの分子操作も完全に可逆的である．これは，実用上の観点から極めて重要な特性である．ここで，CD は高分子鎖につながれているために，分子運動は高分子鎖の方向のみに限定されている．しかも，基板として用いている MoS_2 と CD との相互作用が強い．そのために，気体分子の衝突や CD 分子の熱振動などの不要な分子運動に妨げられることなく，安定な STM 分子像が得られる．従来の STM による分子操作（あるいは AFM 分子操作）では，超高真空，極低温という過酷な条件を用いて分子運動を十分に抑制しなければ，鮮明な像を得ることができなかったので，ここで示した手法の優位性は明らかである．

1.4 おわりに

CD は，これまで，水溶液に溶解した状態で使用されることがほとんどであった．また，高分子化するにも，エピクロロヒドリンを架橋剤としてランダム重合する場合がほとんどであった．すなわち，いずれの場合も，CD の単一分子としての機能のみが利用されてきたわけである．しかし，本章で述べてきたように，CD を鋳型分子の存在下に架橋することにより，複数の CD 分子から構成される規則的集合体を数多く含むインプリント・CD 高分子が合成できる．こうして調製した高分子は，カラム分離をはじめとする様々な用途に有用である．この手法は，操作が簡便であるとともに汎用性が広く，様々なゲスト分子に対するレセプターをテーラーメードに調製できる．分子インプリント反応は一般に，クロロホルムなどの有機溶媒中で行われてきたが，ここで紹介したシステムでは水中で行うこともできるので，タンパクや核酸をはじめとする生体高分子の分子認識も可能である．

一方，STM 探針を用いて，CD・ネックレスを様々な形態に，可逆的に変形することに成功した．PEG がガイドレールとして働くために STM 像は非常に安定であり，また操作の再現性も極めて高い．このように，望みのタイミングと方向性で CD が移動できるので，将来の機能素子や分子メモリーとして有望と思われる．今後，CD・ネックレスに光応答機能などを賦与することにより，機能のさらなる向上が期待される．また，このような CD の分子操作を活用すると，複数の分子を合目的に会合させ，自在な分子認識能や触媒能を発現させることができるはずである．

以上述べてきたように，CD は分子デバイスの素材として，他分子の追随を許さないような優れた特性をもっている．しかも，CD を化学修飾して新機能を付与する技術も，極めて著しく進歩してきている．この領域を含めて，CD 化学全般における我が国の研究者の寄与は，極めて大である．今後の大いなる発展が期待される．

なお，第 1.2 節で紹介した研究内容は，当研究室の浅沼浩之助教授ならびに多くの学生諸君と行った研究成果であり，また第 1.3 節の研究内容は，重川秀実教授（筑波大物工）ならびに原田明教授（阪大院工）との共同研究の成果である．

参考文献

1) M. Komiyama, T. Takeuchi, T. Mukawa, and H. Asanuma, *Molecular Imprinting-From*

Fundamentals to Applications-, Wiley-VCH, Weinheim (2003).
2) H. Asanuma, M. Shibata, M. Kakazu, T. Hishiya, and M. Komiyama, *Chem. Commun.*, **1997**, 1971.
3) T. Hishiya, M. Shibata, M. Kakazu, H. Asanuma, and M. Komiyama, *Macromolecules*, **32**, 2265-2269 (1999).
4) H. Asanuma, T. Hishiya, and M. Komiyama, *Adv. Mater.*, **12**, 1019-1030 (2000).
5) H. Asanuma, T. Akiyama, K. Kajiya, T. Hishiya, and M. Komiyama, *Anal. Chim. Acta.*, **435**, 25-33 (2001).
6) M. Komiyama, *Supramolecular Polymers*, Ciferri, A. ed., M. Dekker, in press.
7) T. Hishiya, H. Asanuma, and M. Komiyama, *J. Am. Chem. Soc.*, **124**, 570-575 (2002).
8) T. Hishiya, T. Akiyama, H. Asanuma, and M. Komiyama, *J. Incl. Phenom. Macrocyc. Chem.*, **44**, 365-367 (2002).
9) T. Akiyama, T. Hishiya, H. Asanuma, and M. Komiyama, *J. Incl. Phenom. Macrocyc. Chem.*, **41**, 149-153 (2001).
10) H. Shigekawa, K. Miyake, J. Sumaoka, A. Harada, and M. Komiyama, *J. Am. Chem. Soc.*, **122**, 5411-5412 (2000).
11) K. Miyake, S. Yasuda, A. Harada, J. Sumaoka, M. Komiyama, and H. Shigekawa, *J. Am. Chem. Soc.*, **125**, 5080-5085 (2003).

2

シクロデキストリンを用いた超分子ポリマーの構築

2.1 はじめに

　自然界には多様な超分子ポリマーが存在する．特に生体系においては，筋肉繊維や微小管，鞭毛や繊毛など，あらゆる構造が超分子ポリマーにより形成されている．合成により，人工的な超分子ポリマーを得ることができれば，変わった物性や機能が期待でき，その役割は大きい[1]．J-M. Lehn らは一つの単位に3個の水素結合を用いて超分子ポリマーの合成を試みた（図2.1）[2]．E. Meijer らは4個の水素結合を用いて，超分子ポリマーの構築を試み，分子量が1万以上の高分子量の超分子ポリマーを得ている（図2.2）[3]．シクロデキストリン（CD）においてもゲスト分子を結合することにより，分子内での複合体が形成されるか，あるいは分子間の結合が形成され，超分子ポリマーの形成が期待できる．

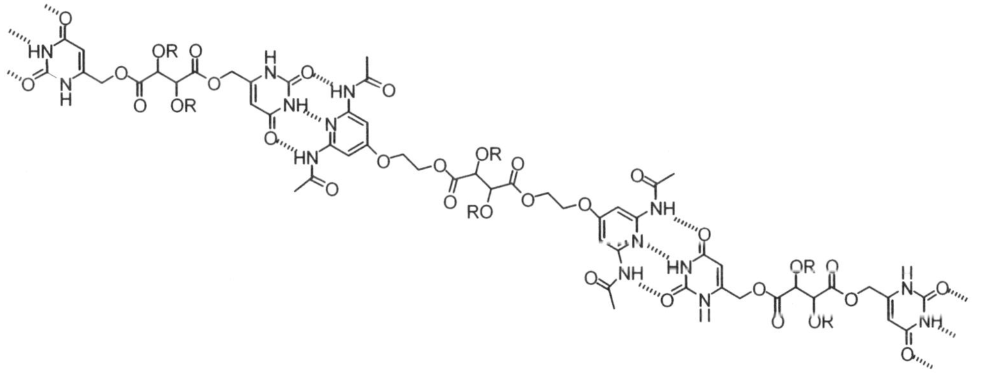

図2.1　Lehn の超分子ポリマー

図2.2　Meijer の超分子ポリマー

2.2 一置換シクロデキストリン誘導体の合成

CD は様々なゲスト分子を取り込むホスト分子として利用されており，また，様々な誘導体が合成されている．その多くはメチル化やヒドロキシプロピル化など，溶解性の改善を目指したものである．もし，CD にゲスト分子を共有結合で結合することができれば，そのゲスト部分は結合した CD に分子内で取り込まれるか，あるいは別の CD の環の中に取り込まれ，分子間の取り込みが起こる可能性がある．この分子間での取り込みが連続して起これば，超分子ポリマーが生成することになる．私達はゲスト部分としてベンゼン環を選んだ．ところがベンゾイル CD は超分子ポリマーを形成しない．このことはベンゼン環と CD との間に適当なスペーサーが必要なことを示唆している．そこでベンゼン環と CD とを種々のスペーサーで結合した誘導体を合成し，その包接挙動について検討した．

2.3 分子内包接錯体の形成

β-CD の 6 位の水酸基にヒドロ桂皮酸を結合した化合物は二次元の NMR スペクトルなどで検討したところ，分子内で包接錯体を形成することがわかった（図 2.3(a)）[4]．これはスペーサーがヒドロ桂皮酸の柔軟なエチレン鎖であることによると思われる．

2.4 分子間包接錯体の形成

α-CD の 6 位の水酸基にヒドロ桂皮酸を結合した化合物は分子内での包接錯体を形成せず，分子間で弱い包接錯体を形成する（図 2.3(b)）．

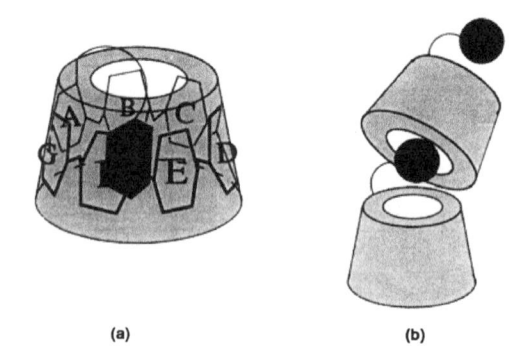

図 2.3　6 位ヒドロ桂皮酸-β-CD (a) と 6 位ヒドロ桂皮酸-α-CD (b)の推定構造

2.5 超分子二量体

ヒドロ桂皮酸ではその連結部が柔軟なため，ゲスト部分としてさらに固い二重結合を有した桂皮酸を使用した．β-CD の 6 位にアミノ桂皮酸を結合したところ，水にほとんど溶けなくなった．

X線による結晶構造解析の結果，この分子は刺し違い型の二量体を形成しており，さらに隣同士のCDが多くの水素結合で結合していることがわかった（図2.4）[5].

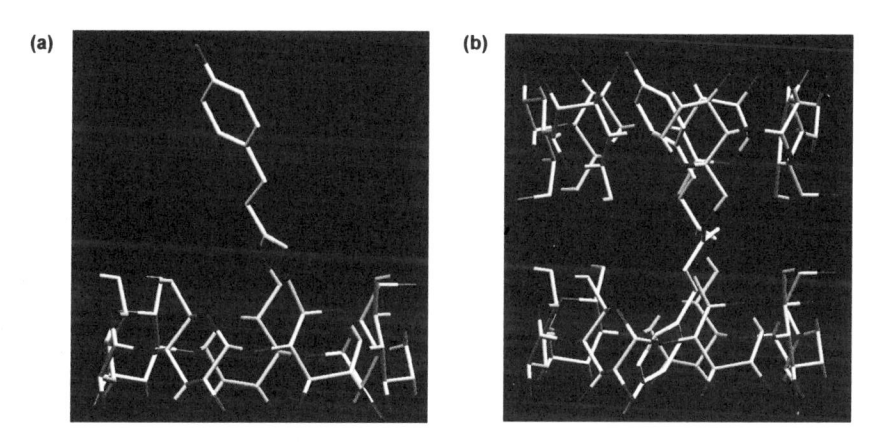

図2.4 6-アミノ桂皮酸-β-CDのX線結晶構造解析

2.6 超分子三量体

α-CDの6位にアミノ桂皮酸をエステルで結合した分子は水中で三量体を形成する．この三量体を嵩高いトリニトロベンゼンスルホン酸と反応させることにより，図2.5に示すような環状三量体（Cyclic Daisy Chain）が得られた．桂皮酸部分はCDの一級水酸基側から取り込まれていることがわかった．桂皮酸をCDの6位にアミド結合で結合すると，刺し違い型の二量体が形成することがわかった．これはアミド結合の剛直性のためであると思われる[6].

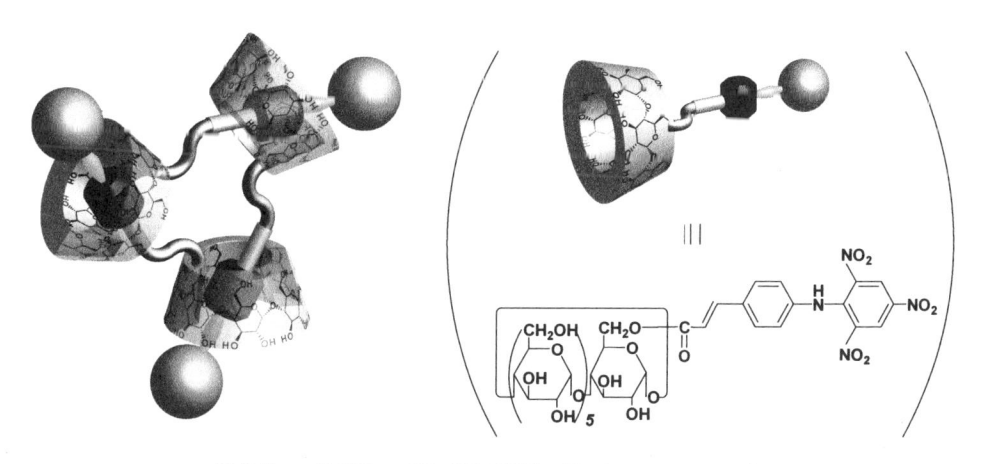

図2.5 6位修飾α-CD環状三量体（Cyclic Daisy Chain）

2.7 ポリ[2]ロタキサン

これまでは桂皮酸部分が一級水酸基側から取り込まれているがゆえに，刺し違い型の二量体や

環状三量体が得られた．そこでゲスト（桂皮酸）部分を二級水酸基側に結合すれば，分子間での取り込みが連続すると考え，CD の 3 位に桂皮酸をアミド結合で結合したところ，分子間での取り込みが連続して起こり，超分子ポリマーが得られた [7]．さらにアミノ桂皮酸をゲスト分子として用い，超分子ポリマーのそれぞれの単位を嵩高いトリニトロベンゼンスルホン酸と反応させることにより，ポリ[2] ロタキサン（Daisy Chain）が得られた（図 2.6）．

図 2.6　3 位修飾 α-CD が形成するポリ[2] ロタキサン

2.8　ヘリカル超分子ポリマー

アミノ桂皮酸部分に α-CD が強く取り込む *tert*-Boc 基を結合したところ，その分子は希薄水溶液中でも長い超分子ポリマーを形成することを見出した．さらに円二色スペクトルなどで検討したところ，この分子は水溶液中で左巻きのらせん（ヘリックス）を形成することを見出した（図 2.7）[8]．

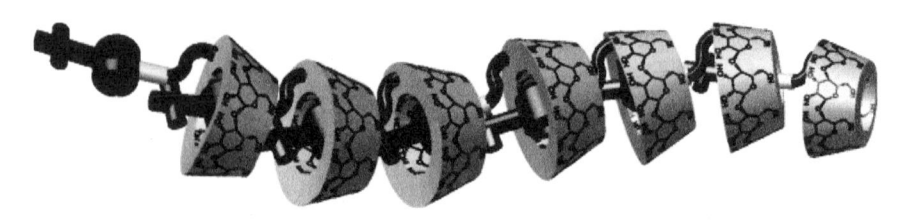

図 2.7　3-*tert*-Boc-α-CD が形成するらせん超分子ポリマー

2.9　α-，β-シクロデキストリン交互重合体

tert-Boc アミノ桂皮酸を結合した β-CD は分子内包接錯体を形成する．この状態のところへアダマンタンカルボン酸を加えると，アダマンタンカルボン酸は β-CD の空洞内に強く取り込まれ，CD 空洞内に取り込まれていた *tert*-Boc 桂皮酸部分は水中に押し出されることがわかった（図 2.8）．

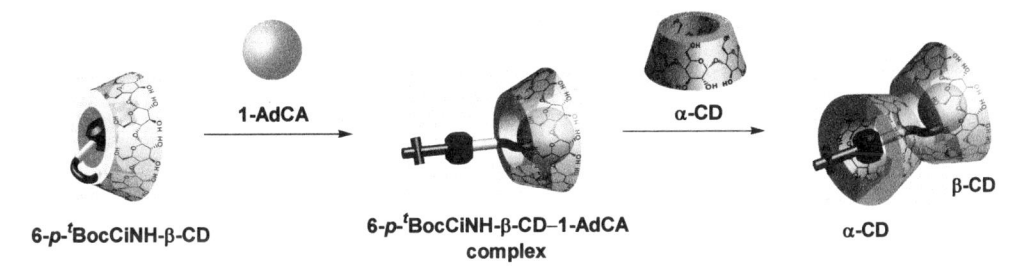

図 2.8 水中における 6-*p*-*t*BocCiNH-β-CD と 1-AdCA の錯体形成

そこでα-CD の二級水酸基にアダマンタンカルボン酸を結合したところ，アダマンタン部分はα-CD 内には取り込まれなかった．ところが，アダマンタン部分は *tert*-Boc アミノ桂皮酸を結合したβ-CD には取り込まれ，二量体を形成し，*tert*-Boc アミノ桂皮酸部分は水中に押し出された．水中に露出した *tert*-Boc アミノ桂皮酸部分は別の分子のα-CD 誘導体の空洞内に取り込まれ，結果として，α-CD とβ-CD が交互に並んだ超分子ポリマーが得られた（図 2.9）[9]．

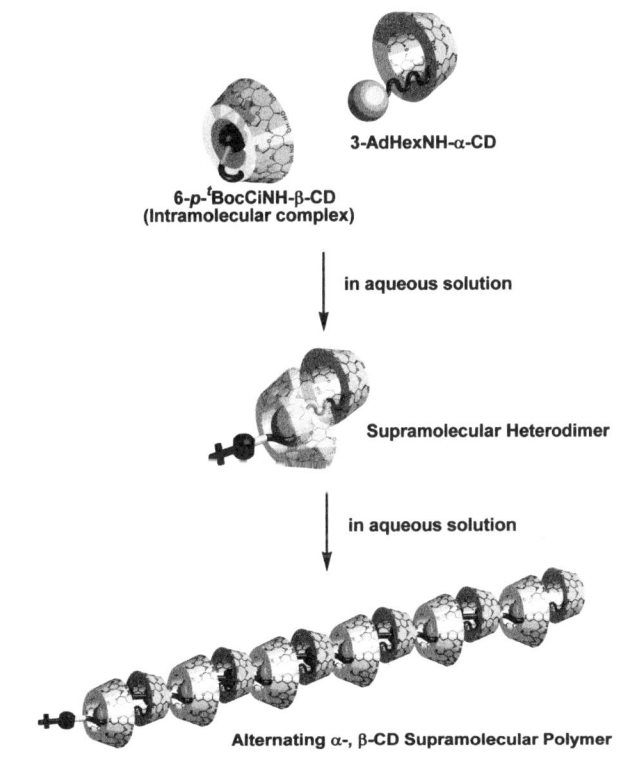

図 2.9 α-CD - β-CD 交互超分子ポリマーの合成経路

2.10 [2]ロタキサン超分子ポリマー

β-CD の 6 位にアミノ桂皮酸を結合した誘導体は，水にほとんど溶けないが，X 線による結晶構造解析の結果，この分子は刺し違い型の二量体を形成していることがわかった．この懸濁液中

にアダマンタンカルボン酸を加えると，β-CD の誘導体は水中に溶かし込まれることがわかった．すなわち，アダマンタンカルボン酸がβ-CD の空洞内に取り込まれ，アミノ桂皮酸部分が水中に押し出された形となる．この中にα-CD を加えると，α-CD は水中に露出したアミノ桂皮酸部分を取り込んだ．ここに嵩高いトリニトロベンゼンスルホン酸を加え，アミノ基と反応させることにより，[2]ロタキサンが得られた（図2.10）[10]．この[2]ロタキサンはα-CD を輪の分子として，両端にホストとしてのβ-CD とそのゲストとなるトリニトロベンゼンがストッパーとして結合した珍しいロタキサンである．したがって，水中ではロタキサンの両端のホストとゲストが結合し，[2]ロタキサンがつながった超分子ポリマーが形成する．

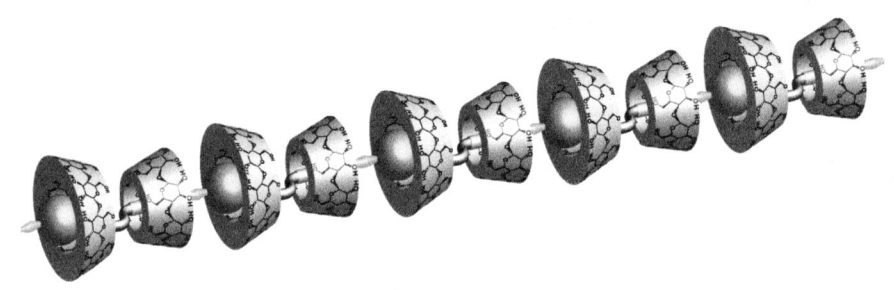

図2.10　[2]ロタキサンポリマー

参考文献

1) 原田　明，*有機合成協会誌*, **62**, 464-470 (2004).
2) J.-M. Lehn, "Supramolecular Chemistry," VCH, Weinheim (1995).
3) L. Brunsbeld, B.J.B. Folmer, and E.W. Meijer, *Chem. Rev.,* **101**, 4071 (2001).
4) A. Harada, T. Hoshino, and M. Miyauchi, *J. Polym. Sci., Polym. Chem. Ed.,* **41**, 3519-3523 (2003).
5) M. Miyauchi, Y. Kawaguchi, and A. Harada, *J. Incl. Phenomena & Macrocycl. Chem.*, **50**,(1-2), 57-62 (2004).
6) M. Miyauchi et al., unpublished results.
7) T. Hoshino, M. Miyauchi, Y. Kawaguchi, H. Yamaguchi, and A. Harada, *J. Am. Chem. Soc.,* **122** (40), 9876-9877 (2000).
8) M. Miyauchi and A. Harada, *J. Am. Chem. Soc.,* **127**, 2984-2989 (2005).
9) M. Miyauchi and A. Harada, *J. Am. Chem. Soc.,* **126**, 11418-11419 (2004).
10) M. Miyauchi, T. Hoshino, H. Yamaguchi, S. Kamitori, and A. Harada, *J. Am. Chem. Soc.*, **127**, 2034-2035 (2005).

3

シクロデキストリン - ペプチドハイブリッド

3.1 はじめに

　シクロデキストリン (CD) の包接能力に複数の機能をもたせ，より付加価値の高い超分子マテリアルを構築しようという試みは古くからなされていた．しかし，CD の多置換体を導こうとすると，それらの位置異性体の多さから用意ではない．一方，ポリペプチドは固層合成法の確立によってその設計と合成が容易になっている．そこで CD を支える部材としてポリペプチドを，またこれまで CD に直接，修飾を施すことでもたせていた機能部位をポリペプチドのアミノ酸側鎖として導入し，新たな機能性ナノマテリアルを提供する CD - ペプチドハイブリッドという戦略が生まれた．

　CD - ペプチドハイブリッドの基本設計は 6'- モノアミノ化した CD をグルタミン酸のカルボン酸側鎖と縮合することでポリペプチド配列の任意の位置に導入するものである．また，さらに付加的な機能はポリペプチドを構成するアミノ酸の側鎖を利用する．あるいはリジンの ε-アミノ基側鎖，グルタミン酸のカルボキシル基側鎖などに蛍光色素などの機能部位を導入することも可能である．

3.2 分子センサーとしてのシクロデキストリン - ペプチドハイブリッド

　色素修飾 CD を用いる分子検出は上野らにより精力的に行われ[1]，多くの成果があった．しかし，まだ達成されていなかった課題として単一分子の修飾 CD の一級水酸基側と二級水酸基側の両方に複数の色素あるいは分子検出機能部位をもたせる試みが残っていた．これを解決する一つの手段として採用されたのが CD - ペプチドハイブリッドの戦略である．色素などの検出機能部位をポリペプチドの側鎖として導入することで直接 CD に複数の機能修飾を施すより容易に実現できるようになった．後には CD の片側に複数の機能部位を配置した CD - ペプチドハイブリッドからも従来の修飾 CD では達成できなかった様々な特性を確認するに至っている．

3.2.1 二つのナフタレン単位をもつシクロデキストリン - ペプチドハイブリッド

　初めて達成された CD - ペプチドハイブリッドによる分子検出はナフタレン由来のエキシマー蛍光を用いるものであった[2]．アミノ酸 17 個からなるポリペプチドの中央に γ-CD を，C 末端

側, N末端側, あるいは両末端側に 1-ナフタレン単位（NA）を配置した γ-N$_C$17, γ-N$_N$17, γ-N$_2$17 をそれぞれ設計し合成した（図 3.1）. 円二色性の実験[3)] からいずれの CD-ペプチドハイブリッドも α-ヘリックス構造をもつことが示され, その含有率はそれぞれ, 55, 46, 45% であった. また γ-N$_2$17 のみ 390 nm を頂点とするナフタレン由来のエキシマー蛍光が観測され, この溶液にゲストを添加していくと通常蛍光, エキシマー蛍光ともに減少する. 単一分子の CD-ペプチドハイブリッドで, ナフタレンの通常蛍光よりもストークスシフトの大きいエキシマー蛍光を用いた分子検出の可能性が見出された.

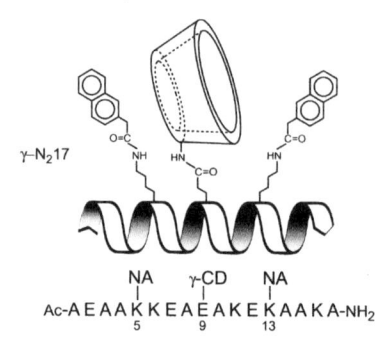

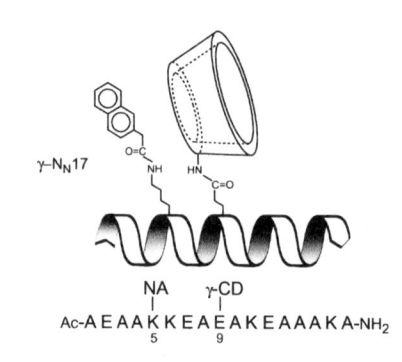

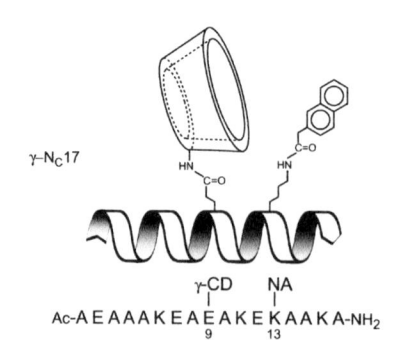

図 3.1 一つまたは二つのナフタレン単位をもつ CD-ペプチドハイブリッドの模式図とポリペプチドのアミノ酸配列

一方, ポリペプチドの C 末端側に β-CD を配置し, N 末端側に二つのナフタレン単位を配置した 17NNβ のエキシマー蛍光はさらに顕著で, ゲスト添加に伴うスペクトル変化も興味深い（図 3.2）[4)].

3. シクロデキストリン - ペプチドハイブリッド　*131*

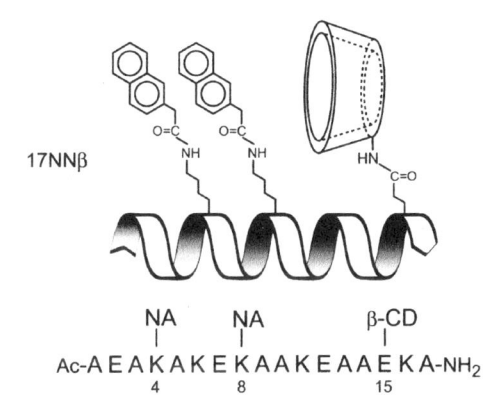

図 3.2 二つのナフタレン単位をもつ CD - ペプチドハイブリッドの模式図とポリペプチドのアミノ酸配列

　17NNβ はそれぞれ 336nm, 390nm を頂点とする通常蛍光, エキシマー蛍光がみられ, ゲスト, ウルソデオキシコール酸の添加に伴い通常蛍光の減少, エキシマー蛍光の増大が観測された. この結果はゲスト不在では β-CD により保持されていたナフタレン単位がゲストの包接に伴ってCD 空孔外に移動し, もう一つのナフタレン単位とともにエキシマーを形成したことを示唆している (Excimer off から Excimer on へスイッチ, 図 3.3).

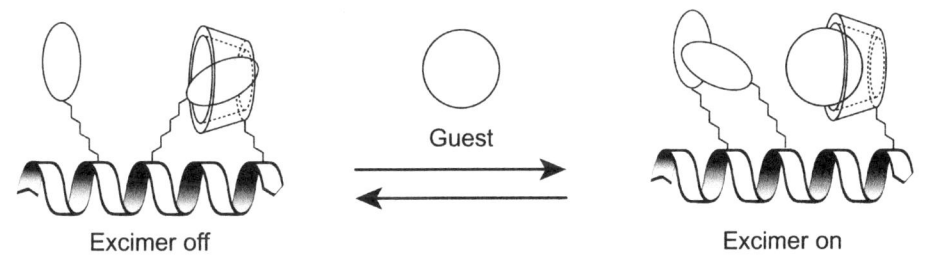

図 3.3 ゲスト包接に伴いナフタレンのエキシマーを形成する CD - ペプチドハイブリッド

　またこのことは, 250nm 付近に見られたナフタレン - CD 由来の誘起円二色性の強度がゲスト, 1 - アダマンタノールの添加に伴い減少することからも裏付けられている. 17NNβ の α - ヘリックス含有率は 41% でこれはゲスト添加後も変化しなかった. さらにゲスト添加に伴う通常蛍光の減少, エキシマー蛍光の増大からそれぞれ求めたゲストの解離定数はいずれも 9μM で一致しており, 等発光点が存在することとも合わせると, エキシマー蛍光が単一分子 17NNβ に由来していることが証明された. この結果は, ナフタレンのエキシマー蛍光を単一分子である CD - ペプチドハイブリッドにより実現し, エキシマー蛍光を利用した分子検出の可能性を示している.

3.2.2　イオノホアを側鎖にもつシクロデキストリン - ペプチドハイブリッド

　天然には金属イオンの助けを借りて分子を捕獲するレセプターがある. これにヒントを得, イオノホアを側鎖にもつ CD - ペプチドハイブリッド二つを設計した[5]. イオノホアにはサイクレンを採用している. サイクレンは環状アミンの 1 種でその中心に 2 価の亜鉛イオンを取り込むことができる. いずれの CD - ペプチドハイブリッドも 17 個のアミノ酸からなり, DβC は N 末端

側から蛍光色素ダンシル (Dans), β-CD, サイクレン単位, DβCR はこれとは逆に N 末端側からサイクレン, β-CD, ダンシル単位を配置している（図 3.4）.

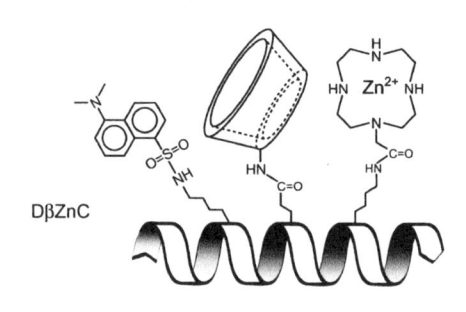

DβZnC

Dans　β-CD　Cyclen
Ac-AEAAKREAEAREKAARA-NH₂
　　　5　　　　9　　　13

DβZnCR

Cyclen　β-CD　Dans
Ac-AEAAKREAEAREKAARA-NH₂
　　　5　　　　9　　　13

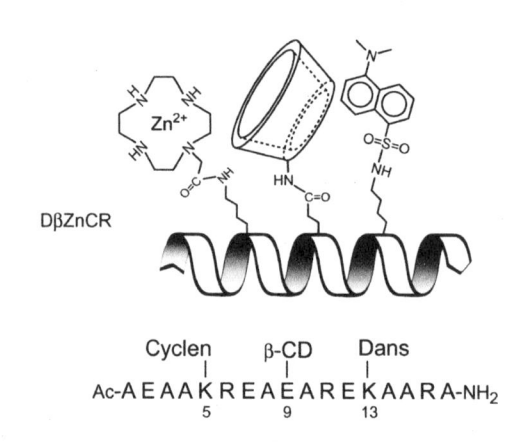

図 3.4　イオノホアをもつ CD - ペプチドハイブリッドの模式図とポリペプチドのアミノ酸配列

これらのサイクレン単位に亜鉛イオンを結合させた DβZnC, DβZnCR を調整した. 興味深いのは DβC, DβCR の α-ヘリックス構造の含有率はそれぞれ 44, 46% であったのに対し DβZnC, DβZnCR では, それぞれ 51, 56% で構造がより強固になっていることを示している. これは β-CD 由来の水酸基がサイクレン中の亜鉛イオンに配位した結果と考えられる (intramolecular salt bridge, 図 3.5).

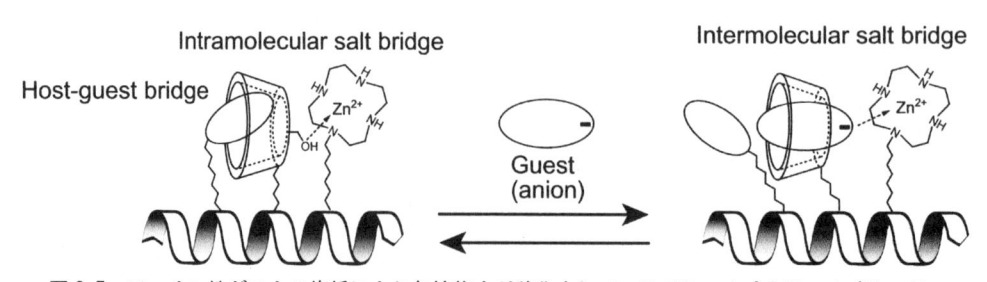

図 3.5　アニオン性ゲストの塩橋により包接能力が強化されている CD - ペプチドハイブリッド

DβC，DβCR，DβZnC，DβZnCR の溶液にゲストとしてウルソデオキシコール酸を添加していくといずれも α-ヘリックス構造の含有率は低下する．すなわち，このシステムではダンシル単位と β-CD の包接複合体の間に生じたホスト・ゲストブリッジによって α-ヘリックス構造が強化されていることになる．また DβC，DβZnC のウルソデオキシコール酸に対する解離定数はそれぞれ 20 μM，10 μM で DβZnC のほうが DβC よりこのゲストに対する結合力が 2 倍強い．このような明確な差は，ほかのゲスト，カチオン性の 1-アダマンタンアミン，中性のアダマンタノール，アニオン性のアダマンタンカルボン酸では見られず，アニオン性で β-CD を貫通することができるウルソデオキシコール酸のカルボキシレートアニオンと亜鉛イオンの間の塩橋により結合が強化されたことを示唆している（intermolecular salt bridge から intramolecular salt bridge への転換，図 3.5）．一方，DβCR，DβZnCR のウルソデオキシコール酸に対する解離定数はいずれも 50 μM 程度で差がなく，CD に包接されたアニオンゲストとサイクレン-亜鉛錯体を有効に作用させるためにはポリペプチド上の配列が重要であることが示された．

3.2.3 分子内消光とゲスト添加による消光の解消を可能にしたシクロデキストリン-ペプチドハイブリッド

ある分子の存在を蛍光強度の変化として検出しようと考えるとその変化量が大きいほうが有利になる．このためには，溶媒などの物理的環境だけに依存するよりもあらかじめ蛍光色素に消光剤を近づけ，ゲスト包接に伴って消光作用が解消する形の分子設計を施せば，分子検出に伴う大きな信号の変化が期待できる．CD の 6',2' あるいは 3' にそれぞれ異なる二つの置換基を導入することはそれらの位置異性体の多さから困難があった．CD 空孔の両側に二つの異なる色素を配置するという設計は CD-ペプチドハイブリッドの方法論で克服された課題の一つである．基盤となるポリペプチドは α-ヘリックス構造となるよう配列された 17 個のアミノ酸で構成し，蛍光色素としてピレン単位（Py）を N 末端側に，消光剤として p-ニトロベンゼン単位（NB）を C 末端側に，これらの間に β-CD を配置した PyβNB を設計，合成した（図 3.6）[6]．

この CD-ペプチドハイブリッドは p-ニトロベンゼン単位を β-CD 空孔内に包接していて p-

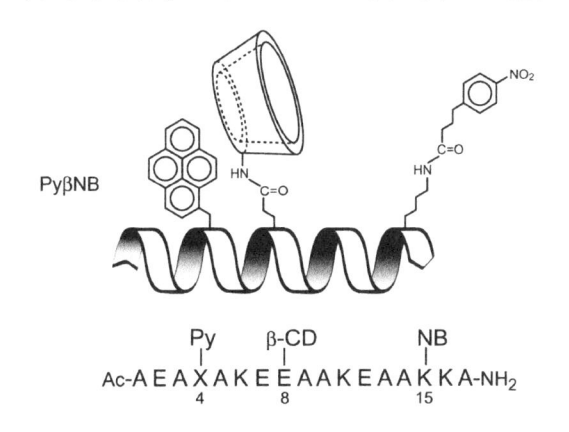

図 3.6 分子内に消光剤をもたせた CD-ペプチドハイブリッドの模式図とポリペプチドのアミノ酸配列

ニトロベンゼン単位はピレン単位に近づいているためにピレンの発光は消光されている（Quenching on，図 3.7）．これにゲストを添加していくと β-CD 空孔はゲストで置き換わる．結果として p-ニトロベンゼン単位がピレン単位から遠ざかるため接触消光が解除されピレンの発光が誘起される．このシステムではゲスト検出に伴いピレンの蛍光がもとの 3 倍以上に誘起されることが示された（Quenching off，図 3.7）．

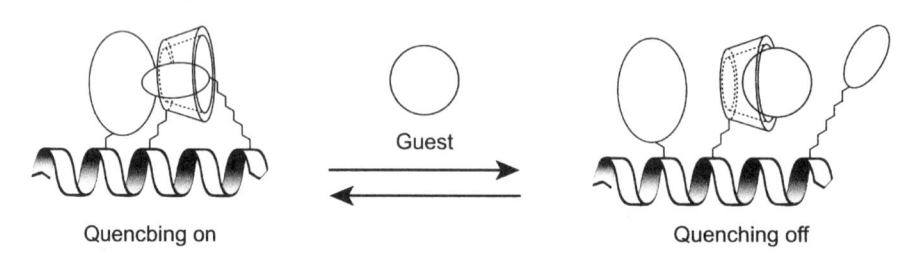

図 3.7 ゲスト包接に伴いピレンの蛍光消光を解消する CD-ペプチドハイブリッド

3.2.4 分子内蛍光共鳴エネルギー移動を利用する分子検出

蛍光共鳴エネルギー移動（fluorescence resonance energy transfer, FRET）はアクセプター色素の励起エネルギーを無放射減衰により失う前にドナー色素に移動させ，ドナー色素からの発

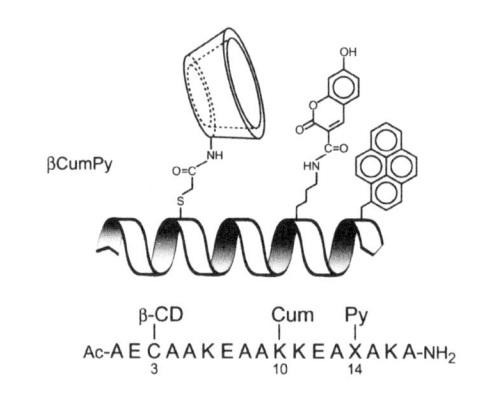

Py-X : Pyrenylalanine

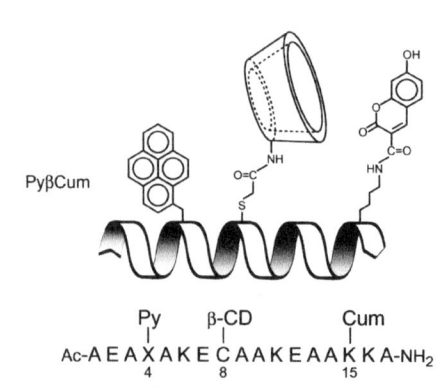

図 3.8 分子内にドナーとアクセプターの役割をもつ蛍光色素をもたせた CD-ペプチドハイブリッドの模式図とポリペプチドのアミノ酸配列

光を獲得する技術である．これによりストークスシフト（Stokes' shift, 励起光と発光波長の差）を広げ，励起光の散乱などのノイズ信号を回避することが可能になる．また，FRET はアクセプターとドナー色素の距離に依存して観測されるためプローブの大幅な構造変化を伴う分子検出には有効である[7]．FRET を利用する新たな分子検出指示薬として設計した CD - ペプチドハイブリッドはホストに β-CD，ドナー色素としてピレン単位（Py）を，アクセプター色素としてクマリン単位（Cum）を採用し，ポリペプチドのN末端から β-CD，クマリン，ピレンを配置した βCumPy と N 末端からピレン，β-CD，クマリンを配置した PyβCum を合成した（図 3.8）[8]．

いずれもピレンの吸収極大 340nm で励起するとピレン由来の蛍光発光 376，396 nm に比べてクマリン由来の 448 nm の発光が目立って強く，このことは設計どおりピレンからクマリンへの FRET が達成されていることを意味している．また，βCumPy，PyβCum ともに，それらの水溶液にゲストとしてヒオデオキシコール酸を添加していくとクマリン由来の 448 nm の発光は著しく減少した．この蛍光変化はヒオデオキシコール酸がこの CD ペプチドハイブリッドと 1：1 の化学量論的で包接複合体を形成していることを示し，解離定数は βCumPy が 2.1μM，PyβCum が 4.8μM であった．すなわち，ゲスト不在下ではクマリン単位が β-CD に包接されており FRET により励起されたクマリンが溶媒消光から免れている結果と考えることができる（FRET on, 図 3.9）．また，これらの CD - ペプチドハイブリッドがゲストと包接錯体を形成すると βCumPy ではクマリン単位がピレン単位と会合，接触することによる消光，βCumPy ではクマリン単位がピレン単位から遠ざかり，FRET を起こすことが不利になるため消光するものと考えられる（FRET off, 図 3.9）．

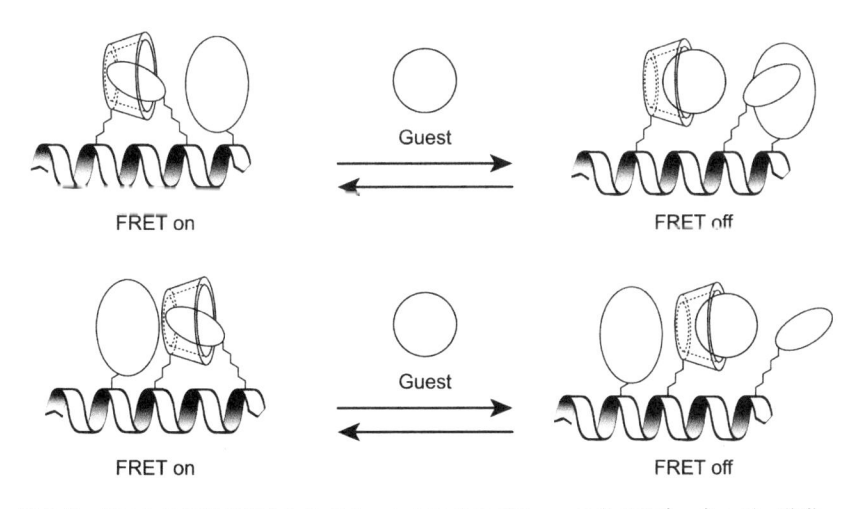

図 3.9 ゲスト包接に誘起されるドナーからアクセプターへの蛍光共鳴エネルギー移動

さらに興味深いのは，これら二つの CD - ペプチドハイブリッドのゲスト添加に伴う α-ヘリックス構造の含量の変化である．βCumPy は単体で α-ヘリックス構造の含量が 34％ であったのに対し 80μM のヒオデオキシコール酸の存在下では 41％ に増大する．これは βPyCum では β-CD とクマリンがなすホスト・ゲストブリッジよりもクマリンとピレンの疎水的会合あるいは芳香環同士のスタッキングの効果のほうが α-ヘリックス構造の安定化に寄与していることを意味して

いる．一方，PyβCum は単体でα-ヘリックス構造の含量が 41% であったのが 80μM のヒオデオキシコール酸の存在下では 28% に低下した．これは逆にホスト・ゲストブリッジの効果がα-ヘリックス構造の安定化に寄与していることを意味している．

3.3 分子触媒としてのシクロデキストリン - ペプチドハイブリッド

水中,温和な条件下で様々な反応を触媒する酵素は,分子触媒を開発する上でよい手本である．酵素の優れた触媒能は，基質を活性中心近傍に結合することによって触媒残基に対し適切に配向化させるとともに，巧妙に配置した複数の触媒残基の協同効果を利用して触媒反応を行うことに由来する．このことから，分子触媒の開発には基質結合と触媒反応に関わる機能単位の配置を制御することが重要であると理解できる．CD を用いた分子触媒は最も精力的に研究されているものの一つであるが[9]，それは水中で有機小分子を取り込むことのできる CD の疎水性空孔が基質結合部位として機能するためである．種々の触媒残基を修飾した CD 誘導体において，基質分子が CD の空洞内に取り込まれ触媒残基の近傍に配向・固定化されることにより触媒反応が円滑に進行することが明らかになっている．しかしながら，これまでの CD を用いた分子触媒は単純な機能単位の修飾体がほとんどであり，複数の官能基による協同的な触媒作用を導入した例は少ない[10]．その理由として，修飾 CD は種々の機能単位の三次元的な配置を制御するための基盤となる骨格をもたないことが挙げられる．

そこで，α-ヘリックスやβ-シートといったポリペプチドの立体構造を CD に融合させる方法論が上野らにより提案された．制御された三次元の折りたたみ構造を有するポリペプチドは，CD に対して複数の触媒残基を配置するための足場構造として機能する．一方，CD は小分子ペプチドが苦手とする水中での効果的な基質結合能を有しているため，これらの機能モジュールの複合化はお互いの長所を取り入れた新しい分子触媒の構築手法となることが期待される．本節では，CD とα-ヘリックスあるいはβ-シートペプチドを複合化した分子触媒を,筆者らの研究例を中心に紹介する．

3.3.1 複数の触媒残基の協同効果を利用したβ-シクロデキストリン - α-ヘリックスペプチドハイブリッド型加水分解触媒 [11]

α-キモトリプシンはその構造と触媒反応の機構がよく研究されている加水分解酵素の一つである．X 線結晶構造解析[12]から，活性中心にはいくつかの疎水性アミノ酸残基からなる基質結合ポケットと，触媒残基である Ser195, His57, Asp102 が存在していることが明らかにされ，直線的に近接して配置されたセリン側鎖のヒドロキシル基，ヒスチジン側鎖のイミダゾール基およびアスパラギン酸側鎖のカルボキシレート基が協同的に働くことにより触媒作用を発現していることが提唱された（図 3.10）[13]．そこで筆者らは，α-キモトリプシンの活性中心をモデルとした CD - ペプチドハイブリッド型加水分解触媒の構築とその触媒活性について検討を行った．

機能単位を配置する足場として 19 残基のアミノ酸からなるα-ヘリックスペプチドを設計し，β-CD，イミダゾール基およびカルボキシレート基をα-ヘリックス上に 1 巻きずつ離して配置し

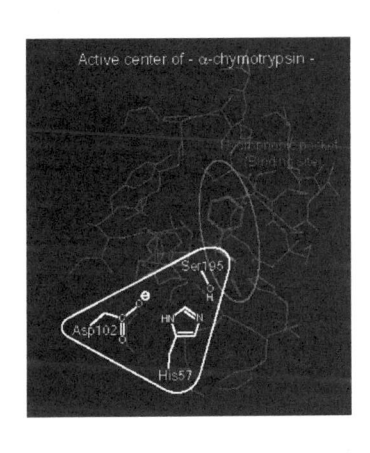

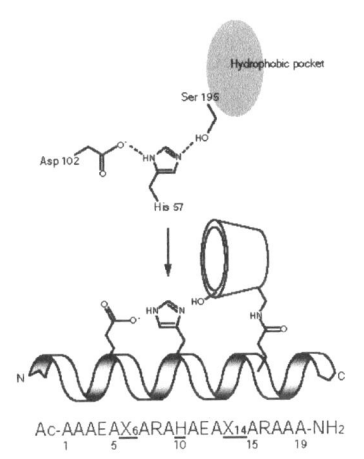

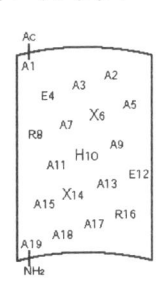

図 3.10 (左) α-キモトリプシンの活性中心, (右) 複数の触媒残基を有する β-CD - γ-ヘリックスペプチドハイブリッドの模式図とポリペプチドのアミノ酸配列

た (図 3.10). ペプチドの側鎖保護基を工夫することによって, α-ヘリックスペプチド上の任意の位置に配置したグルタミン酸に対しアミド結合を介して選択的にアミノ化 β-CD を導入することが可能である. α-ヘリックスペプチド上の N 末端側あるいは C 末端側から順に β-CD, イミダゾール基, カルボキシレート基を配置した βHE19, EHβ19 に加え, カルボキシレート基をもたない複合体 (βH19, Hβ19) も合わせて設計・合成し, エステルの加水分解反応における触媒残基の協同効果についての検討を行った.

Boc-アラニン *p*-ニトロフェニルエステル (L-AlaONp, D-AlaONp) を基質としたときの β-CD-α-ヘリックスペプチドハイブリッドの触媒活性パラメータを表 3.1 に示す. βcCD, イミダゾール基, カルボキシレート基を有する・βHE19 および EHβ19 は, カルボキシレート基を欠いた βH19 と Hβ19 より高い触媒活性を示すことが明らかとなった. 特に, EHβ19 は D-AlaONp を基質とした場合, Hβ19 と比べて 11 倍高い k_{cat}/K_m 値を示している. 円二色性スペクトル測定から, 四つの β-CD-α-ヘリックスペプチドハイブリッドはいずれも安定に α-ヘリックス構造を形成することが明らかとなっていることから, この結果は α-ヘリックスペプチド上に配置されたカルボキシレート基とイミダゾール基が協同的に機能していることを示唆するものである. ま

表 3.1 Boc-アラニン *p*-ニトロフェニルエステルの加水分解反応における βHE19, EHβ19, βH19 および Hβ19 の触媒活性パラメータ

触媒	基質	K_{cat} (10^{-3} s^{-1})	K_m (10^{-4} M)	K_{cat}/K_m (10^{-1} s^{-1})
EHβ19	D-AlaONp	3.70	3.33	11.1
	L-AlaONp	1.67	10.5	1.59
Hβ19	D-AlaONp	0.82	8.18	1.00
	L-AlaONp	0.96	12.5	0.77
βHE19	D-AlaONp	1.60	11.9	1.34
	L-AlaONp	2.53	6.89	3.67
βH19	D-AlaONp	0.66	14.1	0.47
	L-AlaONp	1.16	6.75	1.72

た，β-CD をもたないペプチドのみでは顕著な触媒活性は観測されないことから，足場としての α-ヘリックスと基質結合部位としての β-CD の両方が触媒活性の発現に重要であった．興味深いことに，βHE19 は L-AlaONp，EHβ19 は D-AlaONp に対してそれぞれ高い触媒活性を示し，異なる不斉選択性を有することが明らかとなった．筆者らはこの選択性の逆転を，α-ヘリックスペプチド上での β-CD と触媒残基のトポロジーの違いによるものであると推察している．CD や触媒残基の微細な配向の違いが，基質選択性の発現に重要なのであろう．

3.3.2　二つのシクロデキストリンを有する β-シクロデキストリン - α-ヘリックスペプチドハイブリッド型加水分解触媒

さらに筆者らは，二つの CD をヘリックス上に配置することによって，基質分子を 2 点で結合し加水分解反応を行う触媒の構築を行った（図 3.11）．

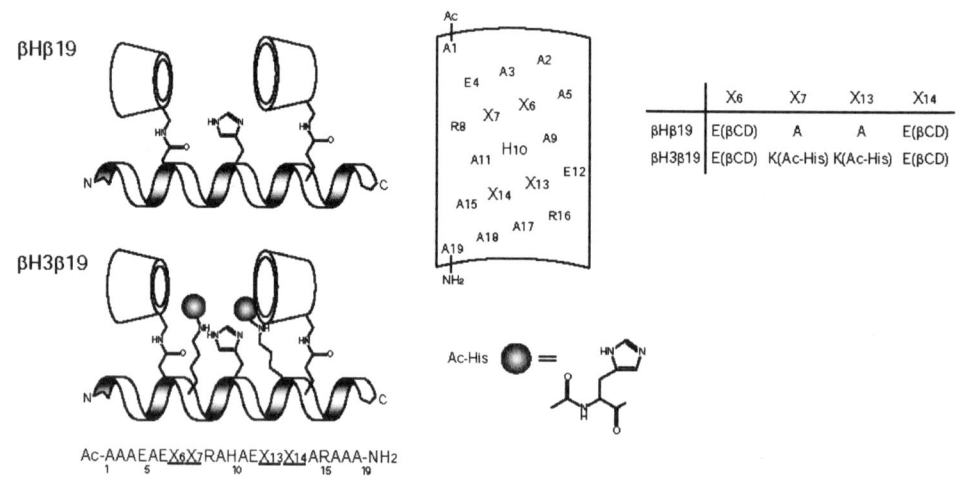

図 3.11　二つの β-CD を有する β-CD - α-ヘリックスペプチドハイブリッドの模式図とポリペプチドのアミノ酸配列

α-キモトリプシンをモデルとした β-CD - α-ヘリックスペプチドハイブリッドから得られた知見に基づいて分子モデルの構築を行った結果，βHE19 のカルボキシレートの位置にもう一つの β-CD を配置した βHβ19 が，Boc-アラニン p-ニトロフェニルエステルの Boc 基とニトロフェニル基に相補的な二つの結合部位を提供できると期待された．Boc-アラニン p-ニトロフェニルエステルを基質として触媒活性を検討した結果を表 3.2 に示す．βHβ19 は一つしか β-CD をも

表 3.2　Boc-アラニン p-ニトロフェニルエステルの加水分解反応における βHβ19 および βH3β19 の触媒活性パラメータ

触媒	基質	K_{cat} (10^{-3} s^{-1})	K_m (10^{-4} M)	K_{cat}/K_m (10^{-1} s^{-1})
βHβ19	D-AlaONp	0.56	1.45	3.86
	L-AlaONp	0.80	1.17	6.86
βH3β19	D-AlaONp	1.36	0.75	18.1
	L-AlaONp	2.47	0.40	61.9

たない複合体（3.3.1項参照）と比較して低いK_m値を示し，基質を強く結合することが明らかとなった．この結果は，二つのβ-CDが協同的に基質を結合していることを示すものである．

しかしながら，二つめのβ-CDはカルボキシレート基の位置に導入されているためβHβ19はカルボキシレートを欠いており，触媒残基はイミダゾール基のみである．その結果，βHβ19の触媒活性はβH19やHβ19と同程度であり，βHE19やEHβ19より低いものとなってしまった．

そこで，筆者は新たに協同的に機能する複数の触媒残基を導入することを考え，RNAの加水分解を触媒するリボヌクレアーゼ（RNase A）の活性中心に着目した．RNase Aの活性中心には二つのヒスチジン残基が配置され，これらのヒスチジン残基の側鎖イミダゾール基が一般酸および一般塩基触媒として協同的に機能することにより触媒活性が発現されている．

モデル系においても，R. Breslowら[14]とL. Baltzerら[15]によって複数のイミダゾール基の協同作用によるエステル加水分解反応の加速が報告されている．これらの知見をもとに，βHβ19の活性中心にさらに二つのヒスチジン残基を導入したβ-CD-α-ヘリックスペプチドハイブリッドβH3β19の設計を行い，触媒活性の向上を試みた（図3.11）．βH3β19およびβHβ19の触媒活性のpH依存性について検討を行った結果，βH3β19はRNase Aと同様にpH 6.0付近に活性の極大点を有しているのに対し，βHβ19の触媒活性はpHの上昇とともに単調に増加することが明らかとなった．また，βH3β19はβHβ19と比較してL-AlaONpに対して9倍，L-AlaONpに対して4.6倍のk_{cat}/K_m値の向上が達成されていた．これらの結果から，βH3β19の触媒活性の向上は単純にヒスチジンの数に依存したものではなく，複数のヒスチジン残基の協同的な触媒作用によるものと推察される．

これらのβ-CD-α-ヘリックスペプチドハイブリッドでは，ヘリックスという安定な土台上に二つのCDが配置されているため，単純なCD二量体と比べてCDの自由度が制限され，その結果高い基質結合能が発現されているものと推測される．また，剛直なα-ヘリックスペプチド上でCDや触媒残基といった複数の機能単位の配置を制御することにより，これらの協同的な基質結合・触媒作用を利用した分子触媒の開発が可能であることを示した．

3.3.3 光制御部位を有するβ-シクロデキストリン-α-ヘリックスペプチドハイブリッド型加水分解触媒[16]

上野らは，加水分解反応を触媒するβ-CD-α-ヘリックスペプチドハイブリッドに光刺激に応答するアゾベンゼン単位を組み込むことにより，活性を光で制御可能な触媒の構築を試みている．彼らは，α-ヘリックスペプチド上でβ-CDの両側に距離を様々に変えてヒスチジンとアゾベンゼンを配置した加水分解触媒を設計し，活性の光制御について検討を行った（図3.12）．酢酸p-ニトロフェニルエステルを基質とした触媒活性の検討の結果，CAβ1は光照射前後で触媒活性が大きく変化することが明らかとされた．CAβ1は光照射前，すなわちアゾベンゼンがトランス体の状態では加水分解活性をほとんど示さないが，光照射によりアゾベンゼンがシス体になると酢酸p-ニトロフェニルエステルの加水分解を加速し，光による触媒活性のスイッチングが達成されている．

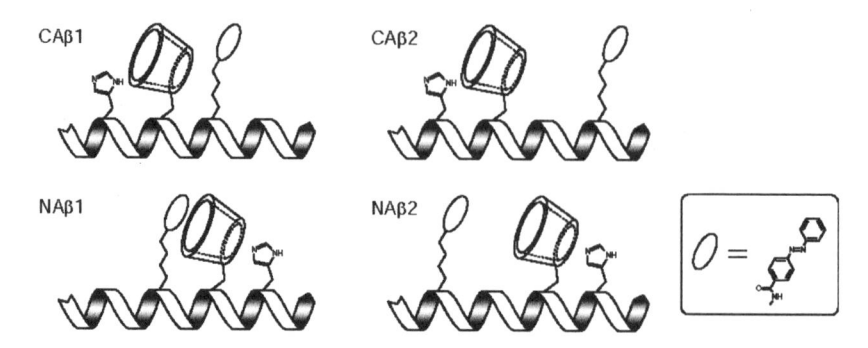

CAβ1 : Ac-AEAAHREAE(β-CD)AREK(Az)AARAA-NH₂
CAβ2 : Ac-AEAAHREAE(β-CD)ARAEAAK(Az)RA-NH₂
NAβ1 : Ac-AAEAAK(Az)REAE(β-CD)AREHAARA-NH₂
NAβ2 : Ac-AEK(Az)AARAEAE(β-CD)AREHAARA-NH₂

図3.12 光制御部位を有するβ-CD-α-ヘリックスペプチドハイブリッドの模式図とポリペプチドのアミノ酸配列

　このスイッチングの詳細なメカニズムは不明であるが，彼らはアゾベンゼン単位とCDの分子内での包接錯体（彼らはこれをホスト・ゲストブリッジと呼んでいる．詳細は3.4.4項を参照）の状態がアゾベンゼンの光異性化により変化するためと考察している．アゾベンゼンがトランス体の状態ではβ-CD空孔の深くまで入り込み基質の結合を阻害するため触媒活性はOFFの状態にあるが，光照射によりアゾベンゼンがシス体へとコンホメーション変化するとCDに浅く取り込まれるようになるため，基質が結合されるようになり触媒活性がONになったものと推察されている．CAβ2，NAβ1およびNAβ2では光照射前後でCAβ1と同様の触媒活性の変化が見られるものの，その差は顕著なものではなかった．この結果から，触媒活性の光制御にはアゾベンゼンとCDの距離および配向が重要であり，α-ヘリックスペプチドを足場としてβ-CDの両側にヒスチジンとアゾベンゼンを適切な距離関係をもって配置することにより，光制御部位と活性中心が独立した加水分解触媒の構築が可能であったと考えられる．

3.3.4　副結合部位を有するβ-シクロデキストリン-β-ヘアピンペプチドハイブリッド型加水分解触媒 [17]

　これまでに構築されてきたCD-ペプチドハイブリッド型加水分解触媒の中で，βHE19およびEHβ19はBoc-アラニン p-ニトロフェニルエステルのL体あるいはD体基質に対して選択的な触媒活性を示したが（3.3.1項参照），その不斉選択性は顕著なものではなかった．CDは対称性の高い環構造をしているため，CDのみを基質結合部位とした分子設計では基質選択性を有する分子触媒の開発は困難と考えられる．そこで筆者らは，CD-ペプチドハイブリッドの拡張として，β-ヘアピンループ構造に着目した．ループはタンパク質の表面に多く見られる構造であり，分子認識において重要な役割を果たしている．特に，抗体の相補鎖決定部位では，ループ構造により抗原の認識と結合に関与するアミノ酸側鎖が適切に配向化され，高度な抗原認識が行われている [18]．ループ構造をとるペプチドを基質の副結合部位としてCDに複合化することによって，

CD とペプチドが協同的に基質を認識し，高い基質選択性の発現が可能と考えられる．

ループ構造に折りたたむペプチドの設計は容易ではないが，多数の研究者によりループ構造を取りやすいβ-ヘアピンペプチドの報告がなされている[19]．そこで筆者らは L. Serrano らが報告している BH8 ペプチド[20]を基本骨格としてβ-ヘアピンペプチドの設計を行い，加水分解反応を触媒するβ-CD-β-ヘアピンペプチドを構築した（図 3.13）．

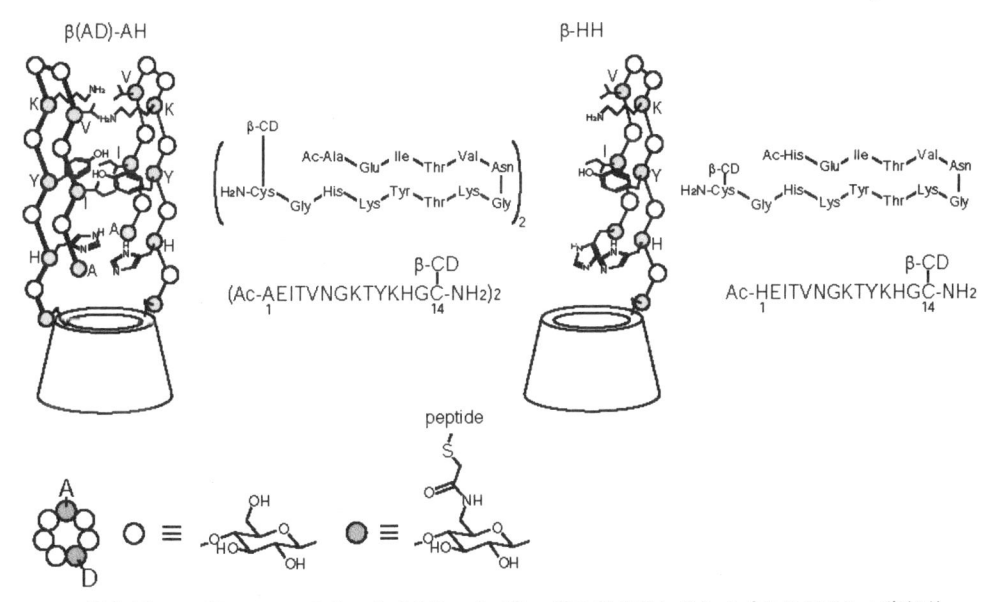

図 3.13 β-CD-β-ヘアピンペプチドハイブリッドの模式図とポリペプチドのアミノ酸配列

両親媒性に設計したβ-ヘアピンペプチドをβ-CD の A と D の位置に導入したβ(AD)-AH および 1 本のβ-ヘアピンペプチドを導入したβ-HH をそれぞれ合成している．β(AD)-AH とβ-HH の活性中心には二つのヒスチジン残基が配置されており，これらが一般酸および一般塩基として機能することにより触媒活性が発現されるように設計されている．いずれのβ-ヘアピンペプチドも C 末端にシステイン残基を配置し，ブロモアセチル化したβ-CD へチオエーテル結合を介した導入を行っている．チオエーテル結合による導入はペプチドを保護する必要がないため，簡便にβ-CD-β-ヘアピンペプチド複合体を調製することが可能であった．Boc-アラニン p-ニトロフェニルエステルを基質とした触媒活性評価において，β(AD)-AH とβ-HH は pH 6.5 付近に活性の極大点を示し，設計どおり二つのヒスチジン残基が協同的に機能していることが示された．こ

表 3.3 Boc-アラニン p-ニトロフェニルエステルの加水分解反応におけるβ(AD)-AH およびβ-HH の触媒活性パラメータ

触媒	基質	K_{cat} (10^{-3} s^{-1})	K_m (10^{-4} M)	K_{cat}/K_m (10^{-1} s^{-1})
β(AD)-AH	D-AlaONp	1.44	7.66	1.88
	L-AlaONp	1.21	1.02	11.9
β-HH	D-AlaONp	1.00	6.75	1.48
	L-AlaONp	0.89	1.63	5.45

の結果から，β-ヘアピンペプチドもまた触媒残基を配置するための立体構造を提供できると考えられる．基質選択性について評価したところ，β(AD)-AH および βHH はともに L 体の基質に対して D 体よりそれぞれ 7 倍と 3 倍高い k_{cat}/K_m 値を示している（表 3.3）．

これらの β-CD‐β-ヘアピンペプチド複合体はいずれも L 体の基質に対して D 体より低い K_m 値を示したが，k_{cat} 値は L 体と D 体の間でほとんど差は見られなかった．この結果は β(AD)-AH および βHH が L 体の基質を選択的に結合して加水分解反応を行っていることを示しており，β-ヘアピンペプチドが基質の認識と結合に関与していることを示唆するものであった．β-ヘアピンペプチドの二量体のみでは基質選択性はほとんど見られなかったことから，選択性の発現は β-CD と β-ヘアピンペプチドの協同的な基質認識によるものと考えられる．また，β-(AD)-AH は β-HH より高い L 体選択性を示していることから，副結合部位の構築には 2 本の β-ヘアピンペプチドを用いることが有効であることが明らかになった．円二色性スペクトル測定から，β(AD)-AH は β-HH より安定な逆平行 β-シート構造を形成していることが示されている．また，二次元 NMR 測定の結果，β(AD)-AH では 2 本のペプチドが疎水面を向けあい構造を安定化していることが示唆されており，これにより構築される疎水場が副結合部位として機能していると推察される．

3.4 ナノマテリアルとしてのシクロデキストリン‐ペプチドハイブリッド

従来のデバイスは材料を削り出すことで達成される「トップダウン方式」のテクノロジーであった．これに対し今日注目されているナノテクノロジーは特定機能をもたせることができる最小単位，たとえば分子，分子デバイスを積み上げることで達成される「ボトムアップ方式」の新しいテクノロジーである．このような超分子ナノマテリアルを設計するにあたり，達成すべき課題として以下の二つが挙げられよう．①自己集合体の形成と解消，②分子形状の外部刺激による制御，これら二つの課題を満たし，新たなナノマテリアルを構築すべくいくつもの CD‐ペプチドハイブリッドが設計，合成され超分子ナノマテリアルとしての可能性が検証されている．

3.4.1 外部刺激に応答するシクロデキストリン‐ペプチドハイブリッド二量体

ピレン修飾 γ-CD が会合二量体を形成することはすでに知られている[21]．この原理を CD‐ペプチドハイブリッドに応用すればホスト・ゲスト効果を用いてポリペプチド鎖のアッセンブリを形成し，ゲストの添加によりこれを解除することが可能になる．17 残基のアミノ酸からなるポリペプチド上，中央に γ-CD，N 末端側，C 末端側，あるいは両側にピレン単位を配置した γPL17，γPR17，γPP17 をそれぞれ設計し合成した（図 3.14）[22]．いずれの CD‐ペプチドハイブリッドもそれらの濃度に依存してピレンのエキシマー蛍光と通常蛍光の強度比（I_{467}/I_{376}）が増大した．このことは会合二量体形成によるピレンエキシマーの誘起を示唆している．

γPL17，γPR17，γPP17 の会合二量体の解離定数はそれぞれ 55，20，40 nM と小さく極めて低い濃度での会合二量体形成が示された．また，それぞれの CD‐ペプチドハイブリッド溶液にゲストとしてヒオデオキシコール酸を添加するとピレンのエキシマー蛍光の減少，通常蛍光の

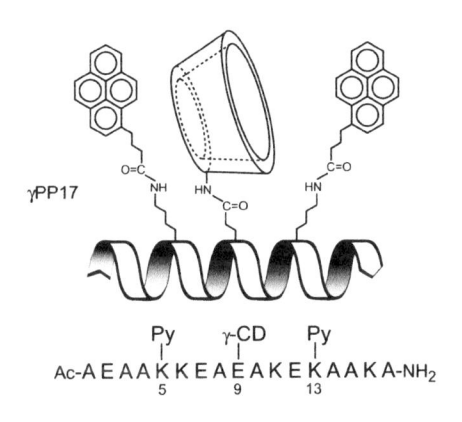

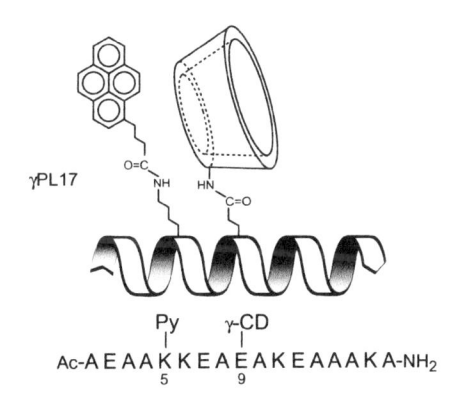

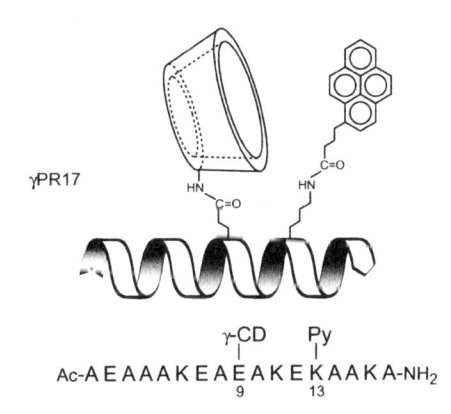

図 3.14 一つまたは二つのピレン単位をもつ CD‐ペプチドハイブリッドの模式図とポリペプチドのアミノ酸配列

増大が観測された．これと同時にピレン由来の誘起円二色性スペクトル（250〜450nm）の解消も見られ，γ-CD 部位によるヒオデオキシコール酸の包接に伴った会合二量体の解離を示唆している．ピレンという疎水性側鎖をもたせた CD‐ペプチドハイブリッドはピレン・CD 包接錯体を介して会合二量体を形成し，これが外部刺激（ゲスト添加）によって解消されることが示された（図3.15）．

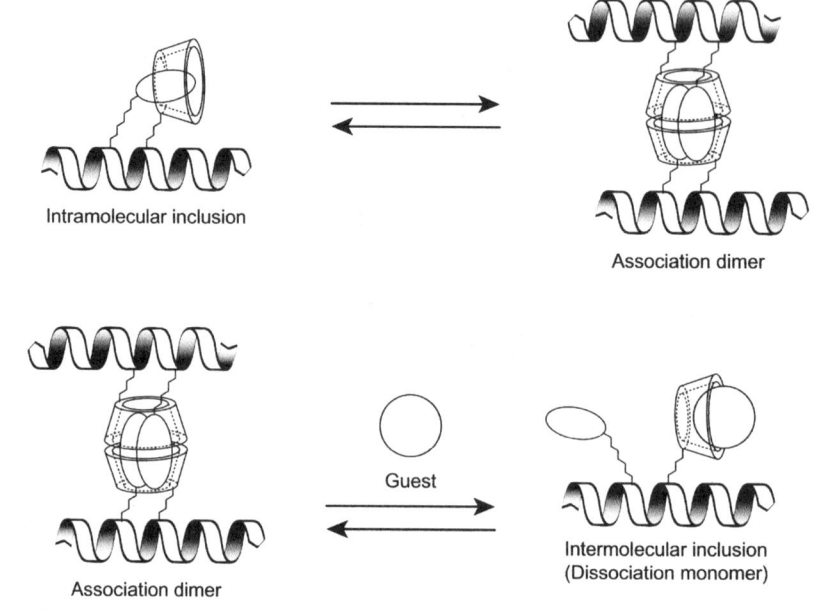

図 3.15　一つまたは二つのピレン単位をもつ CD‐ペプチドハイブリッドの会合二量体形成

3.4.2　ホスト・ゲストブリッジによるポリペプチドのα‐ヘリックス構造の安定化

ポリペプチドの構造を非共有結合により安定化することはナノマテリアル，分子デバイスの設計戦略上，興味深い課題である．18残基のアミノ酸からなるプレーンのポリペプチド ER18，構造探査プローブとしてダンシル単位 (Dns) を N 末端側に，中央にホストとしてγ‐CD を配置した DγER，さらに内部ゲストとしてコール酸単位 (CA) を C 末端側に配置した DγCER をそれぞれ設計し合成した(図 3.16)[23]．

DγER, DγCER の蛍光スペクトルを同濃度で比較するといずれも 520 nm を極大とするダン

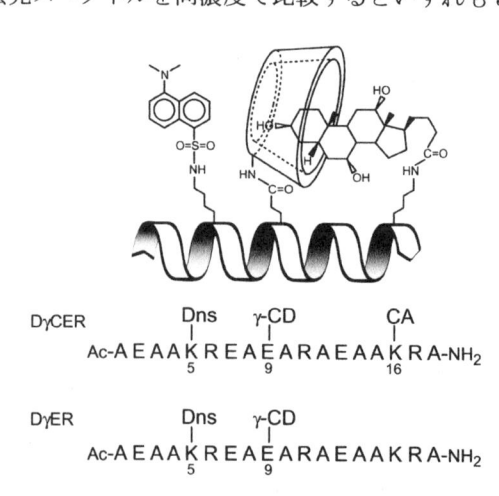

図 3.16　コール酸とγ‐CD からなるホスト・ゲストブリッジでα‐ヘリックス構造が安定化される CD‐ペプチドハイブリッドの模式図とポリペプチドのアミノ酸配列

シル由来の発光を示すが DγER の発光強度は DγCER の約 2 倍であった．また，DγER はヒオデオキシコール酸の添加に伴い蛍光の発光強度を減少させ解離定数を 140μM と決定できた．一方，DγCER はヒオデオキシコール酸を 400μM まで添加してもその蛍光スペクトルはまったく変化しなかった．この結果は DγER がダンシル単位と γ-CD との分子内包接錯体を形成しているのに対し，ダンシル単位とコール酸単位を併せ持つ DγCER は，ダンシル単位が γ-CD 単位からヘリックス 1 ピッチ隔てられた位置で距離的には近いにも関わらず，2 ピッチ隔てられたコール酸単位と優先的に分子内包接錯体を形成していることを示唆している．またこのことは詳細な蛍光寿命解析からも裏付けられた（表 3.4）．

表 3.4 ゲスト（HDCA）不在下（a），および存在下（b）における DγCER と DγER の蛍光寿命（τ, n sec.）とそれぞれの寿命成分の存在率（A）

CD-peptide	a		b	
	τ_1/A_1	τ_2/A_2	τ_1/A_1	τ_2/A_2
DγCER	5.3 / 0.634	13.9 / 0.366	7.1 / 0.788	14.4 / 0.222
DγER	5.6 / 0.309	15.1 / 0.691	6.7 / 0.628	14.5 / 0.372

すなわち，DγCER ではゲストの存在の如何に関わらず，短寿命成分（ダンシルが CD の空孔外に存在）が主成分であるのに対し，DγER ではゲスト不在下では長寿命成分（ダンシルが CD の空孔内に存在）が主成分で，一方，ゲスト存在下では短寿命成分が主成分となっている．三つのポリペプチドの α-ヘリックス構造の含有率を円二色性スペクトルの解析から見積もると ER18，DγER，DγCER の順に 40, 46, 78％で DγER におけるダンシル単位と γ-CD のホスト・ゲストブリッジは α-ヘリックス構造の安定化に目立った寄与を見せないのに対し，コール酸単位は γ-CD とホスト・ゲストブリッジを形成することでポリペプチドの α-ヘリックス構造を強固に安定化していることが示された．

3.4.3 ホスト・ゲストブリッジによるポリペプチド二次構造の形状制御

次にホスト・ゲストブリッジを用いてポリペプチド構造の制御を可能にした分子設計の一つの例を示す．ホストに β-CD，内部ゲストとして p-ジメチルアミノベンゾイル単位（DMAB）を採用した．N 末端側に β-CD これからヘリックス 1 ピッチ隔てて中央よりに p-ジメチルアミノベンゾイル単位を配置した β-DMAB1，これとは位置関係を逆にした β-DMAB1R，β-CD を中央に，これからヘリックス 2 ピッチ隔てて p-ジメチルアミノベンゾイル単位を配置した β-DMAB2，これとは位置関係を逆にした β-DMAB2R をそれぞれ設計し合成した（図 3.17）[24]．

ヘリックス 2 ピッチ隔ててホスト・ゲストを配置した β-DMAB2，β-DMAB2R がヘリックス 1 ピッチ隔てた β-DMAB1，β-DMAB1R よりも α-ヘリックス構造の含量が多く（表 3.5），またゲスト，1-アダマンタノール添加後の α-ヘリックス含量の減少も顕著であり，外部ゲストを利用した構造変換を期待するときには，複数ピッチ隔ててホスト・ゲストブリッジをかけるのが有効であることが示された（図 3.18）．これまでにも α-ヘリックスポリペプチドの側鎖に非共

```
β-DMAB1         β-CD  DMAB
         Ac-AEAEAKEKAAKEAAAA-NH₂
                4     8

β-DMAB1R       DMAB    β-CD
         Ac-AEAKAKEEAAKEAAKA-NH₂
                4     8

β-DMAB2         β-CD   DMAB
         Ac-AEAAAKEEAAKEAAKA-NH₂
                 8      15

β-DMAB2R       DMAB    β-CD
         Ac-AEAXAKEKAAKEAAEA-NH₂
                4      15
```

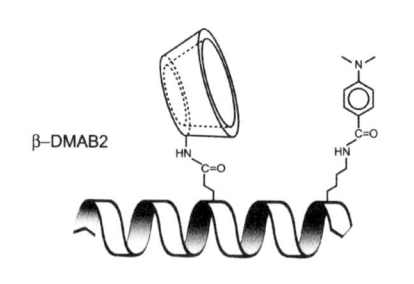

図 3.17 p-ジメチルアミノベンゾイル単位をもつ CD - ペプチドハイブリッドの模式図とポリペプチドのアミノ酸配列

表 3.5 ゲスト，1-アダマンタノールの不在下(×)，および存在下(○)における β-DMAB2 と β-DMAB2R の α-ヘリックス構造の含率（%）の比較

CD-peptide	1-アダマンタノール	
	×	○
β-DMB1	56	53
β-DMB1R	43	49
β-DMB2	71	57
β-DMB2R	58	48

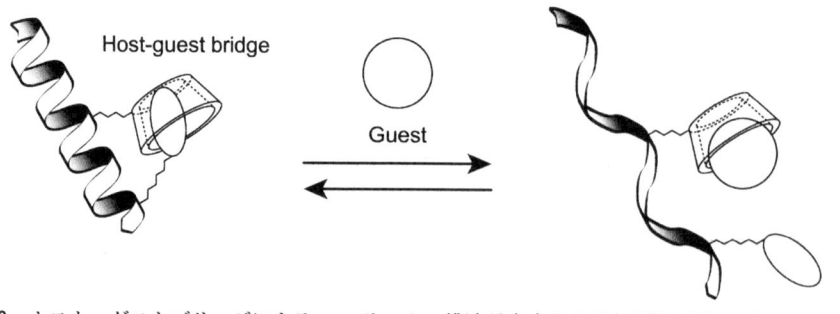

図 3.18 ホスト・ゲストブリッジによる α-ヘリックス構造が安定化と外部刺激（ゲスト）による構造の緩和

有結合 25)，共有結合 26)を介したブリッジをかけ α-ヘリックス構造を安定化する試みがなされてきた．今回このブリッジを，CD を用いたホスト・ゲストブリッジとすることで外部刺激（ゲスト添加）に応答した構造変化を可能にした．

3.4.4 ホスト・ゲストブリッジによるポリペプチドのα-ヘリックス構造の光制御

ポリペプチドの二次構造を光によって制御できれば CD - ペプチドハイブリッドをより能動的なアクチュエータとすることができよう．アゾベンゼンは紫外線の照射によりトランス体からシス体へと光異性化され，可視光の照射では逆にシス体からトランス体へと光異性化する．また，アゾベンゼンのトランス体はシス体よりも CD との包接錯体を形成しやすいことは知られている [27]．これらの性質を利用しポリペプチドのα-ヘリックス構造の光制御を可能にした．17残基のアミノ酸からなるプレーンのポリペプチドにアゾベンゼン単位をもたせた CA17，さらに分子内ホストとしてα-CD またはβ-CD をもたせた CAα17，CAβ17 をそれぞれ設計し合成した (図3.19) [15]．アゾベンゼン単位がトランス体であるのときのα-ヘリックス構造の含有率は CA17，CAα17，CAβ17 それぞれ 54，82，87%であった．一方アゾベンゼン単位がシス体に傾いているときは 54，64，94%であった（表3.6）．

異性化に伴って変化するアゾベンゼン由来の紫外可視吸収スペクトルの解析から，いずれのア

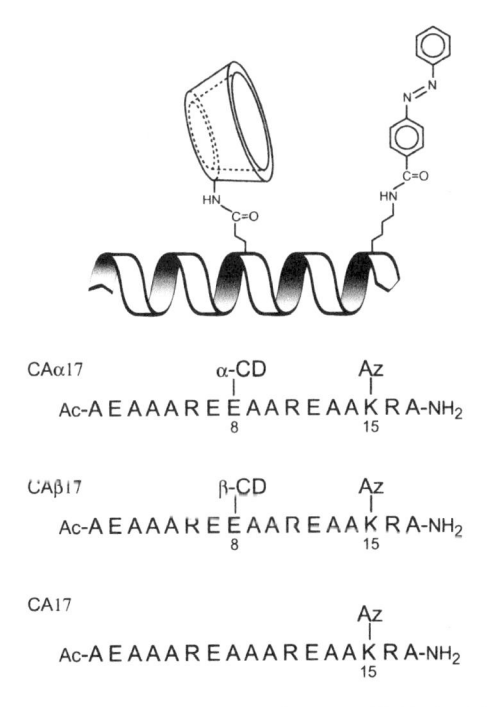

図3.19 アゾベンゼン単位をもつ CD - ペプチドハイブリッドの模式図とポリペプチドのアミノ酸配列

表3.6 アゾベンゼンを側鎖にもつ CD - ペプチドハイブリッドの紫外線照射前 (*trans*) と照射後 (*cis*) のα-ヘリックス構造の含率 (%) の比較

CD-peptide	*trans*	*cis*
CAα17	82	64
CAβ17	87	94
CA17	54	54

ゾベンゼンを側鎖にもつ CD‐ペプチドハイブリッドも紫外線照射の光定常状態ではおおよそ 80％を超えてシス体へ異性化していることが確認されている．CD 単位を側鎖にもたない CA17 ではアゾベンゼン単位の構造異性の如何に関わらず α‐ヘリックス構造は 54％と一定で，CAβ17 ではシス体のときがわずかに α‐ヘリックス構造の含有率が増大にするのに対し，CAα17 では逆にシス体での α‐ヘリックス構造の含有率は大幅に減少している．すなわち，アゾベンゼンと α‐CD のホスト・ゲストブリッジを利用し，紫外線照射によって CD‐ペプチドハイブリッドの α‐ヘリックス構造を緩め，可視光の照射では逆に構造を引き締めることが可能になった(図 3.20)．

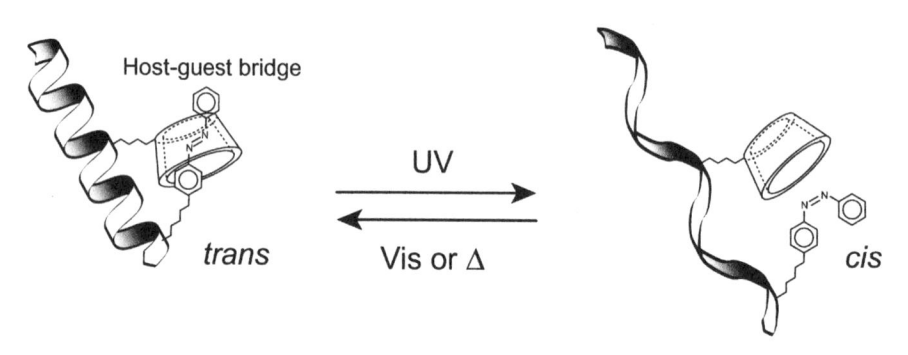

図 3.20　アゾベンゼンのトランス‐シス光異性化によって形状を変化させる CD‐ペプチドハイブリッド

3.5　おわりに

CD‐ペプチドハイブリッドは従来の修飾 CD では難しかった，あるいは成し得なかった化学，①異種多点修飾，②一級水酸基，二級水酸基両側へ機能部位の配置，を可能にするべく編み出された超分子設計の戦略であった．しかし，初めの論文が発表されて 5 年余りの間に CD‐ペプチドハイブリッドの化学は，③分子デバイスの自己集合と外部刺激による集合解消，④分子デバイスの形状を外部刺激により制御，をも可能にし，今後さらに超分子ナノマテリアルとしての展開が期待される．

以上に述べた成果のほかにも多くの若い学生の研究成果が存在していること，またそれら貴重な実験結果により CD‐ペプチドハイブリッドの化学が支えられてきたことを申し添えておく．

参考文献

1) (a) 上野昭彦，超分子の化学，産業図書 (1995)，(b) 戸田不二緒監修，上野昭彦編集，シクロデキストリン‐基礎と応用‐，産業図書 (1995)
2) T. Toyoda, S. Matsumura, H. Mihara, and A. Ueno, *Macromol. Rapid Commun.*, **21**, 485-488 (2000).
3) J.M. Scholtz, H. Quian, E.J. York, J.M. Stewart, and R.L. Baldwin, *Biopolymers*, **31**, 1463-1470 (1991).
4) D. Yana, T. Shimizu, K. Hamasaki, H. Mihara, and A. Ueno, *Macromol. Rapid Commun.*, **23**, 11-15 (2002).

5) S. Furukawa, H. Mihara, and A. Ueno, *Macromol. Rapid Commun.*, **24**, 202-206 (2003).

6) M.A. Hossain, K. Hamasaki, K. Takahashi, H. Mihara, and A. Ueno, *J. Am. Chem. Soc.*, **123**, 7435-7436 (2001).

7) C. Matsumoto, K. Hamasaki, H. Mihara, and A. Ueno, *Bioorg. Med. Chem.Lett.*, **10**, 1857-1861 (2000).

8) (a) M.A. Hossain, H. Mihara, and A. Ueno, *J. Am. Chem. Soc.*, **125**, 11178-11179 (2003), (b) M. A. Hossain, H. Mihara, and A. Ueno, *Bioorg. Med. Chem. Lett.*, **13**, 4305-4308 (2003).

9) (a) Y. Murakami, J. Kikuchi, Y. Hisaeda, and O. Hayashida, *Chem. Rev.*, **96**, 721-758 (1996). (b) R. Breslow and S.D. Dong, *Chem. Rev.*, **98**, 1997-2012 (1998).

10) (a) V.T. D'Souza and M.L. Bender, *Acc. Chem. Res.*, **20**, 146-152 (1987). (b) B. Ekberg, L. I. Andersson, and K. Mosbach, *Carbohydr. Res.*, **192**, 111-117 (1989).

11) (a) H. Tsutsumi, K. Hamasaki, H. Mihara, and A. Ueno, *Bioorg. Med. Chem. Lett.*, **10**, 741-743 (2000). (b) H. Tsutsumi, K. Hamasaki, H. Mihara, and A. Ueno, *J. Chem. Soc., Perkin Trans 2*, **9**, 1813-1818 (2000).

12) W. Matthews, P.B. Sigler, R. Henderson, and D.M. Blow, *Nature*, **214**, 652-656 (1967).

13) (a) D.M. Blow, *Acc. Chem. Res.*, **9**, 145-152 (1976). (b) S. Sprang, T. Standing, R.J. Fletterick, R.M. Stroud, J. Finer-Moore, N-H. Xuong, R. Hamlin, W.J. Rutter, and C.S. Craik, *Science*, **237**, 905-909 (1987).

14) R. Breslow and E. Anslyn, *J. Am. Chem. Soc.*, **111**, 8931-8932 (1989). R. Breslow and C. Schmuck, *J. Am. Chem. Soc.*, **118**, 6601-6605 (1996).

15) K.S. Broo, H. Nilsson, J. Nilsson, A. Flodberg, and L. Baltzer, *J. Am. Chem. Soc.*, **120**, 4063-4068 (1998).

16) A. Ueno, T. Shimizu, H. Mihara, K. Hamasaki, and K. Pitchumani, *Journal of Inclusion Phenomena and Macrocyclic Chemistry*, **44**, 49-52 (2002).

17) H. Tsutsumi, K. Hamasaki, H. Mihara, and A. Ueno, *Bioorg. Med. Chem. Lett.*, **14**, 723-726 (2004).

18) A.G Amit, R.A. Mariuzza, S.E.V. Phillips, and R.J. Poljak, *Science*, **233**, 747-753 (1986).

19) E. Lacroix, T. Kortemme, M.L. de la Paz, and L. Serrano, *Curr. Opin, Struct. Biol.*, **9**, 487-493 (1999).

20) M. Ramirez-Alvarado, F.J. Blanco, and L. Serrano, *Nat. Struct. Biol.*, **3**, 604-612 (1996).

21) A. Ueno, I. Suzuki, and T. Osa, *J. Am. Chem. Soc.*, **111**, 1391 (1989).

22) (a) M.A. Hossain, K. Hamasaki, H. Mihara, and A. Ueno, *Chem. Lett.*, 252-253 (2000); (b) M.A. Hossain, H. Mihara S. Maysumura, T. Kanai, K. Hamasaki, H. Mihara, and A. Ueno, *J. Chem. Soc. Perkin Trans.2*, 1527-1533 (2000).

23) T. Toyoda, H. Mihara, and A. Ueno, *Macromol. Rapid Commun.*, **23**, 905-908 (2002).

24) K. Hamasaki, R. Suzuki, H. Mihara, and A. Ueno, *Macromol. Rapid Commun.*, **22**, 262-265 (2001).

25) (a) S. Marqusee and R.L. Baldwin, *Proc. Natl. Acad. Sci. USA*, **84**, 8898-8902 (1987), (b) F. Ruan, Y. Chen, and P.B.Hopkins, *J. Am. Chem. Soc.*, **112**, 9403-9402 (1990).

26) (a) D.Y. Jackson, D.S. King, J. Chmielewski, S. Singh, and P.G. Schultz, *J. Am. Chem. Soc.*, **113**, 9391-9392 (1991), (b)C. Bracken, J. Gulyas, J.W. Taylor, and J. Baum, *J. Am. Chem. Soc.*, **116**, 6431-6432 (1994).

27) A. Ueno, K. Takahashi, and T. Osa, *J. Chem. Soc. Chem. Commun.*, 94-95 (1981).

第Ⅳ編　ナノバイオマテリアルサイエンスへの応用

1. シクロデキストリンによる微生物の細胞間情報伝達機構制御

2. シクロデキストリンを用いたナノ粒子製剤の調製

3. Current Applications of Cyclodextrins in Pharmaceutical Products in the EU and US

4. Recent Approval Situation of Sulfobutylether β-Cyclodextrin in Pharmaceutical Formulation

5. 薬物・シクロデキストリン結合体の Drug Delivery System への応用

6. 各種シクロデキストリンの食品および化粧品への応用

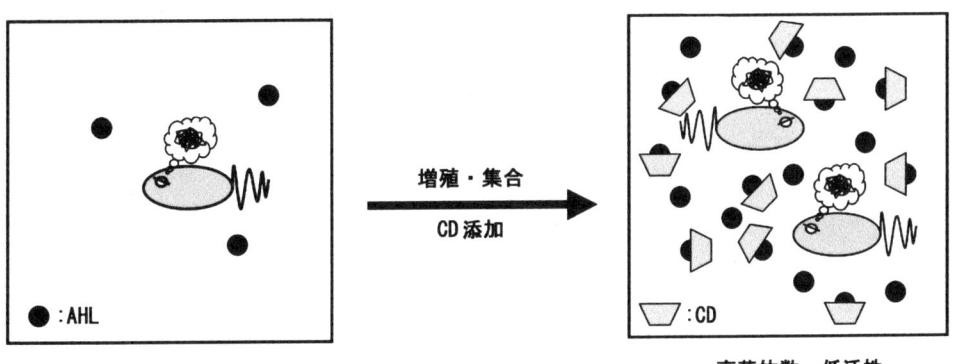

1

シクロデキストリンによる微生物の細胞間情報伝達機構制御

1.1 はじめに

シクロデキストリン（CD）の利用は，実に様々な分野にわたっており，医薬を始めとするバイオテクノロジーの分野への応用例も多い．周知のとおり，CD は酵素反応によりデンプンより生成される天然物である．様々なバクテリアから種々の CD 合成酵素類が単離，同定されている．それでは，CD 分子自体をバクテリアは利用することがあるのだろうか．また，CD はバクテリアに対して，どのような影響，効果を及ぼすであろうか．CD のバイオテクノロジーへの応用を考えるにあたって，ここでは，最近行われている CD とバクテリアに関する研究について，我々の研究成果を含めて紹介する．

1.2 バクテリアのシクロデキストリン資化能

CD 合成酵素（CGTase）[EC 2.4.1.19] は，1960 年代以降，種々のバクテリアから単離，同定されている[1]．一方，CD を分解する CDase [EC 3.2.1.54] についても，1968 年に，*Bacillus maceranse* から単離されて以降，種々，報告がある[2-5]．この中で，*Klebsiella oxytoca* M5a1 株は，CGTase と CDase の両者を用い，炭素源として CD を経由してデンプンを資化するシステムを有していることが報告されている[6,7]．いままで，これ以外に，CGTase と CDase の両者を用いたデンプン代謝システムの報告はなかったが，近年，橋本，今中らにより，超好熱菌である *Thermococcus* sp. B1001 株においても，*Klebsiella oxytoca* M5a1 株と同様な，非常にユニークな方法で CD を経由したデンプン代謝システムが存在することが報告されている[8]．

通常，バクテリアはアミラーゼやプルラナーゼなどの菌体外酵素を用いてデンプンを短鎖化し，菌体内に取り込むシステムを有している（図 1.1(a)）．*K. oxytoca* M5a1 株は，そのシステムに加えて，図 1.1(b)に示すようなシステムを有している．まず，菌体外で CGTase によりデンプンから CD を生産し，CD 結合タンパク質（CBP）と CBP 依存 ABC 輸送系による CD の菌体内への取り込みを行い，最後に菌体内で CDase による CD の分解を行い，炭素源として用いるというものである．

これに対して，*Thermococcus* sp. B1001 株においては，図 1.1(a)のような，通常用いられるアミラーゼやプルラナーゼなどの菌体外酵素は有さず，CGTase と CDase を用いる図 1.1(b)の代謝

系しか有していないと報告された．これは，高温という特殊環境下で，他の種類の菌体と争って炭素源を求めた場合，CD は比較的安定であるため，CD という形態で取り込む代謝系のほうが有利であるからと想像される．また，高温環境においては α 型を取り安いためであるとも筆者らは述べている[8]．

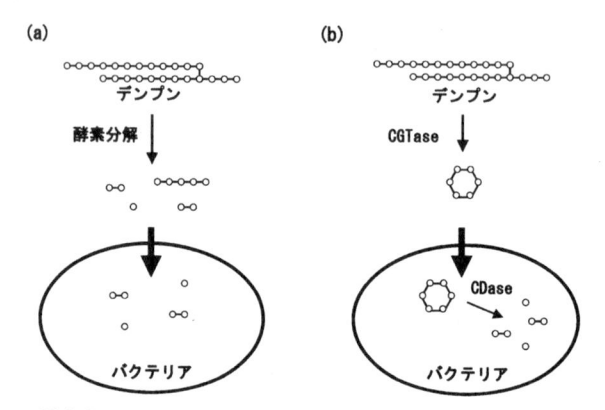

図1.1　バクテリアによるデンプンの分解および取り込み

　天然物としてなぜ CD が存在しているのかという疑問に対する完全な答えは，まだ得られないかもしれないが，このように，CD を積極的に利用しているバクテリアの存在は，その一部であると考えられる．CD の特性を利用したこのような系を種々解析することにより，生物に学ぶ新たな CD の利用方法が開発される可能性があると期待される．

1.3 微生物の情報伝達機能制御に対するシクロデキストリンの利用

　微生物に対する CD の利用は，たとえば，百日咳菌の培養において CD 類を添加することによる増殖能の改善といった例はあるが，生物・生体の反応や機能を直接制御する目的に用いられた例は，非常に少ない．そこで，我々は，微生物の機能制御への CD の利用の可能性について検討を行っている．ここでは，微生物の情報伝達機能制御に対する CD の利用について紹介する．前節において，CD を資化するバクテリアの存在について述べたが，CD を積極的に利用するバクテリアに関する報告はそれほど多くはなく，系に CD を添加した際に起こる，目的以外の影響は少ないと考えられる．もちろん，菌体増殖や表現形の変化など，十分注意して検討する必要は忘れてはならない．

1.3.1　バクテリアの情報伝達機能-Quorum Sensing-

　一般的に，生命活動は実に様々な情報伝達機能や認識・応答機能に支えられている．酵素反応，抗原抗体反応，遺伝子の翻訳と転写，基質のレセプタータンパク質への結合，神経伝達物質による信号の誘起など，生物単体において機能するものや，生物個体間での情報伝達機能，いわゆるコミュニケーション機能など多彩である．一番単純な生物である原核単細胞生物のバクテリアにおいても，これら多くの巧みな機能を用いて過酷な条件下での生存戦略をとっている．その中に，

Quorum Sensing と呼ばれる細胞間情報伝達機構がある．Quorumとは定足数を意味し，Quorum Sensingとは，ある一定数以上のバクテリアが集合したことをバクテリア自身が感知し，応答する機構である[9]．Quorum Sensing には，バクテリアが菌体内で生産し，菌体内外に分泌するオートインデューサー（AI）と呼ばれるシグナル分子が介在している．バクテリアは，周囲の菌体数の増加をAIの濃度の増加として感知している．バクテリアは Quorum Sensing により生物発光や病原性の発現，抗生物質生産，そしてバイオフィルム形成など，広範囲の生物化学的，生理学的機能の調節を行っている．そこで，Quorum Sensing を制御することが可能になれば，病原性の発現抑制やバイオフィルム形成阻害，または有用物質生産の増強など，医学，薬学，環境，工学など様々な分野での利用が期待される．

バクテリアの中でも，グラム陰性細菌，グラム陽性細菌，放線菌など，それぞれ異なった特徴あるQuorum Sensing 機構を有しており，グラム陽性細菌のAIとしてはペプチドが，放線菌のAIとしてはA-ファクターと呼ばれる低分子化合物がそれぞれ同定されている．一方，グラム陰性細菌のAIとしては，種々のN-アシル-L-ホモセリンラクトン（AHL）類が様々なバクテリアから単離，同定されてきている（図1.2）．

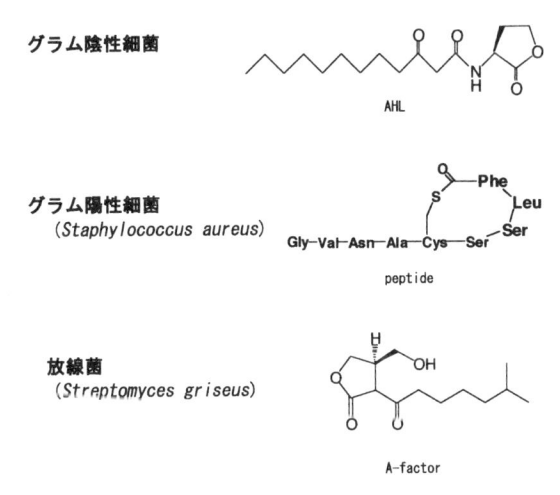

図1.2 種々のバクテリアのAI

グラム陰性細菌における Quorum Sensing 機構の概要は以下のとおりである．まず，菌体内でAHL合成酵素により生産されたAHLが菌体内外に拡散する．次にバクテリアが増殖や集合することにより菌体数が増加すると，それに伴いAHLの濃度も増加し，ある閾値を超えた時点で菌体内においてAHLとレセプタータンパク質の複合体が多数形成され，さらにその複合体が遺伝子のプロモーター部分に結合しその転写を活性化するというものである（図1.3）．以上のことから，一般的にQuorum Sensing によって制御されている機能は対数増殖期後期より活性化されるという特徴をもっている．

このようなグラム陰性細菌における Quorum Sensing 機構を制御する方法には，大きく2とおりの方法が考えられる．一つは，グラム陰性細菌における Quorum Sensing 機構のシグナル物質であるAHLのアナログを用いる方法であり，我々のグループを含め，種々研究がなされてい

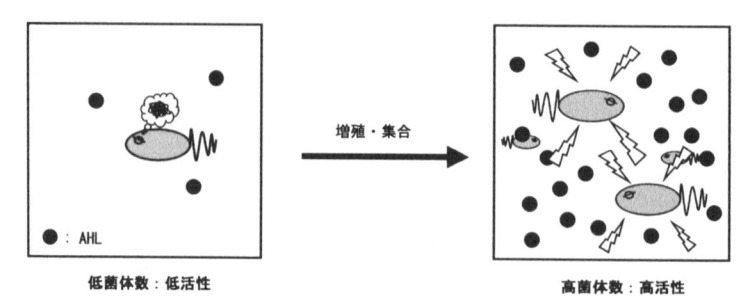

図 1.3 グラム陰性細菌における Quorum Sensing 機構の概念図

る[10,11]. もう一つは AHL の分解やトラップを行うことによる制御方法である. すなわち, 系内の AHL 濃度を常に低く保っておく方法である. 我々は, 近年, CD を用いた AHL のトラップ方法の開発を進めている[12,13]. 図 1.4 にその概念を示す. 菌体外に拡散してくる AHL を CD がトラップすることにより系内の AHL 濃度を低減することができれば, バクテリアが増殖しても Quorum Sensing 機構を発動させないことが可能になり, 関連する遺伝子発現の制御が行えることが期待される.

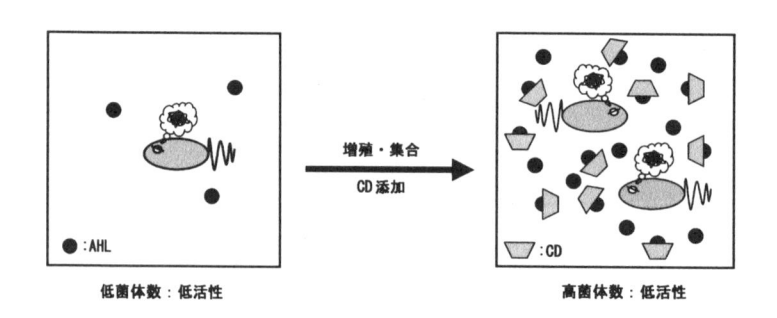

図 1.4 CD を用いた Quorum Sensing 制御の概念図

1.3.2 シクロデキストリンの AHL 包接能の確認

CD を用いて AHL をトラップすることが可能であることを確かめるために, まず, 水溶液中における CD と AHL の包接複合体形成の確認を行った. このために, 化学合成した *N*-Hexanoy-L-homoserine lactone (C6)[10]と CD 類を用いて, 各種 NMR スペクトルの測定を行った[12,13].

化学合成した C6 と α-CD を重水中で混合した試料溶液の ^{1}H NMR スペクトルは, それぞれ単独試料溶液のスペクトルと比較して, C6 のアシル鎖のピークの低磁場側へのシフト, および α-CD の 3 位と 5 位のピークの高磁場側へのシフトが観測された(図 1.5). また, 混合溶液の ROESY スペクトルからは, C6 のアシル鎖と α-CD の 3 位と 5 位のプロトンとの間のクロスピークがそれぞれ観測された (図 1.6). 以上の結果は, α-, β-CD, およびその誘導体を用いても同様に観測された. 一方, 環構造の大きな γ-CD を用いた場合は, ピークシフトおよびクロスピークの観測はできなかった.

以上の結果から, α-, および β-CD 類は, 図 1.7 のように, AHL のアシル鎖部分をその空洞

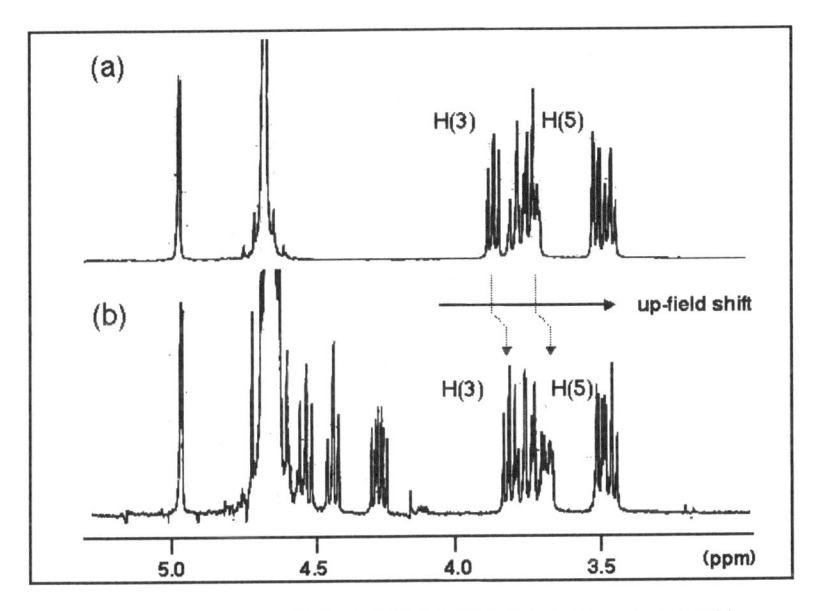

1. シクロデキストリンによる微生物の細胞間情報伝達機構制御　　*157*

図1.5　α-CD‐AHL（C6）混合溶液の ¹H NMR スペクトル（重水中）

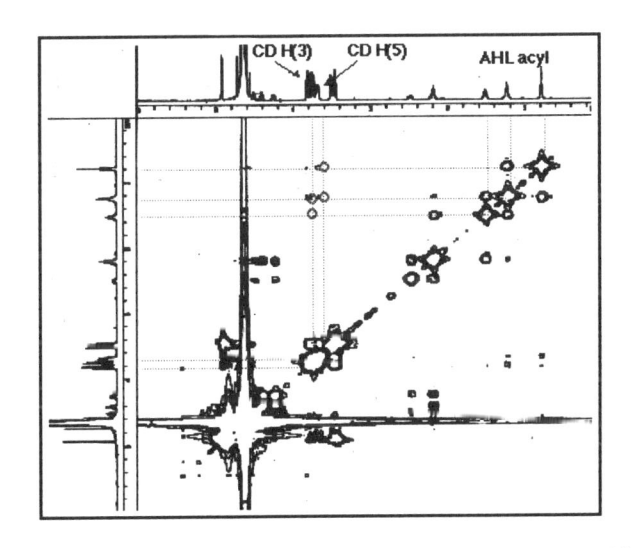

図1.6　α-CD‐AHL（C6）混合溶液の ROESY スペクトル（重水中）

図1.7　α-CD‐AHL（C6）包接複合体形成

内に包接するものと考えられる．これは，α-，およびβ-CD類がアシル酸類を包接することや，プロスタグランジン類の側鎖部分を包接するという知見からも，うなずける内容である．一方，環構造の大きなγ-CDはAHLを強く包接することはできないと考えられる．

1.3.3 バクテリアのQuorum Sensingに対するシクロデキストリンの効果

水溶液中において，CDとAHLの包接複合体が形成されることが確認されたため，バクテリアの培養液にCDを添加することにより，Quorum Sensingの制御に対するCDの効果の検討を行った．

使用菌株として，*Pseudomonas aeruginosa* PAO1株と*Serratia marcescens*を用いた．*P. aeruginosa*は，病原性因子に関連するエラスターゼおよびラムノリピッド生産に関わる，*las*および*rhl*という2系統のQuorum Sensingシステムを有している[14]．一方，*S. marcescens*は，抗菌性の赤色色素であるprodigiosinの生産がQuorum Sensing支配となっている[15]．

P. aeruginosa PAO1株の前培養には2×YT培地，本培養にはL培地を用い，*S. marcescens*には，前培養，本培養とも，LB寒天または液体培地を用いた．

活性の検討は，*P. aeruginosa* PAO1株の場合，*lasB*プロモーターまたは*rhlA*プロモーターと*lacZ*の転写融合遺伝子をもったプラスミドをそれぞれ導入し，そのβ-ガラクトシダーゼ活性を測定することにより行った[10]．*S. marcescens*においては，prodigiosinは菌体内色素であるため，その生産量の変化を，菌体内より抽出したprodigiosinの濃度[16]と菌体数（OD_{600}）の比から求め，比較した．

CD類を10 mM含むLB培地中で*P. aeruginosa* PAO1株を培養した結果，CD類無添加の場合と比べて，菌体増殖に対する影響は認められなかった．一方，β-ガラクトシダーゼ活性は，AHLと包接複合体を形成できないと考えられるγ-CDやグルコースの添加に対しては，何ら変化が見られなかったが，α-またはβ-CD類の添加により低下した（図1.8）．なかでも，SBE7-β-CDが最も高い効果を示した．

一方，*S. marcescens*の場合も，*P. aeruginosa*の場合と同様，γ-CDを添加しても*S. marcescens*によるprodigiosin生産への阻害効果は見られなかったが，他のCD類の場合は阻害効果が見られ，特に，SBE7-β-CDの場合が顕著であった（図1.9）．もちろん，CD類添加による*S. marcescens*

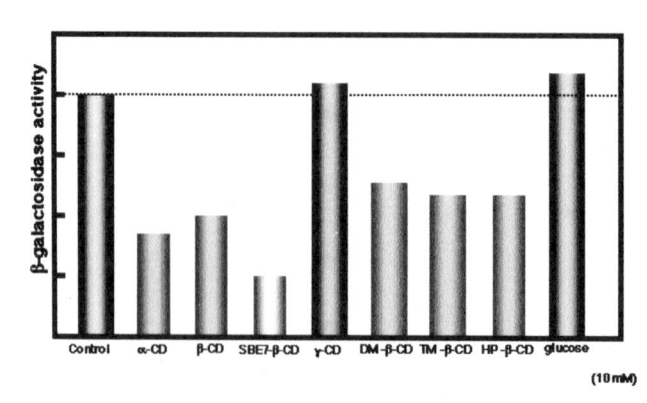

図1.8　*P. aeruginosa*のQuorum Sensingに対する各種CD類の効果

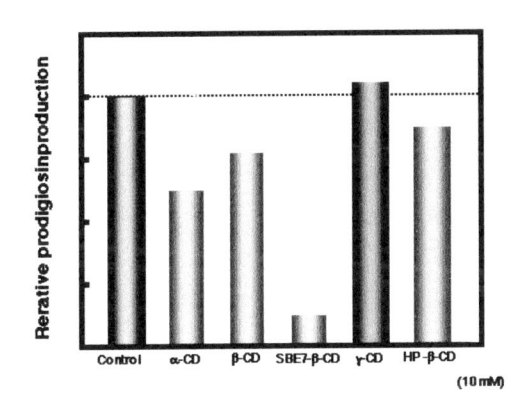

図1.9 *S. marcescens* の Quorum Sensing に対する各種 CD 類の効果

の増殖に対する影響は観察されなかった.

SBE7-β-CD の効果が高い理由としては,スルホ基が解離することにより AHL との相互作用が高まるためと考えられる.

以上の結果から,CD 類の培養液中への添加はバクテリアの Quorum Sensing 機構制御に対し有効であると考えられる.

1.3.4 シクロデキストリン固定化素材による Quorum Sensing 制御の可能性

前項までの結果から,CD が水溶液中で AHL と包接複合体を形成する能力を有し,Quorum Sensing を有するグラム陰性細菌の培養液中に添加することにより,Quorum Sensing 制御を行えることが確かめられた.続いて,制御の効率化や,実用面なども考慮すると,CD を何らかの形で固定化した素材を開発することが求められる.

まず,市販の CD 固定化カラムを用いた水溶媒系 HPLC における AHL 類の分離の可能性について検討を行った.カラムとして,YMC 製 Chiral α-CD BR を用い,展開溶媒は水/メタノール =90/10,流速 1 mL·min^{-1} の条件下,化学合成した種々の AHL の混合物の分離を行った.結果は図 1.10 に示すとおり,アシル鎖長に応じた分離となった.このことから,固定化した CD も AHL のアシル鎖部分を包接する能力があることが示唆された.

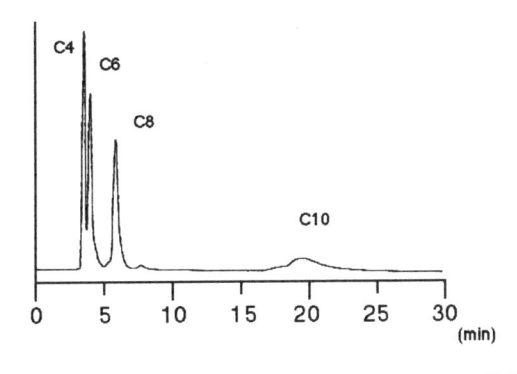

図1.10 CD 固定化カラムを用いた HPLC による AHL 分離

そこで，Quorum Sensing 制御を目指した新たな CD 固定化素材の開発を目的として，CD 固定化ゲルシートの合成を行い，Quorum Sensing 制御に対する効果の検討を行った．ゲルシート作製の素材として，ヒドロキシプロピルセルロース（HPC）を用い，CD 固定化ゲルシートは，分子量約 10 万の HPC と CD 類をアルカリ水溶液中で架橋剤（ジビニルスルホン）と反応させることにより合成した．CD のゲルへの固定化量は，得られたゲルシートを蒸留水で洗浄し，洗浄液中に溶出した CD の量を分析することで決定した．

CD 固定化ゲルシートによる Quorum Sensing 制御効果の測定は，*S. marcescens* の培養液中に CD 固定化ゲルシートを浸漬させ，所定時間培養した後，前項と同様，生産される prodigiosin の量を測定することで行った．prodigiosin の生産量は，CD を含んでいない HPC ゲルシートを用いた場合は変化が観察されなかったが，HP-β-CD を固定化した HPC ゲルシートを用いた場合は，その生産量が 30% 程度まで減少した（図 1.11）．また，いずれのゲルシートも菌体増殖に対する影響は認められなかった．

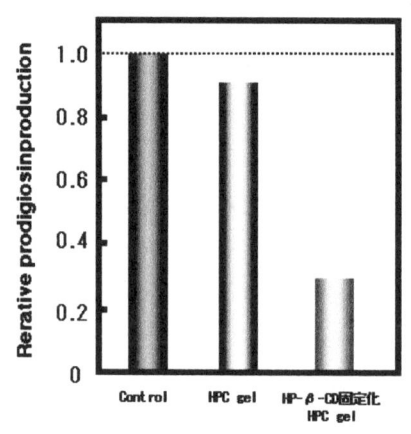

図 1.11　CD 固定化 HPC ゲルシートによる Quorum Sensing 制御効果

以上のことから，CD 固定化ゲルシートを用いても，CD 単体を添加した場合と同様の効果が得られることが確認された．現在，種々の CD の固定化，および種々のゲル素材を用いた検討を行っており，より効果的な CD 固定化素材の開発を進めている[17]．

1.3.5　今後の展望

バクテリアの Quorum Sensing 機構制御の試みは，いままで多数報告されてきているが，有効に機能する方法の開発はほとんど進んでいないのが現状である．また，その効果の測定も，*P. aeruginosa* に対するものがほとんどである．我々が進めている CD を用いた Quorum Sensing 制御方法は，その有効性が確かめられ，またその効果は，*P. aeruginosa* だけでなく，*S. marcescens* など，他種のバクテリアに対しても有効であった．一方，CD を固定化することにより，素材としての有用性も広がることが期待され，今後，種々のバクテリアに対する効果の測定とともに，広い応用が期待される．

AHL はバクテリア間のシグナル分子としての役割だけでなく，宿主細胞への影響や複合共生系

での役割などが報告され始めており，Quorum Sensing の概念は広がりを見せている．今後，多様な Quorum Sensing 機構が解析され，その応用範囲はますます拡大していくものと期待されることから，その制御方法も，また広い応用が期待される．

1.4 おわりに

CD のバイオテクノロジー分野への応用は，医薬品，食品，化粧品などの分野以外にも，今後，ますます盛んになると思われる．本章で述べてきたとおり，CD を積極的に資化するバクテリアの存在が種々報告され，一方，バクテリアの機能制御への利用の可能性が示された．微生物にとどまらず，生体関連分野への利用の可能性が大きな素材として，CD の有する能力の新たな活用が期待される時代が開かれるものと考えている．

参考文献

1) O.A. Pully and D. French, *Biochem. Biophys. Res. Commun.*, **5**, 11-15 (1961).
2) J. DePinto and L.L. Campbell, *Biochemistry*, **7**, 121-125 (1968).
3) S. Kitahara, M. Taniguchi, S.D. Beltran, T. Sugimoto, and S. Okada, *Agric. Biol. Chem.*, **47**, 1441-1447 (1983).
4) B. Krohn and J. A. Lindsay, *Curr. Microbiol.*, **22**, 273-278 (1991).
5) T. Oguma, A. Matsuyama, M. Kikuchi, and E. Nakano, *Appl. Microbiol. Biotechnol.*, **39**, 197-203 (1993).
6) R. Feederle, M. Pajatsch, E. Kremmer, and A Böck, *Arcg. Microbiol.*, **165**, 206-212 (1996).
7) G. Fledler, M. Pajatsch, and A Böck, *J. Mol. Biol.*, **256**, 279-291 (1996).
8) Y. Hashimoto, T. Yamamoto, S. Fujiwara, M. Takagi, and T. Imanaka, *J. Bacteriol.*, **183**, 5050 5057 (2001).
9) E.P. Greenberg, *ASM News*, **63**, 371-376 (1997).
10) T. Ikeda, K. Kajiyama, T Kita, N, Takiguchi, A. Kuroda, J. Kato, and H. Ohtake, *Chem. Lett.*, 314-315 (2001).
11) T. Ishida, A. Kuroda, N. Takiguchi, H. Ohtake, J. Kato, and T. Ikeda, *Proc. 10th Asia Pacific Confederation of Chemical Engineering 2004*, No. 431 (2004).
12) T. Ikeda, Y. Inoue, A. Suehiro, H. Ikeshoji, T. Ishida, N, Takiguchi, A. Kuroda, J. Kato, and H. Ohtake, *J. Incl. Phenom. Macroc. Chem.*, **44**, 381-382 (2002).
13) T. Ikeda, T. Morohoshi, N. Kato, M. Inoyama, S. Nakazawa, K. Hiratani, T. Ishida, J. Kato, and H. Ohtake, *Proc. 10th Asia Pacific Confederation of Chemical Engineering 2004*, No. 390 (2004).
14) C. Fuqua, S.C. Winans, and E.P. Greenberg, *Annu. Microbiol. Rev.*, **50**, 727-751 (1996).
15) S.A. Dauenhauer, R.A. Hull, and R.P. Williams, *J. Bacteriol.*, **158**, 1128-1132 (1984).
16) N.R. Thomson, M.A. Crow, S.J. McGowman, A. Cox, and G.P.C. Salmond, *Mol. Microbiol.*, **36**, 539 (2000).
17) N. Kato, T. Morohoshi, T. Nozawa, H. Mmatsumoto, and T. Ikeda, *J. Incl. Phenom. Macroc. Chem.* submitted.

2

シクロデキストリンを用いたナノ粒子製剤の調製
－乾式操作によるホスト・ゲスト相互作用の発現－

2.1 はじめに

　次世代の医薬品として登場するであろう薬物分子は，分子量のかなり大きな有機化合物や，ゲノム創薬の発展に基づく高活性なタンパク質など，微量高活性、難水溶性や難吸収性の薬物となることが予測される．これら医薬品の製剤化のためには薬物の物性改善を図ることが必須であり「ナノ粒子製剤化」が一つの解決方法と考えられる．薬物のナノレベルの微粒子化により薬物の顕著な溶解性の向上が期待され，超臨界流体を用いた医薬品ナノ粒子の調製[1-3]，ナノサイズの薬物微粒子にさらなる種々の機能を付加するための薬物キャリアなどの研究も盛んに行われている[4-6]．

　固体医薬品および製剤添加剤によって形成される固体分散系において，製剤添加剤と医薬品あるいは共存する医薬品分子間に働く物理化学的相互作用の解明が進んでおり，特に難水溶性医薬品の可溶化を目的とした固体分散系の調製方法，医薬品分子状態変化，医薬品－添加剤間の相互作用様式の解明などで多くの研究報告がなされている．難水溶性医薬品の可溶化の手法として知られる方法の一つに，シクロデキストリン（CD）を用いた包接化合物形成が挙げられる．CDと医薬品の包接化合物形成に関してはすでに多数の報告がなされており，またその利用範囲も多岐に及んでいる[7-9]．医薬品製剤の分野では医薬品分子の溶液中での包接化だけでなく，固体状態での医薬品分子の包接化の面からも実用上の興味がもたれている．固体包接化合物の調製法としては，共沈法，混練法，凍結乾燥法および混合粉砕法などが知られている．

　本章では，筆者らの研究グループがこれまでに報告している乾式操作によるホスト・ゲスト相互作用の発現の例として，はじめに混合粉砕法および密封加熱法によるCDとゲスト分子との包接化合物生成について，系中の有機化合物分子の挙動という点から解析した例を挙げ，続いて難水溶性医薬品であるプランルカストとCDとの混合粉砕により粉砕試料を水中に分散させることによって医薬品ナノ粒子が生成する現象について詳しく述べる．

2.2 混合粉砕によるシクロデキストリンとゲスト分子との包接化合物生成

　粉砕操作は，医薬品製造において最もよく用いられる手法の一つであり，また最も基本的なプロセスであるにも関わらず，有機化合物の粉砕過程で起こる物理化学的変化，すなわちメカノケ

ミストリーに関しては十分な研究がなされていない．本章では，CD と薬品を混合粉砕した場合に起こる粉砕過程での薬品の複合体形成挙動について詳述する．CD とゲスト分子との包接化合物生成の証明については，IR（赤外線吸収），UV（紫外線吸収），NMR（核磁気共鳴），CD（円二色性），蛍光分光法など種々の方法が用いられているが，固体系については検出方法の適用が限定されてしまう．そこで，粉砕試料などに固体の蛍光発光分光法および時間分解蛍光法を利用し，系中でのゲスト分子状態変化を検討した．

蛍光プローブとして，モノマー発光およびエキシマー発光を示す特徴をもつ 2 種のモデル薬品，2,5-ジフェニルオキサゾール（DPO）とピレンを用いて検討した[10-12]．エキシマーとは励起状態分子と基底状態分子が励起状態において相互作用した二量体であり，エキシマーの発する蛍光がエキシマー発光と呼ばれている．DPO は結晶中ではモノマー発光を示すが，γ-CD 空洞内に 2 分子が包接されるとエキシマー発光が認められると報告されている．モル比 1:2 の割合で混合した γ-CD と DPO の混合物について，10 分間の混合粉砕を行うと非晶質の分散体が得られ，固体蛍光スペクトルにも変化が認められた（図 2.1）．このことは粉砕により DPO 分子の分子状態が DPO 結晶中とは異なる状態へと変化したことを示唆しており，同様な実験を空洞系の小さな α- あるいは β-CD を用いて行っても蛍光スペクトルに変化の認められないことからも支持された．

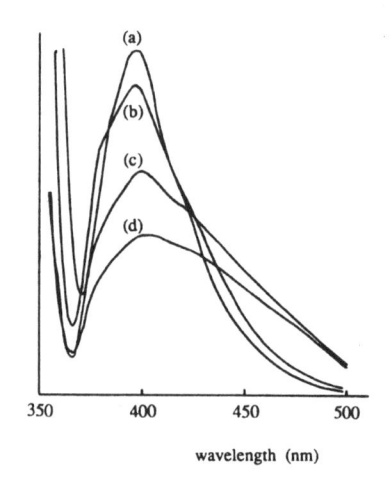

図 2.1　γ-CD との混合粉砕による 2,5-ジフェニルオキサゾール（DPO）の蛍光発光スペクトル変化（γ-CD と DPO のモル比 1:2，励起波長 352 nm）．(a) DPO 結晶，(b) 1 分間混合粉砕物，(c) 5 分間混合粉砕物，(d) 10 分間混合粉砕物．

蛍光プローブが異なる分子状態として存在する場合は，ナノ秒蛍光法により有力な情報が得られるものと考え，本系において励起波長 352nm，観測波長 420nm と設定して時間分解蛍光測定を行った．得られた蛍光過渡波形曲線はデコンボリューション法により三つの関数成分に分解可能であり，各成分について下式に示される蛍光寿命 τ，相対量子収率 Q を算出した（図 2.2）．

$$\tau = 1/(k_f + k_{nf}) \tag{2.1}$$

$$Q = (a_i\tau_i/\Sigma a_i\tau_i) \times 100 \tag{2.2}$$

(2.1) 式の k_f，k_{nf} は発光遷移と無輻射遷移との速度定数，(2.2) 式の a_i は i 成分の減衰曲線

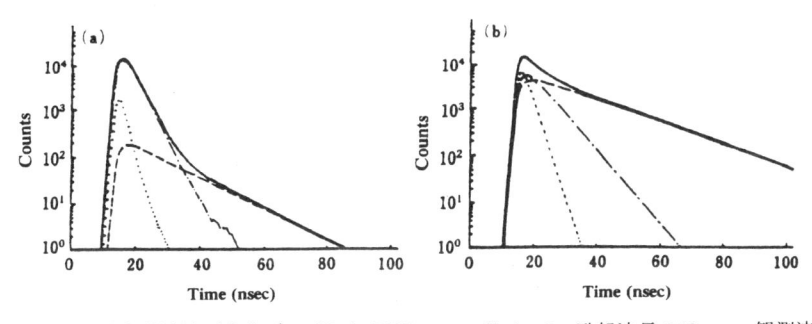

図 2.2 DPO の蛍光過渡波形変化（γ-CD と DPO のモル比 1：2，励起波長 352 nm，観測波長 420 nm）．(a) 物理的混合物，(b) 15 分間混合粉砕物；——— 蛍光過渡波形，……… 第 1 成分，—·— 第 2 成分，— — - 第 3 成分．

を指数関数で表したときの前指数係数である．混合物，15 分までの混合粉砕物，DPO 結晶，共沈物について算出された各成分の蛍光寿命，相対量子収率を表 2.1 に示す．DPO 結晶，混合物での第 1 成分は迷光によるもの，第 2 成分は結晶中の DPO に由来していると考えられた．混合粉砕物では 4ns 程度の蛍光寿命をもつ第 2 成分と，さらに長い蛍光寿命を示す第 3 成分が観測された．混合粉砕物での第 2 成分は CD 分子間に分散している DPO のモノマー蛍光に対応するもの，また長い蛍光寿命を示す成分は DPO 2 分子が γ-CD 空洞内に包接されたエキシマー蛍光に対応するものと考えられた．混合粉砕の進行に伴い，DPO2 分子の γ-CD への包接化合物生成が確認できたと考えられる．

表 2.1 γ-CD との混合粉砕による DPO の蛍光寿命(τ)および相対量子収率(Q)の変化（γ-CD と DPO のモル比 1：2，励起波長 352nm，観測波長 420nm）

	τ_1 (nsec)	Q_1 (%)	τ_2 (nsec)	Q_2 (%)	τ_3 (nsec)	Q_3 (%)	χ^{2a}
Ground mixture							
0 min[b]	0.856	1.8	2.79	90.3	16.1	7.9	1.52
1 min	1.11	8.4	4.16	71.2	13.5	20.4	1.18
2 min	0.913	7.8	4.08	64.7	15.7	27.5	0.940
5 min	0.873	9.0	4.16	41.3	17.5	49.7	1.46
10 min	0.909	9.6	4.29	33.3	17.8	57.1	1.06
15 min	0.849	10.0	4.08	33.2	17.7	56.8	1.10
DPO crystals	0.291	5.4	2.97	94.6			1.23
Aggregate	0.408	2.5	5.59	18.5	19.4	79.0	1.25

[a] A parameter for judging the goodness of fit; an ideal fit will yield a χ^2 value of unity.
[b] Grinding time.

次に，ピレンを用いて混合粉砕による CD との包接化合物生成について検討した．ピレンは溶液中の発光スペクトルにおいて 400nm 付近にモノマー状態の発光ピークを，470nm 付近にエキシマー状態の発光ピークを示すことが知られている．ピレン結晶では 470nm 付近に蛍光発光が観察され，これはピレン結晶中で励起されたピレン分子が，基底状態のピレン分子と相互作用しやすい分子配列をとっていることによる．ピレン結晶を β-CD と混合比をモル比（ピレン結晶/β-CD）0.20 から 5.0 まで変化させて混合粉砕を行った．図 2.3 には，ピレンと β-CD の混合粉

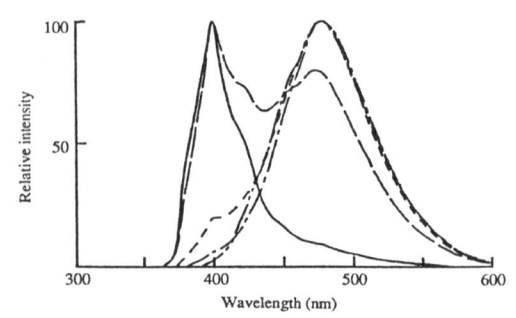

図 2.3 混合粉砕によるピレンの固体蛍光発光スペクトル変化（β-CD の混合モル比の影響）．混合モル比（ピレン/β-CD）；——— 0.20, — - — 0.50, - - - - 1.0, — ･ — 2.0, — ･･ — 5.0.

砕物の蛍光発光スペクトルを示す．ピレンを多量に含む混合粉砕物では，470 nm 付近のエキシマー発光のみが認められ，ピレン結晶の発光スペクトルにほぼ一致した．これに対し，混合比 1.0 の混合粉砕物では，400 nm 付近にピレンのモノマー状態によるものと考えられる発光ピークが認められ，一部のピレンはモノマー状態となっていることが示唆された．さらに混合比 0.50 では，エキシマー発光より強いモノマー発光が認められるようになり，最も β-CD の混合比を多くした混合比 0.20 ではほとんどモノマー発光のみが観測された．したがって，混合粉砕物の発光スペクトルにおいては，β-CD の混合割合の増大に伴い，モノマー発光が増大する結果が得られた．

分子モデル上では，モノマー発光が観測される場合には，ピレン 1 分子に対して 1 分子の β-CD が包接しているケース，およびピレン 1 分子が複数の β-CD と包接化合物を生成している場合などが考えられる．そこで，別途調製したピレン-β-CD 包接化合物結晶の包接比を求めたところ 0.46（ピレン/β-CD）であり，1 分子のピレンが 2 分子の β-CD に包接化されていた．この包接化合物結晶ではピレン結晶の発光スペクトルとは明らかに異なり 400 nm 付近にモノマー発光が観察されることは，粉砕操作による包接化合物生成を強く示唆している．さらに 420 nm を測定波長として得られた試料の時間分解蛍光測定を行った．ピレン結晶については蛍光寿命 46.2 ns の成分が相対量子収率 93.0% とほぼ単独で得られ，エキシマー発光の蛍光寿命が 100 ns 以下であるとの報告から，この成分がエキシマー由来と認められた[13]．

一方，混合比 0.20 の混合粉砕物および別途調製した包接化合物結晶では，蛍光寿命が 200 ns 以上の蛍光成分が相対量子収率 90% 以上で得られた．溶液系でのピレンのモノマー発光の蛍光寿命はエキシマー発光よりも長いことが報告されており[14]，この成分はピレンのモノマー状態に由来するものと考えられた．したがって，混合比 0.20 の混合粉砕物および包接化合物中でのピレンの分子状態は類似しており，単分子分散系であることが示された．

2.3 密封加熱法によるシクロデキストリンとゲスト分子との包接化合物生成

CD と薬品の混合物を密封容器内で加熱する密封加熱法により包接化合物が得られることについてはすでに報告している[15-18]．この方法は，昇華性の薬品と CD の混合物を密封液体パン中で示差走査熱量測定（DSC）を行った際に認められた特異な挙動を解明した結果見出された方法で

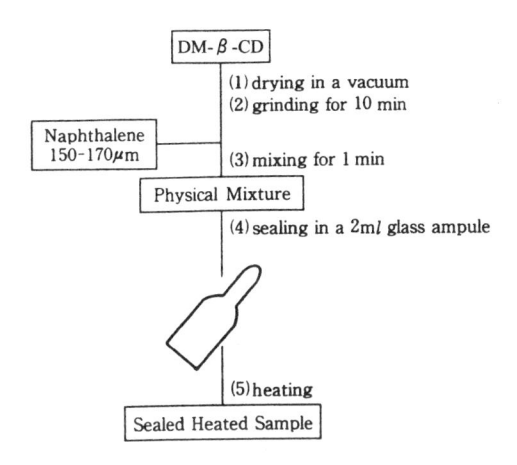

2. シクロデキストリンを用いたナノ粒子製剤の調整

```
        DM-β-CD
           │
           │ (1) drying in a vacuum
           │ (2) grinding for 10 min
Naphthalene│
150-170μm ─┤
           │ (3) mixing for 1 min
    Physical Mixture
           │
           │ (4) sealing in a 2ml glass ampule
           │
           │ (5) heating
   Sealed Heated Sample
```

図 2.4　密封加熱物の調製方法

あり，単一操作でかつ大量調製が可能な手法として興味深い．ここでは，密封加熱法によるジメチルβ-シクロデキストリン（DM-β-CD）とナフタレンとの包接化合物生成について述べる．

図 2.4 は，密封加熱法の調製法を示したものである．DM-β-CD はあらかじめ減圧下 105℃で 6 時間乾燥後，振動ミルで 10 分間粉砕して非晶質化した後に用いた．この非晶質 DM-β-CD と粒度を 150～170μm に揃えたナフタレンとの物理的混合物 300mg を内容量 2mL のガラスアンプル内に密封し，オーブン中で加熱して密封加熱物を調製した．図 2.5 には，ナフタレンと非晶質 DMβ-CD の等モル混合物について，種々の加熱温度で調製した密封加熱物の固体蛍光スペクトルを示した．50℃で加熱した密封加熱物では，物理的混合物と同じ 341nm に発光ピークが観察されたのに対し，60℃および 70℃で加熱した場合は長波長側の 390nm にナフタレンのエキシマー由来の発光ピークが観測された．しかし，加熱温度 90℃で調製した密封加熱物では，390nm 付近の発光ピーク強度が低下し，逆にモノマー発光強度が増大していた．さらに，加熱温度 100℃ および 110℃ではナフタレンはモノマー状態となった．

これら加熱温度を変えて調製した密封加熱物について，示差熱分析を行ったところ，50℃で調

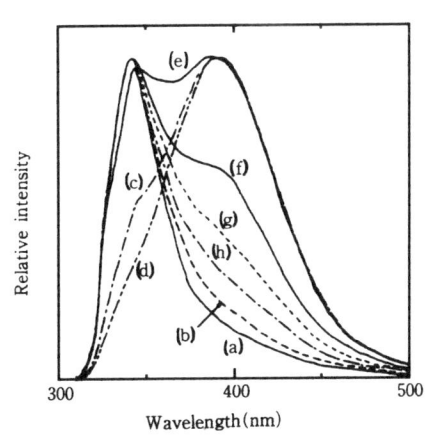

図 2.5　様々な温度条件下で 24 時間密封加熱を行った場合のナフタレンの蛍光発光スペクトル変化（励起波長 256nm）．(a) 物理的混合物，(b) 50℃，(c) 60℃，(d) 70℃，(e) 80℃，(f) 90℃，(g) 100℃，(h) 110℃．

製した密封加熱物では，50℃から130℃にかけてナフタレンの昇華に由来するブロードな吸熱ピークが観察されたが，エキシマー発光を示す60℃および70℃で調製した試料では，オンセット温度100℃に吸熱ピークが観察され，ナフタレンの昇華抑制が認められた．一方，モノマー発光を示す100℃および110℃で調製した試料では，120℃に吸熱ピークが観察され，ナフタレンの昇華抑制が強くなっていた．また，粉末X線回折測定においても，70℃で調製した試料と100℃で調製した試料では，$2\theta = 11°$および17°付近のX線回折パターンが異なっていた．以上のことから，加熱温度の違いにより，ナフタレンの昇華性や粉末X線回折パターンの異なるエキシマー発光およびモノマー発光を示す二つの結晶性複合体が得られることが確認された．

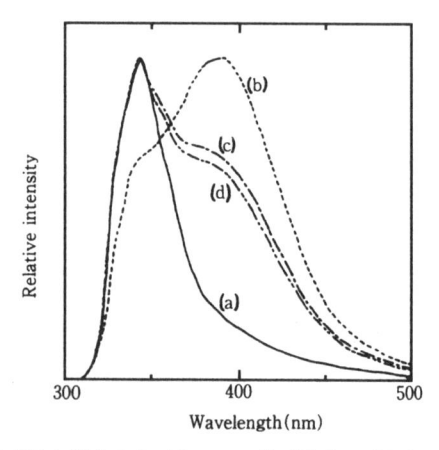

図 2.6 密封加熱時間を変化させた場合のナフタレンの蛍光発光スペクトル変化（DM-β-CDとナフタレンの等モル混合物，励起波長256nm）．(a) 物理的混合物，(b) 15分密封加熱物，(c) 4時間密封加熱物，(d) 24時間密封加熱物．

図2.6に，加熱温度90℃で加熱時間を変えて調製した密封加熱物の固体蛍光スペクトルを示した．90℃で24時間加熱した試料では図2.5に示した結果と同様にモノマー発光が観察されたが，15分間過熱の試料は390 nmにエキシマー由来の発光ピーク極大が観察された．また，このような蛍光発光の変化に伴い粉末X線回折パターンも$2\theta = 11°$および17°付近で異なっていた．これらの結果から，エキシマー発光を示す状態はモノマー発光を示す状態へ移行する際の中間的な状態，すなわち，準安定状態であると推察された．密封加熱物の性質に及ぼす混合モル比の影響について検討するため，ナフタレンと非晶質DM-β-CDのモル比を0.5から2.0までの物理的混合物を調製し，加熱温度を変えて密封加熱物を調製し，固体蛍光スペクトル測定を行った．図 2.7は，341 nmに認められるモノマー由来の発光ピーク強度に対する390 nmに認められるエキシマー由来の発光ピーク強度と，加熱温度との相関をプロットしたものである．いずれの混合モル比においても，最適な加熱温度を選ぶことによりエキシマー発光およびモノマー発光を示す二つの固体複合体が得られることが確認できた．また混合モル比の増加に伴い，より低温側でエキシマーからモノマーへの状態変化が起きていることが明らかとなった．

表2.2に，物理的混合物，エキシマー発光を示す複合体，モノマー発光を示す複合体，および共沈物結晶の性質をまとめて示した．加熱前の物理的混合物では，ナフタレン結晶はDM-β-CD

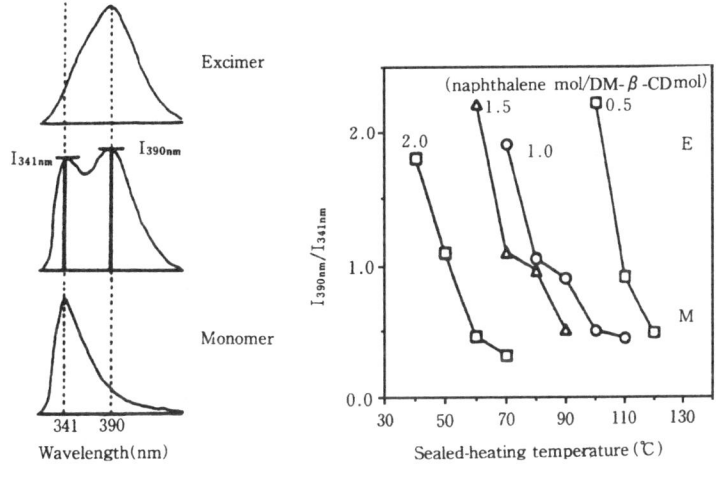

図 2.7 I_{390nm}/I_{341nm}（エキシマー発光強度/モノマー発光強度）への密封加熱温度の影響

表 2.2 DM-β-CD-ナフタレン系における蛍光特性

Sample	Structure	Solid-state Fluorescence (λ max)	Fluorescence Lifetime
Physical Mixture	DM-β-CD / Naphthalene	341nm	(τ monomer) 80ns
Sealed-heating Complex Showing Excimer Emission of Naphthalene	DM-β-CD ... Naphthalene ... DM-β-CD	390nm	(τ excimer) 103ns
Sealed-heating Complex Showing Monomer Emission of Naphthalene	DM-β-CD / Naphthalene	341nm	(τ monomer) 79ns
Coprecipitate	DM-β-CD / Naphthalene	341nm	(τ monomer) 88ns

とともに分散状態にある．しかし，密封加熱物の形成過程においては，ナフタレン分子の昇華，ナフタレン分子のDM-β-CD粒子表面への吸着，複合体形成の過程を経るものの，加熱後比較的早い時間に準安定な包接化合物が形成し，加熱時間が長くなるに従い安定な包接化合物の結晶化が進行し，次第にナフタレン分子間の距離が離れていくものと考えられた．

2.4 シクロデキストリンとの混合粉砕による医薬品ナノ粒子の形成

喘息治療薬として用いられているプランルカスト（PRK）水和物（図2.8）は難水溶性の化合物（25℃での水への溶解度：$1.2\,\mu g\cdot mL^{-1}$）であり，経口投与時の生体吸収性が乏しいため，製剤設計の上で溶解性や吸収性などの改善が望まれている．このような難水溶性化合物の溶解性の改善を目的として，薬品の単独粉砕による薬品粒子の微細化を試みても，凝集などが起こるために数μmレベルの粒子しか得ることはできない．そこで，まず始めにPRKの溶解性改善を目的としてβ-CDとの混合粉砕を行った．β-CDはあらかじめ減圧乾燥処理を行ったβ-CD無水物と，調湿保存したβ-CD・10.5水和物を使用し，β-CDとPRK水和物の混合モル比を1：2，1：1および2：1の条件下，振動ロッドミルで10分間の混合粉砕を行った．

図2.8 プランルカスト（PRK）水和物の構造式

図2.9および図2.10に，10分間混合粉砕を行った試料の粉末X線回折測パターンを示す．図2.9は，β-CDとPRK水和物の混合モル比を2：1として混合粉砕を行った結果であり，PRK結晶は，2θ= 3.3, 9.9, 14.4, 16.6, および 19.9°に特徴的なピークを示す．物理的混合物はPRK結晶とβ-CD無水物，あるいはPRK結晶とβ-CD・10.5水和物のX線回折パターンを重ね合わせたものであり，両者の結晶が単純に混合された状態を表している．10分間粉砕物に関して注目すると，PRK

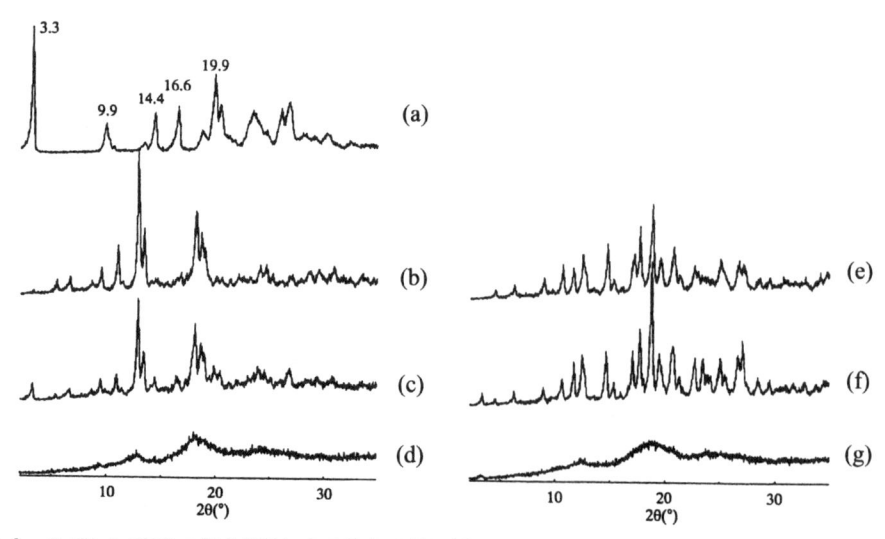

図2.9 β-CD と PRK の混合粉砕による粉末X線回折パターンの変化（β-CD と PRK のモル比 2：1，粉砕時間 10 分）．(a) PRK 結晶，(b) β-CD 無水物，(c) β-CD 無水物と PRK の物理的混合物，(d) β-CD 無水物と PRK の混合粉砕物，(e) β-CD・10.5 水和物，(f) β-CD・10.5 水和物と PRK の物理的混合物，(g) β-CD・10.5 水和物と PRK の混合粉砕物．

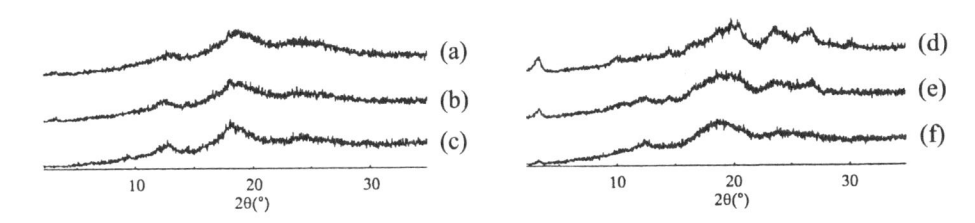

図2.10 β-CDとPRKの混合粉砕による粉末X線回折パターン変化．混合モル比の影響（粉砕時間10分）．β-CD無水物とPRKのモル比；(a) 1:2, (b) 1:1, (c) 2:1, β-CD・10.5水和物とPRKのモル比；(d) 1:2, (e) 1:1, (f) 2:1.

結晶とβ-CD無水物の混合粉砕物はPRK結晶およびβ-CD無水物に特徴的なピークは観察されずハローパターンを示すのに対し，PRK結晶とβ-CD・10.5水和物の混合粉砕物は2θ=3.3°にPRK結晶に由来するピークが認められた．これらの結果は，β-CD無水物との混合粉砕において，PRK結晶はアモルファス状態に変化するのに対し，β-CD・10.5水和物の混合粉砕物中ではPRK結晶が系中に存在することを示唆している．また，図2.10に示すように，混合モル比が1:1あるいは1:2の系においても同様なX線回折パターンが確認され，β-CD・10.5水和物の混合粉砕物中においてのみ，2θ=3.3°にPRK結晶に特徴的なX線回折ピークが認められた．

図2.11には，PRK結晶，β-CD・10.5水和物およびβ-CD無水物との混合粉砕物を水中に分散させたときの状態を示した．PRK結晶は水へのぬれ性や分散性が悪く，β-CD無水物との混合

図2.11 β-CDとPRKの混合粉砕物を水中に分散させた試料の見かけの変化（β-CDとPRKのモル比2:1, 粉砕時間10分）．(a) 超音波処理前，(b) 超音波処理後，(c) (b)のろ液（<0.8μm）．

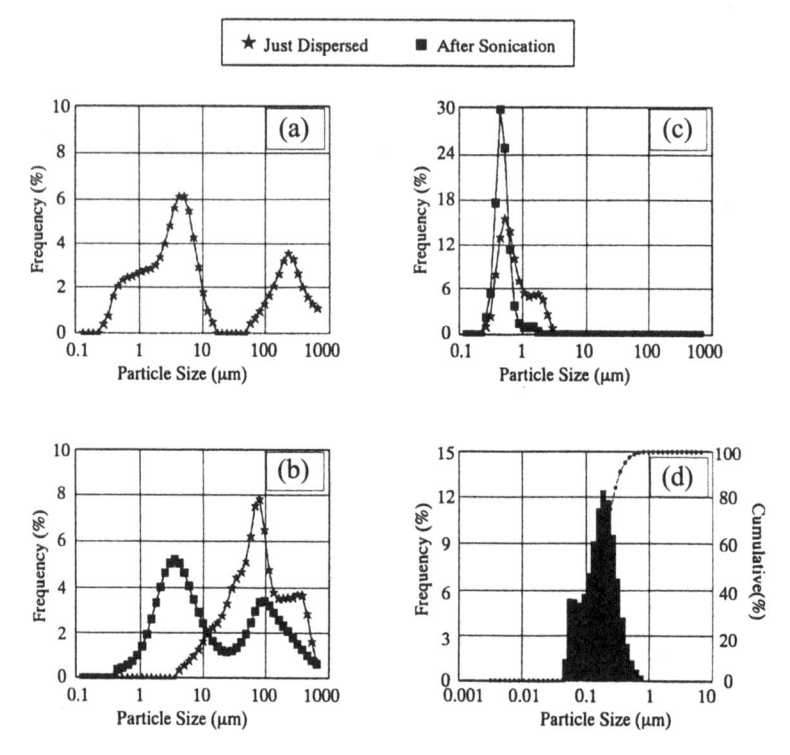

図2.12 懸濁液とろ液中に存在するPRK粒子の粒度分布曲線. (a) PRK懸濁液, (b) β-CD無水物とPRKの混合粉砕物の懸濁液, (c) β-CD・10.5水和物とPRKの混合粉砕物の懸濁液, (d) (c)のろ液(<0.8μm).

粉砕物においても同様の特性が認められた. ところが, β-CD・10.5水和物との混合粉砕物においては, 水へのぬれ性や分散性がPRK結晶に比べ顕著に改善された. また, 分散させた液体を0.8μmのメンブランフィルターでろ過した後の試料は, β-CD・10.5水和物との混合粉砕物においてのみ乳白色の懸濁液の状態であることが観察された. 水中に分散させた液体およびろ過した後の懸濁液中に分散しているPRK粒子の粒子径分布を測定したところ (図2.12), PRK結晶および, β-CD無水物との混合粉砕物の場合には, 1μm以下の粒子はほとんど存在しておらず, 粉砕時に生成した数μmの粒子およびその凝集した粒子と考えられる100μm程度の粒子に由来する二つの分布が観察された.

一方, β-CD・10.5水和物との混合粉砕物においては, 1μm以下の領域にシャープな分布パターンを示し, ろ過後の試料の平均粒子径は約0.2μmであった. したがって, β-CD・10.5水和物との混合粉砕物を水中に分散させたときにのみ, PRKはサブミクロン領域の大きさの粒子, すなわちナノ粒子として系中に存在することが認められた [19,20].

$$\text{Recovery (\%)} = \frac{\text{Amount of PRK fine particles } (< 0.8\,\mu m)}{\text{Total amount of PRK in the suspension}} \times 100 \qquad (2.3)$$

ろ液中に存在するPRK微粒子の定量を行い, CDとの混合粉砕操作を行った試料を, 水中に分散させたときに生成したPRKナノ粒子の割合について検討した. (2.3)式はPRKナノ粒子の生成

2. シクロデキストリンを用いたナノ粒子製剤の調整

表2.3 β-CDとの混合粉砕物から得られるPRK微粒子の割合

	Concentration of PRK Particles (mg・mL^{-1})	Recovery (%)
β-CD·10.5H$_2$O/PRK 2:1 GM	1.52	96
β-CD anhydrate /PRK 2:1 GM	0.022	1.4
Intact PRK	0.0032	0.064

表2.4 β-CD・10.5水和物との混合粉砕物から得られるPRK微粒子形成割合の変化：混合モル比の影響.

Molar Ratio (β-CD:PRK)	Recovery (%)
2:1	96
1:1	86
1:2	47

割合の算出方法であり，0.8μmのフィルターを通過しろ液に分散しているPRK粒子をエタノールに溶解させてUV定量し，分散させた試料中に含まれるPRKの総量で除した値をRecovery（%）と表記した．表2.3に示すように，無水β-CDとの混合粉砕物の場合はPRKナノ粒子の生成はわずか1.4%であるのに対し，β-CD・10.5水和物との混合粉砕物を水中に分散させた場合には，試料中のPRKの96%がナノ粒子化することが明らかとなった．PRKナノ粒子の生成割合は，PRK結晶とβ-CD・10.5水和物の混合モル比を変化させることによっても変化し，β-CD・10.5水和物の混合割合が低くなるほどPRKナノ粒子の生成割合が減少することが認められ，β-CD・10.5水和物とPRK結晶がモル比1：2の系では47%の値を示した（表2.4）．

混合粉砕時間のPRKナノ粒子生成割合への影響を検討するために，β-CD，PRKおよび水分含量13%の系において混合時間の異なる試料を調製したところ（図2.13），1分間粉砕物ではナノ粒子はわずか8%しか生成されないのに対して，3分間粉砕物では90%以上のRecovery値を

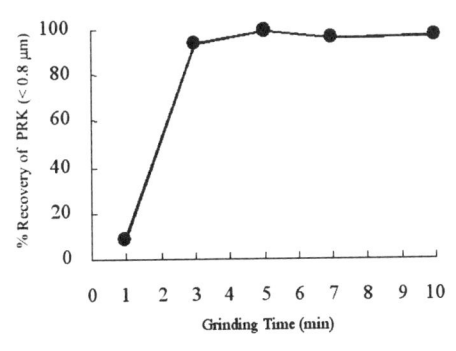

図2.13 PRK微粒子形成への混合粉砕時間の影響（β-CDとPRK結晶のモル比2：1，水分含量13%）

示したことから，混合粉砕時にナノ粒子の生成する状態となるための反応は，振動ロッドミルを用いた場合は3分間程で完了していることが推察された．一般に，混合粉砕時間を過度に延長させると，医薬品の分解などの問題が生じるため，10分間の粉砕時間は PRK ナノ粒子を効率よく生成させるための適度な時間だと考えられる．

図 2.14 は，PRK 結晶および β-CD 無水物の粉末に目的量の水分を添加した後に混合粉砕を行い，系中に存在する初期水分含量をコントロールしたときの，水分含量変化に対する PRK ナノ

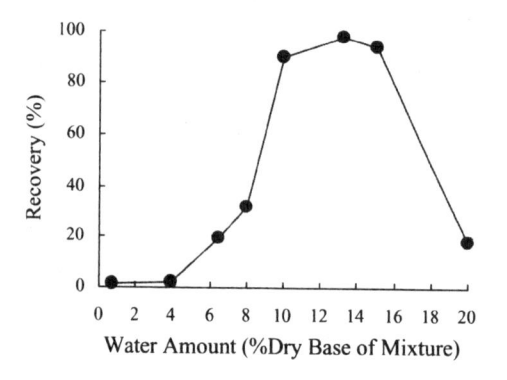

図 2.14 混合粉砕時の水分含量および PRK 微粒子生成割合の関係（β-CD と PRK 結晶のモル比 2:1，粉砕時間 10 分）

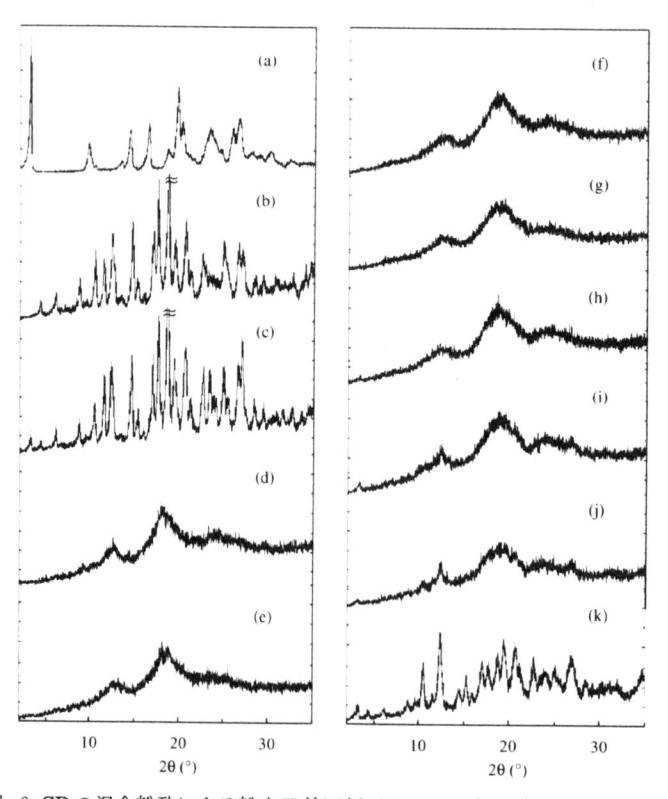

図 2.15 PRK と β-CD の混合粉砕による粉末 X 線回折パターンの変化（β-CD と PRK 結晶のモル比 2:1，粉砕時間 10 分）．(a) PRK 結晶，(b) β-CD・10.5 水和物，(c) 物理的混合物，水分含量の異なる混合粉砕物；(d) 0.75%，(e) 4.0%，(f) 6.5%，(g) 8.0%，(h) 10%，(i) 13%，(j) 15%，(k) 20%．

粒子の生成割合をプロットしたものである．水分含量を0.75%から20%まで変化させたところ，水分含量4～10%においてPRKナノ粒子量は急激に増大し，水分含量が13%のときにほとんどすべてのPRKがナノ粒子として存在することが観察された．ところが，水分含量が13%を超えるとPRKナノ粒子の生成割合の急速な減少が観察された．粉末X線回折測定の結果（図2.15），混合粉砕物は水分含量が少ないときにはアモルファス様のハローパターンを示し，PPKナノ粒子生成量が最も多い水分含量10～15%の試料では，2θ= 3.3°にPRK結晶による小さな回折ピークとアモルファスβ-CD由来のパターンが認められた．一方，ナノ粒子生成量が著しく減少した水分含量が20%の試料では，混合粉砕物は物理的混合物と同じようなX線回折パターンを示した．これは高水分含量の試料では，粉砕中にβ-CDが再結晶化したことを示唆している [21,22]．

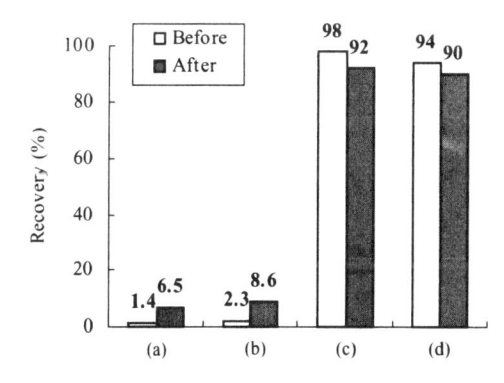

図2.16 PRKとβ-CDの混合粉砕物を40℃，82%RH条件下で5ヶ月間調湿保存した後のPRK微粒子形成割合の変化（β-CDとPRK結晶のモル比2：1，粉砕時間10分）．水分含量の異なる混合粉砕物；(a) 0.75%，(b) 4.0%，(c) 13%，(d) 15%．

PRKとβ-CDの混合粉砕物を保存温度40℃・相対湿度82%で5ヶ月間調湿保存し，生成したナノ粒子が調湿保存によって受ける影響に関して検討した（図2.16）．その結果β-CD無水物との混合粉砕物，水分量4%，13%および15%混合粉砕物のいずれの場合にも，調湿保存前と調湿保存後のRecovery値はほぼ一定の値を示した．この結果は，粉砕後に調湿保存を行っても，試料中のPRKナノ粒子の生成に必要とされる相互作用様式は変化しないことを示唆しており，PRKナノ粒子生成への水分子の働きを考慮したとき，水分子は混合粉砕時のみに必要であり，混合粉砕後の試料には影響を与えないことが考えられた．

表2.5には，PRKとβ-CD水和物の混合粉砕物，および無水β-CDの混合粉砕物を，水分含量を再び変えてさらに粉砕を繰り返したときのPRK生成割合の変化について示した．PRKとβ-CD水和物の混合粉砕物に110℃で3時間減圧乾燥を行ってもPRKナノ粒子化の程度は変化せず

表2.5 種々の処理後の試料からのPRK微粒子形成割合の変化

	β-CD anhydrate/PRK GM (%)	β-CD·10.5H$_2$O/PRK GM (%)
(a) GM after cogrinding for 10 min	1.4	96
(b) After drying at 110 °C for 3 h of samples (a)	4.0	95
After further grinding in high moisture condition (13%) of sample (b)	84	–
After further grinding of sample (b) for 10 min	–	7.0

高い値を示したが，乾燥後に，引き続き 10 分間粉砕したところ，得られた試料は水へのぬれ性や分散性が悪くナノ粒子生成は 7%しか認められなかった．一方，無水 β-CD との混合粉砕物をさらに乾燥してもナノ粒子生成には影響せず低い値を示したが，乾燥後の試料に重量比 15%の水分を加えて再粉砕を行うと，得られた試料は水へのぬれ性や分散性が著しく改善し 80%以上のPRK のナノ粒子化が観察された．したがって，CD との混合粉砕による PRK ナノ粒子の生成反応は，混合粉砕時の水分の存在により可逆的に進行することが認められた．

混合粉砕試料を水中へ分散した後の PRK ナノ粒子の物理的安定性について検討するため，蒸留水，ヒドロキシプロピルメチルセルロース（HPMC）水溶液およびポリビニルピロリドン（PVP）水溶液の 3 種の分散媒を用いて分散し，PRK ナノ粒子の安定性について検討した．図 2.17 は，各分散溶液を 30℃でインキュベートしたときに，インキュベーション時間と PRK ナノ粒子の体積平均粒子径の変化をプロットしたものであり，蒸留水に分散させた場合は数時間のインキュベーションにより体積平均径の顕著な増大が観察された．しかしながら，HPMC あるいは PVP を加えた水溶液へ試料を分散させた場合には，3 日間のインキュベーション後にも体積平均径は分散直後とほとんど変化しておらず，水溶性高分子の添加により生成したナノ粒子の物理化学的安定性の改善が認められた．

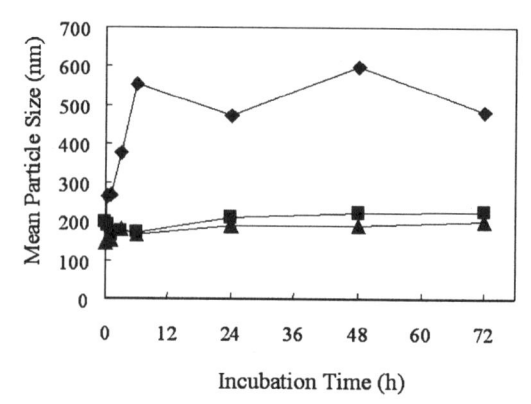

図 2.17 水溶性高分子を添加した 30℃溶液中に PRK と β-CD・10.5 水和物の混合粉砕試料を分散させた後の PRK 平均粒子径の経時変化．（◆）蒸留水，（■）0.1w/w%HPMC 水溶液，（●）0.1w/w%PVP 水溶液．

PRK ナノ粒子の生成反応は，PRK を β-CD とともに混合粉砕したときにのみ特異的に起こり，医薬品添加剤として汎用される D-マンニトール，ラクトースあるいは結晶セルロースなどを添加剤として混合粉砕しても PRK ナノ粒子の生成は認められないことを確認している．そこで，β-CD と空洞径や置換基の異なる種々の CD（α-CD，γ-CD，HP-β-CD，TM-β-CD）を用いて図 2.14 と同様の混合粉砕実験を行った（図 2.18）．その結果，空洞径のことなる α-CD，β-CD およびγ-CD のすべての系において，高い収率で PRK ナノ粒子が得られることが認められた．水分含量に対するナノ粒子の生成割合の変化も β-CD 系と同様の結果が得られ，水分量の増大に伴う PRK ナノ粒子生成量の増大，および過剰水分量での PRK ナノ粒子生成量の急激な減少が認められた．一方，置換基の異なる HP-β-CD や TM-β-CD を用いた場合には，β-CD と比べて PRK

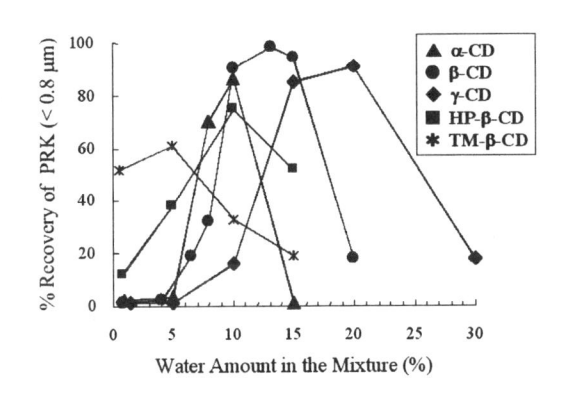

2. シクロデキストリンを用いたナノ粒子製剤の調整　177

図2.18　種々のCDとの混合粉砕物を水中に分散させたときのPRK微粒子生成割合の変化（CDとPRK結晶のモル比2：1，粉砕時間10分）．

ナノ粒子生成量の最大値は減少したものの，水分量とPRKナノ粒子生成量の相関は他の系と同様の結果を示した．

置換基の異なるHP-β-CDやTM-β-CDにおいてPRKナノ粒子の最大生成量が減少した要因は現在考察中であるが，今回用いたいずれのCDにおいてもPRKナノ粒子が生成しており，PRKと混合粉砕した試料を水中に分散させたときにナノ粒子を生成する事象は，CDに特異な現象であることが強く支持された．また図2.18の結果からも，PRKナノ粒子生成が効率よく起こるためには，混合粉砕時の水分量に至適範囲があることが支持され，混合粉砕物中の水分子の存在がナノ粒子生成に重要な役割を担っていることが示唆された[21,22]．

筆者らは，ナノ粒子生成のメカニズムについて図2.19のように推察している．PRK単独粉砕中では薬品粒子は最小でも数μmまでしか微細化せず，ナノサイズの粒子は生成されない．一方，CD類と最適な水分含量条件下で混合粉砕すると，粉砕でナノサイズになった薬品粒子に水分子の働きによってCD分子がPRKナノ粒子の表面と相互作用し，さらにCD分子同士が何らかのネットワーク構造をつくり，そのためにPRKナノ粒子はアモルファスCDのマトリックス中に

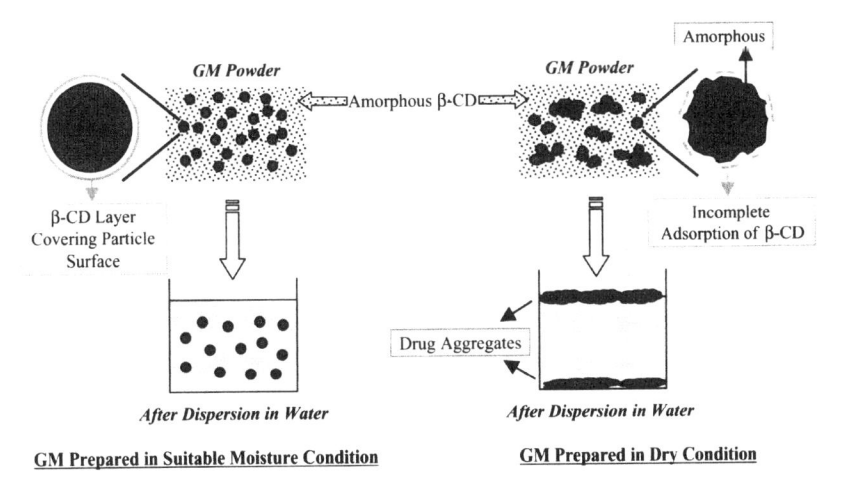

図2.19　微粒子生成メカニズムの考察

分散することによって凝集が抑制されるのではないかと考えている．また，CD 類と最適な水分含量条件下で調製した混合粉砕試料を水中に分散させたときには，CD が水に溶解して PRK ナノ粒子が放出され，溶解した CD はナノ粒子表面に吸着して凝集を抑制し，PRK ナノ粒子を水中に安定に分散させたものと考えた．この PRK ナノ粒子の水中での安定性は水溶性高分子などの添加により改善されることも示された．一方，水分を含まない CD との混合粉砕物においては，CD 分子が薬品粒子表面に吸着できないために，CD と薬品間に生じる相互作用および CD によるネットワーク構造が生成し得ないと考えた．水分含量が低いときの CD との混合粉砕物中では，薬品単独の粉砕と同様に凝集によって数 μm の粒子しか形成されず，この試料を水に分散させたときには，さらなる凝集が起こることにより数十 μm の粒子が主に形成されると推察した[23]．

2.5 おわりに

現在のところ，CD と医薬品との相互作用様式は明らかとなっておらず，CD と PRK 微粒子の結晶表面の分子との包接化合物形成の有無，CD によるネットワーク構造が存在するのか，また存在したときにはどのような構造を取るのかなどに関して精査している．さらに，ナノ製剤化を試みるためには，水中に分散させた際に生じる医薬品ナノ粒子を長期間安定化させることなども要求されるため，水中での医薬品 - CD 間もしくは CD - CD 間の相互作用様式の解明にも取り組んでいる．

参考文献

1) E. Reverchon, *J. Supercrit. Fluids*, **15**, 1-21 (1999).
2) P. York, U.B. Kompella, and B.Y. Shekunov, Supercritical Fluid Technology For Drug Product Development, Marcel Dekker, New York (2004).
3) P. York, *Pharm. Sci. & Tech. Today,* **2**, 430-440 (1999).
4) G.S. Kwon and T. Okano, *Adv. Drug Deliv. Rev.,* 107-116 (1996).
5) S.A. Agnihotri, N.N. Mallikarjuna, and T.M. Aminabhavi, *J. Control. Release*, **100**, 5-28 (2004).
6) C.C. Müller-Goymann, *Euro. J. Pharm. Biopharm.,* **58**, 343-356 (2004).
7) D. Wistuba and V. Schurig, *J. Chromatogr. A*, **875**, 255-276 (2000).
8) T. Irie and K. Uekama, *Adv. Drug Deliv. Rev.,* **36**, 101-123 (1999).
9) F. Hirayama and K. Uekama, *Adv. Drug Deliv. Rev.,* **36**, 125-141 (1999).
10) K. Yamamoto, T. Oguchi, E. Yonemochi, T. Matsumura, and Y. Nakai, *Pharm. Res.*, **11**, 331-336 (1994).
11) 山本恵司，斉藤克也，川島弘行，米持悦生，小口敏夫，仲井由宣，*日化誌*, 1141-1147 (1993).
12) 山本恵司，*粉体と工業*, **27**, 29-35 (1995).
13) Y. Tozuka, E. Yonemochi, T. Oguchi, and K. Yamamoto, *J. Colloid Interface Sci.,* **205**, 510 (1998).
14) W. Xu, J.N. Demas, B.A. DeGraff, and M. Whaley, *J. Phys. Chem.,* **97**, 6546 (1993).
15) H. Kawashima, E. Yonemochi, T. Oguchi, and K. Yamamoto, *Chem. Pharm. Bull.,* **42**, 727-729

(1994).

16) H. Kawashima, E. Yonemochi, T. Oguchi, and K. Yamamoto, *J. Chem. Soc. Faraday Trans.*, **90**, 3117-3119 (1994).

17) D. Watanabe, M. Ohta, Z. J. Yang, E. Yonemochi, T. Oguchi, and K. Yamamoto, *Chem. Pharm. Bull.*, **44**, 833-836 (1996).

18) H. Kawashima, E. Yonemochi, T. Oguchi, and K. Yamamoto, *J. Soc. Powder Tech. Jpn.*, **35**, 353-359 (1998).

19) 戸塚裕一, A. Wongmekiat, 小口敏夫, 山本恵司, 第19回シクロデキストリンシンポジウム講演要旨集, 38 (2001).

20) A. Wongmekiat, Y. Tozuka, T. Oguchi, and K. Yamamoto, *Pharm. Res.*, **19**, 1869-1874 (2002).

21) A. Wongmekiat, 戸塚裕一, 小口敏夫, 山本恵司, 第20回シクロデキストリンシンポジウム講演要旨集, 2 (2002).

22) Y. Tozuka, A. Wongmekiat, K. Sakata, K. Moribe, T. Oguchi, and K. Yamamoto, *J. Incl. Phenom. Macrocyc. Chem.*, **50**, 67-71(2004).

23) A. Wongmekiat, Y. Tozuka, T. Oguchi, and K. Yamamoto, *Int. J. Pharm.*, **265**, 85-93 (2003).

3

Current Applications of Cyclodextrins in Pharmaceutical Products in the EU and US

Cyclodextrins (CDs) have been used for multiple purposes, *e.g.* as complexing agents to improve aqueous solubility of poorly water-soluble drugs, and to increase bioavailability and stability of pharmaceuticals. Current applications of CDs for drugs and drug candidates are reviewed as is their future in formulation development.

3.1 Introduction

In pharmaceutical applications, CDs have mainly been used as functional excipients that interact with drugs *via* dynamic complex formation resulting in a number of beneficial pharmaceutical effects, such as an increase in the aqueous solubility of poorly water soluble drugs with consequent improvements in bioavailability and stability. In addition, CDs can be used to reduce or prevent gastrointestinal or ocular irritation, reduce or eliminate unpleasant smells or tastes, prevent drug-drug or drug-additive interactions, or to convert oils and liquid drugs into solids and free-flowing powders.

The recent introduction of high throughput technology in the medicinal chemistry and drug discovery has resulted in more lipophilic, more hydrophobic, and more poorly water-soluble new drug candidates. Therefore, formulation development platforms, in particular drug solubilization and delivery technology, will continue to be the subject of active research and development for the foreseeable future.

For a drug to be orally available, the compound must dissolve and be absorbed through the gut to generate adequate drug levels at the pharmacologically active site. FDA and other drug regulatory organization have defined a Biopharmaceutical Classification System (BCS) in which drugs are classified into 4 types based on their solubility and permeability characteristics. For BCS Class 2 compounds in particular, CDs can be an important enabling technology. By increasing the apparent water-solubility of a drug candidate through its formulation, a Class 2 compounds can be made to behave like a Class 1 compound resulting in improved oral bioavailability [1]. The natural CDs, in particular β-CD, have limited aqueous solubility and their complex formation with lipophilic drugs often results in precipitation of solid drug-CD complexes. In addition, parenteral use of β-CD is contraindicated due to nephrotoxicity, an untoward effect related to its limited water solubility. As a result, various cyclodextrin derivatives have been assessed to extend physicochemical, biological, and inclusion capabilities of CDs as multifunctional drug carrier. Among the chemically modified CDs, 2-hydroxypropyl-β-cyclodextrin (HP-β-CD) and sulfobutylether-β-cyclodextrin (SBE-β-CD) have been recognized, as the preferred carrier for solubilization and stabilization of highly hydrophobic drugs in parenteral preparation, because of their improved safety profiles[2]. About 30 different CDs-based pharmaceutical products have been marketed worldwide. These have been associated with small molecular weight drugs. As an exciting future application, CDs are also investigated in the area of formulation improvements or drug delivery with protein, peptide and oligonucleotide dosage forms [3]. The regulatory status of CDs is evolving. The most common natural CDs are compendial in the USP, EP and JPE. HP-β-CD has recently appeared in the EP and will issue in the USP in the near future.

In this presentation, our achievements on the development of itraconazole (Sporanox®) through the use of CDs are presented. Moreover, current developments of other compounds are reviewed to address future aspect of pharmaceutical development.

3.2 Pharmaceutical products

Reviewing current marketed products, Itraconazole (Sporanox®) was the first approved orally bioavailable drug with significant clinical activity against both *candidiasis* and *Aspergillus spp.*, the two most common human fungal pathogens. An oral solid dosage form was developed using solid solution technology wherein the drug and polymeric carrier were sprayed on the sugar sphere forming an amorphous thin film. In order to develop an ideal treatment for systemic fungal infections for a wide patient population, a parenteral formulation was considered to be the most useful dosage form although the development was complicated by itraconazole's challenging set of physicochemical properties which include a pKa of 4, a log P > 5, and aqueous solubility at neutral pH estimated at 1 μg·mL^{-1}. We have succeeded in preparing *i.v.* and oral solutions, containing 10 mg·mL^{-1} itraconazole, by using HP-β-CD. The use of HP-β-CD resulted in an increase in apparent solubility of 5-6 orders of magnitude. Data on the solubility and the complexation of itraconazole will be discussed in detail [4].

3.3 Development aspect and future

The applications of CDs to candidate compounds in various therapeutic classes are reviewed and current development on some compounds are discussed.

3.3.1 Parenteral dosage form of flunarizine

To develop a parenteral dosage form for flunarizine, a useful calcium channel blocker, an extended solubility study was carried out using α-CD, β-CD, HP-β-CD, methylhydroxypropyl-β-cyclodextrin(MHP-β-CD), methylhydroxyethyl-β-cyclodextrin (MHE-β-CD), dimethyl-β-cyclodextrin (DM-β-CD) and SBE-β-CD. Flunarizine is a poorly water-soluble base with pKa of 7.7 and a log P of 5.6. The aqueous solubility is pH dependent but is <10 μg·mL^{-1} at neutral pH. All CDs resulted in an increase in the apparent solubility of flunarizine with most phase-solubility relationships being curvilinear. We developed a parenteral formulation of a 25 mg flunarizine using 500 mg of HP-β-CD. The formulation was successfully used in clinical trials designed to assess the utility of flunarizine as a modality in stroke and neuroprotection.

3.3.2 Parenteral dosage form of lubeluzole

Parenteral dosage forms of lubeluzole (Prosynap®) were assessed using a number of β-CD derivatives. Lubeluzole is a nitric oxide synthase (NOS) inhibitor that has shown promise for the treatment of stroke and other neurotraumas. Preclinical studies showed significant efficacy, and hence the clinical studies for this compound required the development of a useful parenteral (*i.v.*) formulation. Lubeluzole is basic (pKa= 7.6), lipophilic (log P= 4.88) and poorly water-soluble (~9 µg·mL^{-1}). Conventional aqueous solution with pH control was possible for a dosage form containing up to 0.5 mg·mL^{-1}. A number of β-CD derivatives were screened to assess complexation ability and to optimize the formulation. HP-β-CD increased the solubility of lubeluzole in a curvilinear manner (A$_P$-type) such that a 10 % w/v solution gave a solubility of almost 4 mg·mL^{-1}, while a 20 % w/v HP-β-CD solution solubilized the drug to the level of > 10 mg·mL^{-1}. Deconvolution of the phase-solubility relationship suggested a $K_{1:1}$ of 14000 M^{-1} and a $K_{1:2}$ of 58 M^{-1}. SBE-β-CD also improved drug solubility but to a lesser extent. Based on the better complexation and lower molecular weight, HP-β-CD was approximately 3-fold more efficient as a solubilizer for this drug than was the SBE-β-CD.

3.3.3 Liquid dosage form of loviride

Liquid dosage forms of the anti-HIV drug candidate, loviride, were assessed using a number of β- and γ-CD derivatives. Loviride is a potent non-nucleoside reverse transcriptase inhibitor with an IC50 value of 9 nM against HIV-1 and a cytotoxic potential (CC50) of > 350 µM (MT-4 cells) giving an *in vitro* therapeutic index of > 39,000. This makes this anti-AIDS candidate an attractive target for the development. Loviride is, however, very poorly soluble (≪ 0.1 µg·mL^{-1}) in water, has a log P of 3.2, a pKa < 3 and a melting point of 225 °C. Phase solubility analysis was completed and solubility improvements could be ranked on molar basis as follows: γ-CD > HP-γ-CD > HP-β-CD ~ SBE-β-CD. Analysis of the phase-solubility isotherms for the γ-CD and HP-γ-CD gave A$_L$-type profiles with $K_{1:1}$ value of 329 M^{-1} (γ-CD) and 244 M^{-1} (HP-γ-CD). Data suggested that the shape of the loviride molecule is best suited for the large cavity afforded by the γ-cyclodextrin systems. At pH7, a 10% w/v solution of γ-CD and HP-γ-CD gave solubilities of 16 µg·mL^{-1} (an improvement of 27-fold) and 10 µg·mL^{-1} (an improvement of 17-fold) respectively.

3.3.4 Rectal delivery of poorly water-soluble drugs

Rectal delivery of poorly water-soluble drugs was assessed using CD-containing suppositories. A gastroprokinetic model compound was selected. The compound is poorly water-soluble and weakly basic with an aqueous solubility at neutral pH of < 10 µg·mL^{-1}. Phase-solubility analysis indicated an increase in apparent solubility of 35-fold in 10 % w/v of HP-β-CD. Human clinical trials comparing a CD-based suppository with a PEG-based formulation demonstrated a shorter T_{max} (2.7 *vs* 8 h), higher C_{max} (51.1 *vs* 43.4 ng·mL^{-1}) and a less variable AUC (RSD of 13 % *vs* 62 %). The trial also demonstrated good pharmacological activity of the prokinetic agent.

3.3.5 Glass Thermoplastic System formulation

Another interesting application of CDs is in complex oral solid dosage forms. Using a

Glass Thermoplastic System (GTS) formulation, we were able to obtain good bioavailability of compounds like R103757 [1], R101933 [2] and R115866 [3]. The development of oral use was complicated by a set of challenging physicochemical properties including a low pKa (4.1 [1], 8.1 and 3.5 [2], 3.2 [3]), a high log P (> 5 [1,2], 5.3 [3]) and very poor aqueous solubility (< 0.5 μg·mL^{-1} [1], < 0.1 μg·mL^{-1} [2]), < 0.5 μg·mL^{-1} [3] at pH above [5]. GTS formulations based on citric acid, HPMC and HP-β-CD with the active compound were prepared as oral solid dosage forms. Clinical trials of each GTS formulation in human volunteers indicated significant enhancement in the oral bioavailability after a standard breakfast, C_{max} increased and T_{max} was reduced relative to other conventional oral solid formulations.

3.3.6 Semi-solid formulation of itraconazole

A vaginal cream formulation of itraconazole was assessed based on HP-β-CD formulation to generate a mucoadhesive system in the presence of other ingredients. Clinical trials indicated that application of 5 g of a 2 % cream was very well tolerated and that itraconazole was not systemically absorbed. Additional studies in patients found that itraconazole cream was highly effective in reducing or eliminating fungal cultures with few adverse effects. Data indicated that an HP-β-CD-based, emulsified wax cream formulation was a useful and effective dosage from for treating vaginal candidiasis [5].

3.3.7 Parenteral formulation of miconazole

A new parenteral formulation of miconazole was recently suggested. Different authors have demonstrated the inclusion of miconazole in the central CD cavity, both in the neutral and in the ionized form. A marketed micellar solution containing polyoxyl-35 castor oil (Daktarin®) was compared with two solutions both containing 50 mM lactic acid and a cyclodextrin derivatives (100 mM HP-β-CD or 50 mM SBE-β-CD). It was demonstrated that these CDs have no effect on the pharmacokinetics of miconazole in comparison with the micellar solution. The plasma concentration time curves demonstrated that there is no significant difference between the three solutions. The parenteral administration of miconazole (Daktarin®) was associated with toxic effects associated with Polyoxy-35 caster oil. An alternative parenteral formulation based on the improved safety associated with using CDs will make possible the parenteral use of miconazole [6].

3.4 Conclusion

CDs, including both the parent molecules as well as their chemically substituted derivatives, are useful tools in the hands of a skilled pharmaceutical scientist. The cases discussed in this presentation indicate that difficult-to-formulate compounds can benefit from the use of the CDs for oral and parenteral formulation. As new drugs tend to have high molecular weights, high lipophilicity and low aqueous solubility, the importance of the use of CDs in formulation development is expected to increase in the future.

References

1) M.E. Davis, M.E. Brewster, *Nature Reviews Drug Discovery* (2004) in press.

2) T. Irie, K. Uekama, *J. Pharm. Sci.,* **86**, 147-162 (1997).
3) E. Redenti, C. Pietra, A. Gerloczy, and L. Szente, *Adv. Drug Deliv. Res.,* **53**, 235-244 (2001).
4) J. Peeters, P. Neeskens, J.P.Tollenaere, P. Van Remoortere, and M.E. Brewster, *J. Pharm. Sci.,* **91**, 1414-1422 (2002).
5) M. Francois, E. Snoeckx, P. Putteman, F. Wouters, E.D. Proost, U. Delaet, J. Peeters, and M. E. Brewster, *AAPS Pharm. Sci.,* **5**, 50-54 (2003).
6) G. Piel, B. Evrard, T. Van Hees, and L. Delattre, *Int. J. Pharmaceut.,* **180**, 41-45 (1999).

4

Recent Approval Situation of Sulfobuthylether β-Cyclodextrine in Pharmaceutical Formulation

4.1 はじめに

スルホブチルエーテル β-シクロデキストリン（図 4.1, SBE7-β-CD；Captisol®）は，非経口用製剤素材として合理的な設計論理に基づいて開発された CD 誘導体であり，優れた可溶化能と安全性を有するため，実際製剤への応用が期待されてきた．2000 年には Captisol® を可溶化剤に用いた最初の製剤がヨーロッパで承認され，現在は米国および欧州市場において 2 種類の医薬品が上市されている．2005 年春には日本においても初の Captisol® 含有製剤となるブイフェンド®200mg 静注用の製造販売が承認されている．これを契機に，さらなる CD 類の医薬品への応用が推進されることを期待するとともに，本章では Captisol® の研究開発の歴史と米国および欧州市場での現在の承認状況を紹介する．

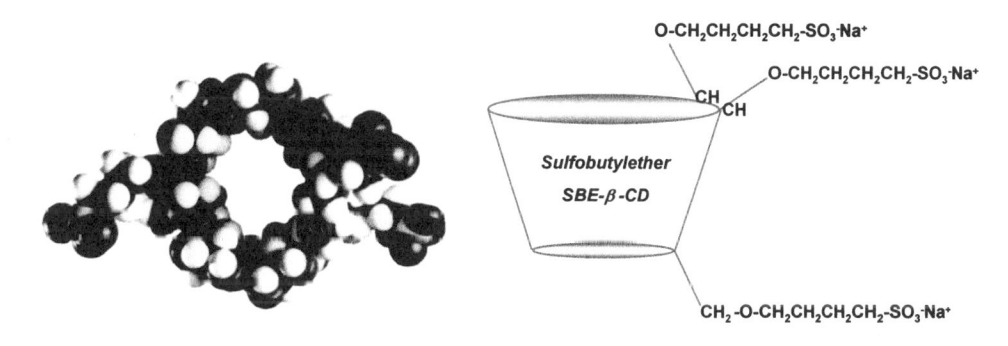

図 4.1 Captisol® の構造

4.2 Captisol® 開発の歴史

1975 年，"Father of Physical Pharmacy" と呼ばれる T. Higuchi とその門下生達によって薬物送達システム（Drug Delivery System：DDS）研究の先駆者として活躍していたカンザス大学において，非経口薬物送達を目的とした CD 誘導体の構築が始められた．非経口用製剤素材としての CD に必要とされるものは，①腎安全性，②薬理活性の欠如，③化学的・代謝的安定性，および ④天然 CD と同等あるいはそれ以上の包接能力である．

静脈内投与されたβ-CDは腎臓の近位尿細管で再吸収されるため，尿細管細胞内に蓄積され腎障害を惹起することが知られている[1,2]．そのため，非経口投与用のCD誘導体は，高水溶性であり，かつ速やかに血中から消失し尿中に排泄されるような性質を有し，腎臓に障害を及ぼさないことが第一に求められる．このことを基盤に，非経口用製剤素材として利用できる新規CD誘導体を構築するためβ-CDの化学修飾が始められたのである．尿中排泄プロファイルをもとに，血漿中から尿中への移行率が高い硫酸イオンに着目し，数種の硫酸イオンが導入されたCDに関して検討が行われた．CDの水酸基に硫酸基を導入した硫酸エステル化CD（図4.2(A)）は代謝的に不安定であり，薬理活性を示し，また，その空洞周辺に密に配向した硫酸基が電気的・立体的な障害となるために包接能力が低いことが知られている[3]．そこで，一級水酸基にスルホン酸基を導入したスルホン化CD（図4.2(B)）を合成し評価した．スルホン化CDは，代謝的に安定であり，薬理活性も示さないことが確認されたが，包接能力が低かった．そこで包接能の向上を企図して，鎖長の異なるアルキル鎖（スペーサー）を介してスルホン基をCDにエーテル結合させた各種スルホアルキルエーテルCD（図4.2(C)）を開発した．1990年にはV.J. StellaおよびR.A. Rajewskiらによるスルホアルキルエーテル CDに関する第一報目の特許が申請され，現在に至るまでそれらの製剤処方中における有用性に関して報告が続けられている．

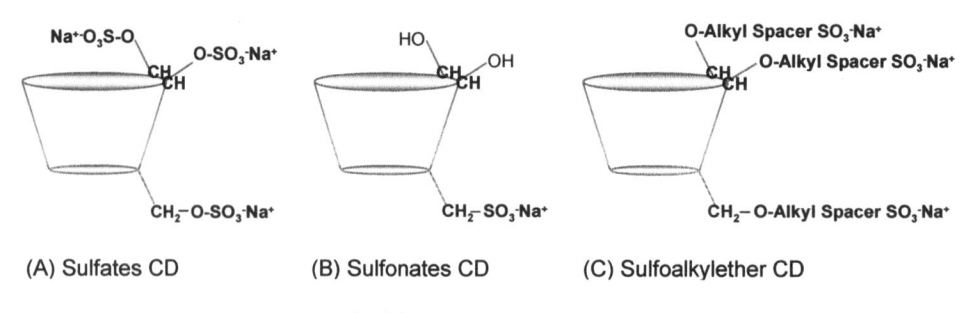

(A) Sulfates CD　　(B) Sulfonates CD　　(C) Sulfoalkylether CD

図4.2　各種陰イオン性CDとその構造式

1990年から1993年の間には，カンザス大学Higuchi Biosciences CenterのCDDR（Center for Drug Delivery Research）の研究者らにより，多数のスルホアルキルエーテルCD類が評価された．中でも，スルホブチルエーテルβ-CDのナトリウム塩（Captisol®）は置換度に依存せず高水溶性（> 50 g·100 mL^{-1}）で生体適合性に優れることから，非経口用製剤素材としての有用性に高い期待がもたれた．Captisol®はスルホブチル基が1～10個導入されたβ-CD誘導体（SBE1-β-CD ～ SBE10-β-CD）の混合物であり（図4.3）[4]，平均置換度は約7である．1分子中には平均で約7個のナトリウムイオンを有する．その水溶性は80%w/v以上であり，天然CD類に比べて極めて高い．また，薬物との溶解度相図はCaptisol®添加濃度の増加に伴い薬物の溶解度が増加するA型相図を示し，優れた可溶化能を有している．さらに，その包接能力に関しても，β-CDと同等かそれ以上の効果を示すことが報告されている[5]．静脈内投与後の安全性もβ-CDに比べてはるかに優れた値を示す．

たとえば，ラットにおける検討では，β-CD単回投与時の50%致死率（LD$_{50}$）が788 mg·kg^{-1}であるのに対して，Captisol®は1日当たり15000 mg·kg^{-1}で14日間連続投与しても死亡例は

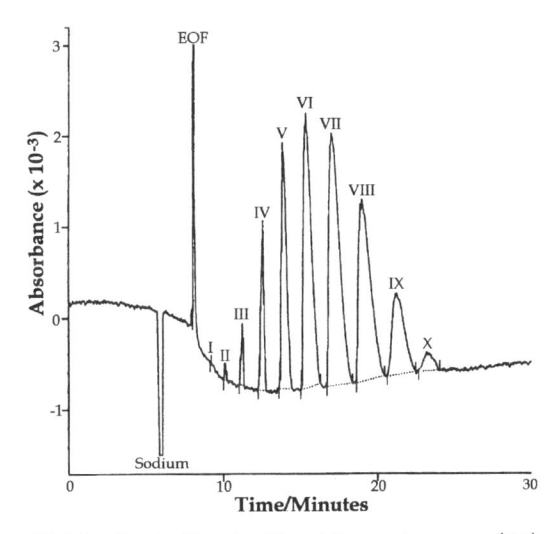

4. Recent Approval Situation of Sulfobuthylether β-Cyclodextrine in Pharmaceutical Formulation   **189**

図 4.3　Captisol® の Capillary Electropherogram(CE)

認められなかった．また，尿細管細胞の組織学的検討では Captisol® による空胞化が認められたが，同様の現象がマンニトールでも起こることが知られている [6,7]．この空胞化は細胞外液に高濃度の浸透圧発生物質が存在するときに生じる細胞順応の結果であり，可逆的に回復し腎機能に影響を与えないことが確かめられている．

4.3　米国および欧州市場での Captisol® 含有製剤

　Captisol® の商品化は CyDex 社により始められた．1993 年に設立された CyDex 社は，同年にカンザス大学から β-CD のスルホブチルエーテル誘導体に関する独占実施権を取得し，Captisol® の使用に関して他機関へライセンスを与える権利を有している．また，CyDex 社は Captisol® の最初の特許使用権取得者である Pfizer 社と共同して，注射用 Captisol® に関する安全性を評価し，GMP に基づいた製造プロセスを開発した．なお，この安全性データおよび製造プロセスは，両社で共同所有している．2000 年に Pfizer 社は，Captisol® の最初の実用化の例である抗精神分裂病薬メシル酸ジプラシドン製剤の市販許可をスウェーデンから得た．このメシル酸ジプラシドン製剤は，現在，ヨーロッパ（Zeldox IM, 2000 年）と米国（Geodon IM, 2002 年）で承認されている．一方，FDA（米国食品医薬品局）による Captisol® 含有製剤の承認第一号は，2002 年に認可を受けた抗真菌薬ボリコナゾールの静脈内注射剤（Vfend IV, Pfizer 社）である．さらに，Vfend IV は同年にヨーロッパでも承認されている．このように，Captisol® を含む製剤として，現在，2 種類の医薬品が上市されている．これらの医薬品における有効成分は Captisol® との複合体ではなく，単独のボリコナゾールやメシル酸ジプラシドンであり，Captisol® は可溶化剤として承認されている．

　ここで，両医薬品の主成分に及ぼす Captisol® の影響について簡単に述べる．まず，Vfend IV の主成分であるボリコナゾールの溶解度は 0.2 mg・mL^{-1} であるが，注射剤としての利用には 50

倍以上の濃度が必要であった．しかしながら，油脂，界面活性剤および水混和性溶媒などの一般的な製剤素材では目的濃度（10 mg·mL^{-1}）が得られなかったことから，高い可溶化能を有するCaptisol® に期待が寄せられた．その結果，15% Captisol®はボリコナゾール10 mg·mL^{-1}を可溶化したことに加え，溶液のpHも改善した（表4.1）．ボリコナゾール水溶液のpHは3であるが，Captisol®存在下ではpHが6～7へと変化したのである．同様に，Geodon IMでは，主成分であるメシル酸ジプラシドン20 mg·mL^{-1}の可溶化に30% Captisol® が使用されている．メシル酸ジプラシドンの溶解度は，40% Captisol® を用いることで約50倍も改善され，注射剤としての目的濃度（20～40 mg·mL^{-1}）にも十分到達している（表4.2）[8]．

表4.1 ボリコナゾールの溶解度に及ぼす15%Captisol®の影響とpH変化

	Solubility (mg·mL^{-1})	pH
Water	0.2	3
15% Captisol	10.0	6-7

表4.2 ジプラシドンの溶解度に及ぼす40%Captisol®の影響

So Free Base = 0.3 μg·mL^{-1}
Apparent pKa = 6.5

Salt Forms	Solubility (mg free base·mL^{-1})	
	Water	40% Captisol
Tartrate	0.2	26.4
Esylate	0.5	16.3
Mesylate	0.9	44.0

現在，Captisol®は，CyDex 社が独自に確立した製造および品質管理システムにより，年間最大量として60トン以上の製造が可能である．非経口投与用のCaptisol®は静脈内投与時の安全性面を考慮して，天然β-CDの含有量が0.2%以下（標準含量0.05%以下）を基準として製造されている．β-CDの含有量を低くするために，スルホブチル基が低置換度で導入されたCD

（SBE1-β-CDおよびSBE2-β-CD）の含有量も低下しているが，低置換度のCD誘導体自体は安全性に問題はない．Captisol® の安全性に関しては，注射用に加え，経口用および吸入用に関しても，新有効成分含有医薬品に関するICH（日・米・EU医薬品規制調和国際会議）のガイドラインに基づいた一般的な薬理試験，薬物動態学的試験，遺伝毒性試験を行っている．なお，Captisol® 含有製剤のための安全性およびCMC（Chemistry Manufacturing and Control）データは，FDAのDMF（Drug Master File）Type 5 に収載されており（図4.4），製薬会社は承認申請の際には随時引用できる．また，このデータはヨーロッパや日本の規制当局への提出に使用できる．今後CyDex社は，米国薬局方へCaptisol®のモノグラフを提出する予定である．

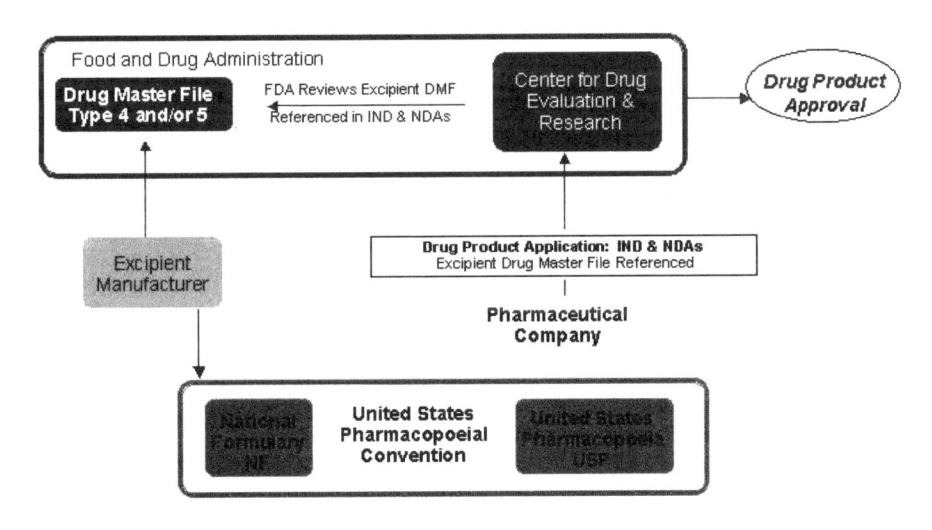

図4.4　FDAによる医薬品の承認申請に用いられる製剤添加物のデータの保管

4.4　おわりに

2004年12月には，すでに17種のCaptisol®含有製剤が治験を申請し，いずれもFDAのCenter for Drug Evaluationにおいて順調に審査を受けている．剤形も様々で，非経口用，経口用，点眼用および吸入剤の多数の製剤が臨床試験中である．1993年以降，日本では15社以上の製薬会社が医薬品の開発研究にCaptisol®を使用している．中でも，第一製薬株式会社，大正製薬株式会社および第一サントリーファーマ株式会社の3社は，Captisol® のライセンスを有してCaptisol® 含有製剤の臨床試験を進めている．また，新たな展開としてCaptisol®はバイオテクノロジーの分野でも着目され，その有効利用が期待されている．今後，さらにCaptisol®を含むCDに関する研究開発が進展し，医薬品の分野でもCDを利用した優れた製剤が開発されるとともに，様々な分野でCDの利用が活発に展開されることを願うものである．

参考文献

1) D. W. Frank, J.E. Gray, and R.N. Weaver, *Am. J. Pathol*, **83**, 367-382 (1976).
2) Y. Hiasa M. Oshima, Y. Kitahori, T. Yuasa, T. Fujita, C. Iwata, A. Miyashiro, and N. Konishi, *J. Nara Med. Ass.*, **32**, 316-326 (1981).
3) L. Berger and L. Lee, US patent 2,923,704 (1960).; *Chem.Abstr.*, **54**, 14145 (1960).
4) R.J. Tait, D.J. Skanchy, D.P. Thompson, N.C. Chetwyn, D.A. Dunshee, R.A. Rajewski, V.J. Stella, and J.F. Stobaugh, *J. Pharm. Biomed. Anal.*, **10** (9), 615-622 (1992).
5) H. Ueda, D. Ou, T. Endo, H. Nagase, K. Tomono, and T. Nagai, *Drug Dev. Ind. Pharm.*, **24**, 863-867 (1998).
6) A.B. Maunsbach, S.C. Madden, and H. Latta, *Laboratory Investigation*, **11**(6), 421-432 (1962).
7) V.A. DiScala, W. Mautner, J.A. Cohen, M.F. Levitt, J. Churg, and S.L. Yunis, *Annals of Internal Medicine*, **63** (5), 767-775 (1965).
8) Y. Kim, D.A. Oksanen, W. Massefski, J.F. Blake, E.M. Duffy, and B. Chrunyk, *J. Pharm. Sci.*, **87** (12), 1569-1567 (1998).

5

薬物-シクロデキストリン結合体の Drug Delivery System への応用

5.1 はじめに

　シクロデキストリン（CD）は，空洞径に応じて疎水性のゲスト分子を疎水空洞内に取り込んで包接複合体を形成し，ゲスト分子の物理化学的性質を変化させることから，生物有機化学，分析化学，農芸化学，食品化学，膜学，高分子化学などの分野で様々な基礎・応用研究が展開されている．薬剤学・製剤学では，CD の機能性や生体適合性に着目して，複合体形成による医薬品の安定化，溶解性の調節，油状物質の粉体化，バイオアベイラビリティの改善，局所刺激性の軽減などに利用され，薬物投与の最適化を標榜する薬物送達システム（Drug Delivery System, DDS）を構築するための機能性素材として有効利用されている[1-3]．

　たとえば，我が国では，1991 年に α-CD と β-CD が日本薬局方局方外医薬品成分規格（局外規）に改質剤として収載されて以来，医療用医薬品（処方薬）への天然 CD の利用は十数品目あり，一般医薬品（大衆薬）や医薬部外品には添加物として広く利用されている．また，欧米では，親水性誘導体である 2-ヒドロキシプロピル-β-CD（HP-β-CD）が抗菌薬 Itraconazole の経口シロップ剤あるいは注射剤の可溶化剤として，スルホブチル化 β-CD（SBE-β-CD）は抗菌薬 Voriconazole 注射剤の可溶化剤として臨床使用されている．後者の SBE-β-CD 含有 Voriconazole 注射剤は日本でも最近承認され，臨床使用されている．現在，これらの天然 CD や β-CD 誘導体は製剤の処方化研究において不可欠な製剤素材となっている．これら CD 包接の機能を最大限に活用するには，製剤設計時にホスト・ゲストの化学平衡を精密に制御する必要がある．しかしながら，生体内に投与された CD 複合体は体液による希釈や生体成分との競合包接により解離し，薬物の大部分が遊離形で存在するため，薬物の体内動態を結合力の弱い分子間力のみで制御するのは困難である．

　一方，CD と薬物を共有結合させた薬物-CD 結合体は，複合体とは異なる物理化学的性質を有し，体内動態も異なるものと予想される．すなわち，薬物を CD と共有結合させると，化学平衡に関する可逆的な要因を考慮する必要がなく，薬物の体内動態は結合体自身の特性に従って挙動するものと考えられ，新たな利用展開が期待される．CD 結合体を DDS に応用する場合，以下のような利点が考えられる．

　① 薬物-CD 結合体の水への溶解度は，導入した薬物分子と CD 空洞間の分子内あるいは分子間包接に依存して異なるため，空洞径が異なる CD を用いて結合体を調製することにより，

薬物の溶解度の制御が可能になる．
② 薬物と CD 間の化学結合の種類を選択して加水分解速度を調節することにより，薬物放出速度を制御できる．また，薬物の置換度を変化させると薬物放出量を調節できる．
③ 水溶性で嵩高い CD 残基を導入すると薬物の静脈内注射後の体内動態を変化させることができる．たとえば，脂溶性薬物に CD を導入すると脂肪組織への薬物の移行性が低下する．また，脂溶性薬物のタンパク結合が抑制される．
④ CD を経口投与すると，胃腸間からほとんど吸収されず，消化管下部に存在する腸内細菌叢由来のアミラーゼで CD 環が分解する．したがって，薬物 - CD 結合体は，小腸上部では分解・吸収を受けず，小腸下部の大腸で選択的に薬物を放出する大腸特異的送達システムとして機能する．
⑤ 薬物 - CD 結合体は大腸で選択的に薬物を放出することから，長時間のラグタイムを有する遅延放出素材として機能する．また，遅延放出型の薬物 - CD 結合体と速放出型や腸溶性型の CD 複合体を組み合わせると，反復放出パターンや傾斜放出パターンなどの放出制御製剤の設計が可能となる．
⑥ CD あるいは薬物 - CD 結合体の低い生体膜透過性を利用して，薬物の細胞内，組織内滞留性を延長することができる．すなわち，薬物 - CD 結合体を適当なキャリアー（たとえば，リポソームなど）に封入して細胞内へ導入すると，細胞内で徐々に加水分解されて薬物を放出する．生成した CD は複合体形成により細胞外への薬物排出を抑制（lock-in）する．
⑦ CD は，その空洞径に応じて生体膜からコレステロールやリン脂質を引き抜く作用を有する．この性質を利用して，たとえば，抗がん薬 - CD 結合体を細胞内へ導入すると，上記薬物滞留性の延長に加えて，CD はオルガネラの膜透過性を変化させ，抗がん剤の作用を増強する．
⑧ 遺伝子導入効率の増大を目的として，様々な非ウイルスベクターの開発が活発に行われている．カチオン性ベクターの一つであるポリアミドアミンデンドリマーに CD を導入すると遺伝子導入効率は著しく増大する．

このように，薬物 - CD 結合体は CD 複合体と異なる様々な応用が期待される．そこで，本章では，CD 結合体による薬物の溶解性の調節，大腸特異的送達システム，遺伝子導入効率の改善に応用した例を紹介する．

5.2 溶解度の調節

一般に，CD 複合体の水への溶解度は，薬物分子が CD 空洞に部分包接されて非晶質性の固体複合体を形成すると増大するが，CD 空洞に完全に包接されて安定な結晶を形成すると低下する．CD 結合体においても同様な溶解度変化が観察される．表 5.1 は，天然 α-CD，β-CD，γ-CD の 6 位一級水酸基の 1 個に非ステロイド性抗炎症薬ビフェニル酢酸をアミド，あるいはエステル結合させた誘導体，あるいはステロイド性抗炎症薬プレドニゾロンを CD の二級水酸基の 1 個にコハク酸をスペーサーとしてエステル結合させた誘導体の水への溶解度を示す[4,5]．ビフェニル酢酸

5. 薬物 - シクロデキストリン結合体の Drug Delivery System への応用

表 5.1 薬物 - CD 結合体の水への溶解度（25℃）

化合物	溶解度	溶解度の増大率
ビフェニル酢酸/CD 結合体[a]		
ビフェニル酢酸単独	1.26×10^{-4} M	1
α-CD エステル結合体	1.18×10^{-2} M	94
β-CD エステル結合体	1.29×10^{-5} M	0.10
γ-CD エステル結合体	4.34×10^{-4} M	3.4
α-CD アミド結合体	1.28×10^{-2} M	102
β-CD アミド結合体	1.42×10^{-5} M	0.11
γ-CD アミド結合体	1.19×10^{-3} M	9.4
コハク酸プレドニゾロン/CD 結合体[b]		
プレドニゾロン単独	0.03 g dL^{-1}	1
コハク酸プレドニゾロン	0.04 g dL^{-1}	1.3
α-CD エステル結合体	> 50 g dL^{-1}	> 1600
β-CD エステル結合体	> 50 g dL^{-1}	> 1600
γ-CD エステル結合体	> 50 g dL^{-1}	> 1600

a) In water, b) In 0.05 M acetic acid solution.

の溶解度は，α-CD と結合すると約 100 倍，γ-CD と結合すると 3〜9 倍増大するが，β-CD と結合すると逆に 1/10 に低下する．

β-CD 結合体化によるビフェニル酢酸の溶解度の低下は，図 5.1 に示すように，置換基が隣接する CD 空洞内に包接されて分子間スタッキングを起こし，安定なチャンネル型の結晶構造を形成することによるものと推定される．したがって，この系に包接阻害剤（たとえば，p-ニトロフェニールあるいは 1-アダマンタンアミンなど）を添加すると，分子間スタッキングが阻害されて結合体の溶解度は上昇する．β-CD の一級水酸基に 2-ヒドロキシプロピル基を 1 個導入した結合体においても溶解度の低下が観察される．プレドニゾロン - CD 結合体の場合，いずれの CD 結合体においても溶解度は 50 倍以上増大する．プレドニゾロン - CD 誘導体の粉末 X 線回折パターンはハローを呈し，非晶質状態にある．したがって，プレドニゾロン - CD 誘導体の高い溶解度は，脂溶性のプレドニゾロンに親水性の CD が導入されたこと，結合体が非晶質であることに加えて，図 5.1 に示すように，自己包接して溶解度低下をもたらす分子間包接が阻害されることに

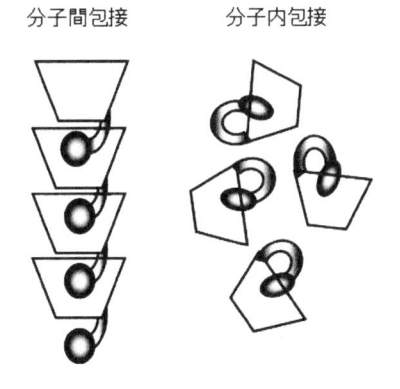

図 5.1 薬物 - CD 結合体の固体状態における分子間包接と分子内包接の概念

起因するものと推定される．このように，CD 結合体の溶解度は置換基の包接状態や固体中での存在状態に依存して変化する．

5.3 大腸特異的送達システムへの応用

CD の α-1,4-グルコシド結合はアルカリ分解に抵抗性を示すが，強酸中では加水分解を受ける．また，CD はアミラーゼなどの糖分解酵素により加水分解（速度：α-CD < β-CD < γ-CD）されるが，その速度は直鎖の糖に比べて著しく遅い [6]．したがって，天然 CD は intact な状態では消化管からほとんど吸収されず，腸管下部に存在する細菌叢が産出する糖分解酵素により環開裂後少糖類へ分解されて吸収される．たとえば，ラットに ^{14}C 標識したグルコースまたは β-CD を経口投与すると，血中放射活性はグルコースの場合 30 分でピークに達するが，β-CD では 4～11 時間後にピークに到達する．また，ヒトにおいても β-CD は小腸では分解されず，大腸の細菌叢で加水分解されることが知られている [7]．

このような CD の生分解性や消化管吸収性は，大腸特異的な薬物送達用素材としての必要条件を満たす．すなわち，薬物を CD に共有結合させた結合体は胃・小腸からは吸収されず，分子サイズの大きな CD 環の立体障害により，薬物 - CD 間の結合は酵素作用を受けにくいものと考えられる．しかし，大腸に到達すると，腸内細菌叢により CD 環が開裂して少糖類へ分解され，立体障害が取り除かれるため，酵素作用を受けて薬物を放出するものと考えられる．

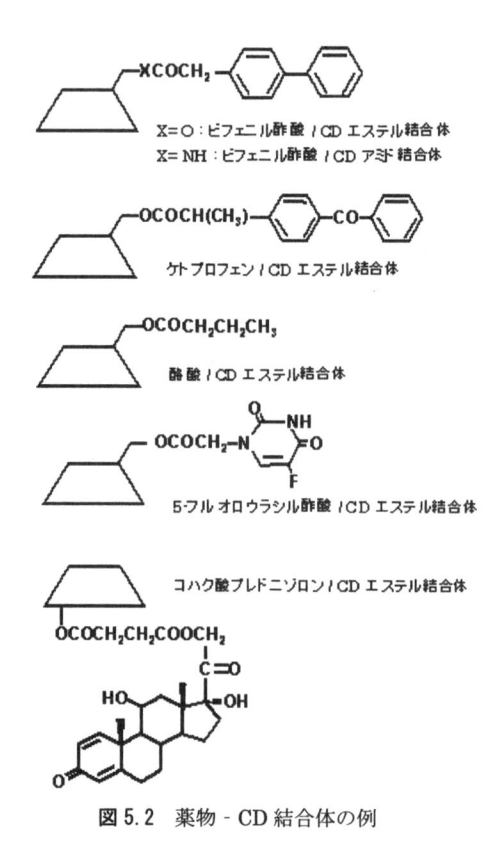

図 5.2 薬物 - CD 結合体の例

図5.2は，大腸特異的送達システムを目的として調製したCD結合体を示す．非ステロイド系抗炎症薬ビフェニル酢酸，ケトプロフェン，酪酸，抗がん薬5-フルオロウラシルとCDの一級水酸基をエステル共有結合させたCD結合体は，ラットに経口投与すると胃や小腸では加水分解を受けずに盲腸・大腸に到達後，腸内細菌叢により加水分解されて薬物を放出した．

図5.3は，ラット盲腸内容物中におけるビフェニル酢酸-γ-CDエステルあるいはアミド結合体の消失ならびに各種分解産物の出現プロファイルを示す[8]．γ-CDエステル結合体は，約1時間で100%消失し，加水分解に伴いビフェニル酢酸を定量的に放出した．一方，γ-CDアミド結合体は，エステル結合体と同じ速度で消失したが，エステル結合体と異なり，ビフェニル酢酸-マルトースあるいはトリオース結合体を生成し，トリオース結合体はさらにマルトース結合体へ変化した．これらの結果は，図5.3に示すように，エステル結合体は盲腸内容物中においてCD環の開裂後，エステル結合が速やかに加水分解されて薬物を放出することを示す．一方，アミド結合体の場合，アミド結合が化学的に安定であるため，分解はマルトース結合体で停止することを示す．すなわち，薬物-CD間のエステル結合はCDの立体障害のためエステラーゼの作用を受けにくいが，CD環がマルトースなどの少糖類へ加水分解されると立体障害が取り除かれて速やかにエステラーゼの作用を受けることを示す．

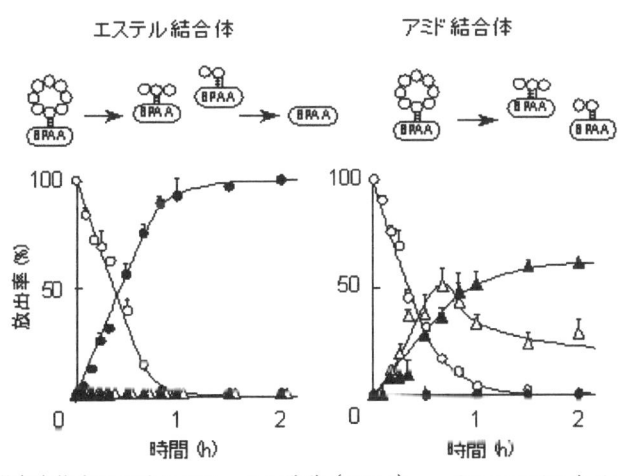

図5.3 ラット盲腸内容物中におけるビフェニル酢酸(BPAA)-γ-CDエステルあるいはアミド結合体の分解挙動．結合体の初濃度 1.0×10^{-5} M，盲腸内容物濃度10%，pH6.7，温度37℃．○：薬物-CD結合体，●：ビフェニル酢酸，△：薬物-トリオース結合体，▲：薬物-マルトース結合体．

図5.4は，ビフェニル酢酸単独あるいはそのγ-CDエステル結合体をラットに経口投与後の血清中薬物濃度の時間推移を示す．薬物単独投与時の血清中濃度は速やかに立ち上がり，30分で最高血中濃度に到達するが，γ-CDエステル結合体投与では，血中薬物濃度は2〜3時間のラグタイム後急速に上昇し，約8時間後に最高血中濃度を与える典型的な遅延放出型の血中薬物濃プロファイルを示す[9]．

遅延放出特性を示すCD結合体と他の放出制御素材を組み合わせると様々な放出制御製剤を構築できる．図5.5は，速放出特性を示す2-ヒドロキシプロピル-β-CDとケトプロフェンとの非共有結合性複合体と大腸放出特性を示すケトプロフェン-α-CDエステル結合体をカプセルに充填

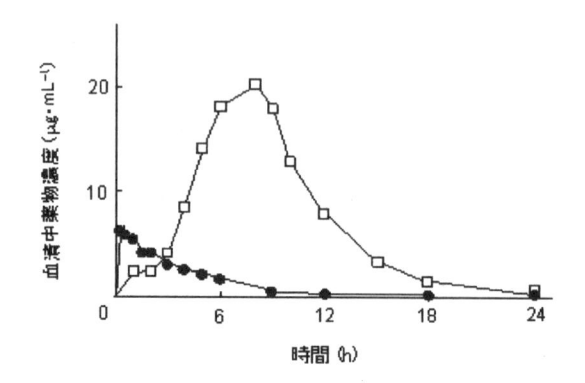

図 5.4 ビフェニル酢酸あるいはそのγ-CD エステル結合体（薬物 10mg・kg^{-1}相当量）をラットに経口投与後の血清中薬物濃度の時間推移. ●：薬物単独投与, □：γ-CD エステル結合体投与.

後, ラットに経口投与後の血漿中薬物濃度の時間推移を示す. 血中薬物濃度は, 投与後 1 時間と 9 時間にピークをもつ反復放出型パターンを示す.

一方, 徐放出性のエチルセルロース固体分散体と組み合わせると, 血漿中濃度は比較的緩やかに上昇し, その後一定の薬物濃度を長時間は維持する持続放出型を示す[10]. カラゲニン誘発足蹠浮腫ラットモデルを用いた評価した消炎効果においても, これら大腸特異的放出, 持続放出, 反復放出特性を反映した薬理効果が観察される.

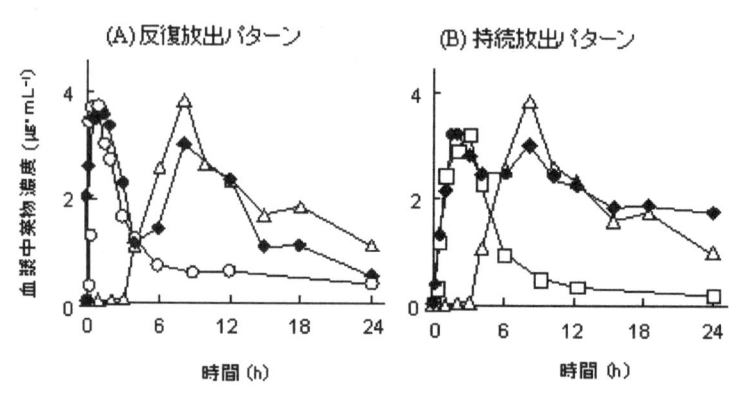

図 5.5 ケトプロフェン - α-CD エステル結合体と他の放出制御製剤の組み合わせをラットに経口投与後の血漿中薬物濃度の時間推移. (A) ケトプロフェン - α-CD エステル結合体とケトプロフェン - 2-ヒドロキシプロピル-β-CD 複合体の組み合わせ, (B) ケトプロフェン - α-CD エステル結合体とケトプロフェン - エチルセルロース固体分散体の組み合わせ. ○：複合体（薬物 2mg・kg^{-1}相当量）, □：固体分散体（6mg・kg^{-1}）, △：α-CD エステル結合体（5mg・kg^{-1}）, ◆：組み合わせ製剤.

ステロイド系抗炎症薬プレドニゾロンは, 炎症性腸疾患（inflammatory bowel disease, IBD）治療の第一選択薬として汎用されている. しかし, プレドニゾロンを経口投与するとその大部分は小腸から吸収されるため, 炎症部位の大腸に到達するのは 1%未満であり, さらに長期投与すると吸収された薬物が全身系へ移行して副作用を引き起こすことから, 大腸送達システムの開発が望まれている. そこで, α-CD の二級水酸基の一つにコハク酸をスペーサーとしてエステル結合させた誘導体（図 5.2）を調製し, 大腸送達性プロドラッグとしての有用性が評価された[11].

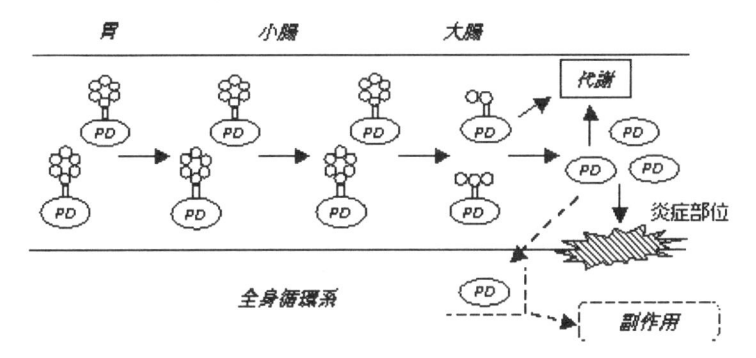

図 5.6 IBD モデルラットにプレドニゾロン(PD) - α-CD エステル結合体を経口投与後の薬物放出挙動ならびに薬効発現

その結果，図 5.6 に示すように，結合体を IBD モデルラットに経口投与すると胃や小腸ではほとんど加水分解を受けずに通過し，盲腸・大腸に到達すると腸内細菌叢由来の酵素により加水分解されてプレドニゾロンを放出し，生成した薬物は炎症部位に直接作用して抗炎症効果を発現した．その際，プレドニゾロンの全身循環系への移行が少ないため，薬物の副作用が軽減した．

たとえば，図 5.7 は，コハク酸プレドニゾロン - α-CD エステル結合体を IBD モデルラットに直腸投与後の大腸障害指数 (colonic damage score, CDS)，大腸重量/体重量比 (colon weight/body weight ratio, C/B 比)，ミエロペルオキシダーゼ (myeloperoxidase, MPO) 活性，胸腺/体重比

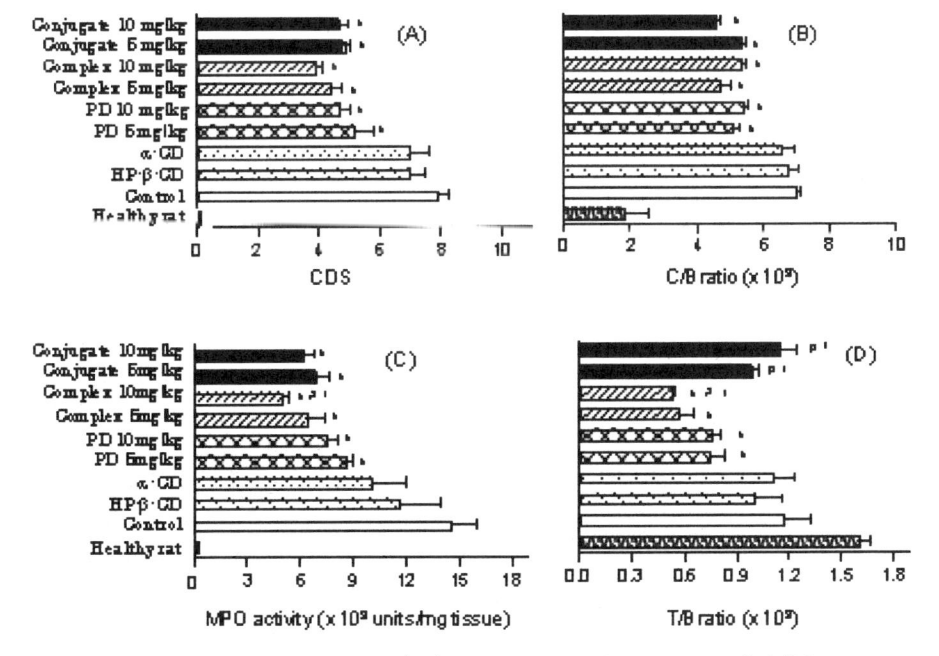

図 5.7 IBD モデルラットにプレドニゾロン(PD)，2-ヒドロキシプロピル-β-CD 複合体あるいは α-CD エステル結合体を直腸投与後の CDS (A)，C/B 比 (B)，MPO 活性 (C)，T/B 比 (D)．投与量：薬物 5 あるいは 10mg·kg^{-1} 相当量．α-CD : 2.2%(w/v) の α-CD 溶液のみを投与，HP-β-CD : 3.1%(w/v) の HP-β-CD 溶液のみを投与，Control：薬物非処置ラット，Healthy rat：健常ラット．*p<0.05 vs. control, #p<0.05 vs. PD(5mg·kg^{-1})，+p<0.05 vs. PD(10mg·kg^{-1})

(thymus weight/body weight, T/B 比) を示す．CDS は腸管炎症の指標，C/B 比は浮腫の指標，MPO 活性は好中球の浸潤の指標，T/B 比は副作用の指標として用いられる．プレドニゾロン単独，2-ヒドロキシプロピル-β-CD 複合体（混練法によりモル比 1：1 で調製）あるいはα-CD エステル結合体投与群では，CDS，MPO 活性および C/B 比は生理食塩水投与群に比べて有意に低下し，優れた抗炎症効果が観察された．中でも薬物を可溶化した 2-ヒドロキシプロピル-β-CD 複合体が最も強い抗炎症効果を示し，ついでα-CD 結合体が薬物単独と同様な抗炎症効果を示す．しかし，プレドニゾロンの全身性副作用の指標である T/B 比を比較すると，薬物単独や 2-ヒドロキシプロピル-β-CD 複合体投与群では胸腺重量が有意に減少したが，α-CD エステル結合体ではそのような T/B 比の低下は観察されなかった．これらの結果は，コハク酸プレドニゾロン‐α-CD エステル結合体はプレドニゾロンと同程度の抗炎症効果を保持し，全身性副作用も少ないことを示し，優れた大腸送達性プロドラッグとして機能することを示す．

5.4 遺伝子導入効率の改善

　遺伝子治療の成功の鍵を握るのは治療遺伝子を標的細胞へ送り込むベクター技術であり，ベクターの種類によりウイルスベクターと非ウイルスベクターに大別される．これまでの遺伝子治療に用いられたベクターのほとんどはウイルスベクターであるが，ウイルスベクターから増殖能力を有するウイルスゲノムを完全に除去する保証が得られないこと，免疫反応が惹起すること，他の遺伝子発現に影響を与える可能性があることなどの欠点が指摘されている．一方，非ウイルスベクターはウイルスベクター特有の感染性を有しないため，安全性に優れるが，遺伝子導入効率はウイルスベクターに比べて低いため，安全性に優れ，高い導入効果を有する非ウイルスベクターの開発が望まれている．これまでに，遺伝子導入効率の改善を目的として，直鎖あるいは分岐鎖のポリアミン類（ポリリジンやポリエチレンアミンなど）に CD を共有結合させたカチオン性 CD 高分子誘導体が調製されている[12]．本節では，スターバーストデンドリマーに CD を共有結合させた CD 誘導体について，デンドリマーのジェネレーション，CD の空洞径，置換度の影響を検討し，遺伝子導入用キャリアーとしての有用性を評価した結果を述べる[13,14]．
　図 5.8 は，ジェネレーション 2 のデンドリマーのアミノ基末端に CD を 1 個導入したデンドリマー‐CD 結合体の構造を示す．図 5.9 は，ホタルルシフェラーゼ遺伝子をコードしたプラスミ

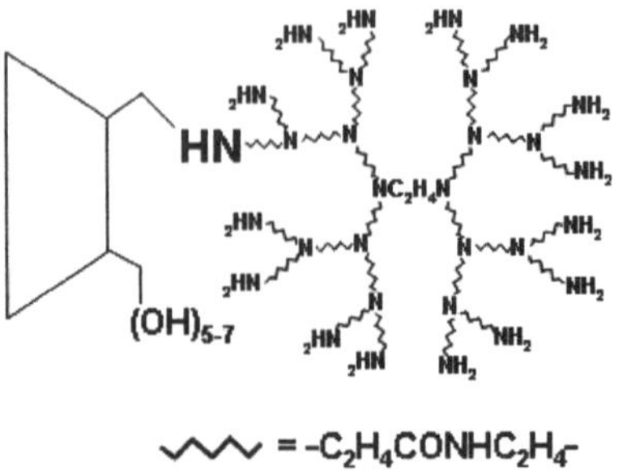

図 5.8　デンドリマー‐CD 結合体の構造．デンドリマーのジェネレーション＝2，CD の置換度＝1

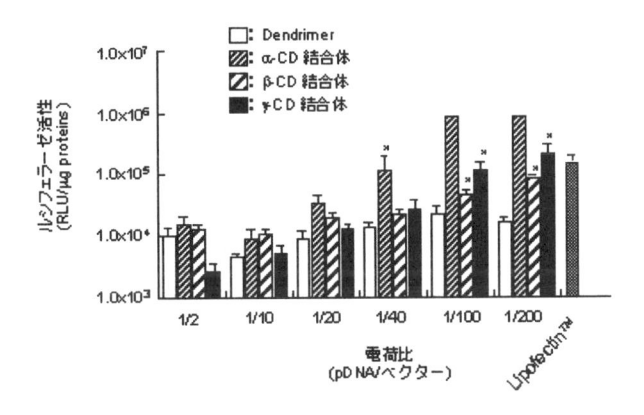

図 5.9 pDNA とデンドリマー-CD 結合体を様々な比で調製した複合体を NIH3T3 細胞に添加後の遺伝子導入効果

ッド DNA とこれらのデンドリマー-CD 結合体との複合体を NIH3T3 細胞に添加後，発現するルシフェラーゼ活性を指標にして遺伝子導入効率を比較した結果を示す．

　遺伝子導入効果は，pDNA/CD 複合体中のベクター含量（図 5.9 ではチャージ比）の増加に伴い増大し，特に，α-CD 結合体の導入効果は β-CD や γ-CD 結合体に比べて著しく大きく，デンドリマー単独の約 100 倍であった．また，デンドリマーのジェネレーションの影響ならびに CD の置換度の影響を検討した結果，遺伝子導入効率はジェネレーション 3 のデンドリマーが大きいこと，CD の置換度は 2.4 で最も大きくなることが明らかとなった．これらデンドリマー-CD 結合体は細胞障害性をほとんど示さず，市販の遺伝子導入試薬の Lipofectin™ より優れていた．プラスミッド DNA はエンドサイトーシス経路で細胞内へ取り込まれた後，大部分はライソゾーム中で分解されるため，遺伝子発現を増大させるにはエンドゾームから速やかに細胞質中へ移行させる必要がある．

　デンドリマー-CD 結合体による遺伝子発現の増大機能の詳細は不明であるが，デンドリマー

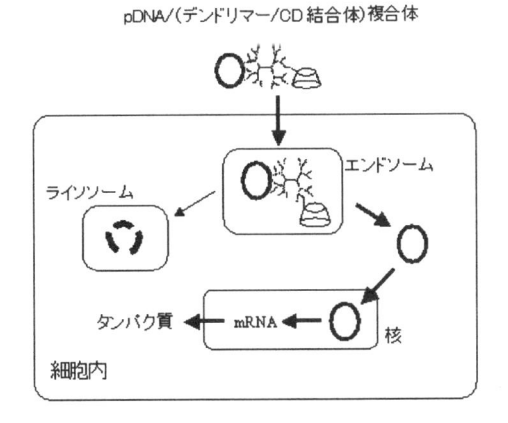

図 5.10 pDNA-(デンドリマー-CD 結合体)複合体による遺伝子発現

のプロトンスポンジ効果に加えて，α-CD の細胞膜破壊効果が寄与するものと推定される（図 5.10）．このような CD の効果はデンドリマーに限らず他の非ウイルスベクターへも応用可能と考えられる．さらに，デンドリマー-CD 結合体はレセプター親和性残基（ガラクトース，マンノースなど）の付与，品質の規格化などが容易であり，抗原性や細胞障害性が低い，多くの細胞に均一に遺伝子を導入できるなどの利点を有し，siRNA 用担体などへの応用が期待される．

5.5 おわりに

プロスタグランジン-CD 複合体含有製剤が世界に先駆けて日本で実用化されて以来，CD は複合体あるいは添加剤として多くの医薬品製剤に応用されている．また，CD の物性や機能性を改善した多くの CD 誘導体が開発され，医薬への応用に関する研究が活発に行われている．一方，薬物-CD 結合体に関しては，生理活性ペプチド，抗がん薬，抗生物質などに CD を結合させて生理・薬理活性を評価した例が報告されているが，薬物投与の最適化を標榜する DDS へ応用した例は少なく，その研究は緒についたばかりである．今後，複合体では達成できない体内動態の制御や標的指向性などの様々な機能を有する薬物-CD 結合体が設計され，DDS への応用が活発化することが期待される．

参考文献

1) K. Uekama, F. Hirayama, and T. Irie, *Chem. Rev.*, **98**, 2045-2076 (1998).
2) K. Uekama, *Chem. Pharm. Bull.*, **52**, 900-915 (2004).
3) T. Loftsson, P. Jarho, M. Másson, and T. Järvinen, *Expert Opin. Drug Deliv.*, **2**, 335-351 (2005).
4) 上釜兼人, *薬誌(総説)*, **124**, 909-935 (2004).
5) H. Yano, F. Hirayama, H. Arima, and K. Uekama, *J. Pharm. Sci.*, **90**, 493-503 (2001).
6) R.N. Antenucci and J.K. Palmer, *J. Agric. Food Chem.*, **32**, 1316-1321 (1984).
7) Special Issue for Safety Profiles of Cyclodextrins, ed. by A. Bär, *Regulatory Toxicology and Pharmacology*, **39**, S1-S66 (2004).
8) K. Uekama, K. Minami, and F. Hirayama, *J. Med. Chem.*, **40**, 2755-2761 (1997).
9) K. Uekama and F. Hirayama, Improvement of Drug Properties by Cyclodextrins in "The Practice of Medicinal Chemistry 2nd ed." Ed. by C.G. Wermuth, Academic Press, London, 649-673 (2003).
10) M. Kamada, F. Hirayama, K. Udo, H. Yano, H. Arima, and K. Uekama, *J. Controlled Release*, **82**, 407-416 (2002).
11) H. Yano, F. Hirayama, H. Arima, and K. Uekama, *J. Pharm. Sci.*, **90**, 2103-2112 (2001).
12) M.E. Davis and M.E. Brewster, *Nature Reviews Drug Discovery*, **3**, 1023-1035 (2004).
13) F. Kihara, H. Arima, T. Tsutsumi, F. Hirayama, and K. Uekama, *Bioconjugate Chem.*, **14**, 342-350 (2003)..
14) H. Arima, *薬誌(総説)*, **124**, 451-464 (2004).

6

各種シクロデキストリンの食品および化粧品への応用

6.1 はじめに

1976年に厚生省(現厚生労働省)がトルエンなどの有機溶媒を一切使用しない無溶媒法で製造されたβ-CDを用法,用量に制限がなく,表示の義務がない天然食品添加物と認定したことから,化学的に非修飾の各種シクロデキストリン類(以下,CDsと略す)の食品への利用が可能となり,以後それらの飲料や一般食品分野への利用が盛んに行われるようになった.現在,我が国において市販されている当該分野に使用できるCDs製品を表6.1に示した.これらのCDs製品は,その後の食品衛生法の改正により,すべて用法および用量に制限はないが,使用した場合には表示する必要がある食品添加物として位置付けられている.

表6.1 飲料および一般食品に使用されているCD製品

品種	CDs含量 (%/固形物)	主成分	D.E.値	水分 (%)	性状	その他
α-CD	98〜99	α-CD	-	9〜12	白色結晶性粉末	溶媒法/無溶媒法
β-CD	98〜99	β-CD	-	11〜14	白色結晶性粉末	溶媒法/無溶媒法
γ-CD	97〜99	γ-CD	-	9〜12	白色結晶性粉末	溶媒法/無溶媒法
CDs粉末	97以上	α-CD	-	-	白色粉末	α-CDを70%以上含有
CDs含有粉飴	40〜45	α,β-CDs	-	10以下	白色粉末	α-,β-CD高含有
CDs含有粉飴	50以上	α-CD	-	-	白色粉末	α-CDを30%以上含有
CDs含有粉飴	20以上	α-CD	-	-	白色粉末	分岐デキストリン高含有
CDs含有水飴	18〜22	α、β、γ-CD	18〜22	25以下	粘稠な液体	高分子オリゴ糖高含有
CDs含有水飴	18〜22	α、β、γ-CD	28〜32	25以下	粘稠な液体	低分子オリゴ糖高含有
CDs含有水飴	20以上	α-CD	20±5	25以下	粘稠な液体	α-CDを10%以上含有
分岐CDs含有粉飴	80以上	分岐α-CD	5〜10	7以下	白色粉末	G2-CDsを50%以上含有
分岐CDs含有粉飴	40以上	分岐α-CD	-	7以下	白色粉末	G2-CDsを20%以上含有
分岐CDs含有水飴	80以上	分岐α-CD	5〜10	30以下	粘稠な液体	G2-CDsを50%以上含有
分岐CD含有水飴	40以上	分岐α-CD	-	30以下	粘稠な液体	G2-CDsを20%以上含有

一般に食品へは「環状オリゴ糖」,「シクロデキストリン」,「サイクロデキストリン」のどれかが表示されているが,「オリゴ糖」の好イメージからか「環状オリゴ糖」と表示される場合が一番多いようである.また,ほぼ純粋な結晶CD製品以外のCDs含有水飴やCDs含有デキストリン

などは食品添加物製剤であり，含有しているブドウ糖，マルトース，マルトオリゴ糖，デキストリンなどの食品成分の表示は使用者の判断に委ねられている．これらの非修飾 CDs は各国で取り扱いに若干の差があるが，欧州では食品添加物，米国では GRAS (Generally Recognized as Safe) 物質として取り扱われている．また，中国，韓国は日本と同様に食品添加物であるが，台湾では食品扱いである．他のアジア諸国は市場がないので未調査であり，規制内容は不明である．なお，化学的に修飾された CDs の誘導体やポリマーは食品添加物ではないので飲料や食品へは使用できない．

　世界に先駆けて日本で工業生産が開始された CDs は，現在では欧州，米国，中国，韓国などの諸外国においても生産されており，最近ではマレーシアにおいても β-CD の工業生産が開始されたやに聞いているが，これらが利用される用途の量的市場規模は米国や日本が格段に大きい．欧州において，かなりの量の β-CD が乳脂中のコレステロールを除去するために使用されているが，本用途を除けば欧米諸国での CDs の利用は消臭剤などの日用雑貨や医薬品等の非食品分野が大部分と思われる．一方，我が国においては，医薬品や化学品の分野で数多くの特許出願や研究報告がなされているにも関わらず当該分野での利用は非常に少なく，家庭用の消臭剤を除けば飲料や食品分野での利用が圧倒的に多い．これは CDs が食品添加物として開発されたこと，ならびに CDs 生産メーカーの主な対面業界が飲料や一般食品のメーカーであり，共同での利用開発が容易だったことによると考えている．また，医薬品や農薬の分野での開発がほとんど行われなかった理由は，薬効成分と CDs との包接物が未包接品で得られた効果，効能を変える場合があることから，製剤過程で包接操作が行われた場合は新薬としての取り扱いを求められ，経済的側面から新薬以外の旧薬での応用がほとんど行われなかったことによる．

　本章では，食品添加物である非修飾 CDs の飲料や食品への代表的な応用例の一部を紹介し，さらに，㈱資生堂と共同して行ったヒドロキシプロピル (Hydroxypropyl) 化 β-CD (以下，HP-β-CD と略す) の化粧品への応用例の一部についても述べたい．

6.2　食品用シクロデキストリンの一般的製法

6.2.1　シクロデキストリン類を生成する酵素

　表 6.1 に示したように，我が国においては，飲料や一般食品用としてブドウ糖分子 6，7 および 8 個で構成されている α-，β-および γ-CD とこれらの混合物（粉末）ならびにこれら CDs とブドウ糖，マルトース，マルトオリゴ糖などのデンプン分解物との混合物（シラップ，粉末），あるいはこれらの CDs に酵素的にマルトースやマルトオリゴ糖を縮合させた分岐 CDs が工業的規模で生産され，主に同上用途に販売されている．これらの CDs は，ある種の細菌が菌体外に分泌生産する Cyclomaltodextrin glucanotransferase (EC 2.4.1.19，以下 CGTase と略す) をデンプンに作用させることによりマルトオリゴ糖との混合物として得られる．日本において CDs の工業生産に用いられている代表的な 3 種の CGTase の特性を表 6.2 に示した．なお，我が国においては，一般消費者の遺伝子組換え食品に対する強い拒否反応から初発原料であるデンプンばかりでなく，製造用副資材である CGTase の生産菌についても遺伝子工学的手法により育種された微

表 6.2　日本で工業的に使用されている各種 CGTase の特性

微生物名	最適pH	作用適温	主生成CD
B. macerans	5.0～5.7	55℃	α-CD
B. stearothermophilus	5.0～5.5	75℃	α,β-CD
B. coagulans	6.0～6.5	65℃	α,β-CD
好アルカリ性 Bacillus sp.	4.5～9.5	65℃	β-CD

生物（GMO, Genetically Modified Organism）は未だ使用されていないが、欧米諸国で使用されている微生物はGMOといわれている．また，我が国では，狂牛病（BSE）の発生による牛由来BSE関連物質の使用禁止や食品アレルギー発症物質使用表示の義務化などの法的規制により，酵素生産用培地もこれらを使用しない限定された組成になっている．

世界的に見ると結晶CDsの中ではβ-CDの需要が格段に大きいことから，β-CD優先生成型の酵素が最も多く使用されており，ついでα-CD生成型CGTaseの使用が多い．α-，β-CD生成型酵素についてはCDs含有デキストリン粉末の生産や上記CDs製品の生産時の補完的酵素としての使用にとどまっている．なお，すでに，γ-CD優先生成型CGTaseについても開発されているが，無溶媒法によるデンプンからのγ-CDの生産収率が低いため溶媒法によるγ-CDの生産に利用されているにすぎない．

6.2.2　非修飾シクロデキストリン類の一般的製法

非修飾CDsの一般的製法は有機溶媒法と無溶媒法に大別される．図6.1に両製法の概略を示した．有機溶媒法はデンプン液化液からのCGTaseによるCD生成反応時にトルエンやシクロヘキサンなどの水と共沸しない有機溶媒を混在させ，これらの有機溶媒とCDsとの特異的な包接化合物を沈殿として反応系外に出し，反応平衡をCD生成側に片寄らせる効率的な方法である．本方

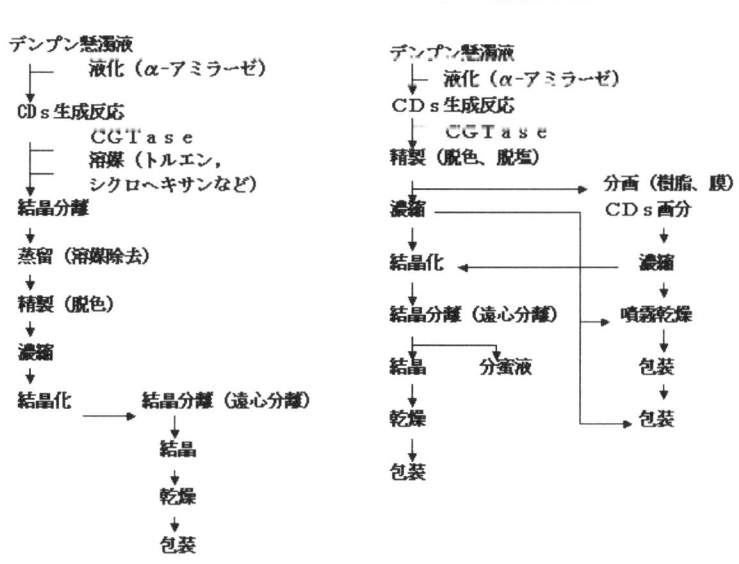

図 6.1　非修飾 CDs の一般的製法

法は，各 CD と特異的沈殿を形成する有機溶媒を選択することにより，目的とする CD をデンプンから高収率で得られる生産技術的に単純で優れた方法である．

一方，無溶媒法は，我が国において発生した食品への各種化学物質混入による深刻な事故の反省を踏まえ，一切の有機溶媒を使用しない各結晶 CD を含めた CDs の製法である．しかしながら，デンプンからの CDs の収率は溶媒法に比し低く，また，CDs の混合物としてしか得られないことから膜や樹脂を用いて CDs の濃度を高め，各 CD に分画するなどの複雑な工程を必要とするなど，生産技術的な効率という観点からははなはだ非効率的な製造方法といわざるを得ない．

現在，国内で生産されている CDs 製品はすべて無溶媒法で生産されているが，諸外国での β-CD の生産は，欧米ではトルエン，中国では一部を除き，シクロヘキサンを用いる有機溶媒法が主となっている．一方，α-CD や γ-CD の製造に使用されている沈殿剤（有機溶媒）の名称については公表されていない．また，韓国では CDs 含有水飴が無溶媒法で生産されているが，結晶 CDs の大規模な生産は未だ行われていないようである．

6.2.3　分岐シクロデキストリンの製法

プルラナーゼやイソアミラーゼなどのデンプン分子中の α-1,6-グルコシド結合を加水分解する α-1,6-グルコシダーゼはデンプン糖の製造においては非常に重要な必須酵素の一つである．本酵素の反応は可逆的であり，高濃度の基質存在下あるいは長時間反応などで逆合成（縮合）反応も触媒する．これら酵素の縮合能力はイソアミラーゼよりもプルラナーゼのほうが高く，分岐 CDs の生産にはプルラナーゼが適している．図 6.2 に分岐 CDs の製法概略を示す．マルトースやマルトオリゴ糖と CDs との高濃度混合物にプルラナーゼを作用させることにより容易に分岐 CDs を得ることができるが，縮合反応であるので反応収率はそれほど高いものではない．また，反応の進行に伴い複数の枝分かれ構造を有する複分岐 CDs も生成するので，単一物質を得るにはかなりの精製操作を必要とする．

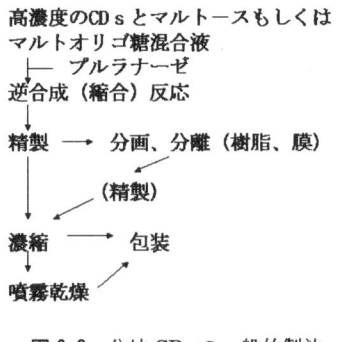

高濃度の CDs とマルトースもしくは
マルトオリゴ糖混合液
├── プルラナーゼ
逆合成（縮合）反応
精製 → 分画、分離（樹脂、膜）
　　　　　（精製）
濃縮 → 包装
噴霧乾燥

図 6.2　分岐 CDs の一般的製法

6.3　日本におけるシクロデキストリンの利用分野

現在の我が国の各種 CDs 製品の生産量は，およそ年間 3000〜4000 トンと考えられており，その 90％程度が飲料や食品分野で消費されていると思われる．他の分野においても，医薬品，医薬

部外品，化粧品，臨床診断薬，化学試薬，界面活性剤，日用雑貨などの広範な分野で利用されており，非食品分野での応用が徐々に増加している．最近5ヶ年間のCDs製品の工業出荷量の平均伸び率は年率2～3％と思われ，添加物としての位置付けから急激かつ大幅な市場拡大は望めないにしても今後も着実な成長は可能と考えている．

6.4 シクロデキストリン類の飲料および食品への応用

我が国におけるCDsの利用に関する統計資料はなく，販売各社も重要な企業秘密として利用状況を公表していないことから，以後に述べる飲料や一般食品への利用は偏った情報といわざるを得ないかもしれない．しかしながら，我が国のCDsの消費量とその用途のかなりの部分については把握しているので，内容や傾向についてはほぼ正確ではないかと考えている．以下に飲料や一般食品に利用されているCDsの代表的な機能について述べる．

6.4.1 香気物質などの揮散しやすい成分の安定化および異臭の抑制

飲料や食品の有する固有の香り，あるいは添加した香料や香辛料は揮散しやすく不安定である．図6.3に，代表的な例としてβ-CDとオレンジ油との包接物粉末およびデキストリンとオレンジ油との混合物粉末中の香気成分の40℃での揮散量を比較した．図からも明らかなように，CDsを飲料や一般食品に添加することにより香り成分や香辛料を安定化することができる．このCDsによる香りの安定化効果は各種の香料製剤に応用されているばかりでなく，緑茶や烏龍茶，あるいは各種のジュース類などの飲料や各種エキス類などの調味料や味付け海苔，各種惣菜類などの一般食品が有する固有の香りの安定化にも利用されている．

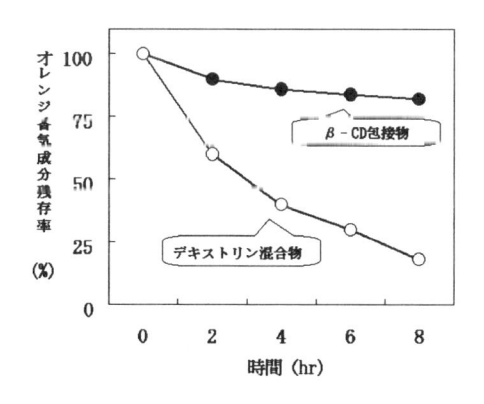

図6.3 β-CDによるオレンジ香気成分の持続効果

一方，CDsは，これらに含まれる香気物質の揮散量を抑制するので飲料や食品の香りのバランスを崩す大きな要因ともなるので使用方法については工夫の必要がある．このようなCDsの機能は，不快臭の抑制にも応用可能である．図6.4に，CDsによる匂いのマスキング効果について示した．匂い成分とCDsとが包接物を形成し得ることが前提となるが，CDsを使用しない場合は匂い物質が急激に揮散して匂いの弱くなるスピードが速い．一方，匂い物質を包接するための十

分な量のCDsを使用した場合には匂い物質の揮散が大幅に抑制される．この匂いの程度がヒトの嗅覚の感知能力以下であれば匂いのマスキングという現象になる．口臭除去のための錠菓などはCDsの匂いのマスキング効果を利用したよい例と思われる．CDsのこのような機能は，べったら漬などの漬物や畜肉缶詰などの特有な臭いの改善にも使用されている．また，化粧品への応用の項でも述べるが，CDsの臭いマスキング機能は腋臭防止スプレーにも応用されている．

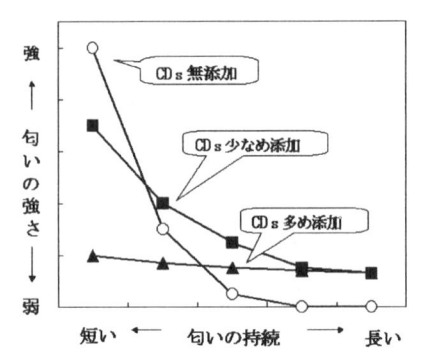

図6.4　CDsによる匂いの一般的マスキング効果

6.4.2　吸湿しやすい成分の吸湿性の改善

相対湿度85％，30℃の条件下でα-，β-，およびγ-CDを放置した場合の吸湿性を図6.5に示

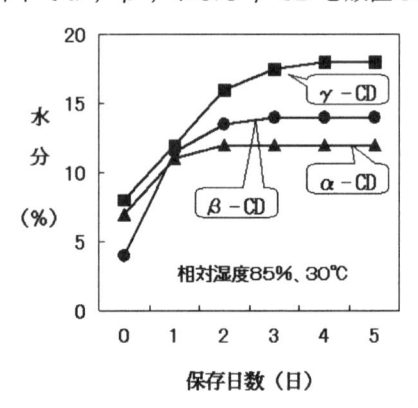

図6.5　α-，β-，γ-CDの平衡水分

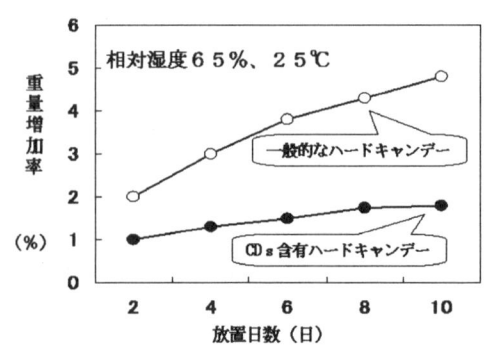

図6.6　CDsによるハードキャンデーの吸湿（泣き）防止効果

した．図からわかるように，各 CD は，それぞれ固有の平衡水分を有しており高湿度条件下でも一定以上の水分を吸湿しない性質がある．この特性は，CDs が有している他の諸特性と併せて各種の粉末調味料や粉末茶あるいは乾燥野菜などの生産に応用されている．CDs の有する吸湿性改善効果を示す例として CDs 含有水飴を用いたハードキャンデーの吸湿性防止効果を図 6.6 に示した．なお，一般にハードキャンデーは砂糖と水飴を絶乾状態まで煮詰めることにより生産される．本実験では，固形物換算で砂糖：水飴＝6：4 の組成を有するハードキャンデーを対象とし，砂糖：水飴：20%CDs 含有水飴＝56：33：11 の組成を有するハードキャンデーの吸湿性を 25℃，相対湿度 65% の環境下で測定した．図に示したように，2%強の CDs を含有するハードキャンデーは，対象と比較し重量増加率は少なく，吸湿を大幅に抑制した．

6.4.3　酸素，紫外線，水などで変質しやすい成分の安定化

各種の香辛料や天然色素などは酸素や紫外線あるいは水によって容易に変質する場合が多い．たとえば，ワサビ特有の香りの主成分はアリルイソチオシアネート（Allylisothiocyanate，以下 AIT と略す）であるが，保存条件が悪い場合には酸素や水分あるいは紫外線により容易に変質してニンニク的な臭いを発するようになる．AIT/β-CD 包接物粉末を AIT/デキストリン混合物粉末を対照として室温下で放置した場合の経時的 AIT 残存量を図 6.7 に示しているが，AIT は β-CD により安定化される．また，ここでは示していないが，AIT は β-CD と同様に α-CD によっても安定化されることはよく知られている．この CDs による香辛料の安定化効果はワサビ，からし，生姜，ニンニクなどの練物やオロシ物の製造に利用されているばかりでなく，これらの香辛料を含む各種調味料，スープ，エキス類，各種惣菜などにも応用されている．また，同様にカロチノイド系，フラボノイド系，フラビン系，キノン系の天然色素は CDs を添加することにより色調が安定化される．代表的なフラボノイド系の天然黄色色素であり，蕎麦やエンジュ種子あるいは緑茶などに豊富にふくまれているルチンはビタミン P とも呼ばれたことがあり，毛細血管の補強効果や抗酸化能により有用な食品素材と考えられているが，水に対して難溶性であり，かつ，紫外線により容易に変質し，その鮮やかな色調を失うという欠点がある．

現在ではこれらの欠点を改善した水溶性のグルコシルルチンが開発されているが，γ-CD と包接物を形成させることにより，水溶性を増し，かつ日光に対しても安定化することができる．図

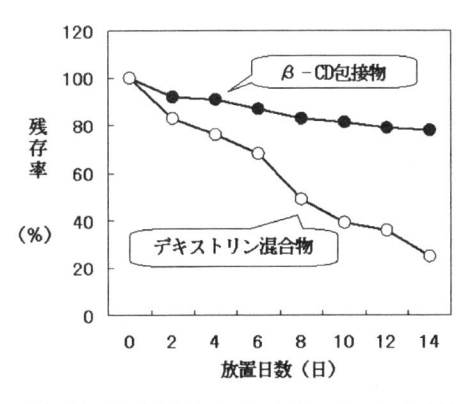

図 6.7　β-CD によるアリルイソチオシアネート（AIT）の安定化

6.8 にγ-CD によるルチンの日光による変色防止効果を示した．なお，試験は 0.5M 酢酸緩衝液（pH7.0）に溶解させた 10%（w/v）のルチン溶液を対照とし，同濃度になるように調整したγ-CD/ルチン包接物溶液を直射日光下に 5 日間放置して変色度合いを 350nm で測定している．図に示しているように，γ-CD と包接させることによりルチンは安定化し，鮮やかな黄色を保つことができた．

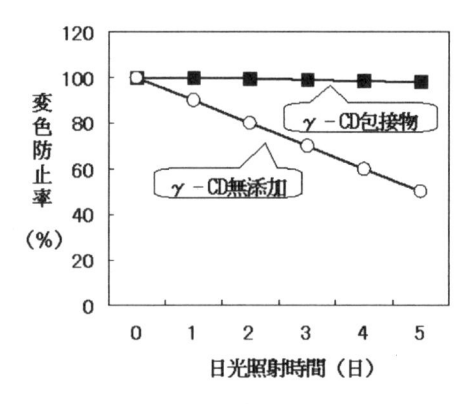

図 6.8　γ-CD によるルチンの変色防止

6.4.4　苦味，渋みなどの呈味性の改善（マスキング）

"苦味は味の王様"といわれているように，適度な苦味が飲料や食品を美味しくする要因である．しかし，あまりにも苦すぎるのも食品としては問題が大きい．昨今の健康ブームにより健康増進あるいは体調維持を目的として各種の有用ではあるが苦味や渋みを有する成分を配合した多くのヘルスケア飲食品が上市されるようになり，これらの成分の呈味性を改善して高濃度での配合を容易にする技術が求められている．各種 CDs はこれら有用成分を包接して呈味性を改善する場合が多く，緑茶中に含有しているカテキン類を配合した渋みが抑制された飲料は代表的な例である．

表 6.3 に，苦味や渋みを有する食品成分としてウコン（秋ウコン），キョウオウ（春ウコン）高麗人参，紫ウコンガジュツ（紫ウコン），イチョウ葉，霊芝の各エキスおよび緑茶ポリフェノールを例として CDs による呈味抑制効果を示した．なお，各 CD の添加量は供試サンプル液量に対して霊芝の場合が 0.9%(w/v)，緑茶ポリフェノール（ポリフェノール含量：25%）の場合を 1.0% とし，その他は 0.8% とした．試験は官能検査法により行い，デキストリンと比較した場合の相対的な苦味や渋みの度合いで示した．表に示しているように，いずれの場合も β-CD がこれらの

表 6.3　α-，β-，γ-CD による各種生薬エキスの苦味抑制

品　名	濃度 (w/v)	官能検査による苦味の相対度合い (%)			
		デキストリン	α-CD	β-CD	γ-CD
ウコン	0.8	100	121	43	65
キョウオウ	1.2	100	84	32	50
高麗人参	1.2	100	76	27	50
ガジュツ	0.4	100	83	30	50
イチョウ葉	1.2	100	74	36	47
霊芝	0.3	100	100	36	59
緑茶ポリフェノール	0.7	100	91	34	71

食品成分の呈味を最も抑制し，α-CD には呈味抑制効果がほとんどなかった．また，ここでは示していないが，ブドウ種子やオリーブ種子中のポリフェノール類やニガウリエキスなどの苦味や渋みも β-CD を用いることにより抑制できる．この CDs による呈味改善効果は高カテキン飲料だけでなく，各種野菜ジュース，乳性飲料，豆乳，小豆餡，各種健康飲食品などに応用されている．また，特殊な使い方ではあるが，ドレッシングに CDs を添加することにより，野菜のエグ味や辛味が抑制され，野菜サラダが美味しく食べられることはよく知られている．

6.4.5 水難溶性物質の可溶化や結晶析出の抑制

柑橘類にはナリンギンやリモニンなどの苦味物質が含まれている．これらは柑橘缶詰やジュースの味を決める重要な成分ではあるが，結晶性が強く，製品中で結晶化して「白ボケ」という現象を生じる場合がある．一般に，消費者は「白ボケ」を製品中への異物の混入あるいはカビの発生と誤認し，苦情発生の原因となる場合がある．図 6.9 に示したように，ナリンギンは β-CD あるいは γ-CD と包接することにより水に対する溶解度が上昇するが，α-CD はこのような性質が弱い．また，紅茶中に含まれるタンニン類は酸性低温条件下で結晶化して白濁するミルクダウンもしくはクリームダウンと呼ばれる現象を呈する．一般に，レモンティーの pH は 4 以下の弱酸性であり，夏季には冷却して飲用される場合が多い．しかも，現在の消費動向として飲料容器の缶から PET へのシフトが顕著であり，商品の見た目を損なうことからミルクダウンは解決すべ

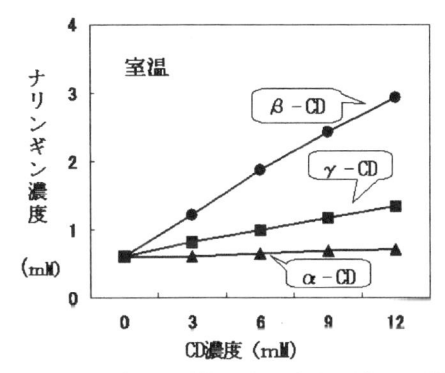

図 6.9　α-，β-，γ-CD によるナリンギンの可溶化

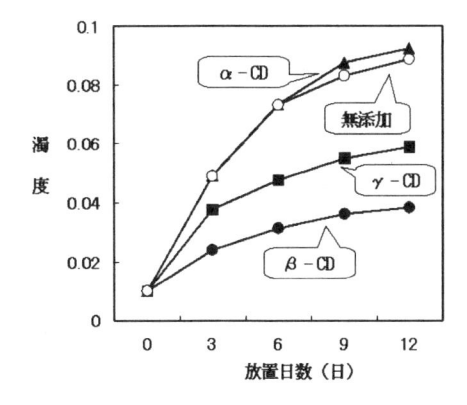

図 6.10　CDs による紅茶ミルクダウンの防止

き大きな問題であった．図 6.10 に，CDs による紅茶のミルクダウン防止効果を示した．

なお，試験は茶葉重量に対して 180 倍量の水を加え，90～95℃で 10 分間抽出した後，茶葉をろ別して得た抽出液の pH をクエン酸で pH3.5 に調整し，得られる紅茶液量に対して 0.7%（w/v）の各 CD を添加し，8℃で保存して生成する沈殿（濁度）を 720nm で測定している．図から明らかなように，ミルクダウン現象は，紅茶中に少量の β-CD を添加することにより大幅に改善できる．なお，本現象は，紅茶中に砂糖などの糖質の添加量を増やすことによりある程度改善できることは知られていたが，昨今の消費者の甘味離れから甘味料以外のミルクダウン防止方法が開発されたのは食品加工的には特筆すべきことである．本技術はレモンティーだけでなく紅茶ベースの果汁飲料や紅茶風味のアルコール飲料などにも応用されている．

6.4.6 乳化性や起泡性の改善

油性物質と CDs を水の存在下で強攪拌すると乳化状態になることはよく知られている．この作用を使って各種のドレッシング類が製造されている．また，理由は不明であるが，図 6.11 に示したように，卵白中に少量の β-CD を添加して強攪拌することにより卵白の起泡性を大幅に向上させることができ，ケーキなどの製造に利用されている．

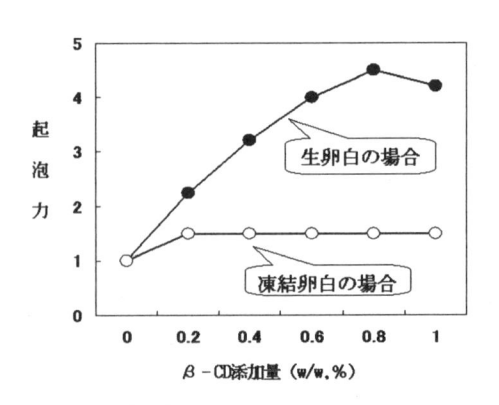

図 6.11　β-CD による卵白の起泡性向上

6.4.7 食品中の不要成分の除去，低減化

欧米諸国では死因の上位に心疾患があり，高脂血症あるいは肥満気味の消費者は代表的な高コレステロール食品である卵や乳製品の摂取を制限している場合が多い．このため，欧州では，図 6.12 に示した方法でコレステロールを低減化した乳脂を用いて低コレステロールバターが大量に生産されている．また，米国においては，β-CD を用いて卵黄からコレステロールを低減化した低コレステロール全卵が工業生産されたことがある．

一方，我が国においても，図 6.13 に示したような方法で卵黄からのコレステロール低減化が試みられ，出汁巻き卵や茶碗蒸などに加工されたことがある．卵黄中には β-CD と包接物を形成し難いエステル化コレステロールが約 20%程度含まれているため，表 6.4 に示しているようにコレステロール類を完全に除去するのは不可能であるが，含まれる量の 80%程度までは除去可能であ

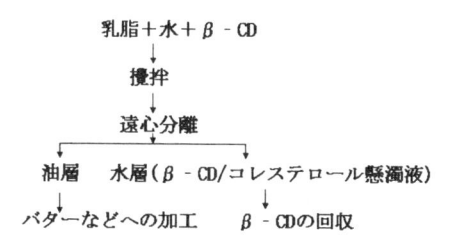

```
乳脂＋水＋β-CD
      ↓
     攪拌
      ↓
    遠心分離
    ↓     ↓
  油層   水層（β-CD/コレステロール懸濁液）
   ↓              ↓
バターなどへの加工   β-CDの回収
```

図 6.12 β-CD による乳脂からのコレステロールの除去

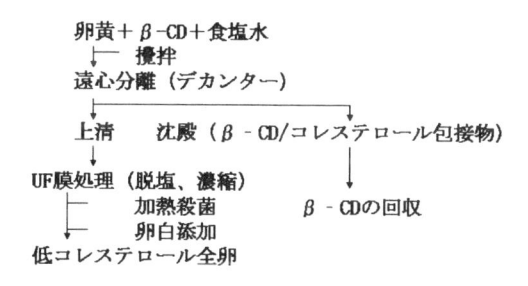

```
卵黄＋β-CD＋食塩水
      ↓
     攪拌
      ↓
  遠心分離（デカンター）
    ↓         ↓
  上清      沈殿（β-CD/コレステロール包接物）
   ↓                  ↓
UF膜処理（脱塩、濃縮）    β-CDの回収
   ↓
  加熱殺菌
   ↓
  卵白添加
   ↓
低コレステロール全卵
```

図 6.13 β-CD による卵黄からのコレステロールの除去

る．本操作により得られる低コレステロール全卵は，加工時の卵黄の変性防止用として添加する食塩を完全には除去できないこと，および UF 膜濃縮によりビタミン類などの低分子物質が同時に除去されることなどから栄養学的に未処理卵と同一物とは言い難く，調理時に栄養的な面での工夫が必要である．最近，本技術とは異なった技術を使用した低コレステロールマヨネーズあるいはコレステロール値を下げる食油を用いて製造したマヨネーズが市販されており，今後も健康増進，健康維持を目的に低コレステロール食品の開発が盛んになるものと思われる．なお，残念なことであるが，国産のチーズやバターなどの酪農製品は国際競争力が低いため国内での低コレステロールバターの生産は行われていない．

表 6.4 β-CD による卵黄からのコレステロールの除去

β-CD添加量 (w/v)	コレステロール除去率（%）
無し	0
4	27.8
8	54.1
12	77.2
16	82.4

6.4.8　その他

エタノールは惣菜などの一般食品の製造時に静菌，防カビ用途に使用される重要な基本素材であるが，CDs と弱い包接物を形成して安定化し揮散が抑制されることから，効果が持続する日持ち向上剤として CDs が添加されている．

また，β-CD の新しい用途として図 6.14 に示した方法で製造したナスの浅漬けは，ナス外皮中に含まれるナスニンがミョウバンにより発色した青色色素の調味液側への溶出を防止できる．

本方法によれば，調味液は無色でありカット面へのナスニンの着色もないのでナス単体でのカット茄子の浅漬けだけでなく，胡瓜や大根との混合浅漬けの製造も可能である．

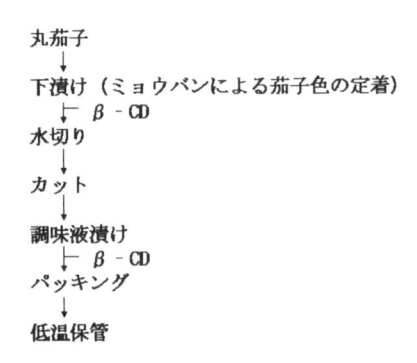

```
丸茄子
↓
下漬け（ミョウバンによる茄子色の定着）
├ β-CD
↓
水切り
↓
カット
↓
調味液漬け
├ β-CD
↓
パッキング
↓
低温保管
```

図 6.14　β-CD による浅漬け茄子調味液への色素の溶出防止

6.5　ヒドロキシプロピル化 β-シクロデキストリンの化粧品への応用

一般に CDs は疎水（親油）性物質を分子内に取り込み包接化合物を形成することがよく知られている．たとえば，代表的な化合物としてコレステロールなどのステロイド類，フラボノイドやタンニンなどの芳香族化合物，鎖状や環状の炭化水素類，脂肪酸類，さらには各種の油類やアルコール類，一部のアミノ酸などが CDs と包接物を形成する．これらの物質は化粧品分野においても重要な配合素材である．化学的に非修飾の CDs は，分岐 CDs を除き，おおむね水に対する溶解度が低く，また，化粧品で多用されるエタノールにはほとんど溶けない．特に包接物を形成するゲスト分子の数が他の α-CD や γ-CD に比べて圧倒的に多い β-CD の水への溶解度は 2% 以下であり，化粧品や医薬部外品への応用には技術上の制約があった．また，これらの非修飾 CDs はカビや細菌などで容易に資化される生分解性であることから，無菌とはいい難い指や手を使って長期間にわたって使用される可能性がある同上用途には不向きであるといわれていた．

β-CD 分子中の主に C2 位をヒドロキシプロピル（HP）化した HP-β-CD は，表 6.5 に示しているように水 100 g に対して 100 g 以上溶解するばかりでなく，コロンなどに用いられる含水エタノール中でもかなりの高い溶解度を示す化粧品基材として優れた特性を有する CD 誘導体といえる．ここでは示していないが，各種 α-アミラーゼに対しても抵抗性があり，生分解性もかなり抑制されている．

同 HP-β-CD はアルカリ条件下で β-CD 溶液にプロピレンオキサイドを添加することにより容易に製造できるが，未反応の β-CD 残存量を最少にしつつ，所定の置換率にするためには酸化剤やアルカリ剤の量と添加方法，ならびに反応温度や撹拌条件などを厳密に管理する必要がある．なお，純度の高い β-CD を初発原料に用いれば反応時の糖のアルカリ分解による着色はほとんど起こらない．また，反応終了後プロピレングリコールと大量の食塩が副生するので，化粧品や医

表 6.5 HP-β-CD の溶解度

	置換度	溶解度（g・100mL^{-1}、20℃）(エタノール：水)		
		0:100	100:0	50:50
HP-β-CD	4.6	100以上	3.4	100以上
	7.6	100以上	50以上	100以上

薬部外品あるいは医薬品用途に使用する場合にはこれらを除去精製する必要がある．一般的には分子置換度 4.3～5.3 程度の HP-β-CD が同上用途に用いられており，高置換度品は包接能力に難点があるとして用いられていない．なお，以下に述べる化粧品分野における HP-β-CD の諸物性は㈱資生堂と日本食品化工㈱との共同研究により得られたものである．

6.5.1 ヒドロキシプロピル化 β-シクロデキストリンの保湿効果

化粧品分野で CDs 誘導体を利用する場合，包接能以外で具備すべき最も重要な機能は保湿性と思われる．10%(w/v)に調整した各保湿剤を 25℃の室温に 48 時間放置した後の水分保持力を水と比較した結果を表 6.6 に示したが，HP-β-CD は一般に保湿成分として化粧品に用いられているグリセリンよりも高い保湿性を有している．この特性を活かし，人の皮膚に塗布されたときに揮発する水分を補足保持し肌に潤いを与えることができるが，グリセリンは安価な物質なので，保湿機能だけを利用した HP-β-CD の化粧品への利用は現在までのところ行われていない．HP-β-CD の包接機能を利用し，保湿機能も併せて付加された化粧品が大部分といえる．

表 6.6 HP-β-CD の保湿性

品名	保湿性
HP-β-CD	1.9
グリセリン	1.4
1,3-ブチレングリコール	1.3
水（対照）	1.0

6.5.2 フレグランス成分の安定化

飲料や一般食品の利用例の項でも述べたが，化粧品においても香気成分（フレグランス）は主要な配合成分であり，その安定化は非常に重要なテーマである．特に，テルペン類などの揮発性の強い香気成分の安定化は必要性が高い．図 6.15 に HP-β-CD を配合したシトラス系フレグランスのほぼ体温である 36℃での香り持続効果を示した．また，図 6.16 には，化粧品や医薬部外品用の香料としてかなりの量が使用されているメントール/β-CD 包接物溶液の 60℃での安定化（徐放）効果を示した．コロンや腋臭防止スプレーなどに配合された香気成分と HP-β-CD との包接物は，これらの図に示しているように長時間にわたって徐々に香気成分を放出することから，持続性の高いフレグランス製品を製造することができる．また，オイゲノール（Eugenol）含有香料の光に対する安定化効果を表 6.7 に例として示したが，HP-β-CD は天然抽出香料や各種色素の褐変や退色防止あるいは生理活性物質の酸化や変質の防止に効果があるようである．

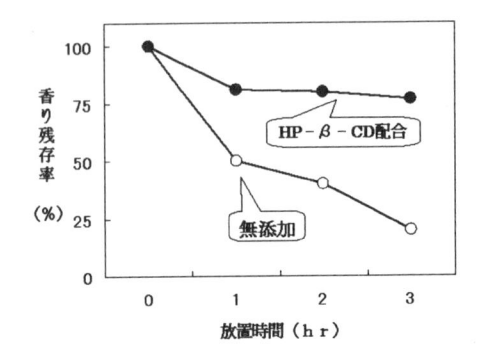

図 6.15　HP-β-CD によるシトラス系香料の香り持続性

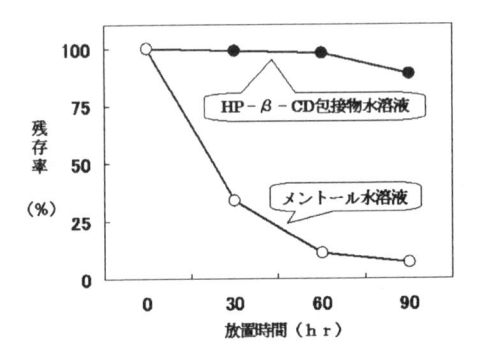

図 6.16　HP-β-CD によるメントールの安定化

表 6.7　HP-β-CD による Eugenol 香料の褐変防止

添加量 (w/v)	相対着色度 (%)
無し	100
0.2	70
0.5	58
0.7	35
1.0	6

6.5.3　低分子物質の経皮吸収の抑制と水難溶性物質の可溶化

化粧品や医薬部外品には水難溶性物質や油溶性物質が配合される場合が多い．水系化粧品の場合，これらの物質を均一に分散あるいは溶解させるために界面活性剤が用いられるが，多くの界面活性剤は低分子であり皮膚からの浸透性があるので皮膚トラブルの原因となる場合がある．一方，CDs は比較的高分子であるため，皮膚からの浸透性はほとんどなく，疎水性の分子内空洞にこれらの物質を取り込んで包接物を形成して多くの水溶性の分子カプセルをつくることができる．包接物についても同様に経皮吸収はほとんど起こらないので，皮膚トラブルの恐れがある低分子物質も CDs による包接物の形で配合することにより，化粧品や医薬部外品の安全性は高まるものと期待される．

例として，図6.17に化粧品用防腐剤の一つであるブチルパラベン（Butylparaben, p-安息香酸ブチル）のHP-β-CDによる経皮吸収抑制効果について示した．ブチルパラベンは他のパラベン類よりも防腐効果が高く，低濃度で使用可能なため化粧品分野では有用な添加物の一つであるが，水に対する溶解度が低いために使用は限定的である．図に示しているように，HP-β-CDは包接物を形成させることにより，ブチルパラベンの皮膚透過量を大幅に抑制することができる．なお，試験は0.01%(w/v)のブチルパラベン溶液を比較の対照とし，同濃度のブチルパラベン溶液に2.0%(w/v)となるように分子置換度4.6のHP-β-CDを添加した溶液のネズミ皮膚への浸透量を測定している．

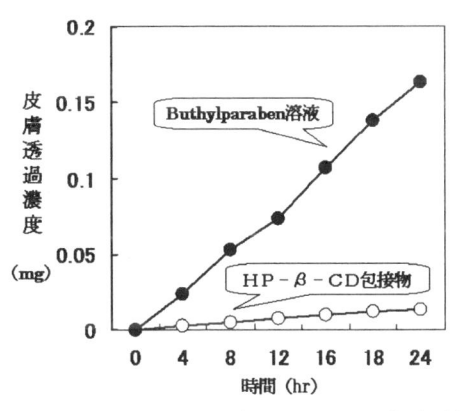

図6.17　HP-β-CDによるブチルパラベンの経皮吸収抑制

また，図6.18にHP-β-CDによるメントールの水に対する溶解度向上効果を示した．メントールは爽快感を求める化粧品や医薬部外品の製造には必須の香料であるが，水難溶性である．先にも述べたように，HP-β-CDは含水エタノールにもよく溶ける．メントールはHP-β-CDとの包接物形成により水に溶けやすくなり，配合可能な化粧品の範囲が大幅に広がった．この特性を利用して低分子の界面活性剤や他の分散剤を使用せずに香料や有用成分を可溶化した化粧品や医薬部外品をつくることができる．また，HP-β-CDは少量の水の存在下で油性物質やコレステロール類と乳化させることにより安定な乳化物を得ることもできる

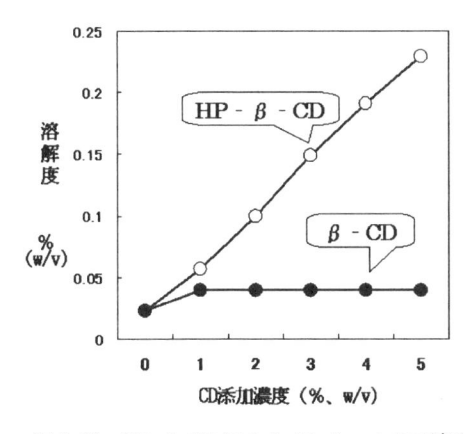

図6.18　HP-β-CDによるメントールの可溶化

6.6 おわりに

本章では，我が国における CDs の飲料や食品への応用ならびに㈱資生堂と共同で行った HP-β-CD の化粧品への応用の一部を述べた．先にも述べたように CDs およびそれらの誘導体の応用は飲料や一般食品産業あるいは化粧品産業だけでなく，多岐の分野に及び，消費量も年ごとに増加している．最近では中国や米国を主とする海外製の CDs もかなりの量が輸入されるようになった．一方，我が国の産業は安価な原料と労働力，そして新たな市場を求めて中国をはじめとする諸外国に生産や販売拠点を構えるなど，グローバル化はますます進展している．CDs の主要な需要者である食品加工産業も例外ではなく，国内での生産を海外にシフトする会社が続出している．かかる状況の中で食品素材産業が生き残るためには，グローバル化は当然のこととして，我が国の強みである研究開発力をさらに強化し，安全，安心な商品の提供と，需要者が興味をもつ魅力的な商品を提供し続ける必要がある．幸いにも我が国には CDs に関する非常に多くの研究者が多岐の分野で精力的な研究を実施しており，膨大な数の報文と特許を出し続けている．これは他の諸外国に比べ，我が国に CDs の応用に関する強い基盤があることを示しており，今後引き続いての CDs 研究の進展と関連産業の発展を信じて終わりとしたい．

第Ⅴ編　シクロデキストリン研究の実験法

1. 修飾シクロデキストリンの合成実験例

2. 二次元 NOE 測定 − ROESY と NOESY −

3. カロリメトリー実験法

4. 安定度定数の決定法

5. 医薬品の製剤特性改善における安定度定数の活用

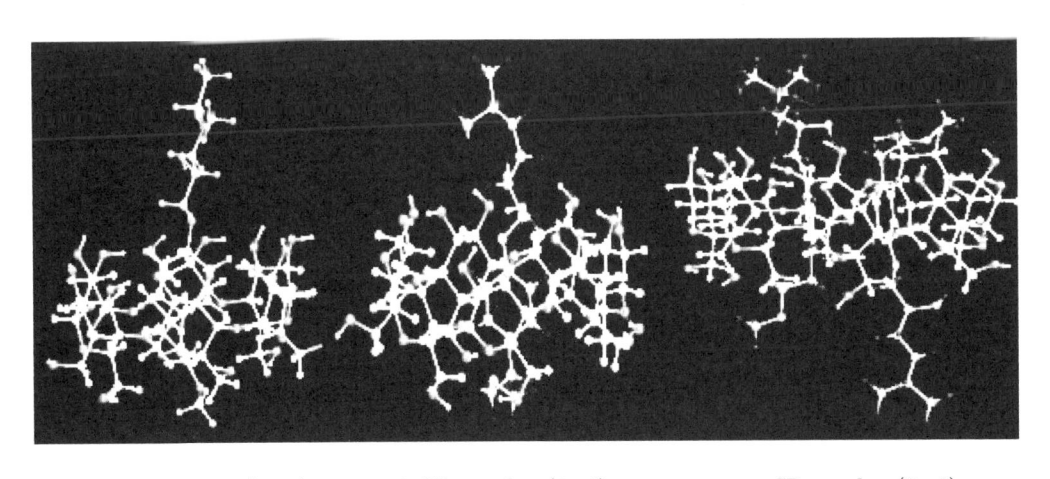

α -CD complex （1：1）　　　β -CD complex （1：1）　　　γ -CD complex （2：1）

1

修飾シクロデキストリンの合成実験例

1.1 はじめに

シクロデキストリン（CD）に簡単な修飾をほどこすだけで，CD の新しい世界を切り開くことができる．この章では，修飾 CD の研究をこれからはじめようとする研究者の参考になるように，実施例も載せながらできるだけ詳しく基本的な CD の修飾法を紹介する．また，はじめての人に役に立つちょっとしたヒントを「テクニカルノート」として脚注にまとめてある．

1.2 一置換体の合成法

1.2.1 スルホニル化の位置選択性

CD の一級水酸基側に一つだけ修飾残基を導入する確実な手法は，アミノ化 CD あるいはスペーサーを介して末端にアミノ基を有する CD 誘導体と，修飾残基のカルボン酸とを，DCC/HOBt を縮合剤としてアミド結合で結合させる方法である．

まず一級水酸基の一つだけをスルホン酸エステルにする．β-CD の場合，トシル化が一般的だが，α-CD, γ-CD の場合，ナフタレンスルホニル化などを利用した報告もある．多置換体をまったく生成することなくモノエステルだけを高収率に合成する手法は，残念ながらない．転化率があまり高くないときに反応を止め，副生した多置換体を再結晶やカラムクロマトにより除き，モノエステルを得る．ピリジン中で，パラトルエンスルホニルクロリドと反応してモノトシル体を得るのが，古くから行われている一般的な手法である[1]．

pH を一定に保ったアルカリ水溶液中でパラトルエンスルホニルクロリドと反応すると，β-CD の場合，主に一級水酸基がトシル化された化合物が得られる[2]．反応を極短時間で終了させると，二級水酸基側がスルホニル化された化合物も確認されている[3]．二級水酸基側がスルホニル化された化合物はアルカリ中で不安定で，すぐにエポキシ体に変化してしまうので，β-CD の場合，通常の反応時間ではスルホニル化体としては，一級水酸基がスルホニル化された化合物のみが観測される．

一方，α-CD の場合，pH を一定に保ったアルカリ水溶液中でパラトルエンスルホニルクロリドと反応すると，主に二級水酸基側がトシル化された化合物が得られる[2,4]．この場合，アルカリ水溶液の pH や反応時間によって，2 位がトシル化された化合物と 3 位がトシル化された化合物

の比率が変化する．pH を 13 以上に保って反応すれば，ほぼ 2 位がトシル化された化合物のみが得られる[2]．これは，2 位がトシル化された化合物と 3 位がトシル化された化合物のアルカリ中での安定性の差によるもので，いずれもエポキシ体に変化し，エポキシ体に変化しなかったスルホニル化体が生成物として観測される．したがって，極短時間で反応を止めたり，反応の進行に伴い pH が酸性側に変化するような条件で反応を行うと，3 位がトシル化された化合物が多く観測される[4]．一方，pH を高アルカリ性に保って反応を行うと，3 位がトシル化された化合物はすべてエポキシ体となってしまい，2 位がトシル化された化合物のみが観測されてくる．なお，6 位がトシル化された化合物もアルカリ水溶液中で徐々に 3,6-アンヒドロ体に変化する．薄層クロマトグラフィー（TLC）の Rf 値は原料の CD とエポキシ体はほとんど同じなので，TLC による確認は困難である．したがって，トシル化体を精製せずに次の反応に進んでしまうと，粗生成物中に存在するエポキシ体も反応してしまい，たくさんの種類の生成物が生成してしまう．

1.2.2 一級水酸基側（6 位）一置換修飾シクロデキストリン

(1) 6-deoxy-6-tosyl-β-cyclodextrin（ピリジン溶液法）

β-CD（25 g，22 mmol）をピリジン（100 mL）に溶解後[a]，パラトルエンスルホニルクロリド（p-TsCl，12.5 g，66 mmol）を溶解する．0°C に冷やしながら 2 時間攪拌した後，反応溶液に水を加え，反応を停止する．次にロータリーエバポレータを使ってピリジンを留去する．濃縮が進んで，粘性が高くなってきたら，水およびエタノールを加え，さらに留去を続ける．水/エタノールを加えながら留去する操作を数回繰り返すことにより，白色の粉末が得られる．一晩真空乾燥後，まず，水から再結晶を行い，未反応の β-CD を除く[b,c]．次に，ブタノール/エタノール/水

---

[a] テクニカルノート 1：CD を有機溶媒に溶かすときは，必ず有機溶媒に CD を少しずつ加えていく．CD の粉末に有機溶媒を加えると，CD が固まってしまい，溶かすことが困難になる場合がある．

[b] テクニカルノート 2：ピリジン中でトシル化した粗生成物には，ピリジンがたくさん含まれている．したがって，1 回目の再結晶では少量の熱水で粗生成物が全部溶解してしまうが，分解したパラトルエンスルホン酸は熱水には溶けにくいので，熱時ろ過で除く．2 回目以降の再結晶に必要な熱水の量は，β-CD の溶解度を目安にし，そこに少しずつ水を足していけば，水を加えすぎることはない．水を加えていっても透明にならなければ，ひだ折りろ紙でろ別する．なお，β-CD の水に対する溶解度は 80°C で約 25 g・100 mL^{-1} である．

[c] テクニカルノート 3：混合溶媒からの再結晶をする前に，水から再結晶した結晶は減圧乾燥する．結晶水がたくさんありすぎると混合溶媒に溶けにくくなる．また，極少量の未反応の β-CD が存在していても，混合溶媒による再結晶で除くことができる．ただ，未反応の β-CD がたくさんあると再結晶のじゃまになるので，できるだけ水からの再結晶で除いておく．

[d] テクニカルノート 4：混合溶媒による精製法は，混合溶媒に対する溶解度が多置換体のほうが一置換体よりも高いことを利用して多置換体を除く手法である．ただ，一置換体もかなり混合溶媒に溶解するので，再結晶を重ねるたびに一置換体も損失してしまう．混合溶媒による再結晶を何回もしなければならないほど多くの多置換体が生成しない条件で反応を行うほうが，精製の手間がかからず収率もよい．

[e] テクニカルノート 5：反応の検出，精製の際の純度確認には，シリカゲル薄層クロマトグラフィー（TLC）を使う．展開溶媒として，
  A 液：ブタノール：エタノール：水＝5：4：3
  B 液：濃アンモニア水：酢酸エチル：2-プロパノール：水＝1：3：5：4
を主に使用する．
  TLC プレートや展開溶媒の状態により，Rf の値は異なってくる．特に，B 液は調整してから日数が経つに従って，Rf 値が違ってくるので注意が必要である．

[f] テクニカルノート 6：滴下速度が速すぎたり，攪拌が不十分だったりすると，ブチレンジアミンの両末端に CD が結合した CD 二量体が生成してしまう．ブチレンジアミン修飾 CD と CD 二量体を分離することは難しいので，反応の際に CD 二量体が生成しないように注意する．

=5:4:3の混合溶媒を用いて再結晶を行い,多置換体を除去し[c-e],モノトシル化β-CDを得る.収量3.0g,収率11%,Rf=0.46(A液)[e]

(2) 6-deoxy-6-tosyl-β-cyclodextrin（アルカリ水溶液法）

水（400mL）に水酸化ナトリウム（6.4g）を溶解後，β-CD（20g，17.6mmol）を溶解する．溶液を5℃に冷却後，溶液を激しく撹拌しながらアセトニトリル（20mL）に溶解したパラトルエンスルホニルクロリド（p-TsCl，20g，105mmol）を加える．パラトルエンスルホニルクロリドはほとんど水溶液に溶けないので，撹拌が不十分だと反応が進行しない．また，アセトニトリルに溶解させずに粉末のパラトルエンスルホニルクロリドを加えてもよいが，その際は粉末を細かく砕いてから添加しないと反応の進行が遅くなってしまう．5℃に冷やしながら約1時間撹拌する．パラトルエンスルホニルクロリドをひだ折りろ紙でろ別後，塩酸で反応溶液のpHを中性にする．pHが中性に近づくに従い，白色の沈殿が生じてくる．中性になった反応溶液をしばらく放置し沈殿の生成がおさまった後，沈殿をろ取する．ろ過物を真空乾燥し，粗生成物を得る．ピリジン溶液法と同様の手順で再結晶により，精製を行う．収量4.4g，収率20%，Rf=0.46(A液)[e]

(3) 6-amino-6-deoxy-β-cyclodextrin

モノトシル化β-CD（2g，1.5mmol），アジ化ナトリウム（1g，15mmol）を水（50mL）に溶解し，80℃で4時間撹拌し，TLCでモノトシル化β-CDが完全に消失したことを確認する．反応溶液を室温まで冷やした後，ロータリーエバポレータを用いて水を留去する．真空乾燥し，粗生成物を得，精製せずに次の反応に用いる．

先の粗生成物をDMF（20mL）に溶解後，トリフェニルホスフィン（1g，3.8mmol）を加え，室温で1時間撹拌，濃アンモニア水（5mL）を加えさらに3時間撹拌する．反応が完結したことをTLCで確認後，反応溶液を激しく撹拌したアセトン（250mL）に加え，生じた沈殿をろ取する．ろ過物を真空乾燥し粗生成物を得る．

精製は，陽イオン交換樹脂CM-Sephadex C-20で行う．粗生成物を少量の水に溶解し，H⁺型のCM Sephadex C-20を充填したカラムに加える．次に，樹脂に吸着しない化合物を十分に水で洗い流した後，1Mアンモニア水を加え，アミノ化β-CDを溶出する．ロータリーエバポレータで濃縮後，凍結乾燥し目的物を得る．収量1.5g，収率76%，Rf=0.51(B液)[e]

スペーサーを介して置換基を導入する場合，トシル化β-CDとエチレンジアミンやブチレンジアミンと反応し，スペーサーを導入後，末端アミンと導入したい置換基のカルボン酸とをDCC/HOBtを縮合剤として結合させる．

(4) 6-(4-aminobutylamino)-6-deoxy-β-cyclodextrin

1,4-ジアミノブタン（40g，454mmol）のDMF（5mL）溶液にトシル化β-CD（5g，3.9mmol）のDMF（30mL）溶液を，70℃に加熱しながらゆっくり滴下する[f]．滴下終了後さらに，2時間撹拌する．反応溶液を室温まで冷やした後，激しく撹拌したアセトン（1.5L）に加え，生じた沈殿をろ取し，ろ過物を真空乾燥し粗生成物を得る．

精製は，陽イオン交換樹脂CM-Sephadex C-20で行う．粗生成物を少量の水に溶解し，H⁺型のCM-Sephadex C-20を充填したカラムに加える．次に，樹脂に吸着しない化合物を十分に水で

洗い流した後，1M アンモニア水を加え，ブチレンジアミン修飾 β-CD を溶出する．ロータリーエバポレータで濃縮後，凍結乾燥し目的物を得る．収量 4.18 g，収率 88%，Rf=0.05 (B 液)[e]

(5) 6-(N-dansyl-L-valinylamino)-6-deoxy-β-cyclodextrin

N-ダンシル-L-バリン (136mg, 0.39mmol)，ジシクロヘキシルカルボジイミド (CDD, 88mg, 0.43mmol)，および 1-ヒドロキシベンゾトリアゾール (HOBt, 57.7mg, 0.41mmol) を DMF (10mL) に溶解し，0℃ で 1 時間撹拌する．この溶液に，6-アミノ-β-CD (400mg, 0.35mmol) を添加し，0℃ でさらに 1 時間撹拌し，その後室温で一晩撹拌する．反応を TLC で確認し，未反応の 6-アミノ-β-CD が残っているようなら，DCC および HOBt を少量添加し，さらに反応を行う．反応が終了した後，反応溶液中の不溶物をろ別後，激しく撹拌したアセトン (200mL) に加え，生じた沈殿をろ取する．ろ過物を真空乾燥し，粗生成物を得る．

精製は，ポリスチレンゲル DIAION HP-20 を充填したカラムで行う．粗生成物を少量の水に溶解し，DIAION HP-20 を充填したカラムに加える．次に，樹脂に吸着しない化合物を十分に水で洗い流す．溶出液のメタノール濃度を上げ，メタノール濃度が約 60%(v/v) のときに，目的物が溶出してくる．収量 358mg，収率 69%，Rf=0.50 (A 液)[e]

α-CD および，γ-CD の場合，対応するスルホン酸エステルの水に対する溶解性が高いので，水からの再結晶による精製ができない．精製にはポリスチレンゲル DIAION HP-20 あるいは活性炭を使う．カラムに対する吸着性を高める目的で，パラトルエンスルホン酸エステルではなく，2-ナフタレンスルホン酸のエステルを合成中間体にする．合成方法は，反応試薬として 2-ナフタレンスルホニルクロリドを使う以外は 6-トシル化 β-CD と同じである．2-ナフタレンスルホニル化 β-CD の精製は以下のように行う．まず、粗生成物を水に溶解し，DIAION HP-20 を充填したカラムに加える．次に，樹脂に吸着しない化合物を十分に水で洗い流す．溶出液のメタノール濃度を上げ，メタノール濃度が約 30%(v/v) のときに，目的物が溶出してくる．

1.2.3 二級水酸基側一置換修飾シクロデキストリン

α-CD の場合，先に述べたように pH を一定に保ったアルカリ水溶液中でスルホニル化することにより，2 位がスルホニル化された化合物を得ることができる[2]．β-CD の場合，3-ニトロフェニルトシラートをスルホニル化剤として用い，DMF/アルカリ緩衝液の混合水溶液中でトシル化することにより，2 位がスルホニル化された化合物を得ることができる[5]．また，2-ナフタレンスルホニルクロリドをスルホニル化剤として用い，30%アセトニトリル水溶液中でスルホニル化すると，β-CD の 3 位がスルホニル化された化合物を得ることができる[6]．

二級水酸基側がスルホニル化された化合物と直接求核剤とを反応させても目的とする化合物を得ることはできない．いったんアルカリ条件でエポキシ体に変換し，得られたエポキシ体と求核剤とを反応させることにより官能基を導入する[7]．

2-deoxy-2-tosyl-β-cyclodextrin

β-CD (12g) を DMF (120mL) と炭酸緩衝溶液 (pH10, 72mL) の混合溶媒に溶解する．3-ニトロフェニルトシラートを添加し，60℃ で 1 時間撹拌する．反応溶液を 1M HCl で中和する．反応溶液を激しく撹拌したアセトン (1L) 中に加え，生じた沈殿をろ取し，ろ過物を真空乾

燥し粗生成物を得る．精製は，ポリスチレンゲル DIAION HP-20 を充填したカラムで行う．粗生成物を少量の水に溶解し，DIAION HP-20 を充填したカラムに加える．次に，樹脂に吸着しない化合物を十分に水で洗い流す．溶出液のメタノール濃度を上げ，メタノール濃度が約 30%(v/v) のときに，目的物が溶出してくる．

1.3 二置換体および多置換体の合成

1.3.1 一級水酸基側（6位）二置換および多置換修飾シクロデキストリン

CD の多置換体には位置異性体が存在する．二置換体の場合，α-CD，β-CD に 3 種類（AB 体，AC 体，AD 体）の異性体が，また，γ-CD には 4 種類（AB 体，AC 体，AD 体，AE 体）の異性体が存在する．二置換体を得る手法には二つの方法がある．①特定の位置異性体のみを得ることができるキャップ試薬を利用する方法，②非選択的にスルホン酸エステルの多置換体を合成し，その後中圧あるいは高圧のカラムクロマトで分離する方法である．ある特定の位置異性体のみが必要なときは，前者のキャップ試薬が有効である．一方，非選択的にスルホン酸エステル化を行うと，1回の反応で全種類の二置換体が得られ，全種類の二置換体が必要なときには有効である

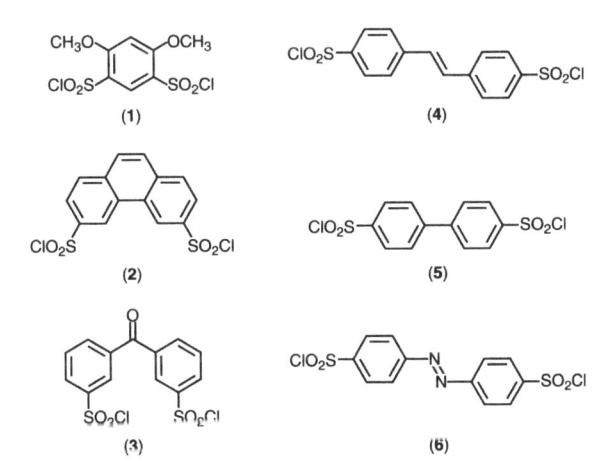

図1.1 キャップ試薬

表1.1 キャップ試薬を用いてスルホニル化した場合の位置選択性

キャップ試薬	CD	位置選択性	文献
1	β-CD	AB のみ	8
2	β-CD	AC：AD = 89：11[9]	9, 11
3	β-CD	AC：AD = 78：22[9]	9, 10, 12
4	β-CD	AC：AD = 0：100[10]	10, 11, 12
5	β-CD	AC：AD = 2：98[9]	9, 10, 12
6	γ-CD	AD：AE = 6：94[15]	13, 14, 15

が，分離精製に時間がかかる欠点がある．

位置選択的に三置換体以上を合成する方法はない．非選択的にスルホニル化した後に，中圧あるいは高圧のカラムクロマトで分離する．文献記載の分離条件，クロマトチャートを参考にしてほしい．

非選択的ポリスルホニル化の参考文献を以下にまとめて示す．

α-CD

ビス・メシチレンスルホニル化

K. Fujita, A. Matsunaga, and T. Imoto, *J. Am. Chem. Soc.*, **106**, 5740-5741 (1984).

ポリ・メシチレンスルホニル化

K. Fujita, H. Yamamura, A, Matsunaga, T. Imoto, K. Mihashi, and T. Fujioka, *J. Am. Chem. Soc.*, **108**, 4509-4513 (1986).

2位ジスルホニル化

K. Fujita, S. Nagamura, T. Imoto, T. Tahara, and T. Koga, *J. Am. Chem. Soc.*, **107**, 3233-3235 (1985).

β-CD

ビス・トシル化

K. Fujita, A. Matsunaga, and T. Imoto, *Tetrahedron Lett.*, **25**, 5533-5536 (1984).

ビス・メシチレンスルホニル化

K. Fujita, H. Yamamura, and T. Imoto, *J. Org,. Chem.*, **50**, 4393-4395 (1985).

トリス・トシル化

K. Fujita, T. Tahara, and T. Koga, *Chem. Lett.*, 821-824 (1989).

トリ・スルホニル化（キャップ試薬の併用）

M. Atsumi, M. Izumida, D-Q. Yuan, and K. Fujita, *Tetrahedron Lett.*, **41**, 8117-8120 (2000).

γ-CD

ビス・トシル化

K. Fujita, H. Yamamura, T. Imoto, T. Fujioka, and K. Mihashi, *J. Org. Chem.*, **53**, 1943-1947 (1988).

ビス・2-ナフタレンスルホニル化

A. Ueno, F. Moriwaki, A. Azuma, and T. Osa, *J. Org. Chem.*, **54**, 295-299 (1989).

1.3.2　一級水酸基側（6位）全置換体

一級水酸基側のすべての水酸基を同じ置換基に変えたいときは，臭素体[16]，あるいはヨウ素体[17]が有効な中間体となる．

heptakis(6-bromo-6-deoxy)-β-cyclodextrin

無水 DMF（200 mL）にトリフェニルホスフィン（41.0g）を溶解後，ゆっくり臭素（25.0g）を添加後，室温で1時間攪拌する．この溶液にβ-CD（9.86g）を加え，80℃で15時間反応する．

反応溶液を室温まで冷却後，冷やしながら3Mのナトリウムメトキシドを反応溶液のpHが9になるまで加える．この反応溶液を氷冷水（1L）に加え沈殿を得る．この沈殿をろ取し，減圧乾燥する．粗生成物をDMFに溶解後，激しく攪拌したメタノール（1L）に加え沈殿を得る．この沈殿をろ取後，メタノールおよびアセトンで十分洗浄することにより白色の固体を得る．精製の確認は，^{1}H NMRおよび^{13}C NMRで行う．収量12.25g，収率90%，Rf=0.68 (A液)[e]

1.3.3 二級水酸基側二置換修飾シクロデキストリン

最近，2位の水酸基2ヶ所を位置選択的にスルホニル化するスルホニル化試薬が開発されている[18-21]．

スルホニル化試薬の位置選択性を表1.2, 1.3にまとめておく．

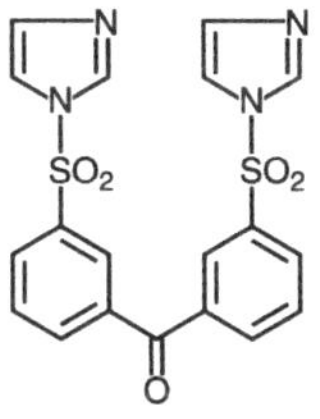

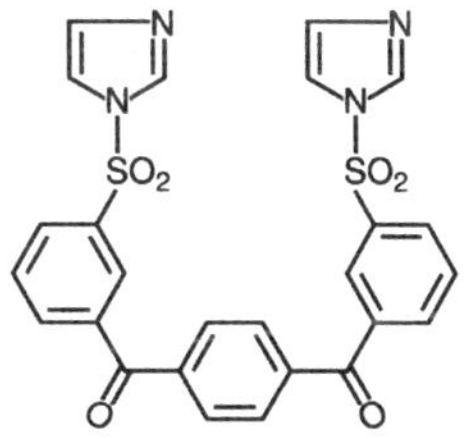

図1.2 二級水酸基ビススルホニル化試薬

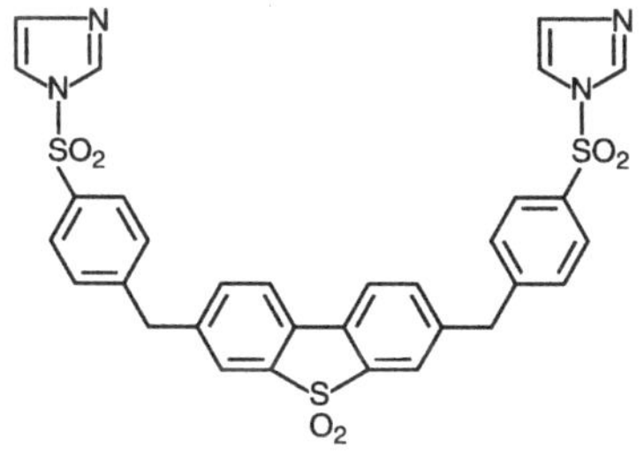

表1.2 スルホニル化試薬7, 8を使用したスルホニル化の位置選択性

スルホニル化試薬	CD	Yield (%)[a]			文献
		2A2B	2A2C	2A2D	
7	α-CD	[30]	-	-	18
7	β-CD	[33]	-	-	18
7	γ-CD	[30]			19
8	β-CD	-	3.5 [1.7]	53 [42]	20

a YieldはHPLC収率，[ ]内は単離収率．
K. Teranishi, *Chem. Commun.*, 1255-1256 (2000), K. Teranishi, M. Hisamatsu, and T. Yamada, *Tetrahedron Lett.*, **41**, 933-936 (2000), K. Teranishi, *Tetrahedron Lett.*, **42**, 5477-5480 (2001).

表1.3 スルホニル化試薬9を使用したスルホニル化の位置選択性

Entry	CD	Solvent	Time (h)	Yield (%)ᵃ			
				2A2B	2A2C	2A2D	2A2E
1	α-CD	DMF	48	7.6 [7.0]	51 [40]	3.3 [3.0]	-
2	α-CD	DMSO	24	22	39	3.5	-
3	β-CD	DMF	48	7.6 [6.1]	58 [49]	2.9 [1.5]	-
4	β-CD	DMSO	24	27	40	1.7	-
5	γ-CD	DMF	48	6.9 [4.5]	39 [31]	4.2 [3.8]	0.80 [0.76]
6	γ-CD	DMSO	24	20	31	2.9	0.29

a YieldはHPLC収率, [ ]内は単離収率.
K. Teranishi, *Tetrahedron*, **59**, 2519-2538 (2003).

1.4 おわりに

　CDに官能基を付けることにより様々な機能性分子を創成することができる．この章が，新しい発想で新しい修飾CDの化学を展開しようとする研究者の手助けになり，一人でも多くの研究者が修飾CDの化学に参加するきっかけになれば幸いである．

参考文献

1) 戸田不二緒監修，上野昭彦編集，シクロデキストリン−基礎と応用−，第4章，産業図書 (1995).
2) K. Takahashi, K. Hattori, and F. Toda, *Tetrahedron Lett.*, **25**, 3331-3334 (1984).
3) K. Fujita, T. Tahara, T. Imoto, and T. Koga, *J. Am. Chem. Soc.,* **108**, 2030-2034 (1986).
4) K. Fujita, S. Nagamura, and T. Imoto, *Tetrahedron Lett.*, **25**, 5673-5676 (1984).
5) A. Ueno and R. Breslow, *Tetrahedron Lett.*, **23**, 3451-3454 (1982).
6) K. Fujita, T. Tahara, T. Imoto, and T. Koga, *J. Am. Chem. Soc.*, **108**, 2030-2034 (1986).
7) R. Breslow and A. W. Czarnik, *J. Am. Chem. Soc.*, **105**, 1390-1391 (1983).
8) R. Breslow, J. W. Canary, M. Varney, S. T. Waddell, and D. Yang, *J. Am. Chem. Soc.*, **112**, 5212-5219 (1990).
9) 西谷孝子，田伏岩夫，*日化誌*, 265-275 (1987).
10) I. Tabushi, K. Yamamura, and T. Nabeshima, *J. Am. Chem. Soc.*, **106**, 5267-5270 (1984).
11) I. Tabushi and L.C. Yuan, *J. Am. Chem. Soc.*, **103**, 3574-3575 (1981).
12) I. Tabushi, Y. Kuroda, K. Yokota, and L.C. Yuan, *J. Am. Chem. Soc.*, **103**, 711-712 (1981).
13) A. Ueno, F. Moriwaki, T. Osa, F. Hamada, and K. Murai, *J. Am. Chem. Soc.*, **110**, 4323-4328 (1988).
14) A. Ueno, F. Moriwaki, T. Osa, F. Hamada, and K. Murai, *Bull. Chem. Soc. Jpn.*, **59**, 465-470 (1986).
15) A. Ueno, F. Moriwaki, A. Azuma, and T. Osa, *J. Org. Chem.*, **54**, 295-299 (1989).
16) H.H. Baer, A.V. Berenguel, Y.Y. Shu, J. Defaye, A. Gadelle, and F.S. González, *Carbohydr. Res.*, **228**, 307-314 (1992).

17) P.R. Ashton, R. Königer, J.F. Stoddart, D. Alker, and V.D. Harding, *J. Org. Chem.*, **61**, 903-908 (1996).
18) K. Teranishi, *Chem. Commun.*, 1255-1256 (2000).
19) K. Teranishi, M. Hisamatsu, and T. Yamada, *Tetrahedron Lett.*, **41**, 933-936 (2000).
20) K. Teranishi, *Tetrahedron Lett.*, **42**, 5477-5480 (2001).
21) K. Teranishi, *Tetrahedron*, **59**, 2519-2538 (2003).

2

二次元 NOE 測定—ROESY と NOESY—

2.1 はじめに

　有機化学分野で日常的に用いられる分析手段の中で NMR は最も効果的で用途の広い分析法である．発色団がなくとも観測核が存在すれば分子を構成する原子レベルでの情報から，立体構造と直結する情報まで得ることができる．試料溶液さえ調製できれば，分子量 1000 程度のペプチド分子の溶液状態での構造は NMR だけで決定することができる．シクロデキストリン（CD）分野でも，分子構造決定だけではなく，立体構造や包接化合物形成の証拠として，NOESY および ROESY と呼ばれるパルスシークエンスを用いるのは日常的になってきた．

　ところが，いざ NMR 機器の標準パラメーターを使用して二次元測定を行ってみると，なかなか求めるスペクトルが得られない．もっとよいスペクトルを得るには，もっと詳細な情報を導き出すにはどのように標準パラメーターを変更すればよいのであろうか．

　分子量の高い分子に対する NMR 測定法の進展はタンパク質化学の要求に起因するところが大きい．CD は分子量 1000 程度で，ペプチド分子と比べるとはるかに小さい糖質である．さらに包接現象は平衡反応である．したがって，ペプチド構造の空間的距離情報を得るための測定常識と CD 包接現象に関する情報を得るための測定常識はおのずと異なる．本編では CD に携わってきた NMR ユーザーとして，立体構造検討を目的とした測定におけるいくつかの測定例を示す．

2.2 核オーバーハウザー効果 [1]

　核オーバーハウザー効果（Nuclear Overhauser Effect, NOE）は，ある核の空間的近傍にある核がラジオ波の照射を受けることによって核のシグナル強度が変化する現象である．核と近傍の核の直接的な磁気的相互作用により空間経由で起こるので，結合経由の相互作用であるスカラーカップリングを必要とせず，スカラーカップリングがあってもなくても NOE は起こる．NOE が分子の立体構造を決めるのに有用であるのは，その効果が特に相互作用する核間距離に依存するためである．この効果を観測するには相互作用する核の距離が 0.4nm 以下であることが必要であり，言い換えれば，NOE が観測されるならばそれらの核は 0.4nm 以内の距離にあることになる．

　溶媒の粘性や測定周波数によるが，分子の回転相関時間と測定周波数の関係で，低分子化合物の場合に NOE は正になり，高分子化合物（分子量およそ 5000 以上）では負になる．したがっ

て，CD誘導体やその包接化合物のNOEはちょうど正から負への変化点付近である確率が高く，ゼロになってしまう場合が出てくる．これがNOEの超分子化学への応用展開を一筋縄にしていない理由の一つでもある．

2.3 二次元NMRから得られる情報[2)]

第二の周波数軸をもつ二次元NMR分光法（two-dimentional NMR spectroscopy）は二つの軸上の共鳴を相関させることにより，分子中でスピンが互いにどのように関係しているかを知ることができる．二次元NMR測定に共通する手順を図2.1に示した．最初のパルス照射後，磁化を展開させ，次のパルス（混合パルス）を照射し，磁化の緩和をFIDとして検出する．混合期の長さ（mixing time）の設定がスペクトルの善し悪しを左右する場合が多い．二次元プロットでは①スカラー結合の相関，②双極子‐双極子結合の相関，③スピン間の化学交換の相関を知ることができる．スカラー結合の相関は化学結合情報を得ることができるので有機化学一般には有用である（表2.1）．

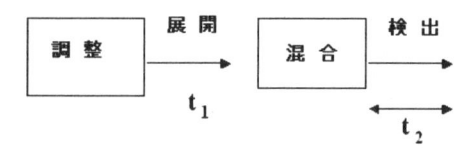

図2.1 二次元NMR測定の手順

表2.1 主な二次元NMRスペクトルの特徴と用途

二次元手法	得られる情報	相関ピークが観察される場合	CD特有の証拠の例
COSY	結合に関する情報	結合している炭素骨格上のプロトンを特定する。	H1-H2, H2-H3, H3-H4 H4-H5, H5-H6
TOCSY			同一グルコースを構成しているプロトン群
HMQC HSQC H,C-COSY		直接結合しているC-H	H1, H4, H6がはっきり区別できる
NOESY	空間的な距離に関する情報	空間的に近接しているH同士（0.4nm以内）	グリコシド結合を介した1,4位のプロトン 近接したプロトン
ROESY			グリコシド結合を介した1,4位のプロトン 近接したプロトン

NOEはNOESY（Nuculear Overhouser Enhancement Spectroscopy）と呼ばれるパルスシークエンスを用いて測定される．混合期の長さは縦緩和時間から最適値を予測して設定する．しかし，実際には最適値を見つけることは難しいので，mixing timeの長さを100ms, 200ms, 400msというように変えて測定を行い，NOEの出方を見ることが多い．500ms, 600msでNOEが測定される場合もある．また，前述したように，CD誘導体ではNOEがゼロになってしまう場合

がある．ROESY と呼ばれる方法を用いると NOE を観測することができる．このとき観測される NOE は一般に正である．スピンロックパルスが強すぎると，TOCSY（Total Correlation Spectroscopy）によるピークが出てきて，リレー的な NOE が観測されることがあるので注意する必要がある．おおよそ90°パルスの長さが90から100μsになるぐらいの照射パワーで300ms程度のスピンロックをかけて測定するのが標準である．

2.4 二次元 NOE スペクトルから得られる修飾シクロデキストリンの立体構造情報

2.4.1 mono-6N-(formyl-L and D-phenylalanyl)amino-β-cyclodextrin の立体構造

CD の NOE の測定対象となるプロトンは，主に疎水性空洞の内部に位置する H3, H5 プロトン，狭い口の縁に位置する H6 プロトンである．対象化学構造のプロトンとこれらのプロトン間に NOE 相関が観測されればその近辺に存在する証拠となる．たとえば，600ms の mixing time で 500MHz の機器で測定した mono-6N-(formyl-D-phenylalanyl)amino-β-CD の ROESY スペクトルはフェニル基の m, p 位と CD 空洞内の H5, H3 位とそれぞれ相関ピークを示し，フェニル基が自らの空洞内に包接されていることが明らかとなった（図 2.2）．修飾を施したことによりこの化合物のグルコース由来のプロトンは非等価となり，H3, H5 はそれぞれ七つの異なる化学シフトとして観察される．すべての化学シフトは帰属済みであるので空洞内の平均的位置まで推定することができる[3]．興味深いことに L-体を導入した場合は異なる空間的位置関係にある[4]．空間的に近接していて直接結合していない H1, H4 プロトンも NOE を有し，ROESY で検出できるはずであるが，フェニル基との相関ピーク検出条件では，他のリレー的相関も現れてしまって判別が難しい．このような場合はNOESYで測定すると，七つの相関ピークが観察できる（図2.3）．この化合物の場合，NOESY スペクトルでは自己ゲスト基と CD 空洞由来の相関ピークは観察できない．一つの分子でも NOE 相関は異なる．このように観測したい範囲ごとに NOESY, ROESY

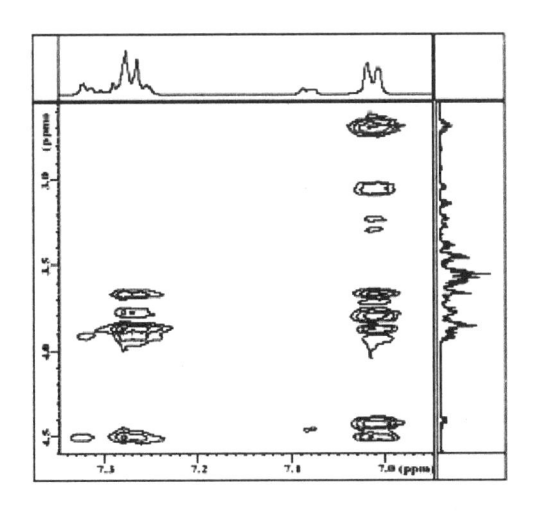

図 2.2 ROESY スペクトルで検証された修飾基（自己ゲスト基）と CD 環の相互作用

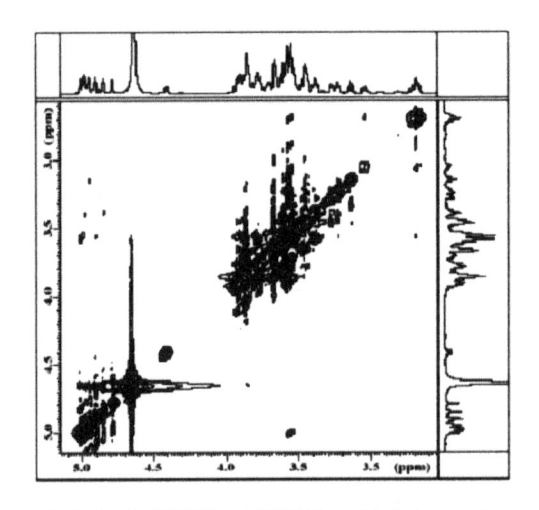

図 2.3　CD 誘導体の NOESY スペクトルの一例

を測定することも有用である．

2.4.2　アルブチン縮合 β-シクロデキストリン[5] の立体構造

CD 一級水酸基の一つにプロピレン基を介して 4-hydroxyphenylpropyl-β-D-glucopyranoside を導入した CD の NOESY スペクトルの一部を図に示す．mixing time は 200ms で 600MHz で測定している．フェニル基と H6 プロトンとの間に相関ピークが検出され，アルブチン基が CD 空洞に蓋のように覆いかぶさっている構造であることが推測される．さらに，ゲスト分子ドキソルブチンを添加した場合，ほぼ同条件の NOESY 測定でゲスト分子と CD との相関ピークが観察され，空洞内にゲスト分子が包接されていることが確かめられた[6]．

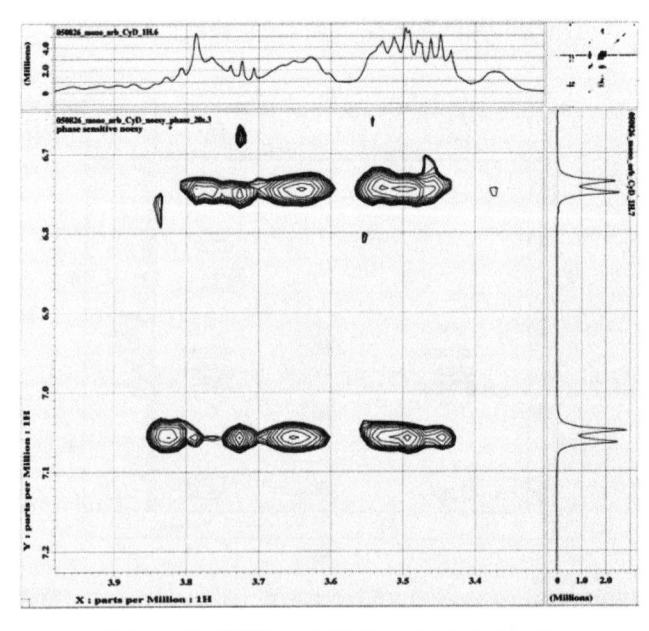

図 2.4　CD 誘導体の NOESY スペクトルの一例

2.5 包接化合物の立体構造 [7]

　CD‐ゲスト分子包接化合物の形成は空洞内部のプロトンの化学シフト変化を引き起こす．H3, H5 のシフト値変化を比較検討してゲスト分子と CD の相対的位置関係を推測することもできる [8]．また，ゲスト分子の化学シフトは，包接されたゲスト分子，フリーのゲスト分子で異なる二つの化学シフト値で出現することもある．実際，分子ブロック様長分子ポリマーを形成する *tert*-butoxycarbonyl-*N*-glycyl-amino-β-CD の *tert*-butoxy 基は分子内包接体，分子間包接体，フリーの三つのブトキシル基が異なる化学シフトで観察されている [9]．

　ROESY [10] は空間的に近接しているプロトンを相関ピークとして直接検出できる．前節で示したように NOESY で検出できる系もある．ただし，修飾 CD の立体構造を推定する場合と異なり，ゲスト分子は CD と共有結合で結合されていない．化学平衡にある状態を観察するので濃度設定が重要である．円偏光二色性や蛍光スペクトルにおいては，発色団を最も効率的に使うため，CD を大過剰にして測定する場合が多い．NMR の場合は，比較的高濃度試料溶液を調製するので（0.8〜5%）ゲスト分子と CD は等モルの場合が標準である．NOE 相関が観測されるかどうかは CD とゲストの平衡会合定数 K_a，およびその速度に関連する．会合定数が数十のオーダーであれば相関が出にくい場合もある．また，会合平衡の運動が NMR の時間オーダーより早い場合は相関が観測できない．この場合は温度を変えると相関が検出できる場合もある．NOESY，ROESY いずれが適しているかは，分子系による．

2.6 シクロデキストリン誘導体試料の NOE 相関を測定する場合

　新規 CD 誘導体あるいは CD‐ゲスト系で空間的位置関係の証拠を得るために NOE 相関を測定するとしよう．一次元測定時点で確認する位相や照射パワーなど，一般に通じる調整に関しては，ここでは省略する．他の成書を参考にされたい [11]．以下は筆者の研究室で研究生が CD の NOE 相関を試みるときに提示している注意である．

① 試料を調製して一次元 ^{1}H NMR を測定する．最低の試料量は 5 mg，望ましくは 10〜30 mg である．DMF や DMSO などの可溶媒をやむなく使用する場合は，水中の挙動と異なる（包接現象が起こらない，もしくは立体構造が異なる）可能性を十分に考慮する必要がある．CD の包接の駆動力は疎水性相互作用である．さらに空洞の縁の水素結合・極性相互作用も重要な働きをしている可能性があることを忘れてはならない．CD 誘導体の性質によっては，ここでパルス待ち時間（PD）の変更が必要な場合もある．

② 機器の標準パラメーターを使用し，使用法に従い NOESY あるいは ROESY を測定する．ここで H1-H4 相関が出ていない場合には根本的に測定法を考えたほうがよい．

③ H1-H4 相関ピークは観察されている場合は mixing time や温度を変えてみる．

④ 相関ピークが観察され原子レベルで空間位置を議論したい場合は CD 由来の化学シフト値の帰属を行う．また，未修飾の CD であっても包接によって化学シフト値が変化している可

能性が高い．H3 シフトと H5 シフトの逆転も起こる．したがって相関ピークを示したシフトの帰属を推定したまま原子レベルでの議論を進めるのは避けるべきである．包接しているか否かだけの場合は，この範囲ではない．

　NOESY の測定法は，mixing time や PD を変えるだけである程度の測定検討ができるという利点がある．NMR 初心者でも安心して試みることができる．ROESY は照射パワーとスピンロックの設定を工夫する必要がある．

2.7　おわりに－どうしても検出できない場合はある

　どの分光分析でも共通であるが，溶液中の NMR スペクトルは，分子の速い運動によるすべての配座や配向をもったものの平均として観察される．NMR では原子レベルでの情報が得られるので，平均値ということを失念してしまいがちである．測定機器は基礎原理に従い発展してきたものだが，すべての使用者がその原理を完全に理解しているわけではない．分子運動は対象とする分子グループごとにある程度似ているので，分子グループごとに測定常識が異なる．それがこつとなって測定を進める学生諸氏も多いのでないかと思われる．本稿では「平均値」「平衡状態」「運動性」を強調したいと稿を進めたつもりである．追記すれば，NOE 相関パラメーターはプロトンが結合している炭素の混成状態に依存しているので，異なった混成状態のプロトン間の NOE は出にくいと考えてよい．ROESY もしくは NOESY で相関ピークが見えないから包接されていないと短絡的に結論づけては危険である．他の機器分析の結果も総合して NOE 相関観測結果を考察すべきである．

　NMR を測定しようとしている読者は新しい CD 化学を切り開こうとしているのであるから，これまでの測定法では検出できない場合に遭遇するのは当然である．この際は少しだけ NMR の原理にふれ，「平均値」「平衡状態」「運動性」に関わる新現象の端緒を発見したとわくわくしていただきたい．そしてそれぞれの専門分野での議論と学習を進めていただきたい．そこから超分子の新しい創出が始まるものと確信する．

　日常的に CD を扱っている研究者諸氏には当たり前のことであったに違いないが，CD 研究者の経験をならべたつもりである．新たに CD に関わられる研究者の一助となれば幸いである．

参考文献

1) D. Neuhaus, N.P. Williamson, "*The Nuclear Overhouser Effect in Spectural and Conformational Analysis*", Verlag Chemie, New York (1989).
2) J. Schraml and J.M. Bellama, *Chemical Analysis,* Vol.97 "*Two-Dimensional NMR Spectroscopy*", John Wiley & Sons, New York (1988).
3) K. Takahashi, H. Narita, M. Oh-hashi, A. Yokoyama, and T. Yokozawa, *J. Incl. Phenom. Macrocycl. Chem.*, **50**, 121 (2004).
4) W. Saka, Y. Inoue, Y. Yamamoto, R. Chujo, K. Takahashi, and K. Hattori, *Bull. Chem. Soc. Jpn.*, **63**, 3175 (1990).

5) T. Yamanoi, N. Kobayashi et al, unpublished data.
6) T. Yamanoi, N. Yoshida, Y. Oda, E. Akaike, M. Tsutumida, N. Kobayashi, K. Osumi, K. Yamamoto, K. Fujita, K. Takahashi, and K. Hattori, *Bioorg. & Med. Chem. Let.*, **2005**, 1009.
7) C.S. Wilcox, "*Frontiers in Supramolecular Organic Chemistry and Photochemistry*" H-J. Schneider (ed.), p.145, VCH Weinheim (1990).
8) H. J-Shneider, U. Buchheit, N. Becker, G. Shumit, and U. Siehl, *J. Am. Chem. Soc.*, **107**, 7827 (1985).
9) K. Takahashi, K. Imotani, and M. Kitsuta, *Polymer J.*, **33**, 242 (2001).
10) H.-J. Schneider and A. Yatsimirsky, "*Principles and Methods in Supramolecular Chemistry*" Section E, John Wiley & Sons, Weinheim (2000).
11) たとえば，日本化学会生体機能関連化学部会編，生体機能関連化学実験法，化学同人 (2003); L.M. Harwood and T.D.W. Claridge, "*Introduction to Organic Spectroscopy*", Oxford University Press, Oxford (1997).

3

カロリメトリー実験法

3.1 はじめに

　熱力学は，自由エネルギー，エンタルピー，およびエントロピーというわずか三つのパラメータによって系の状態や変化の方向を完全に記述できるため，物理学，化学，生物学など幅広い科学とその応用分野に適用可能な普遍的な基本理論として大きく貢献してきた．

　平衡反応の熱力学的パラメータのうち，Gibbs の自由エネルギー変化 $\Delta G°$ は，平衡定数 K から次式を用いて求められる（R は気体定数，T は温度）．

$$\Delta G° = -RT \ln K \tag{3.1}$$

シクロデキストリン（CD）と様々なゲスト分子との会合反応の平衡定数は，原則的には系中に存在する会合種と非会合種の濃度（厳密には活量）を様々な手段で測定することにより決定することができる（第V編第4章参照）．しかし，極端に強い会合の場合には系中に存在する非会合種の濃度の決定が困難なため，会合反応と解離反応それぞれの速度定数の比から K が決定される場合もある．

　このように，ある温度における自由エネルギー変化 $\Delta G°$ は平衡定数 K から直接求められるが，CD によるゲストの包接挙動の全貌を明らかにする（あるいは，系を熱力学的に完全に理解する）には，さらに何らかの方法によってエンタルピー変化 $\Delta H°$ またはエントロピー変化 $\Delta S°$ のいずれかを決定し，次の Gibbs-Helmholtz 式を用いて残る熱力学パラメータを求めなければならない．

$$\Delta G° = \Delta H° - T\Delta S° \tag{3.2}$$

理論的には $\Delta H°$，$\Delta S°$ のいずれかを実験的に決定し，残りを (3.2) 式に従って算出すればよいが，実際には $\Delta H°$ を実験的に決め，$\Delta S°$ は計算で求める．$\Delta H°$ を求めるには二つの方法があり，平衡定数の温度依存性を van't Hoff プロット（次節）し，その傾きから求める簡便法と，包接反応に伴う熱の出入り（つまり，$\Delta H°$ そのもの）を直接測定するマイクロカロリメトリーである．両者の原理と特徴ならびに適用限界などについては以下に述べるが，van't Hoff プロットを用いる方法はよく知られているものの，特に CD のような超分子錯体形成反応に適用するには原理的な問題点を有しているので，この章では主にカロリメトリーによる熱力学諸量の決定法について詳述する．

3.2 van't Hoff プロット

　CD と様々なゲストとの超分子錯体形成反応の平衡定数（安定度定数）K の決定については第 V 編第 4 章で詳しく述べられているが，いくつかの異なる温度で平衡定数 K を測定し，その温度依存性を van't Hoff の関係式（3.3）を用いて解析することによりエンタルピー変化 $\Delta H°$ を近似的に（厳密には，その温度範囲内における平均値を）求めることができる．

$$d(\ln K)/dT = -\Delta H°/RT^2 \tag{3.3}$$

　平衡定数 K の温度依存性を van't Hoff 式に従ってプロットする方法は，分光学的手法で K を決定すれば，必要とされる試料量も少なく，実験的にも簡便であるので広く用いられてきた．しかし，あくまでも近似的な熱力学的パラメータの推定法であり，時には大きな誤差を含む可能性があることに特に注意すべきである．最大の問題点は，van't Hoff 式に基づく解析では測定温度範囲内でエンタルピー変化 $\Delta H°$ は一定であると仮定している点である．ところが，実際には $\Delta H°$ には温度依存性があり（それが比熱 C_p と定義される量），$\Delta H°$ が測定温度範囲内で変わらないとする仮定は，根本的に無理がある．特に CD や生体系の超分子錯体形成反応では，比熱にもかなりの温度依存性が認められ，$\Delta H°$ の値が温度で変化するだけでなく，符号まで変わることが知られている．van't Hoff 式（3.3）はある一定温度においては間違いなく成立するが，現実の系と測定温度範囲では $\Delta H°$ が温度の関数となるため，それを定数として（3.3）式を積分できなくなり，その結果，いわゆる van't Hoff プロットそのものが理論的根拠を失うことになる．したがって，特に超分子錯体形成反応のような平衡系では，$\Delta H°$ そのものを直接的に測定するカロリメトリーでなければ正確な $\Delta H°$，ひいては熱力学諸量を決めることは難しい．

3.3 カロリメトリー

　前節で述べたように，CD などの超分子錯体形成を扱う際には，カロリメトリーが厳密な意味で正確な熱力学的パラメータを求めることのできる唯一の手段である．この章で主に扱う滴定カロリメトリーでは，試料添加量と発熱量の定量的解析から平衡定数 K（つまり，自由エネルギー変化 $\Delta G°$）とエンタルピー変化 $\Delta H°$ を一回の実験で同時に決定することができる．したがって，他の測定法との組み合わせに頼ることなく，精度の高い熱力学的パラメータを独立に決定できる利点がある．

　生体関連化合物をゲスト，あるいは修飾 CD をホストとする場合は，どうしても熱力学的パラメータ測定のために用意できる試料量が少なく，カロリメトリーによる測定をあきらめていた場合もあったと考えられる．しかし，最近市販されている微量熱量計は，容積も 1 mL 程度まで小さくなり，感度も飛躍的に向上しており，1 マイクロカロリー以下の熱量まで測定できるようになっている．つまり，実試料が 1 mL の水溶液としてその温度が 1μK 程度変化しても検出可能なレベルにまで達しており，文字どおりの"マイクロ"カロリメトリーが実現しているといえる．

3.3.1 マイクロカロリメータ

マイクロカロリメトリーの生命科学分野への応用については1956年に初めて成書にまとめられたが[1],その後1990年までの間に様々な形式のマイクロカロリメータが開発されてきた[2]. 1970年代までは研究者自身がカロリメータを自作することも多かったが,80〜90年代に入って高精度で,信頼性が高く,使い勝手もよい装置が市販されるようになり,CDを含む超分子化学や生命科学分野における熱力学的研究が大いに加速される要因になった.

様々なデザインのマイクロカロリメータがあるが,いずれもカロリメータ内部で起きる反応に伴う温度変化を,いかにして高感度・高精度に測定するかに工夫を凝らしている.温度センサーとしてはバイメタルまたは半導体サーミスターが最もよく使われている.サーミスターの電気抵抗は温度によって大きく変化し,1 K当たり数%もの温度依存性を示すものもあるので,μKの温度変化をも検出できる.そのため,マイクロカロリメータの温度センサーとして長く使われてきた[3].

熱電対も温度センサーとして使われている.これは,Tian-Calvetが初めてマイクロカロリメータの感温部として組み込むのに成功し[1],フランスのCETERAM社がバイメタル熱電対を用いたマイクロカロリメータを長年にわたって販売している.スウェーデンのLKB/Pharmacia/Thermometric社は,半導体熱電対を感温部とするバッチ,フロー,および吸着マイクロカロリメータを市販している[4].これらの熱電対を感温部とするものは,しばしば熱伝導マイクロカロリメータと呼ばれる.それは,カロリメータ内の反応セルで発生・吸収する熱は熱電対を通って一定温度の金属塊(熱シンク heat sink して機能)との間でやり取りされるようになっているからである.実際に測定されるのは温度差であるが,反応セルと熱シンクとしての金属塊の間の熱の流れはその温度差に比例するので,反応の進行に伴う温度変化の記録から発生または吸収した熱量(エンタルピー)が決定できる.

マイクロカロリメータの基本的な仕組みは上に述べたようなものであるが,実際の装置はもう少し複雑である.まず,マイクロカロリメータの反応セルが環境から受ける熱的影響を最少限にし,反応セルで発生・吸収する熱量がすべてセンサーで検出できるようにするため,いくつかの熱遮断のための工夫がされている[1].環境の影響を完全に排除することは難しいが,それを克服してより高感度にするための工夫としては,同一仕様の二つのセルを装備し,一方を参照セル,もう一方を反応セルとすることにより,環境からの影響をほぼ完全に除去できる双子型マイクロカロリメータ twin microcalorimeter がある[1,4].

さらに,すべてのマイクロカロリメータには,導入するサンプルを反応セルと同じ温度にするために,素早い熱平衡が成り立つような仕組みがあるが[2],サンプルを極端に速くセルに導入した場合には,サンプルとセルの温度差による影響が生じるだけでなく,サンプルのもつ運動エネルギーがセルの温度変化をもたらすこともある[4].サンプル導入に際して生じる反応セル内の濃度分布を迅速に解消し,なおかつ攪拌による発熱を最少限に抑えるために,攪拌装置の設計には細心の注意が払われる[2].サンプル導入のためのポンプにも高い精度と信頼性が要求され,当然定期的に送出容量または重量を較正する必要がある[1].また,正確で精度が高く再現性のある熱力学的パラメータを得るには,頻繁にマイクロカロリメータ付属の電気ヒータによる電気的な較

正と，発熱量が既知の反応を用いた化学的な較正を行うことが必須である[2]．

3.3.2 滴定マイクロカロリメータ

現時点で最も優れたマイクロカロリメータの一つが米 MicroCal 社のものである．同社は 1980 年代終盤から 3 種のマイクロカロリメータを世に送り出し，いずれも市場において成功している[5]．この項では，同社の装置を例として取り上げ，CD 化学の分野でよく用いられる滴定マイクロカロリメータの構成と構造について解説する．

図 3.1 のマイクロカロリメータは，半導体熱電対を装着した金属製の容量約 1.3 mL の同一仕様の反応セル（図中の 1）と参照セル（図中の 2）装備している．このタイプのセルは"完全充填型"と呼ばれるが，それは滴定開始時にセル容量を少し超える 1.5 mL 程度の溶液で反応セルとその上部の内管（図中 7）の一部を満たしておくからである．したがって，溶液の一部は常にセルの外部にあることになる．これによってセル内部に気液界面がなくなり，攪拌による界面の面積変化に基づく熱変動や蒸発などに伴う余計な補正を回避できるからである．セル 1 から内管 7 へ反応混合物の一部が移動することに伴う濃度補正は，付属の ORIGIN というソフトウェアが自動的に行うようになっている．

セル 1 および 2 の外側には半導体膜ヒータが装着され，これら全体が断熱シールド（図中 4）されている．さらにこのシールド 4 自体が，等温にするための水冷ジャケットの内側を構成している．このジャケットの温度は外部の恒温槽から配管 6 を通して供給される循環水によって一定に保たれている．セルと断熱シールドの間の温度差は 20 の接点をもつバイメタル熱電対に

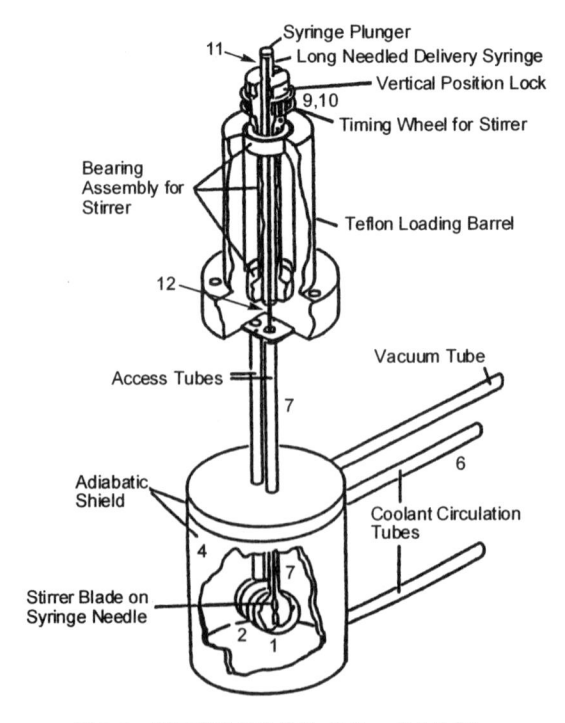

図 3.1 等温型微量熱量計（MicroCal 社製）

よって記録される．

実際の滴定実験では，まず同一の被滴定溶液（たとえば，CD 溶液）を管 7 を通してシリンジで反応セル 1 と参照セル 2 に入れる．これに，滴定溶液（たとえば，ゲスト溶液）の一定量が試料導入装置を用いて一定間隔で自動注入される．試料導入装置は，先端に攪拌器 3 のついた長い針をもつ高精度シリンジ 11 と滴定実験中攪拌装置の回転をスムーズにするためのベアリング 9 とギア 10 からなる．

シリンジのプランジャー 12 の先端にはテフロンキャップがついており，このキャップ部とシリンジ 11 のガラス内壁とはすり合わせにより気密が保たれるようになっている．一方，プランジャーとテフロンキャップの間はほとんど摩擦が起きないように緩くつながっている．この点は極めて重要である．それは，滴定中は試料導入装置全体が常に回転しているが，プランジャー 12 は試料を注入するとき以外は一定位置に保つ必要があるからである．プランジャーの上端はマイクロメータゲージ（最新型では，レーザー位置検出装置）に取り付けられており，それをコンピュータがコントロールして，一定量ずつ試料を注入する．

電気的な熱量測定には Buzzell と Sturtevant によって開発された「熱平衡法」が採用されている[6]．参照セル側の電気ヒータには常に 1mW 程度のわずかな電力が供給され，滴定中でも熱の発生や吸収が起きていないときには反応セル側にも同じ電力が供給される．両セルはほぼ完全に同じ仕様でつくられているので，両者の間の温度差 ΔT_1 は発熱・吸熱反応が起きない限りゼロであるが，いったん反応セル中で発熱または吸熱反応が起きると当然 ΔT_1 はゼロではなくなる．ΔT_1 に比例する起電力 ΔE_1 が半導体熱電対に発生するが，それをアンプで 2 段増幅し，それに見合う電気的な（正または負の）パルスをフィードバックヒータに供給する．このパルスは反応セルで発生または吸収した熱量を補償するように電力の供給を増減することになる．つまり，反応セルで発熱・吸熱が起きていないときは，反応セルに供給される電力は一定であり，参照セルヒータに供給される電力に等しい（当然，$\Delta T_1 = 0$）．このアイドリング状態がモニター上に現れるベースラインとなる．発熱反応が起きるとフィードバック電力を減少させ，反対に吸熱のときはフィードバック電力を増加させることによって ΔT_1 をゼロに保つことになる．したがって，反応セルへのフィードバック電力の変化量をモニターすることによって発熱量の変化をモニターできる．

一方，参照セルと断熱シールドとの温度差 ΔT_2 をゼロにすると，参照セルヒータに常に供給される 1mW の電力のため，断熱シールドの中の反応セル，参照セルともに 1 時間当たり 0.3〜0.5℃ 程度温度が上昇していくことになる．これを防ぐため，断熱シールドの温度は常にセルの温度よりも 1.2〜1.5℃ ほど低く設定され，セルから断熱シールドへの熱の流れはフィードバック電力とほとんど同じになり，セルの温度を常に一定に保つことが可能になる．

MicroCal の滴定カロリメータの較正は，反応セルに装着されている較正用電気ヒータと付属の ORIGIN というソフトウェアを用いて行う．通常，400〜1000 μJ 程度の電気エネルギーを用いて較正した場合，繰り返し精度は極めてよく，1％以下の誤差で再現性がある．

3.4 試料溶液の調製

　マイクロカロリメトリー分析では，試料の重さをいかに精度よく計り，正確な濃度の試料溶液をつくるかが特に重要である．最近の電子天秤では最大秤量 100g で 50μg 程度まで測定できるので，誤差は 0.0001％以下となり，古典的なカロリメータの誤差 0.01％よりもはるかに高精度である [7]．しかし，最近のマイクロカロリメトリーでは，むしろいかにして少ない量のサンプルで"現実的な"精度のデータを出すかに重点が置かれている．つまり，古典的なカロリメータで数 g のサンプルを使って誤差 0.01％の精度を求めるよりは，たとえ 1％程度の誤差を含むとしてもマイクロカロリメータを用いて数 μg のサンプルで熱力学データを出すほうが有意義だと考えられている．いずれにしても，実際に使用できるサンプルの絶対量が減少するにつれて，わずかな秤量誤差がマイクロカロリメトリーから得られる熱力学データにより大きな影響を与えるようになるので，高精度の天秤を使用するとともに，溶液調製にも細心の注意を払う必要がある．

　溶液調製では，まず，天秤を用いて溶液調製を行うと重量基準の濃度（mol・kg^{-1}）になるが，滴定マイクロカロリメータへの試料溶液の供給はシリンジを用いるので容量基準（mol・L^{-1}）となる点が問題となりうる．しかし，CD 系のサンプルの水溶液では，濃度が 0.2～0.3M 以下で 0.05M のリン酸緩衝液または 0.1M の酢酸緩衝液を用いる限り，密度の 1 からのずれは 1％以下であることが報告されているので，さほど問題にはならない [8]．

　次に重要な点は，実際に用いる試料溶液中に存在する化学種の解離状態，つまりイオン種の種類と数である．錯形成反応に関与する化学種が解離性である場合，できる限りただ 1 種類のイオン種のみが存在し，解離状態の違うイオン種が系に共存するような条件は pH を調節するなどして避けるべきである [9]．具体的には，様々な種類の緩衝液を用いて，その化学種の pK_a よりもできるだけ離れた pH で滴定を行うことである（|pH – pK_a| > 2 が望ましい）．

　さらに，CD の錯形成反応の場合には特別な注意が必要である．それは，リン酸緩衝液やグリシン緩衝液は β-CD と相互作用しないが，酢酸緩衝液の場合は β-CD と相互作用して本来のゲストとの錯形成を妨げることがあるからである [10]．

3.5 マイクロカロリメータの較正と動作確認

3.5.1 電気的較正

　マイクロカロリメータの較正には電気的なものと化学反応を用いるものの二つの方法がある．電気的な較正では，マイクロカロリメータのセルにもともと装備されている電気抵抗（内部ヒータ）を使う．このヒータはセルの中にできるだけ均等に熱が伝わるように分散して配置されている．さらに，理想的には，このセル内部に分散して配置されているヒータの各部分は抵抗ゼロかつ熱伝導度ゼロの導線で互いにつながり，すべての電気エネルギーが厳密にセル内部でだけ消費・放出され，外部には漏れないようになっているべきである．もちろん現実には，このような理想的な条件すべては完全には満たせないが，それに近づけるべく様々な工夫の凝らされたヒー

タが採用されている[1,2]. さらに現実の反応系に近づけるために，セル中に外部ヒータを挿入するやり方もあるが，それを含めて電気的な較正の詳細については成書を参考にされたい[1,2]. さらに，電気ヒータを用いる較正がいくら完璧に近いものであっても，滴定マイクロカロリメータは電気的にだけでなく化学反応を用いた較正も行うべきである．この二つの較正の結果が一致してはじめて信頼性の高いマイクロカロリメトリーを行うため準備が整ったと考えるべきである．

3.5.2 化学的較正

電気的較正はマニュアルどおりでいいが，化学的較正にどのような化学反応を用いるのが適当かは実験を行う研究者自身が判断して決めるべきことである．しかし，その選択の基準はどこにも明記されていないので，ここで少し詳しく述べる．

最も望ましいのは，これまでに世界中の様々な研究室でよく一致した反応熱 ΔH° が報告されている反応である．筆者らが滴定マイクロカロリメータの較正によく使うのは，塩酸と水酸化ナトリウムの中和熱と TRIS バッファーの解離エンタルピーである．通常，実測値は±1〜2%以下の誤差で文献値とよく一致する[11]．これらの反応は大きな ΔH° を伴うので，試料溶液の注入量はごくわずか（1〜2μL）ですむ．しかし，より現実の系に近い条件下（注入量 10〜15μL）で化学的較正を行いたい場合には，0.05Mのリン酸バッファーの解離エンタルピー（TRIS バッファーの 1/10 程度）を用いることを薦める[2]．より小さな ΔH° を与える反応としては塩化カリウム溶液の純水中への希釈がある．この反応の利点は，もとの溶液濃度を変えることによって発熱量を調節できることである．

上述の反応の速度はいずれも極めて速く，反応セル内の濃度を一定に保てるかどうかは攪拌装置の性能にかかっている．しかし，実際の測定対象の反応が比較的遅い場合には，より遅い反応で較正するほうが望ましく，そのときには正確な ΔH° が報告されている酵素反応を用いるのが適当である．熱発生の速度は酵素濃度を変えることによって簡単に調節することができる．マイクロカロリメータの較正に最適の酵素反応としては，インベルターゼ（invertase, Enzyme Commission number 3.2.1.26）によるショ糖の加水分解がある．この場合は，酵素の活性が最も高くなる pH4.94 の 0.1M酢酸緩衝溶液を反応セルに入れ，ショ糖溶液をシリンジから定期的に注入するが，その間隔は前回注入したショ糖が完全に消費されてから行うなどの注意をすれば高い精度でよく一致した値が得られる[7,12]．

3.5.3 機器の動作と性能ならびにデータの信頼性確認

電気的ならびに化学的較正がすめば，実際の滴定カロリメトリーを行うときに可能な限り近い条件で装置の動作状況と性能を確認する必要がある．未知の錯形成反応の場合には，正確な ΔH° ならびに ΔG°（あるいは K）が既知で，類似の標準的な錯形成反応の測定を実際に行うのが望ましい．しかし実際にはそのような条件がすべて満たされる場合はむしろ少ない．そのような場合にどのようにして"標準的な反応を使う"という問題を解決するかを最近の例で示す[9]．

筆者らが CD と種々のゲスト分子との錯形成反応を MicroCal 社の等温型滴定カロリメータ（ITC）を用いて研究した際に採用した"標準的な"錯形成反応は，α-CD による C3〜C6 の

1-アルカノールの包接である．これらの系については，他の研究者がメーカも方式も異なるカロリメータを用いて数多くの熱力学データを報告しているからである．実際，ThermoMetric社の4チャンネルマイクロカロリメータ[13]やTronac社の558型ITC[14]を用いた研究結果ともすべてのデータについて1～2％（一部4％）の誤差で一致し，先の電気的・化学的較正とともに装置と測定方法の精度と再現性を保証する結果を得た．

このようにしていったん高い精度と再現性を確立したあとは，その装置で出した値自身を"標準的な"反応として用いることができる．筆者らは，新たな反応系のマイクロカロリメータを用いた測定を始める前の装置の稼働状況の確認反応として β-CD とシクロヘキサノールとの錯形成反応を用いている[9,15]．この反応は25℃以外でのカロリメータの較正にも用いることができる点でも貴重である．

3.6　シクロデキストリンの1:1錯体形成反応

滴定マイクロカロリメトリーでは，一つの熱滴定曲線からエンタルピー変化 ΔH° と平衡定数 K を同時に決定できる[5]．ここでは，シクロデキストリン（CD）とゲスト分子（G）との1:1錯体形成反応（3.4）を例にして詳しく述べる．

$$\mathrm{CD_{sln}} + \mathrm{G_{sln}} \rightleftarrows \mathrm{CD \cdot G_{sln}} \tag{3.4}$$

$$K = \gamma_{\mathrm{CD \cdot G}}[\mathrm{CD \cdot G}]/(\gamma_{\mathrm{CD}}[\mathrm{CD}] \cdot \gamma_{\mathrm{G}}[\mathrm{G}]) \tag{3.5}$$

ここで，[CD]，[G]，[CD・G]はそれぞれCD，ゲスト，ならびに錯体の濃度を，γ は各化学種の活量係数である．一般に，水溶液を用い，ホスト，ゲストとも中性で，低～中濃度（数mM程度）のときは，γ は1であると仮定してよく，ゲストが電荷を帯びている場合もほとんど問

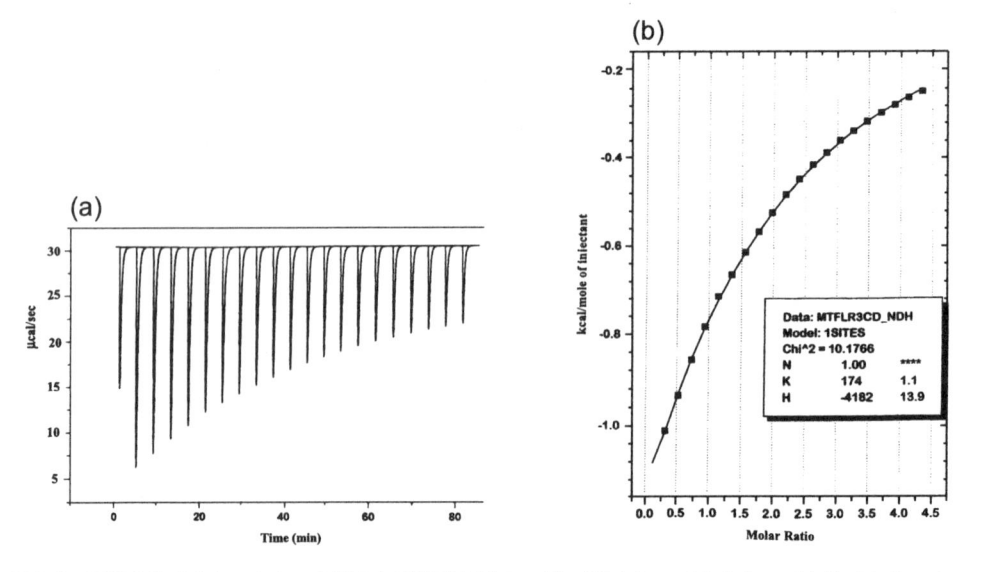

図3.2　平衡定数が小さいときの典型的な熱滴定曲線の一例：(R)-(+)-α-メトキシ-α-(トリフルオロメチル)フェニル酢酸の β-CD による包接．(a) 連続的に一定量のゲストを添加していったときの発熱量を記録した生データ．(b) 1:1錯体（図中の枠内のN）を仮定して理論曲線にフィッティングし，平衡定数（図中の K）とエンタルピー変化（図中の H）およびそれぞれの標準偏差を求めたもの．

題はない場合が多い．このような近似が許されるのは，(3.4) 式からわかるように平衡反応の左右で電荷的に対称であり，中程度までのイオン強度の水溶液中では荷電種 G ならびに CD·G のγ同士がほぼ等しく，(3.5) 式の分子と分母で消去できると考えられるからである．

熱滴定曲線の形は，用いる溶液の濃度などの測定条件ならびに平衡定数の大きさに強く依存する．濃度が低いか平衡定数が小さい場合は，過剰量のゲストを添加しても，セル中の CD がすべて錯形成するわけではないので，熱滴定曲線は滴定の最終段階でもまだある程度の発熱があり，図 3.2 のような形になる．

より高濃度のゲスト溶液を用いたときやより強い相互作用をする場合には，熱滴定曲線は図 3.3 のようになる．なぜこのような変化をするかは (3.5) 式からも明らかであるが，特に強い相互作用をする場合には，滴定の最初から最後まで系に添加したゲストのほとんどが CD と相互作用し，最終的にすべての CD が錯形成に消費されてほぼ平坦な部分が現れる (図 3.3(b))．

1：1 錯体を形成する系の滴定カロリメトリーでは，反応セルに入れた CD の緩衝溶液（1.5mL）に，同じ緩衝溶液に溶かしたゲスト溶液の一定量（5〜10μL）を 15〜20 回にわたって注入する．実際に観測される温度変化にはゲスト溶液の希釈熱も含まれるので補正が必要である．そのために，CD を含まない緩衝溶液に同じ手順でゲスト溶液を添加したときの希釈熱を測定し，それを上の値から差し引かなければならない．MicroCal 社の滴定マイクロカロリメータの場合には，付属の ORIGIN というソフトウェアが，測定条件の設定から，熱滴定曲線の記録，補正，解析を行い，各滴定ごとにエンタルピー変化と平衡定数ならびに標準偏差を計算する．マイクロカロリメトリーの場合，得られた熱力学データの精度と信頼性を判断する上でこの標準偏差は特に重要である．

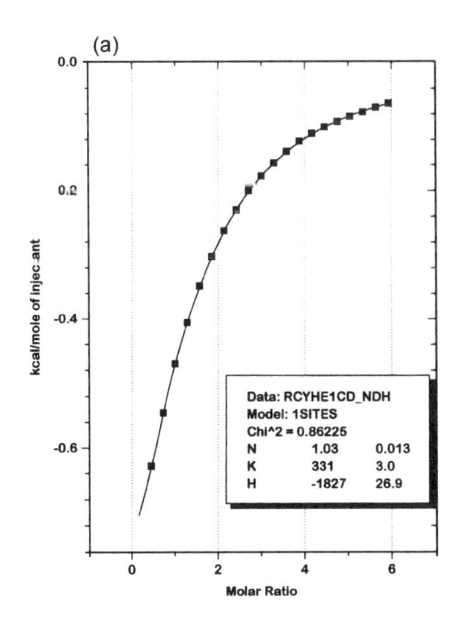

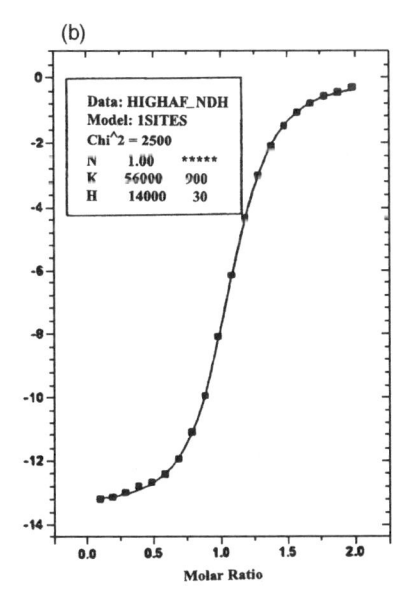

図 3.3 (a)図 3.2 より高濃度のゲスト溶液を用いたときの典型的な熱滴定曲線（β-CD による(R)-(−)-1-シクロヘキシルエチルアミンの包接）．(b) 強い相互作用をする場合の典型的な熱滴定曲線 (2'-シチジンモノリン酸とリボヌクレアーゼの会合)．

3.7 シクロデキストリンの1:2錯体形成反応

大きな空洞をもつγ-CDをホストとした場合には、2分子のゲストが包接されることがある.このような系では、ある濃度領域で1:1錯体と1:2錯体が溶液中に共存することになる.ここでは、γ-CDとベンジルオキシカルボニルグリシン（Cbz-Gly）との1:2錯体形成反応を例にして、マイクロカロリメトリー測定の実際について具体的に説明する [16].この系では、かなり高めのゲスト濃度（750mM）を用いてゲスト：ホスト比を高く（～40）設定し、図3.4(b)に示す熱滴定曲線を得ている.滴定初期で発熱量が徐々に増加していくことから、単純な1:1錯体形成を仮定した理論曲線には適合しないことは明らかである.また、実験値が原点を通らないことから、2分子のゲストが同時にCD空洞に包接されるような同時包接1:2錯形成モデルでもこの滴定曲線は解析できない.このような検討を経て、最終的に段階的包接を経る1:2錯体形成モデルが最もよく実験データに適合した理論曲線を与えることが明らかになった.

同一サイト2分子段階的包接モデルに基づき、実験データを四つのパラメータ（K_1, $\Delta H_1°$; K_2, $\Delta H_2°$）を用いて理論曲線にフィッティングして決定された熱力学諸量を図3.4(b)（枠内）に示した.ここで得られたK_1, K_2はこのモデルを用いてはじめて得られる値で、同一ホスト分子中の相互作用のない二つのサイトに二つのゲスト分子が包接される場合から予測される値とはまったく異なることに注意すべきである [17].また、段階的1:2錯体形成の場合（図3.4）には、ORIGINが与える標準偏差は必ずしも得られた熱力学的パラメータの精度を判断するのに適当な指標とは考えないほうがいいかもしれない.それは、まったく別なK_1, $\Delta H_1°$, K_2, $\Delta H_2°$の

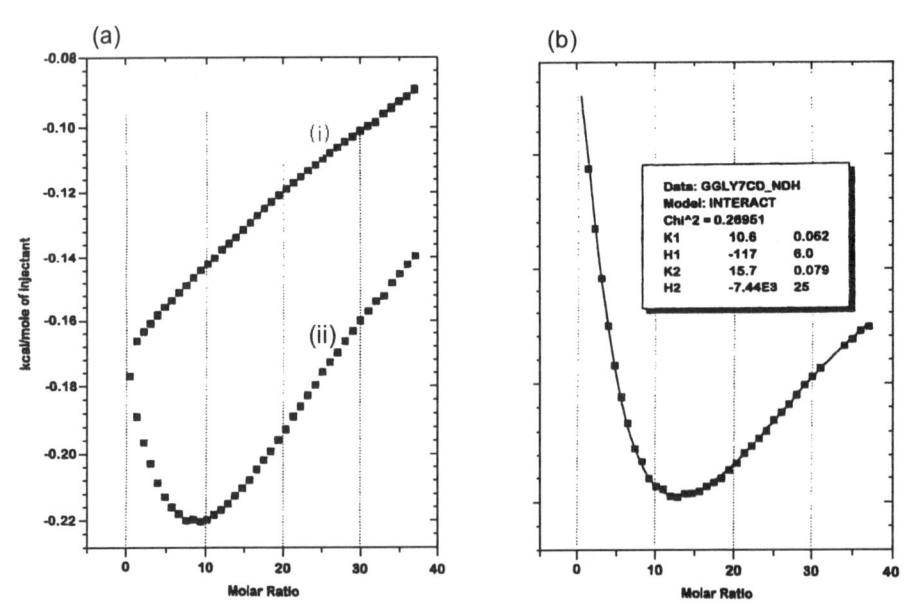

図3.4 典型的な1:2錯体形成反応の熱滴定曲線(Cbz-グリシンのγ-CDによる包接). (a) 実測データ：(i) ホスト不在の溶液にゲスト溶液を添加したときの希釈の熱滴定曲線(ブランク), (ii) ホスト溶液にゲスト溶液を添加したときの錯形成反応の熱滴定曲線, (b) 希釈熱を補正した熱滴定曲線と段階的包接を経る1:2錯体形成モデルによるフィッティング(実線の曲線).

組み合わせでも，同じ程度に実験データにフィットした理論曲線を与えることが，十分あり得るからである．比喩的にいえば，フィッティングの良否を判断する χ^2 の"ポテンシャル曲面"が非常にフラットなために，ローカルな極小値に陥るためであると考えられる[18]．そのような場合には，上記の四つのパラメータセットの初期値を大幅に変えて，χ^2 の値がわずかずつでも向上することを判断基準にシミュレーションを繰り返すことによって最も妥当な値に到達することができる．上記の γ-CD と Cbz-Gly の場合には，最終的に次のような値が得られ，これ以外の組み合わせでは χ^2 の値が 2～3 倍になることから，最も妥当な値と考えられる．$K_1 = 19 \pm 3$, $\Delta H_1 = -0.7 \pm 0.3$ kJ·mol^{-1}, $K_2 = 8.5 \pm 1.5$ $\Delta H_2 = -31 \pm 3$ kJ·mol^{-1}.

このように，1：2 錯体形成の場合は理論的に正しい解を得ている保証が数学的には得られないので，できるだけ"化学的な"検証を行うことが望ましい．上の例では，Cbz-Gly と β-CD との 1：1 錯体の熱力学的パラメータとの比較がそれにあたる．実際，Cbz-Gly と γ-CD との 1：1 錯体の K_1 は，β-CD と 1：1 錯体を形成するとき[9]よりも 10 倍も低く，発熱量も 1/3 程度となっており，より弱い van der Waals 相互作用しかしないと考えられる γ-CD の錯形成挙動として，化学的にも妥当と考えられる．さらに，2 分子目の Cbz-Gly が一つ目の Cbz-Gly で半分占拠された γ-CD の空洞に入る際には，はるかに大きな van der Waals 相互作用が期待できる．その一方で，生成する錯体の自由度は大きく低下するのでエントロピー的には不利と考えられる．実際，一つ目の Cbz-Gly が包接されるときのエントロピー変化は脱水和の影響もあって正の値（$T\Delta S° = 6.6$ kJ·mol^{-1}）になるが，二つ目の包接のときははるかに大きな負の値（$\Delta H° = -31$ kJ·mol^{-1}）となっている．この点からも上記のフィッティングで求めた熱力学的パラメータは妥当と判断される．

さらに，1：2 錯体形成の場合にはゲストの構造やメチレン鎖の増減が熱力学的パラメータに

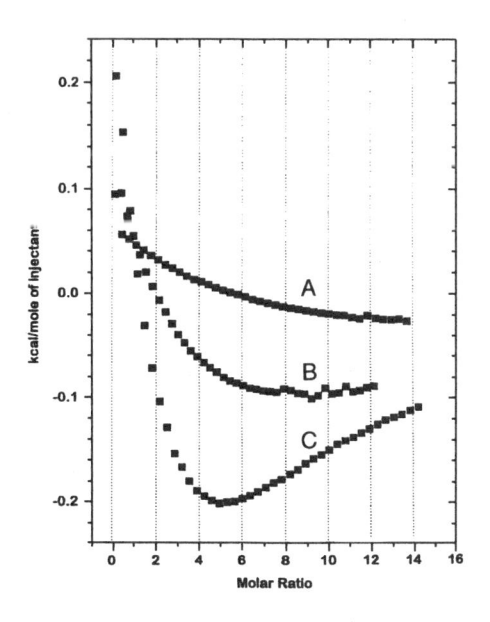

図 3.5　γ-CD と C$_4$～C$_6$ の ω-フェニルアルカン酸 Ph(CH$_2$)$_n$CO$_2$H（図中，A：$n = 3$，B：$n = 4$，C：$n = 5$）との錯形成反応で得られる熱滴定曲線

大きな影響を及ぼす例として，C₄〜C₆のω-フェニルアルカン酸とγ-CDとの錯形成挙動について簡単に紹介する[16]．この系のマイクロカロリメトリー測定で実際に得られた熱滴定曲線を図3.6に示す．一見するとそれぞれの滴定曲線は似ているが，詳しく見ると発熱量ゼロを表す横軸を横切る位置がゲストの種類によって明らかに違うのがわかる．また，この系で滴定曲線が横軸を横切るのは，反応の第1段階が吸熱で，第2段階が発熱であるためであるが，実験結果は同一サイト2分子段階的包接モデルできれいにフィッティングできる．

3.8 おわりに

最近の飛躍的な微量熱量測定法の進歩により，カロリメトリーは，CDのゲスト包接にとどまらず，分子認識，超分子化学，さらにはより広い化学と生物学の研究分野において信頼性の高い熱力学的パラメータを高精度で決定できる強力な実験手法として必須のものとなった．滴定マイクロカロリメトリーの大きな利点は，単一の実験でその錯形成反応に対するすべての熱力学的諸量（$\Delta G°$，$\Delta H°$，$\Delta S°$）を決定できることである．得られた熱力学的パラメータは，その反応系を熱力学的に記述するだけではなく，分子間（超分子）相互作用の機構やそれを駆動している様々な分子間力，溶媒の再配向，再組織化の程度などを議論する上で必要不可欠な値であり，マイクロカロリメータの高感度化に伴い，用いる試料量もますます少なくなっており，今後その活躍の場はさらに広がるものと期待される．

参考文献

1) E. Calvet and H. Prat, "Microcalorimetrie. Applications physico-chimiques et biologiques", Masson, Paris (1956).
2) M.V. Rekharsky and A.M. Egorov, "Thermodynamics of biotechnological processes", Lomonosov Moscow State University Press, Moscow (1992).
3) C.H. Spink, *CRC Critical Rev. Anal. Chem.*, **9**, 1-55 (1980); B. Danielson, B. Mathiasson, and K. Mosbash, *Appl. Biochem. Bioeng.*, **3**, 97-143 (1981)..
4) I. Wadsö, *Acta Chem. Scand.*, **22**, 927-937 (1968); I. Wadsö, *Acta Chem. Scand.*, **22**, 1842-1852 (1968); P. Monk and I. Wadso, *Acta Chem. Scand.*, **23**, 29-36 (1969); J. Suurkuusk and I. Wadsö, *Chimica Scripta*, **20**, 155-168 (1982).
5) T. Wiseman, S. Williston, J. Brandts, and L. Lin, *Anal. Biochem.*, **179**, 131-137 (1989).
6) A. Buzzell and J. M. Sturtevant, *J. Am. Chem. Soc.*, **73**, 2454-2458 (1951).
7) F.D. Rossini, "Selected Values of Chemical Thermodynamic Properties," Circular NBS-500, USA, NY (1952).
8) M.V. Rekharsky, F.P. Schwarz, Y.B. Tewari, R.N. Goldberg, M. Tanaka, and Y. Yamashoji, *J. Phys. Chem.*, **98**, 4098-4103 (1994).
9) たとえば，M. Rekharsky and Y. Inoue, *J. Am. Chem. Soc.*, **122**, 4418-4435 (2000).
10) M.V. Rekharsky, R.N. Goldberg, F.P. Schwarz, Y.B. Tewari, P.D. Ross, Y. Yamashoji, and Y. Inoue, *J. Am. Chem. Soc.*, **117**, 8830-8840 (1995).

11) X. Chen, J.L. Oscarson, S.E. Gillespie, H. Cao, R.M. Izatt, *J. Sol. Chem.*, **23**, 747-768 (1994); G. Ojelund, I. Wadsö, *Acta Chim. Scand.*, **22**, 2691(1968).
12) J.M. Sturtevant, *J. Am. Chem. Soc.*, **59**, 1528-1537 (1937); R.N. Goldberg, Y.B. Tewari, and J.C. Ahluwalia, *J. Biol. Chem.*, **264**, 9901-9904 (1989).
13) D. Hallén, A. Schön, I. Shehatta, and I. Wadsö, *J. Chem. Soc., Faraday Trans.*, **88**, 2859 (1992).
14) H. Fujiwara, H. Arakawa, S. Murata, and Y. Sasaki, *Bull. Chem. Soc. Jpn.*, **60**, 3891-3894 (1987).
15) P.D. Ross and M.V. Rekharsky, *Biophys. J.*, **71**, 2144-2154 (1996).
16) M. Rekharsky and Y. Inoue, *J. Am. Chem. Soc.*, **122**, 10949-10955 (2000).
17) C.P. Yang, "ITC Data Analysis in Origin v.2.9," MicroCal Inc.: Northampton, MA(1993).
18) M.V. Rekharsky, "Application of Microcalorimetry in Biochemistry," Thesis Dr. Sci., Institute of Biological and Medical Chemistry, Russian Academy of Medical Sciences, Moscow (1997).

4

安定度定数の決定法

4.1 はじめに

シクロデキストリン（CD）との複合体（complex）形成に伴うゲスト分子（G）の物性変化を定量的に評価するとき，安定度定数（stability constant）や化学量論比（stoichiometric ratio）は有用なパラメータとなる[1,2]．通常，CDとGとの相互作用には，疎水結合，ファンデルワールス力，イオン・双極子間力，水素結合などの弱い分子間力が協同して関与する．これら分子間相互作用を詳細に検討することによって，複合体形成に伴うゲスト分子の物理化学的性質の変化を予測したり，その機構を解明する上で重要な手掛かりが得られる．溶液中でCDとGがcomplexを形成し，(4.1)式のような平衡が成立するとき，安定度定数 $K_{m:n}$ は(4.2)式で定義される．ここで，a，bならびに x はそれぞれ CD とゲスト分子の総濃度ならびに生成した complex の濃度，m：n は complex を構成する CD および G の化学量論比であり，整数のモル比で表す．

$$mCD + nG \underset{}{\overset{K_{m:n}}{\rightleftharpoons}} CD_m \cdot G_n \quad (4.1)$$
$$[a-mx] \quad [b-nx] \quad\quad\quad [x]$$

$$K_{m:n} = \frac{[x]}{[a-mx]^m \cdot [b-nx]^n} \quad (4.2)$$

化学量論比を決定する代表的な方法として，P. Job の連続変化法 continuous variation method が知られている[3]．この方法は，complex 形成時にみられる物性変化（分光学的吸光係数，NMR化学シフト変化，誘電率，屈折率など）の加成性をモル比の決定に利用する．A，B 分子間で何ら相互作用が起こらない場合，観察される物性比は各成分の混合比に対応した単なる算術平均となる．図4.1の破線で示すように，誘電率を混合時のある成分のモル分率0～1に対してプロットすると，単純な直線が得られる．一方，complex が形成される場合，等モル濃度からなる A と B を総濃度が一定になるように混合して誘電率を測定すると，図4.1の実線で示すように，極大値（または極小値）をもつプロットが得られる．このように，AとBの混合比を連続的に変えながら物性変化を観測するとき，プロットに勾配の変化や屈曲点が現れ，complex 濃度が最大になる混合比で物性変化が最大（または最小）になる．図4.1の実線で示すプロットには，モル分率0.5の位置に屈曲点が存在し，complex の組成比が1：1であることを示唆する．

CD系に適用される安定度定数の決定法として，溶解度法，膜透過法，反応速度法，分光光度

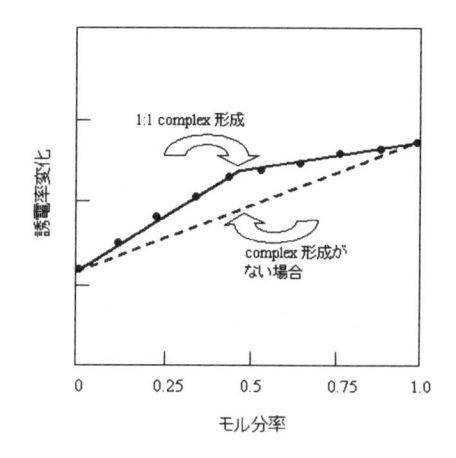

図 4.1 Complex のモル比決定のための連続変化法プロット (P. Job, *Ann. Chem.*, **9**, 113-203 (1928))

法（紫外線吸収（UV），円二色性（CD），旋光分散（ORD），赤外線吸収（IR），核磁気共鳴（NMR），蛍光など），電気化学的方法（電位差滴定，ポーラログラフィー，電気伝導度など），熱量あるいは屈折率測定法，液体クロマトグラフ法などが知られている[4]．有機溶媒と水を用いる分配率法は，CD が有機溶媒を包接して沈殿を生ずるため，CD 系には適用できない．安定度定数はできるだけ簡便な方法でしかも正確に求める必要があるが，以下に代表的な方法について，その原理と特徴を概説する．

4.2 溶解度法

T. Higuchi ら[5] により確立された溶解度法（solubility method）は難水溶性物質の溶解度変化を直接観察する方法であり，操作が簡便なことから，薬剤学・製剤学領域では可溶化剤の検索に広く利用されている．この方法は，一定過剰量の G を一連の濃度からなる CD とともに容器に入れて密栓し，一定温度下で振とうし，平衡に達せしめた後，上澄みの一部をろ取して G の濃度を測定する．溶解度法は，分光光度法や反応速度法に比べて多量の試料を用い，しかも溶解平衡に

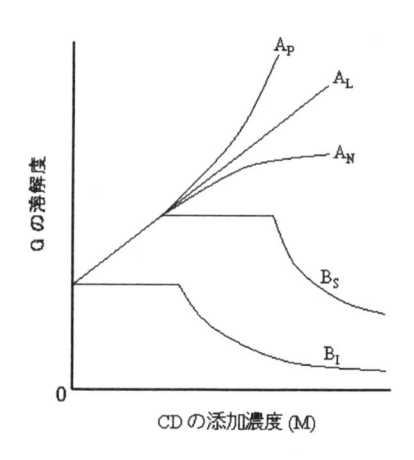

図 4.2 溶解度相図の分類 (T. Higuchi and K.A. Connors, *Adv. Anal. Instr.*, **4**, 117-212 (1965))

達するまで時間を要するため，不安定な試料には適さないが，complex形成に関して多くの情報が得られる．

図4.2に示すように，溶解度相図（phase solubility diagram）はcomplex固有の溶解度や溶質・溶媒相互作用を反映して様々な曲線を描き，上昇曲線を描くA型と下降曲線を描くB型に大別される．一般に，A型は水溶性のcomplexを形成する場合にみられ，曲線の形からさらに，溶解度プロットが直線的に上昇するA_L型，プロットが正に偏差するA_P型，負に偏差するA_N型に分類される．これら溶解度プロットの初期上昇部分を直線と見なして，勾配（slope）と切片（intercept, S_o）の値から，(4.3)式よりみかけの安定度定数K'が求まる．ここで，S_oはゲスト分子自身の溶解度に相当し，CD添加によりS_oから増加したGの総溶解度をcomplexの濃度と仮定して溶解度相図を解析する．

$$K' = \frac{\text{slope}}{S_o \cdot (1 - \text{slope})} \tag{4.3}$$

水溶性の高次complexを形成する場合はA_P型が得られ，G・CD，G・(CD)$_2$，G・(CD)$_3$，…，G・(CD)$_n$とCDに関して高次のcomplexが段階的に形成されるものと仮定して，iterationによる曲線解析を行い，モル比1:1，1:2，1:nの安定度定数$K_{1:1}$，$K_{1:2}$，…，$K_{1:n}$が算出される[6]．B型相図は，比較的難水溶性のcomplexを形成する系にみられ，初期上昇曲線の有無によりB_S型とB_I型に分類される．特に，B_I型はGの溶解度よりも小さい溶解度をもつcomplexが形成される場合にみられる．B_S型相図の初期上昇曲線部分についてはA型の場合と同様に(4.3)式からK'が求まる．B_I型相図からK'を求めるには，下降曲線が一定値に落ち着いた溶解度をcomplexの濃度とみなして，(4.2)式から算出する．B型相図が得られると，下降曲線部分の固相分析から，complexの単離・調製条件を知ることができる．また，B_S型相図の高平領域（plateau）の高さと長さに関するデータを解析して，(4.4)式よりcomplexの組成比が求まる（第V編第5.1節参照）．

$$\text{組成比} = \frac{G}{CD} = \frac{[\text{Gの初濃度}] - [\text{plateauの高さに相当するGの濃度}]}{[\text{plateauの長さに相当するCDの濃度}]} = \frac{(G_{\text{initial}} - G_1) \text{ at B}}{CD_2 - CD_1} \tag{4.4}$$

CD空洞への包接が不完全なゲスト分子はA型相図をとるものが多く，complexの単離は困難である．一方，ステロイド系薬物のようにβ-CD空洞によく適合する化合物や脂溶性ビタミンのような油状のゲスト分子とγ-CD系ではB型相図をとるものが多く，complexを単離できる．

4.3 反応速度法

ゲスト分子GがCDとモル比1:1のcomplexを形成し，遊離形のGとのcomplexがそれぞれ異なる速度で分解するときのスキームは図4.3で表される．ここで，k_0とk_cはそれぞれ，G単独およびcomplexの反応速度定数，K'はモル比1:1 complexのみかけの安定度定数である．

$[G]_f$と[complex]を区別して測定できない場合，反応速度は未分解ゲストの全濃度$[G]_t$の減少速度として表され，そのときのみかけの反応速度定数（擬一次速度定数）をk_{obs}とすると，(4.5)

$$G + CD \underset{}{\overset{K'}{\rightleftharpoons}} G \cdot CD$$
$$\downarrow k_o \qquad\qquad \downarrow k_c$$
$$\text{Products} \qquad \text{Products} + CD$$

図 4.3　CD との complex 形成によるゲスト分子の反応性変化のスキーム

式が成立する．(4.5) 式に質量平衡および K' に関する (4.6), (4.7) 式をそれぞれ組み合わせると，(4.8) 式が得られる．

$$v = k_{obs} \cdot [G]_t = k_o \cdot [G]_f + k_c \cdot [\text{complex}] \tag{4.5}$$

$$[G]_t = [G]_f + [\text{complex}] \tag{4.6}$$

$$K' = \frac{[\text{complex}]}{[G]_f \cdot [CD]_f} \tag{4.7}$$

$$k_{obs} = \frac{k_o + k_c \cdot K' \cdot [CD]_f}{1 + K' \cdot [CD]_f} \tag{4.8}$$

(4.8) 式の左辺 k_{obs} と右辺の $[CD]_f$ の関係は，Michaelis-Menten 型の飽和 kinetics の様相を呈する．(4.8) 式を変形し，さらに $[CD]_f \gg [G]_f$ となるような実験条件を設定すると，いわゆる Colter の式 (4.9)[7] が得られる．ここで，$[CD]_t$ は CD の総濃度である．

$$\frac{[CD]_t}{k_o - k_{obs}} = \frac{1}{k_o - k_c} \cdot [CD]_t + \frac{1}{K' \cdot (k_o - k_c)} \tag{4.9}$$

$[CD]_t$ に対して (4.9) 式の左辺の値をプロットして直線関係が得られると，その直線の勾配と切片の値から K' と k_c が求まる (図 4.4)[8]．(4.9) 式において k_c が k_o よりも大きい場合は反応促進であり，逆の場合は反応抑制となる．K' 値はゲスト分子の包接状態を敏感に反映するが，k_c と K' の間には必ずしも一定の関係はみられない．たとえば，エステルの加水分解反応において，反応活性部位のカルボニル部分が CD 空洞に包接されて保護されると，安定度定数の大小に関わらず反応抑制となる．一方，カルボニル基が空洞の外に出て，CD の水酸基触媒や外部試薬の攻

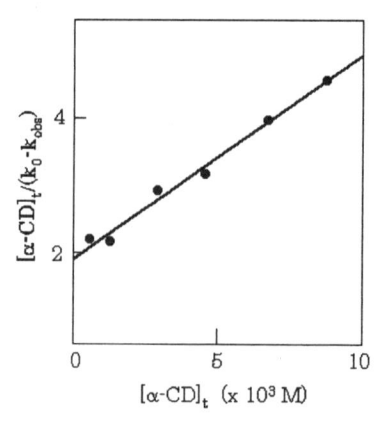

図 4.4　桂皮酸エチルエステルのアルカリ加水分解に及ぼすα-CD の影響 (S. Tanaka, K. Uekama, and K. Ikeda, *Chem. Pharm. Bull.*, **24**, 2825-2831 (1976))

撃を受けやすい状態に固定されると，反応は促進される．このように，complex 形成に関する速度論的な手法は酵素反応などの触媒機構の解明や医薬品の安定化剤の検索に利用される[9]．

4.4　膜透過法

膜透過法では，一般的な反応速度測定による解析法に準じて K' 値を求めることができる．すなわち，CD 濃度を変化させながら膜透過速度定数 k_{obs} を測定し，前述の (4.9) 式に従ってプロットして，直線の傾きと切片の値から K' が求まる．その際，(4.9) 式における k_o および k_c はゲスト分子および複合体自身のセロハン膜透過速度定数，k_{obs} は β-CD 存在下の擬一次膜透過速度定数であり，ドナー相で形成される complex の濃度に応じて k_{obs} は減少する．図 4.5 に示す膜透過実験装置の隔膜には，成分の吸着が少なく β-CD の透過が無視できる分子量分画 500 程度のセロハン膜（MWCO 500）が用いられる．図 4.6 に示すように，安息香酸誘導体と β-CD とのモル比 1：1 complex の安定度定数を膜透過法から求めた値と溶解度法から求めた値との間に良好な相関性がみられる（相関係数は 0.993）[10]．

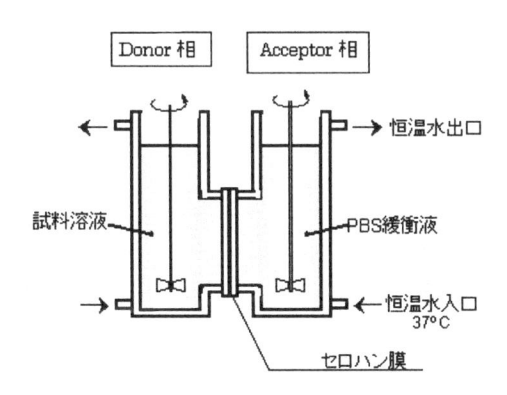

図 4.5　膜透過法の実験装置

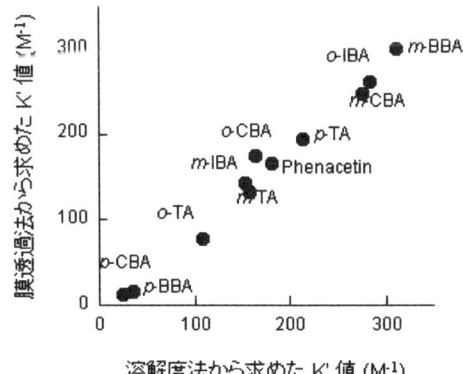

図 4.6　膜透過法と溶解度法から求めた安定度定数の相関性（N. Ono, F. Hirayama, H. Arima, and K. Uekama, *Eur. J. Pharm. Sci.*, **8**, 133-139 (1999)）

4.5 分光光度法

分光光度法 (spectroscopic method) は,最も普遍的な安定度定数の決定法であり,complex が固有の分光学的特性(分子吸光係数や吸収極大波長など)をもつことを利用して解析が行われる. 電荷移動錯体の研究に利用される Benesi-Hildebrand 式 (4.10) [11] は代表的な解析法であるが,CD 系にも適用される. 相互作用系における各成分の濃度および complex の濃度に関して Beer の法則が成立することを前提に,質量作用の法則との関係から (4.10) 式が導かれる. Complex のスペクトルに帰属される波長において,ゲスト分子の濃度 $[G]_t$ と試料セルの長さ L を一定に保ち,CD の濃度 $[CD]_t$ を変えながら吸光度変化 ΔA を測定する. これらの関係を (4.10) 式に代入し,プロットが直線性を示す場合は,勾配と切片からモル比 1:1 complex のみかけの安定度定数 K' と分子吸光係数 ε_c が算出される.

$$\frac{[G]_t \cdot L}{\Delta A} = \frac{1}{K' \cdot \varepsilon_c} \cdot \frac{1}{[CD]_t} + \frac{1}{\varepsilon_c} \tag{4.10}$$

(4.10) 式は $[CD]_t \gg [G]_t$ の制約を受けるため,高次の複合体を形成する場合は注意を要する. さらに,(4.10) 式は double-reciprocal プロットであるため,誤差を生じやすい. これらの点を改良した Scott 式 (4.11) [12] は,右辺の $[CD]_t$ が横軸に等間隔にプロットされ,しかも CD 濃度を無限希釈の方向に内挿して得られる縦軸の値と切片の値との関係から K' が求まる.

$$\frac{[CD]_t \cdot [G]_t \cdot L}{\Delta A} = \frac{1}{\varepsilon_c} \cdot [CD]_t + \frac{1}{K' \cdot \varepsilon_c} \tag{4.11}$$

CD は水溶性で $[CD]_t \gg [G]_t$ の濃度条件を設定しやすいのは好都合である. ΔA の代わりに誘起 CD 強度や NMR 化学シフト変化値などを用いて安定度定数を求めることができる. 図 4.7 にクロルプロマジン/β-CD 系の誘起 CD 強度 $[\theta]_{obs}$ の測定値を用いた Scott プロットの例を示す [13].

通常,蛍光強度変化から安定度定数を求める場合は,Stern-Volmer 式 (4.12) [14] が用いられる.

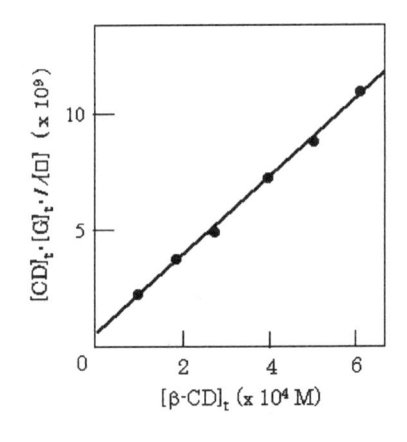

図 4.7 クロルプロマジン/β-CD 系の Scott プロット (M. Otagiri, K. Uekama, and K. Ikeda, *Chem. Pharm. Bull.*, **23**, 188-195 (1975))

$$\frac{F_o}{F} - 1 = K' \cdot [CD]_t \tag{4.12}$$

ここで，F_o と F はそれぞれ，CD 非存在下および存在下の蛍光強度である．

消光現象を伴う complex 系に（4.12）式を適用するとき，内部炉光効果（inner-filter effect. 成分 A の蛍光スペクトルに成分 B の吸収スペクトルが重なって，A の消光が大きく観察される現象）により K' 値を大きく見積もることがあるが，CD 自体は紫外・可視領域に吸収スペクトルがないためゲスト分子の発光スペクトルと重なることはない．高次 complex 形成系には（4.12）式は適用できないため，別途に式を誘導して解析が行われる（第Ⅴ編第 5.3.3 項参照）[15]．

4.6 電位差滴定法

弱酸または弱塩基性物質の pH 滴定曲線の半中和点は，CD 存在下でアルカリ性または酸性側へそれぞれシフトする（図 4.8）．これは complex 形成により酸解離が変化することを示すものであり，弱酸性のゲスト分子（GH）を例にとると図 4.9 のスキームで表される．ここで，K_a, K_a' は GH 単独および complex を形成した GH の酸解離定数，K_{cm} および K_{ci} は非解離形および解離形ゲスト分子からなる complex の解離定数であり，それらを（4.13）～（4.16）式で定義する．

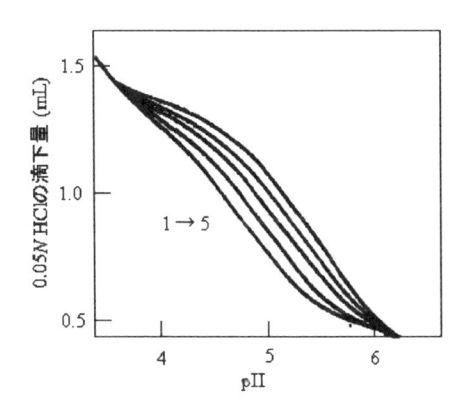

図 4.8　プロスタグランジン $F_{2\alpha}$ の pH 滴定曲線に及ぼす α-CD 濃度の影響．α-CD 濃度（曲線 1 → 5：0, 0.2, 0.5, 0.8, 1.3×10^{-2} M）(K. Uekama and F. Hirayama, *Chem. Pharm. Bull.*, **26**, 1195-1200 (1976))

$$GH + CD \underset{}{\overset{K_{cm}}{\rightleftharpoons}} GH \cdot CD$$

$$\updownarrow K_a \qquad\qquad \updownarrow K_a'$$

$$G^- + H^+ + CD \underset{}{\overset{K_{ci}}{\rightleftharpoons}} G^- \cdot CD + H^+$$

図 4.9　CD 包接が関与する G の酸解離スキーム

$$K_a = \frac{[G^-]\cdot[H^+]}{[GH]} \tag{4.13}$$

$$K_a' = \frac{[G^-\cdot CD]\cdot[H^+]}{[GH\cdot CD]} \tag{4.14}$$

$$K_{cm} = \frac{[GH]\cdot[CD]}{[GH\cdot CD]} \tag{4.15}$$

$$K_{ci} = \frac{[G^-]\cdot[CD]}{[G^-\cdot CD]} \tag{4.16}$$

これら4種の解離定数の間には(4.17)式の関係が成立し,半中和点における質量平衡は(4.18)式で与えられる.

$$K_a \cdot K_{cm} = K_a' \cdot K_{ci} \tag{4.17}$$

$$[GH] + [GH\cdot CD] = [G^-] + [G^-\cdot CD] \tag{4.18}$$

半中和点における水素イオン濃度 $[H^+]_h$ を(4.19)式で表すと,

$$[H^+]_h = K_a' + \frac{K_a'\cdot(K_{ci} - K_{cm})}{K_{cm} + [CD]} \tag{4.19}$$

ここで,二つのCD濃度 $[CD]_1$ および $[CD]_2$ における半中和点の水素イオン濃度をそれぞれ $[H^+]_{h1}$ および $[H^+]_{h2}$ とすると,(4.20)式となる.

$$\frac{[CD]_1 - [CD]_2}{[H^+]_{h1} - [H^+]_{h2}} = \frac{K_{cm} + [CD]_1}{K_a'\cdot(K_{cm} - K_{ci})}\cdot[CD]_2 + \frac{K_{cm}\cdot[K_{cm} + [CD]_1]}{K_a'\cdot(K_{cm} - K_{ci})} \tag{4.20}$$

したがって,$[CD]_1$ を一定に保ち,$[CD]_2$ を変化させながら $[H^+]_{h2}$ を測定し,$[CD]_2$ に対して(4.20)式の右辺の値をプロットすると直線が得られ,K_{cm} はこの直線の intercept/slope から,K_a' は(4.21)式から算出される.

$$K_a' = \frac{K_{cm} + [CD]_1}{\text{intercept}} + K_a \tag{4.21}$$

(4.21)式の K_a は CD 非存在下の GH の酸解離定数であり,別途に決定する.このようにして求めた K_a', K_{cm}, K_a を(4.17)式に代入すると,K_{ci} も求まる.表 4.1 に数種のバルビタール

表 4.1 バルビタール類/β-CD 系の各種解離定数(25℃)

Compound	$K_a \times 10^6$ (M)	$K_a' \times 10^9$ (M)	$K_{cm} \times 10^4$ (M)	$K_{ci} \times 10^3$ (M)
Phenobarbital	4.46	5.20	5.92	5.21
Mephobarbital	1.55	3.52	6.15	2.71
Amobarbital	1.02	5.37	10.0	1.89
Cyclobarbital	2.75	3.24	8.64	7.25
Pentobarbital	0.89	2.23	9.25	3.70
Metharbital	0.51	2.00	26.0	6.67
Barbital	1.15	6.76	61.0	10.3

T. Miyaji, Y. Kurono, K. Uekama, and K. Ikeda, *Chem. Pharm. Bull.*, **24**, 1155-1159 (1976)

類と β-CD 系の各解離定数を示す[16]．K_a と K_a' の比較から，complex 形成により酸解離が約 1/10 程度抑制されることがわかる．また，K_{cm} が K_{ci} よりも小さいことは，非解離形のゲスト分子のほうが解離形のゲスト分子よりも CD 空洞に包接されやすいことがわかる．K_{cm} および K_{ci} の逆数すなわち安定度定数は，溶解度法やスペクトル法で求めた値とよく一致する．このように，電位差滴定法では，弱酸・弱塩基性物質と CD との complex 形成に伴う酸解離定数の変化と安定度定数を同時に求めることができる．

4.7 液体クロマトグラフ法

弱酸または弱塩基性物質のイオン交換液体クロマトグラフィーにおいて，溶離液中に CD を添加すると著しい溶離促進がみられる（図 4.10）[17]．保持時間が変化するのは，図 4.11 のスキームに示すように，カラムの移動相中においてモル比 1：1 complex 形成に起因すると仮定して，以下の解析を行う．

ここで，D_0，D_c はそれぞれ，G および complex の固定層 s と移動相 m における濃度分布比であり，それらを（4.22）および（4.23）式，移動相中における complex 形成に関する安定度定数

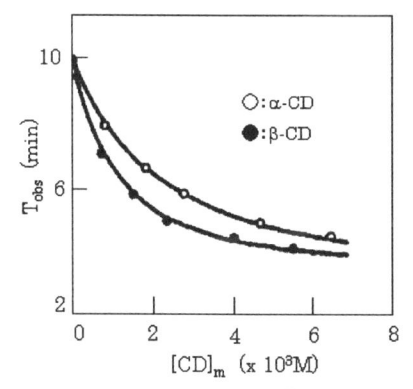

図 4.10　プロスタグランジン $F_{2\alpha}$ の HPLC 保持時間に及ぼす CD 濃度の影響（K. Uekama, F. Hirayama, and T. Irie, *Chem. Lett.*, **1978**, 661-664）

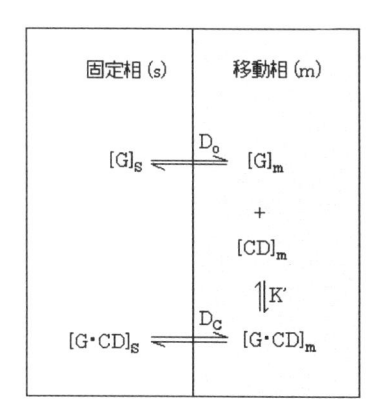

図 4.11　HPLC の移動相における complex 形成スキーム

K' を (4.24) 式で定義する.

$$D_o = \frac{[G]_s}{[G]_m} \tag{4.22}$$

$$D_c = \frac{[G \cdot CD]_s}{[G \cdot CD]_m} \tag{4.23}$$

$$K' = \frac{[G \cdot CD]_m}{[G]_m \cdot [CD]_m} \tag{4.24}$$

したがって, CD 存在下のみかけの濃度分布比 D_{obs} は, (4.25) 式で与えられる.

$$D_{obs} = \frac{[G]_s + [G \cdot CD]_s}{[G]_m + [G \cdot CD]_m} = \frac{D_o + D_c \cdot K' \cdot [CD]_m}{1 + K' \cdot [CD]_m} \tag{4.25}$$

濃度分布比と保持時間との関係から, (4.25) 式は次のように表される.

$$T_{obs} = \frac{T_o' + T_c \cdot K' \cdot [CD]_m}{1 + K' \cdot [CD]_m} \tag{4.26}$$

ここで, T_{obs}, T_o' はそれぞれ, CD 存在下および非存在下の G の保持時間であり, T_c は complex の保持時間である. (4.26) 式を変形すると, (4.27) 式となる.

$$\frac{[CD]_m}{T_o' - T_{obs}} = \frac{1}{T_o' - T_c} \cdot [CD]_m + \frac{1}{K' \cdot (T_o' - T_c)} \tag{4.27}$$

図 4.10 の T_{obs} と $[CD]_m$ の関係を (4.27) 式に適用してプロットすると, 図 4.12 のような直線が得られ, その直線の勾配と切片より K' が求まる. (4.20) 式の場合と同様に, 任意のある一定濃度 $[CD]_1$ における保持時間 T_1 と他の CD 濃度 $[CD]_2$ における保持時間 T_2 を測定し, (4.28) 式から K' を求めることができる.

$$\frac{[CD]_1 - [CD]_2}{T_2 - T_1} = \frac{K' \cdot [CD]_1 + 1}{T_o' - T_c} \cdot [CD]_2 + \frac{K' \cdot [CD]_1 + 1}{K' \cdot (T_o' - T_c)} \tag{4.28}$$

(4.28) 式はゲスト分子の T_o' が非常に長い場合や T_o' が不明なときに有効である. 本法で得られる K' 値は溶解度法やスペクトル法で求めた値とよく一致する (表 4.2)[18].

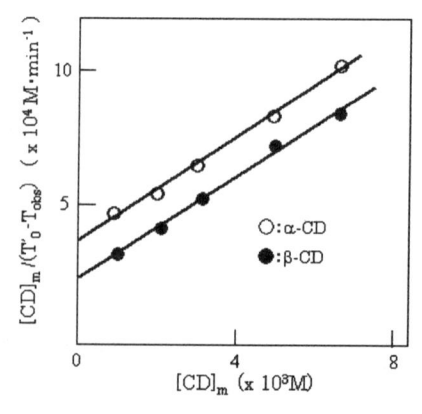

図 4.12 図 4.10 のデータを (4.27) 式で処理して K' を求めるプロット (K. Uekama, F. Hirayama, and T. Irie, *Chem. Lett.*, **1978**, 661-664)

表4.2 プロスタグランジン類/CD complex の安定度定数（M^{-1}）の測定法による比較

Prostaglandin	クロマトグラフ法		その他の方法	
	α-CD	β-CD	α-CD	β-CD
Prostaglandin E_1	1200	1450	1430^b	$1700^{b)}$
Prostaglandin E_2	760	1240	560^b	$1270^{b)}$
Prostaglandin A_1	970	1160	1300^b	$1400^{b)}$
Prostaglandin A_2	720	1280	840^c	$1560^{c)}$
Prostaglandin B_1	970	410	1200^b	$780^{b)}$
Prostaglandin B_2	790	420	------	$430^{c)}$
Prostaglandin F_{2a}	390	740	250^b	$1240^{b)}$

a) 25℃, b) 溶解度法, c) スペクトル法
K. Uekama, F. Hirayama, and T. Irie, *Chem. Lett.*, **1978**, 661-664.

液体クロマトグラフ法の利点は，①試料が微量でよい，② complex 形成に伴うスペクトル変化や他の物性変化が小さい系にも適用できる，③迅速測定によって化学的に不安定なゲスト分子と CD との安定度定数の測定にも好都合である [19] などが挙げられる．

参考文献

1) 上釜兼人, *薬学雑誌*, **101**, 857-873 (1981).
2) K.A. Connors, *Chem. Rev.*, **97**, 1325-1357 (1997).
3) P. Job, *Ann. Chem.*, **9**, 113-203 (1928).
4) F. Hirayama and K. Uekama, Methods of Investigating and Preparing Inclusion Compounds, in "Cyclodextrins and Their Industrial Uses," Ed., D. Duchene, Editions de Sante, Paris, 1991, 131-172.
5) T. Higuchi and K.A. Connors, *Adv. Anal. Instr.*, **4**, 117-212 (1965).
6) T. Higuchi and H. Kristiansen, *J. Pharm. Sci.*, **59**, 1601-1608 (1970).
7) A.K. Colter, S.S. Wang, G. H. Mcgerle, and P.S. Osip, *J. Am. Chem. Soc.*, **86**, 1306 (1964).
8) S. Tanaka, K. Uekama, and K. Ikeda, *Chem. Pharm. Bull.*, **24**, 2825-2831 (1976).
9) 上釜兼人, *薬学雑誌*, **124**, 900-935 (2004).
10) N. Ono, F. Hirayama, H. Arima, and K. Uekama, *Eur. J. Pharm. Sci.*, **8**, 133-139 (1999).
11) H.A. Benesi and J.H. Hildebrand, *J. Am. Chem. Soc.*, **71**, 2703-2707 (1949).
12) R.L. Scott, *Rec. Trv. Chim.*, **75**, 787-789 (1956).
13) M. Otagiri, K. Uekama, and K. Ikeda, *Chem. Pharm. Bull.*, **23**, 188-195 (1975).
14) O. Stern and M. Volmer, *Phys. Z.*, **2**, 138 (1919).
15) T. Utsuki, F. Hirayama, and K. Uekama, *J. Chem. Soc. Perkin Trans.* 2, **1993**, 109-114.
16) T. Miyaji, Y. Kurono, K. Uekama, and K. Ikeda, *Chem. Pharm. Bull.*, **24**, 1155-1159 (1976).
17) K. Uekama and F. Hirayama, *Chem. Pharm. Bull.*, **26**, 1195-1200 (1976).
18) K. Uekama, F. Hirayama, S. Nasu, N. Matsuo, and T. Irie, *Chem. Pharm. Bull.*, **26**, 3477-3484 (1978).
19) K. Uekama, F. Hirayama, and T. Irie, *Chem. Lett.*, **1978**, 661-664.

5

医薬品の製剤特性改善における安定度定数の活用

5.1 はじめに

　医薬品開発において，溶解性が悪い薬物，安定性が悪い薬物，吸収性が悪い薬物，刺激性の強い薬物，投与量が多い薬物はプレフォーミュレーション段階の重要な検討課題となる．これらの物性改善は様々な手法や機能性素材を用いて検討されるが，シクロデキストリン（CD）との complex 形成は有用であり，多くの実績がある[1,2]．たとえば，化学的に不安定なプロスタグランディンE類は α- および β-CD を用いて安定化と可溶化が達成されている[3]．CD 包接により難水溶性薬物の溶解性や経口バイオアベイラビリティが改善されると，吸収性の向上による投与量の減少や注射剤への剤形変更に繋がる．また，経口投与時の苦味や注射時の溶血・筋肉刺激性なども CD を用いて軽減できる．このように，CD は医薬品，化粧品，食品などの物性や品質改善に利用されているが，その際，complex の安定度定数や化学量論比の値は製剤設計における重要な指標となる．そこで，医薬品の可溶化，安定化，競合包接，溶血抑制などを検討するときの判断基準となる安定度定数やモル比を求める具体的方法とそれらの活用例を紹介する．

5.2　B_S 型溶解度相図の解析

　一定過剰量のゲスト分子 G と一連の濃度からなる CD を共栓付き試験管に入れて密栓し，一定温度で振とうしながら平衡に達せしめた後，上澄み中の G の濃度を測定し，CD の添加濃度に対して G の溶解度をプロットするとき，図 5.1 のような B_S 型溶解度相図が得られたとする[4]．この相図において，初期直線が縦軸を切る点 A は G 自身の溶解度 S_0 に相当する．CD 添加によりモル比 1:1 の complex が形成され，B 点で complex と G の溶解度がともに飽和に達する．CD の添加量を増すと，引き続き complex の生成とその沈殿が進み，C 点は過剰の G が固相から消失し，溶液に移り終える点である．この B～C 間を plateau 領域という．C 点以後も溶液中の G は complex に変換されるが，飽和には至らない．さらに CD を添加すると，溶液中に残存する遊離形の G は過剰の CD と結合して，C～D 点付近の固相には 1:1 の G・CD complex が沈殿するため，ろ過して complex を単離できる．CD 添加により曲線が再び上昇を始める場合は（D 点から右側の曲線領域），可溶性の高次 complex，G・(CD)$_n$ が形成されるものと考えられる．

　Complex のモル比は，B_S 型相図から次のような方法で決定される．図 5.1 における plateau

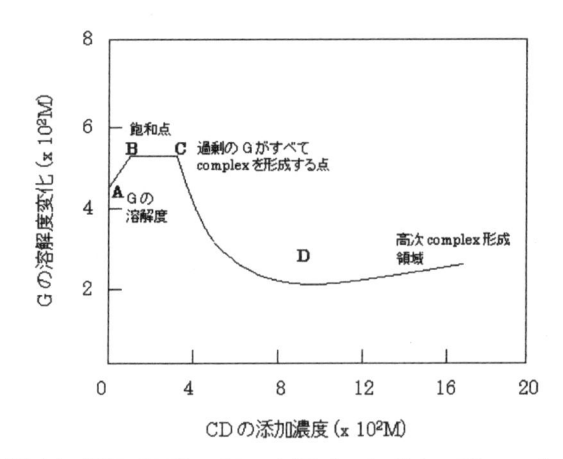

図 5.1 Bs 型溶解度相図の解析（T. Higuchi and J.L. Lach, *J. Am. Pharm. Assoc., Sci. Ed.*, **43**, 349-352(1954) を改変）

の長さ BC は，この領域で complex 形成に関与する CD 濃度に等しい．それに対応する G の濃度は，B 点で固相に残存する G の濃度に等しく，最初に一定過剰量として添加した G の量から，B 点で溶解している G の量を差し引いた値に相当する（前章の (4.4) 式を参照）．図 5.1 において，plateau の長さに相当する CD 濃度は $1.8×10^{-2}$ M である．未溶解の G の濃度は，G の総濃度から B 点で溶解している G の濃度を差し引いた値，$7.3×10^{-2}$ M $-5.5×10^{-2}$ M，すなわち $1.8×10^{-2}$ M であり，組成モル比は次式から算出される．

$$\frac{\text{complex 中の G}}{\text{complex 中の CD}} = \frac{1.8 \times 10^{-2}}{1.8 \times 10^{-2}} = 1$$

次に，モル比 1 : 1 complex の安定度定数 K' は，(5.1) 式で定義される．

$$K' = \frac{[G \cdot CD]}{[G]_f \cdot [CD]_f} \tag{5.1}$$

Complex 濃度 [G・CD] は，飽和溶液（A〜B 領域）における G の濃度から G 単独の溶解度（A 点）を差し引いた値である．したがって，平衡状態における遊離の CD 濃度 $[CD]_f$ は，系中に添加した CD 濃度と complex 形成に関与する CD 濃度の差である．図 5.1 より，CD 非存在下の G 濃度（G の溶解度）は $4.58×10^{-2}$ M であり，$1.00×10^{-2}$ M の CD 存在下の G の濃度は $5.31×10^{-2}$ M である．整理すると，

$[G \cdot CD] = (5.31×10^{-2}) - (4.58×10^{-2}) = 0.73×10^{-2}$ M

$[G]_f = 4.58×10^{-2}$ M

$[CD]_f = (1.00×10^{-2}) - (0.73×10^{-2}) = 0.27×10^{-2}$ M

これらの値を (5.1) 式に代入して，K' を得る．

$$K' = \frac{[0.73 \times 10^{-2} M]}{[4.58 \times 10^{-2} M] \cdot [0.27 \times 10^{-2} M]} = 59 \text{ M}^{-1}$$

このように，Bs 型相図を解析することにより，complex のモル比，安定度定数，固体 complex の単離条件，高次 complex 形成の有無などに関する情報が得られる．

5.3 高次 complex 形成の解析

たとえば，分子量 300 のゲスト薬物が分子量 1135 の β-CD とモル比 1：2 の高次 complex を形成するとき，complex の分子量は 2570 となり，薬物単独に比べて約 8.5 倍も嵩高くなるため，薬用量の多い薬物では製剤化に支障をきたす．一方，薬用量の少ない薬物の場合は，complex 化によって分子量が増加し，含量均一性を確保しやすくなる．このように，高次 complex を形成する場合は，組成モル比や安定度定数の値が製剤設計において重要性を増す．そこで，ホスト分子に関する高次 complex 形成を溶解度法の A_P 型相図から解析する例と，ゲスト分子に関する高次 complex 形成を NMR により解析する例を紹介する．

5.3.1 溶解度法による $K_{1:n}$ の算出

CD の添加濃度の増加につれてゲスト分子 G の溶解度が指数関数的に上昇する溶解度曲線は，T. Higuchi らが定義した A_P 型に分類され，高次の複合体形成を示唆する[5]．すなわち，G と CD が 1：n モル比で逐次的に complex を形成すると仮定すると，その化学量論的なモル比は (5.2) 式で表され，安定度定数 $K_{1:n}$ は (5.3) 式で定義される．

$$[G] + [CD] \rightleftarrows [G \cdot CD]$$
$$[G \cdot CD] + [CD] \rightleftarrows [G \cdot CD_2]$$
$$[G \cdot CD_2] + [CD] \rightleftarrows [G \cdot CD_3]$$
$$[G \cdot CD_{n-1}] + [CD] \rightleftarrows [G \cdot CD_n] \tag{5.2}$$

$$K_{1:1} = \frac{[G \cdot CD]}{[G]_f \cdot [CD]_f}$$

$$K_{1:2} = \frac{[G \cdot CD_2]}{K_{1:1} \cdot [G]_f \cdot [CD]_f^2}$$

$$K_{1:3} = \frac{[G \cdot CD_3]}{K_{1:1} \cdot K_{1:2} \cdot [G]_t \cdot [CD]_f^3}$$

$$K_{1:n} = \frac{[G \cdot CD_n]}{K_{1:1} \cdot K_{1:2} \cdots K_{1:n-1} \cdot [G]_f \cdot [CD]_f^n} \tag{5.3}$$

ここで，$[G]_f$，$[CD]_f$ は遊離形のゲスト分子および CD の濃度，$[G]_t$ および $[CD]_t$ は CD 存在下の G の総濃度および CD の添加濃度であり，それぞれ G に関する n 次の多項式で表される．

これらの平衡式を解析するために，(5.3) 式を (5.4)，(5.5) 式に代入し，それぞれ (5.6)，(5.7) 式を得る．

$$[G]_t = [G]_f + [G \cdot CD] + [G \cdot CD_2] + \cdots + [G \cdot CD_n] \tag{5.4}$$

$$[CD]_t = [CD]_f + [G \cdot CD] + 2[G \cdot CD_2] + \cdots + n[G \cdot CD_n] \tag{5.5}$$

ここで，$[G]_f$ は CD 非存在下における G の溶解度，すなわち G_0 に相当する．したがって，遊離形の CD 濃度 $[CD]_f$ がわかれば，(5.6) 式を非線形最小二乗法処理して，真の安定度定数が求ま

る．

$$[G]_t = [G]_0 + K_{1:1} \cdot [G]_0 \cdot [CD]_f + K_{1:1} \cdot K_{1:2} \cdot [G]_0 \cdot [CD]_f^2 + \cdots \cdots \\ + K_{1:1} \cdot K_{1:2} \cdots \cdots K_{1:n} \cdot [G]_0 \cdot [CD]_f^n \tag{5.6}$$

$$[CD]_f = [CD]_f + K_{1:1} \cdot [G]_0 \cdot [CD]_f + 2K_{1:1} \cdot K_{1:2} \cdot [G]_f \cdot [CD]_f^2 + \cdots \cdots \\ + nK_{1:1} \cdot K_{1:2} \cdots \cdots K_{1:n} \cdot [G]_0 \cdot [CD]_f^n \tag{5.7}$$

まず，$[CD]_f$ を既知の $[CD]_t$ で代用し，(5.6) 式から $[CD]_t$ と $[G]_t$ および $[G]_0$ を用いて，simplex 法[6] から安定度定数の近似値を得る．次に，その予備的安定度定数と $[CD]_t$ および $[G]_0$ を (5.7) 式に適用して高次方程式を解き，$[CD]_f$ を算出する．各安定度定数の収斂値が得られるまでこのような操作を反復 iteration する．

高脂溶性のビタミン E 誘導体である α-トコフェロールエステルに 0.1M の 2,6-di-*O*-methyl-β-cyclodextrin (DM-β-CD) を添加すると溶解度は 10^5 倍も増加し（図 5.2）[7]．典型的な A_P 型溶解度相図を示す．上昇曲線を上記 iteration 法により解析して，$K_{1:1}$，$K_{1:2}$，$K_{1:3}$ を算出すると，表 5.1 に示すように，両薬物とも $K_{1:2}$ が最も大きく，薬物は 2 分子の DM-β-CD で包接された高水溶性の complex を形成する．

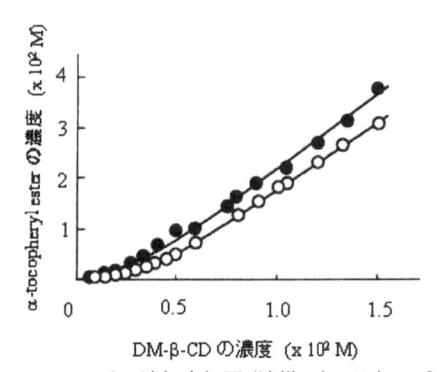

図 5.2 α-Tocopherylester/DM-β-CD 系の溶解度相図（溶媒：水，温度：25℃）．○：α-Tocopherylacetate，●：α-Tocopherylnicotinate (K. Uekama, Y. Horiuchi, M. Kikuchi, F. Hirayama, T. Ijitsu, and M. Ueno, *J. Inclu. Phenom.*, **6**, 167-174 (1988))

表 5.1 α-Tocopherylester/DM-β-CD 複合体の安定度定数[a]（溶媒：水，25℃）

系	$K_{1:1}$ (M^{-1})	$K_{1:2}$ (M^{-1})	$K_{1:3}$ (M^{-1})	G_0[b] (M)
α-Tocopheryl nicotinate	20	1540000	1	1.97×10^{-7}
α-Tocopheryl acetate	300	172000	70	1.07×10^{-7}

a) 1:n（ゲスト：DM-β-CD），b) ゲスト単独の溶解度
K. Uekama, Y. Horiuchi, M. Kikuchi, F. Hirayama, T. Ijitsu, and M. Ueno, *J. Inclu. Phenom.*, **6**, 167-174 (1988).

5.3.2 NMRスペクトル法によるK$_{n:1}$の算出

図5.3に，血圧降下薬メトプロロール（Met）に対する3種の天然CDの包接様式をNMRと分子力場計算で推測したcomplexの構造を示す．α-CD，β-CDと空洞径が大きくなるにつれてMetは空洞の奥深く包接される．一方，γ-CDには2分子のMetが包接されるが，その2：1complexでは，薬物が逆方向に並んでγ-CD空洞中に配向した構造がエネルギー的に最も安定である．そこで，Metと各CDsとのcomplexの組成比と安定度定数を^{1}H NMRスペクトルから求める方法を概説する[8]．

α-CD complex（1：1）　　β-CD complex（1：1）　　γ-CD complex（2：1）

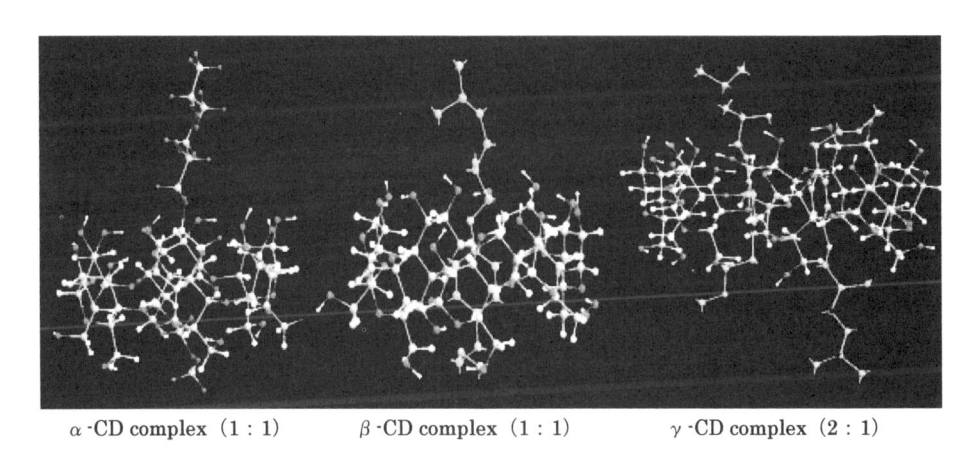

図5.3　メトプロロール（Met）に対する3種のCDの包接模式図（Y. Ikeda, F. Hirayama, H. Arima, K. Uekama, Y. Yoshitake, and K. Harano, *J. Pharm. Sci.*, **93**, 1659-1671 (2004)）

まず，complexの組成比は連続変化法（第V章第4.1節参照）により推定した．図5.4は，Metとγ-CDの総濃度を10 mMに設定し，MetのH9プロトンとγ-CDのH3'プロトンのシフト変化をモニターしたプロットを示す．Met側のプロトンを追跡した場合は約0.6，γ-CD側を追跡した場合は約0.4にそれぞれ極大ピークを与えることから，Metはγ-CDとモル比2：1複合体の形成を示唆する．なお，ピーク値が理論値の0.67, 0.33と若干異なるのは，低濃度領域で1：1と2：1のcomplexが混在するためと推定される．

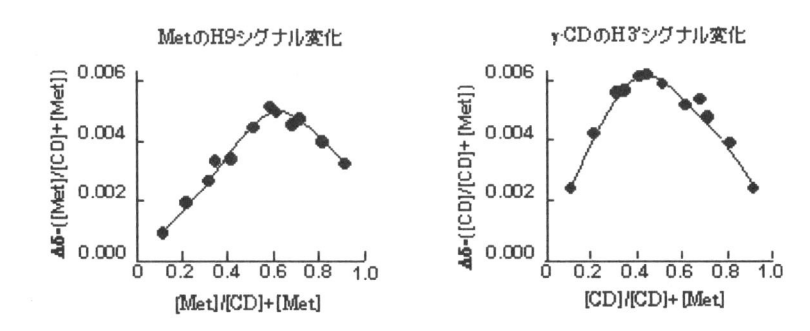

図5.4　^{1}H NMR化学シフト変化を指標にしたMet/γ-CD系の連続変化法プロット（溶媒：D$_2$O, 25℃）（Y. Ikeda, F. Hirayama, H. Arima, K. Uekama, Y. Yoshitake, and K. Harano, *J. Pharm. Sci.*, **93**, 1659-1671 (2004)）

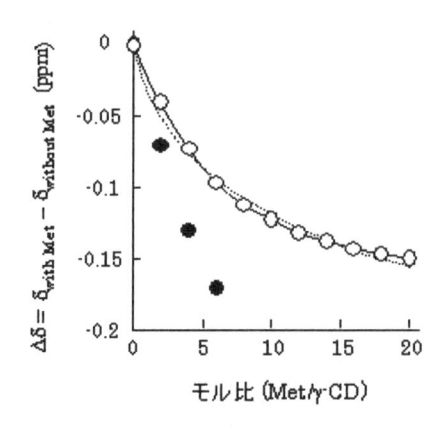

図 5.5　γ-CD の ^{1}H NMR 化学シフト（○：H3'，●：H5'）変化に及ぼす Met 濃度の影響
(Y. Ikeda, F. Hirayama, H. Arima, K. Uekama, Y. Yoshitake, and K. Harano, *J. Pharm. Sci.*, **93**, 1659-1671 (2004))

次に，complex の安定度定数を求めるために，γ-CD の濃度を 10 mM に固定し，Met の濃度変化に対する CD の H3' と H5' プロトンの化学シフト変化を追跡すると，γ-CD の H3'，H5' プロトンは Met 濃度の増加に伴い高磁場シフトが観察される（図 5.5）．Met/γ-CD の包接平衡は (5.8) 式に従うものと仮定すると，モル比 1:1 と 2:1 complex 安定度定数 $K_{1:1}$ と $K_{2:1}$ はそれぞれ (5.9)，(5.10) 式で表される．ここで $[Met]_f$ は遊離形 Met 濃度である．

$$[Met]+[CD] \rightleftharpoons [Met \cdot CD]+[Met] \rightleftharpoons [(Met)_2 \cdot CD] \tag{5.8}$$

$$K_{1:1} = \frac{[Met \cdot CD]}{[Met]_f \cdot [CD]_f} \tag{5.9}$$

$$K_{2:1} = \frac{[(Met)_2 \cdot CD]}{[Met \cdot CD] \cdot [Met]_f} \tag{5.10}$$

Met および γ-CD の総濃度 $[Met]_t$ と $[CD]_t$ はそれぞれ (5.11) および (5.12) 式で表され，CD 存在下における実測の化学シフト値（δ_{obs}）は (5.13) 式で表わされる．

$$[Met]_t = [Met]_f + K_{1:1} \cdot [Met]_f \cdot [CD]_f + 2K_{1:1} \cdot K_{2:2} \cdot [Met]_f^2 \cdot [CD]_f \tag{5.11}$$

$$[CD]_t = [CD]_f + K_{1:1} \cdot [Met]_f \cdot [CD]_f + K_{1:1} \cdot K_{2:1} \cdot [Met]_f^2 \cdot [CD]_f \tag{5.12}$$

$$\delta_{obs} = \frac{\delta_0 + \delta_1 \cdot K_{1:1} \cdot [Met]_f + \delta_2 \cdot K_{1:1} \cdot K_{2:1} \cdot [Met]_f^2}{1 + K_{1:1} \cdot [Met]_f + K_{1:1} \cdot K_{2:1} \cdot [Met]_f^2} \tag{5.13}$$

ここで，δ_1 と δ_2 はそれぞれ 1:1 および 2:1 complex における CD の化学シフトである．γ-CD の H3' プロトンに関するデータを (5.13) 式を用いて iteration 法と非線形最小二乗法により解析する．すなわち，CD の初濃度を $[CD]_t$ と仮定して $K_{1:1}$、$K_{2:1}$、δ_1 および δ_2 値を算出し，次に，(5.11) および (5.12) 式に代入し，高次方程式の解析プログラム（Hichicock-Bairstow Method）を用いて $[Met]_f$ を求める．これらの操作を繰り返して，Met・CD complex の $K_{1:1} = 80 \pm 3$ M^{-1}

とK$_{2:1}$ = 30 ± 3 M^{-1}が得られる．図5.5に示すように，2 : 1のcomplex形成を仮定して最適化した理論曲線（実線）は実測値とよく一致するが，モル比1 : 1のcomplex形成を仮定した場合の理論曲線（破線）は実測値から乖離する．このように，Metはγ-CDとモル比1 : 1および2 : 1 complexを形成し，安定度定数は1 : 1 complexのほうが大きい．

5.3.3 反応速度法によるK$_{1:1}$, K$_{2:1}$, K$_{1:2}$の算出

抗アレルギー薬であるトラニラスト（DCAA）は，分子内に(*E*)型桂皮酸骨格を有するため，水溶液中において光照射すると(*Z*)異性体や二量体を生成し（図5.6），薬効が失活する．α-およびβ-CDはDCAAとモル比1 : 1 complexを形成して，DCAAの光異性化および二量化反応を顕著に抑制する．一方，γ-CD系の二量化速度はγ-CDの添加濃度に依存した二相性を示す[9,10]．すなわち，γ-CDの低濃度領域（< 3.0 × 10^{-5} M）では反応が促進され，さらにγ-CDを添加すると（> 3.0 × 10^{-5} M）反応は抑制される（図5.7）．B$_S$型溶解度相図の解析ならびに蛍光強度変化

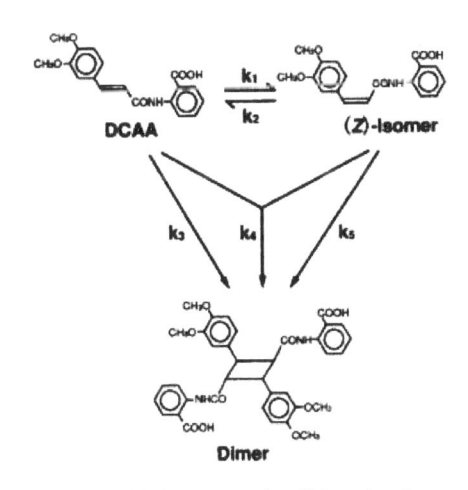

図5.6 トラニラスト（DCAA）の光異性化および光二量化反応スキーム（T. Utsuki, F. Hirayama, and K. Uekama, *J. Chem. Soc. Perkin Trans.* 2, **1993**, 109-114）

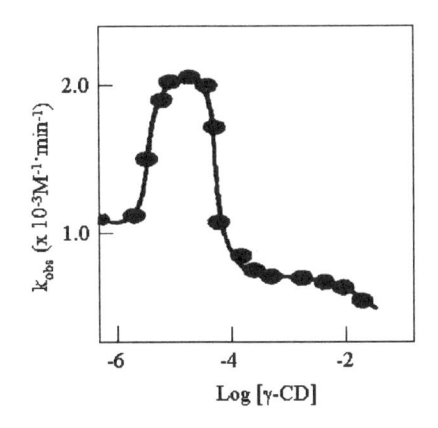

図5.7 トラニラスト（DCAA）の光二量化反応速度に及ぼすγ-CD濃度の影響（溶媒：リン酸緩衝液(pH7.0)，25℃）（T. Utsuki, F. Hirayama, and K. Uekama, *J. Chem. Soc. Perkin Trans.* 2, **1993**, 109-114）

をモニターした連続変化法によるモル比の検討，さらに NMR スペクトルによる相互作用部位の検討結果に基づいて推定した γ-CD/DCAA complex の包接構造を図 5.8 に示す．2：1 の γ-CD complex では，2 分子の DCAA が立体的に接近し，二量化反応は促進されるものと考えられる．1：1 および 1：2 complex では，包接に伴いもう 1 分子の DCAA の接近が立体的に抑制され，その効果は DCAA 分子全体が包接された 1：2 complex において顕著に現れるものと考えられる．

2:1 complex   1:1 complex   1:2 complex

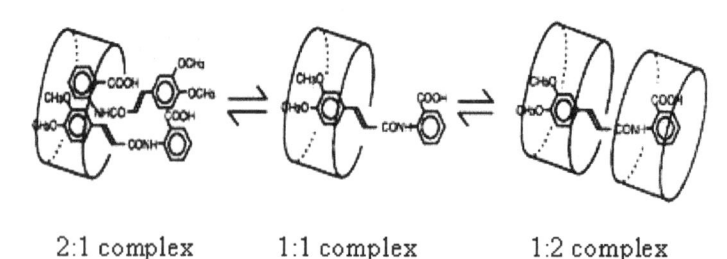

図 5.8 トラニラスト（DCAA）/γ-CD complex の包接模式図（T. Utsuki, F. Hirayama, and K. Uekama, *J. Chem. Soc. Perkin Trans.* 2, **1993**, 109-114）

γ-CD 存在下におけるみかけの二量化速度 k_{obs} は，遊離形の DCAA 同士（k_0），DCAA と 1：1 complex（$k_{1:1}$），1：1 complex 同士（$k_{1:1}'$），2：1 複合体（$k_{2:1}$），ならびに 1：2 complex と遊離形 DCAA（$k_{1:2}$）との各反応速度の和として（5.14）式で表される．この（5.14）式は，（5.15）〜（5.19）式を用いて（5.20）式に変形される．

$$k_{obs}[DCAA]_t^2 = k_0 \cdot [DCAA]^2 + k_{1:1} \cdot [DCAA] \cdot [DCAA \cdot \gamma\text{-}CD] + k_{1:1}' \cdot [DCAA \cdot \gamma\text{-}CD]^2$$
$$+ k_{2:1} \cdot [DCAA_2 \cdot \gamma\text{-}CD] + k_{1:2} \cdot [DCAA] \cdot [DCAA \cdot \gamma\text{-}CD_2] \quad (5.14)$$

$$K_{1:1} = \frac{[DCAA \cdot \gamma\text{-}CD]}{[DCAA] \cdot [\gamma\text{-}CD]} \quad (5.15)$$

$$K_{2:1} = \frac{[DCAA_2 \cdot \gamma\text{-}CD]}{[DCAA] \cdot [DCAA \cdot \gamma\text{-}CD]} \quad (5.16)$$

$$K_{1:2} = \frac{[DCAA \cdot \gamma\text{-}CD_2]}{[DCAA \cdot \gamma\text{-}CD] \cdot [\gamma\text{-}CD]} \quad (5.17)$$

$$[DCAA]_t = [DCAA] + [DCAA \cdot \gamma\text{-}CD] + 2 \cdot [DCAA_2 \cdot \gamma\text{-}CD] + [DCAA \cdot \gamma\text{-}CD_2] \quad (5.18)$$

$$[\gamma\text{-}CD]_t = [\gamma\text{-}CD] + [DCAA \cdot \gamma\text{-}CD] + [DCAA_2 \cdot \gamma\text{-}CD] + 2[DCAA \cdot \gamma\text{-}CD] \quad (5.19)$$

$$k_{obs} \cdot [DCAA]_t^2 = (k_0 + k_{1:1} \cdot K_{1:1} \cdot [\gamma\text{-}CD] + k_{1:1}' \cdot K_{1:1}^2 \cdot [\gamma\text{-}CD]^2$$
$$+ k_{2:1} \cdot K_{1:1} \cdot K_{2:1} \cdot [\gamma\text{-}CD] + k_{1:2} \cdot K_{1:1} \cdot K_{1:2} \cdot [\gamma\text{-}CD]^2)[DCAA]^2 \quad (5.20)$$

ただし，

$$[DCAA] = \frac{-Fn_{(\gamma\text{-}CD)} + \sqrt{Fn_{(\gamma\text{-}CD)}^2 + 8K_{1:1} \cdot K_{2:1} \cdot [\gamma\text{-}CD] \cdot [DCAA]_t}}{(4 \cdot K_{1:1} \cdot K_{2:1} \cdot [\gamma\text{-}CD])}$$

$$Fn_{(\gamma\text{-}CD)} = 1 + K_{1:1} \cdot [\gamma\text{-}CD] + K_{1:1} \cdot K_{1:2} \cdot [\gamma\text{-}CD]^2$$

ここで，$K_{1:1}$，$K_{2:1}$，$K_{1:2}$ はそれぞれ 1：1，2：1，1：2 complex の安定度定数を示し，[DCAA・

γ-CD], [DCAA$_2$・γ-CD] および [DCAA・γ-CD$_2$] はそれぞれ 1:1, 2:1 および 1:2 complex の濃度を表す.

(5.20) 式を用いて図 5.7 における二量化速度の γ-CD 濃度依存性を非線形最小二乗法により解析した. 表 5.2 [10] に示すように,2:1 complex では DCAA 同士および 1:1 complex 同士の速度の 5500 倍および 7030 倍もそれぞれ加速され,1:2 complex の二量化速度は DCAA 単独に比べて 19300 倍抑制される. 同様に,トロンボキサン合成酵素阻害薬 OKY-046 [11] や抗潰瘍薬ソファルコン [12] の光異性化あるいは光二量化反応においても CD の化学量論比や空洞径に依存した反応性変化が見られる.

表 5.2 トラニラスト (DCAA) /γ-CD 系の光二量化速度と complex の安定度定数
(溶媒: リン酸緩衝液 (pH7.0), 25℃)

系	速度定数 (M^{-1}・min^{-1})					安定度定数 (M^{-1})		
	k_0	$k_{1:1}$	$k_{1:1}'$	$k_{2:1}$	$k_{1:2}$	$K_{1:1}$	$K_{2:1}$	$K_{1:2}$
DCAA alone	1330	……	……	……	……	……	……	……
α-CD complex	……	1160	690	……	……	60	……	……
β-CD complex	……	1170	560	……	……	220	……	……
γ-CD complex	……	1040	630	3310	6.9×10^{-3}	200	2210	1160

T. Utsuki, F. Hirayama, and K. Uekama, *J. Chem. Soc. Perkin Trans. 2*, **1993**, 109-114.

5.4 Complex 濃度の予測と包接平衡の制御

実際製剤では CD 複合体を単独で用いることは少なく,賦形剤や様々な添加物を加えて最適処方が決定される. そのような混合系中で CD の機能を効率よく発揮させるには,CD と主薬または添加物との競合包接,生体適用後の複合体の解離,体内動態などを考慮する必要がある. CD 複合体の解離平衡に及ぼす因子として,環境変化(温度,溶液の pH・極性,希釈・濃縮など)や第三物質(基剤,添加物,食物,胆汁酸,脂質類など)との相互作用が考えられる. 製剤中で競合包接を無視できない場合や生体投与時の希釈により複合体が解離する場合は,CD の添加量を調節する必要がある. その際,複合体の化学量論や安定度定数が評価の指標となる[2,3]. このように,CD の機能は製剤中でも生体に適用しても環境変化に応じて微妙に変化するため,包接平衡をいかに適切に制御するかが処方設計の鍵となる.

5.4.1 Complex 濃度の算出

CD とゲスト分子 G がモル比 1:1 で complex を形成するときの安定度定数 $K_{1:1}$ は,(5.21) 式で表される.

$$K_{1:1} = \frac{[\text{complex}]}{[\text{CD}]_f \cdot [\text{G}]_f} = \frac{[x]}{[a-x] \cdot [b-x]} \tag{5.21}$$

ここで，a，b はそれぞれ CD および G の初濃度，x は complex の濃度である．(5.21) 式は x に関する二次方程式 (5.22) で表され，その解は (5.23) 式となる．

$$K_{1:1} \cdot x^2 - [K_{1:1} \cdot (a+b) + 1]x + K_{1:1} a \cdot b = 0 \tag{5.22}$$

$$x = \frac{\sqrt{[K_{1:1} \cdot (a+b) + 1] - [K_{1:1}(a+b) + 1]^2 - 4 \cdot (K_{1:1})^2 a \cdot b}}{2K_{1:1}} \tag{5.23}$$

$K_{1:1}$ が既知で，a，b が与えられると，(5.23) 式から x を算出できる．

図 5.9 は，(5.23) 式から算出した complex の濃度分率と安定度定数および希釈倍率との関係を示す[13]．Complex の安定度定数が小さい場合は，製剤の調製や生体適用時に第三成分との競合包接や希釈により complex が解離してホスト分子としての CD の包接機能が減弱するため，処方中の CD 濃度を増やすか各種製剤素材を適宜併用して，CD の機能を増強する工夫が行われる[14]．

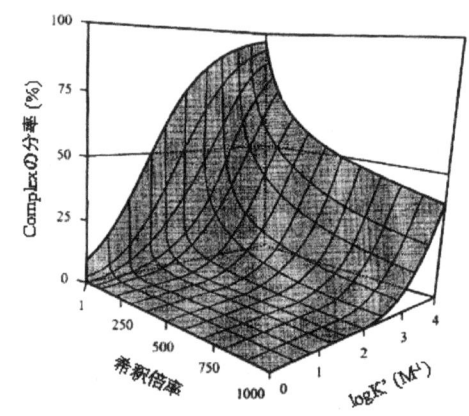

図 5.9 (5.23) 式から算出した 1：1 complex の濃度分率と安定度定数および希釈倍率との関係
(K. Uekama and T. Irie, "*Comprehensive Supramolecular Chemistry*", Vol.3, Ed. by J. Szejtli, and T. Osa, Pergamon Press, Oxford, UK, 451-481 (1996))

図 5.10 は，抗真菌薬イトラコナゾール (IT) を 2-hydroxypropyl-β-cyclodextrin (HP-β-CD) を用いて可溶化した水溶液 (pH 2.0) の希釈に伴う遊離形 IT 分率，1：1 complex 分率，1：2 complex 分率の変化を示す[15]．ここで，縦軸の各成分分率は溶解度法から求めた complex の安定度定数 (水溶液 (pH2.0) 中の $K_{1:1}$=2050 M^{-1} および $K_{1:2}$=60 M^{-1}；10v/v%プロピレングリコール (PG) 水溶液 (pH2.0) 中の $K_{1:1}$=120 M^{-1} および $K_{1:2}$=240 M^{-1}) と実際処方を想定した IT 濃度 (1.42×10^{-2} M) および HP-β-CD 濃度 (2.88×10^{-1} M) を用いて算出した．PG 非存在下 (図 5.10(B)) では，原液中に 1：2 complex が主に存在するが，100 倍希釈すると，1：2 complex 分率は約 10%，1：1 complex 分率は約 80%，遊離形 IT 分率は約 10%に変化する．一方，10%v/vPG 含有水溶液系の 100 倍希釈条件下 (図 5.10(A)) では，遊離形 IT 分率 (約 65%) が主体となり，1：1 complex 分率は約 20%，1：2 complex 分率は約 15%に減少する．IT の経口溶液製剤 (Sporanox™) は PG を含有するため，服用後すみやかに消化液で希釈され，その際 PG が競合ゲストとして作用して IT の遊離濃度が増加することにより，消化管吸収の増大が期待される (5.4.2 項参照)．実際製剤では，競合包接に伴い難水溶性薬物 IT の沈殿が起こらないように，

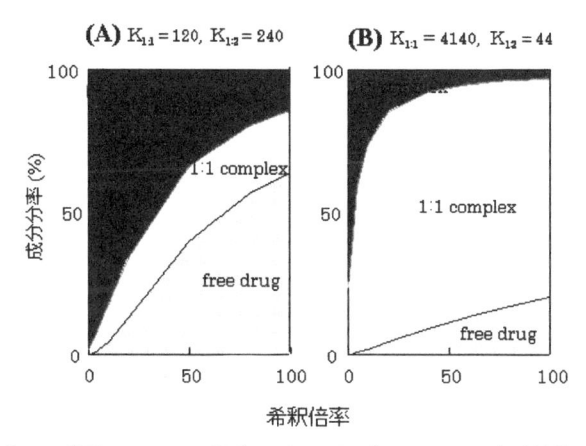

図 5.10 イトラコナゾール（IT：1.42×10^{-2} M）/ HP-β-CD（2.88×10^{-1} M）水溶液（pH2.0）の希釈に伴う遊離形 IT 分率，1：1 complex 分率，1：2 complex 分率の変化．(A) 10%プロピレングリコール含有水溶液（pH2.0）で希釈，(B) 水溶液（pH2.0）で希釈（K. Miyake, T. Irie, H. Arima, F. Hirayama, K. Uekama, M. Hirano, and Y. Okamoto, *Int. J. Pharmaceut.*, **179**, 237-245 (1999)）

添加成分の濃度，pH，粘度などを設定することが重要である．

CD は薬物により惹起される溶血を抑制することが知られている．図 5.11 に示すように，β-CD はフェノチアジン系薬物による溶血を濃度依存的に抑制し，その際，complex 形成により薬物と赤血球膜との親和性が低下するため，(5.23)式から求めた complex 濃度を総薬物濃度から差し引いて得られる遊離形薬物濃度（図 5.11 中の破線）は溶血率とよく相関する[16]．ウサギの大腿部外側広筋肉を用いた局所組織傷害性の検討において，β-CD はクロルプロマジン（CPZ）の筋肉内投与後の体内動態や薬理作用に影響を与えることなく，局所における組織傷害性を顕著に抑制するが，これらの現象は，生体内における complex の解離平衡に基づいて説明される．図 5.12 に示すように，投与部位では CPZ と β-CD が高濃度に存在するため，CPZ は局所刺激性のない complex の状態が保持される．一方，complex が全身に移行するにつれて組織液や血液で希釈さ

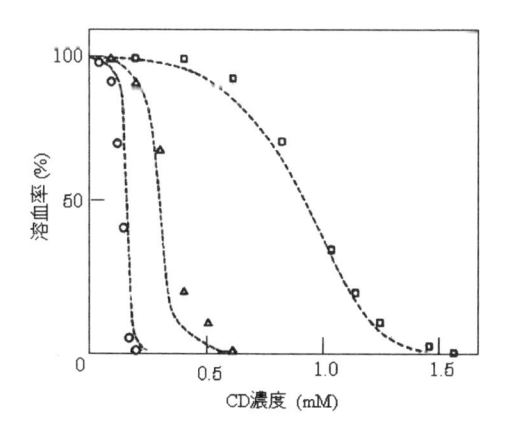

図 5.11 フェノチアジン系薬物により惹起されるヒト赤血球の溶血に及ぼす CD 濃度の影響（溶媒：等張リン酸緩衝液(pH7.4)，37℃）．○：ペルフェナジン（0.4mM），△：クロルプロマジン（0.7 mM），□：プロマジン（1.2mM）．破線は (5.23) 式に準じて予測した遊離形薬物濃度を示す（T. Irie, M. Sunada, M. Otagiri, and K. Uekama, *J. Pharm. Dyn.*, **6**, 408-414 (1983)）

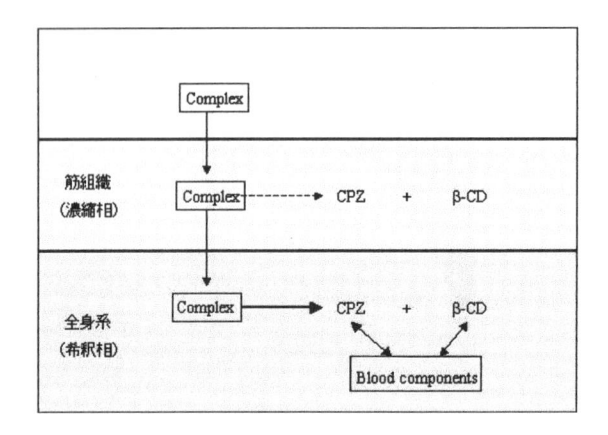

図 5.12 CPZ/β-CDcomplex を筋肉内注射後，全身系への移行に伴う解離平衡模式図（T. Irie, M. Sunada, M. Otagiri, and K. Uekama, *J. Pharm. Dyn.*, **6**, 408-414 (1983)）

れ，生体成分との競合包接により CPZ と β-CD に解離して，薬物単独の薬理効果を示すものと考えられる．したがって，薬物由来の溶血や局所刺激性を低減するには，CD を増量して complex 濃度を増大させるか，complex の解離を阻止するために増粘剤を加えると効果的である[17]．

生理活性ペプチドの酢酸ブセレリンやインスリンの鼻粘膜吸収の向上を企図して脂溶性吸収促進剤 1-[2-(decylthio)-ethyl]azacyclopentane-2-one (HEP-102) やオレイン酸などが添加されるが，HP-β-CD を用いると吸収促進剤の溶解性，化学的安定性，鼻粘膜刺激性が改善される．その際，HP-β-CD の添加濃度を complex の安定度定数の値から見積もって必要最小限の濃度で可溶化すると，促進剤は熱力学的活動度が高まり，粘膜透過性の昂進作用を最大限に発揮する[18-20]．

5.4.2 競合包接の解析

図 5.13 に示すように，CD・G complex に第三成分（competing agent, CA）を添加するとき，CD・G complex の安定度定数 K_1 が CD・CA complex の安定度定数 K_2 よりも小さい場合，前者の complex から G が遊離しやすくなり，G の膜透過率も増加する．これらの変化は K_1，K_2 の大きさに依存する．そこで，競合ゲストを含む三成分系における G のセロハン膜透過挙動の解析例について述べる[21]．

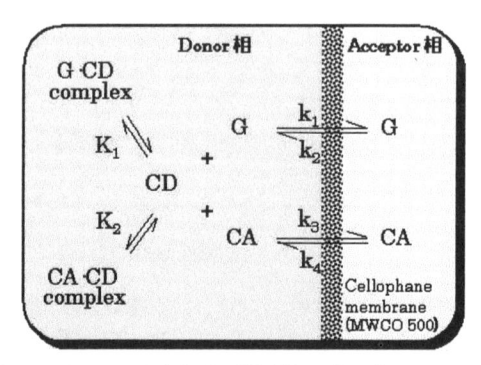

図 5.13 競合包接が関与する G/CD/CA 三成分系の膜透過モデル（N. Ono, F. Hirayama, H. Arima, and K. Uekama, *Eur. J. Pharm.Sci.*, **8**, 133-139 (1999)）

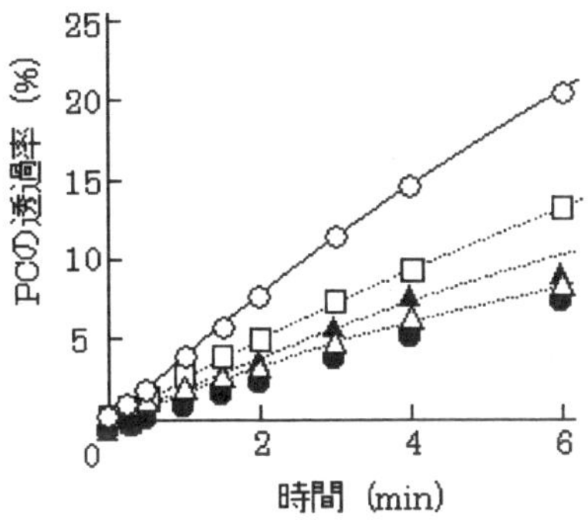

図 5.14　PC，*m*-ブロム安息香酸（*m*-BBA）および β-CD の三成分をドナー相に添加した場合の競合包接を伴う PC のセロハン膜透過挙動（溶媒：等張リン酸緩衝液(pH7.4)，37℃）．○：PC 単独、●：PC/*m*-BBA/β-CD＝1/0/100(モル比)，△：PC/*m*-BBA/β-CD＝1/10/100（モル比），▲：PC/*m*-BBA/β-CD＝1/50/100（モル比），□：PC/*m*-BBA/β-CD＝1/100/100（モル比）（N. Ono, F. Hirayama, H. Arima, and K. Uekama, *Eur. J. Pharm. Sci.*, **8**, 133-139 (1999)）

図 5.14 は，解熱鎮痛薬フェナセチン（PC），*m*-ブロム安息香酸（*m*-BBA）および β-CD 三成分をドナー相に添加した場合の PC のセロハン膜透過挙動を示す．PC の膜透過速度は β-CD との complex 形成により抑制され，この系に競合ゲスト CA として *m*-BBA を添加すると，*m*-BBA の添加量の増大に伴い PC の膜透過率は順次回復する．これは，安定度定数の大きな *m*- BBA ($K_2 = 312\ M^{-1}$) が PC ($K_1 = 182\ M^{-1}$) と競合し，遊離の PC 分率が増加することによる．たとえば，1.0×10^{-2} M の β-CD 存在下，*m*-BBA 1.0×10^{-3} M を添加した系（C）では，*m*-BBA と複合体を形成しない遊離の β-CD 分率が約 93%に達するため，PC の膜透過速度は *m*-BBA 添加の影響をほとんど受けない．一方，*m*-BBA 1.0×10^{-2} M を添加した系（Ñ）では，遊離の β-CD 分率が約 43%に低下するため，透過速度は *m*-BBA 添加によって回復する．そこで，競合包接を伴う膜透過挙動を予測するため，図 5.13 に示す透過モデルに基づいて図 5.14 のデータを解析した．β-CD と complex は使用したセロハン膜（MWCO500）を透過しないため，G および CA の透過速度はそれぞれ（5.24），（5.25）式で表される．

$$\frac{d[G]_A}{dt} = k_1 \cdot [G]_f - k_2 \cdot [G]_A = k_D \cdot \frac{[G]_t - (2 + K_1 \cdot [CD]_f) \cdot [G]_A}{1 + K_1 \cdot [CD]_f} \tag{5.24}$$

$$\frac{d[CA]_A}{dt} = k_3 \cdot [CA]_f - k_4 \cdot [CA]_A = k_{CA} \cdot \frac{[CA]_t - (2 + K_2 \cdot [CD]_f) \cdot [G]_A}{1 + K_1 \cdot [CD]_f} \tag{5.25}$$

ここで，k_1，k_2 はゲスト分子 PC，k_3，k_4 は競合ゲスト *m*-BBA の透過速度定数，K_1，K_2 は G および CA complex の安定度定数，$[G]_0$ および $[CA]_0$ はそれぞれの初濃度，$[G]_A$ および $[CA]_A$ はアクセプター相中における G および CA の濃度，$[G]_f$ および $[CA]_f$ はドナー相中における各遊離形ゲスト濃度を表す．$k_D = k_1 = k_2$ および $k_{CA} = k_3 = k_4$ を用いて（5.24），（5.25）式を前項の場合と同様に積分すると（5.26）～（5.29）式が得られる．

$$[G]_A = \frac{[G]_0}{2 + K_1 \cdot [CD]_f} \cdot (1 - e^{-A \cdot t}) \tag{5.26}$$

ただし，

$$A = \frac{k_G \cdot (2 + K_1 \cdot [CD]_f)}{1 + K_1 \cdot [CD]_f} \tag{5.27}$$

$$[CA]_A = \frac{[CA]_0}{2 + K_2 \cdot [CD]_f} \cdot (1 - e^{-A \cdot t}) \tag{5.28}$$

ただし,

$$A = \frac{k_{CA} \cdot (2 + K_{CA} \cdot [CD]_f)}{1 + K_2 \cdot [CD]_f} \tag{5.29}$$

二成分系では $[CD]_f = [CD]_t$ と仮定されるが,三成分系では競合包接が起こるため $[CD]_f$ が m-BBA 添加により変化する.すなわち,二成分系の式と三成分系の (5.26) 式では $[CD]_f$ のみが異なる.そこで,PC と m-BBA の安定度定数を用いて各時間における $[CD]_f$ 濃度を求めて,(5.26) 式によりシミュレーション (Runge-Kutta-Gill 法) すると,図 5.14 の破線で示すように,実測値と理論値はよく一致する.したがって,complex の安定度定数が既知であれば,薬物ならびに競合ゲストの膜透過挙動を予測できる.同様に,ラット反転腸管モデルを用いた *in vitro* 実験においても PC の膜透過速度は β-CD 添加により抑制され,この系に競合ゲストを添加すると添加量に応じて抑制の回復がみられる.

図 5.15 に示す *in vivo* 経口投与実験において,PC のラット消化管からの吸収は maltosyl-β-cyclodextrin (G$_2$-β-CD) との complex 形成により抑制されるが,この二成分系に胆汁成分のタウロコール酸 (TC) を添加した三成分系溶液 (PC/G$_2$-β-CD/TC) では PC の吸収回復が見られ,PC/TC 系における吸収率は PC 単独系とほぼ一致する[22].このように,胆汁成分は競合ゲストとして作用して薬物・CD complex から薬物を遊離し,complex 形成に由来する吸収への負の効果を相殺する.図 5.16 に示すように,薬物と CD の相互作用が競合ゲストと CD の相互作用よりも強い場合 ($K_2 > K_1$),薬物は空洞から追い出されて,吸収率が増大するものと考えられる.ところが,胆汁酸は競合包接によって complex から遊離してくる薬物を可溶化したり,薬物代謝に影響を及ぼしたり,CD の吸収を促進したりするため,*in vivo* 条件における胆汁酸が関与する消化管内の競合包接現象は複雑である.

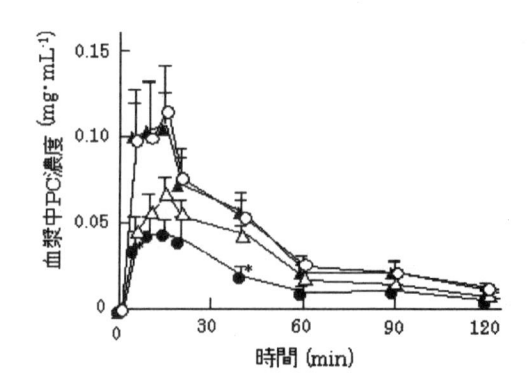

図 5.15 ラットに PC/TC/G$_2$-β-CD 三成分系を経口投与に伴う、競合包接が関与する PC の *in vivo* 消化管吸収挙動. ○:PC 単独,●:PC/TC/G$_2$-β-CD=1/0/100 (モル比),△:PC/TC/G$_2$-β-CD=1/1/100(モル比),▲:PC/TC/G$_2$-β-CD=1/1/0(モル比)(N. Ono, F. Hirayama, H. Arima, K. Uekama, and J.H. Rytting, *J. Incl. Phenom. Macrocycl. Chem.*, **44**, 93-96 (2002))

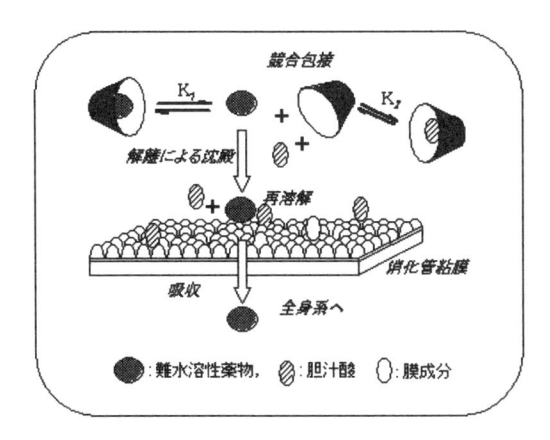

図 5.16　薬物 - CD complex 系に胆汁酸の競合包接が関与する難水溶性薬物の消化管吸収モデル図
(K. Uekama, *Chem. Pharm. Bull.*, **52**, 900-915 (2004))

参考文献

1) K. Uekama, F. Hirayama, and T. Irie, *Chem. Rev.*, **98**, 2045-2076 (1998).
2) K. Uekama, *Chem. Pharm. Bull.*, **52**, 900-915 (2004).
3) 上釜兼人, ファルマシア, **23**, 1237-1242 (1981); **31**, 1268-1272 (1995).
4) T. Higuchi and J.L. Lach, *J. Am. Pharm. Assoc., Sci. Ed.*, **43**, 349-352 (1954).
5) T. Higuchi and H. Kristiansen, *J. Pharm. Sci.*, **59**, 1601-1608 (1970).
6) K. Yamaoka, Y. Tanigawara, T. Nakagawa, and T. Uno, *J. Pharmacobio-Dyn.*, **4**, 879-885 (1981).
7) K. Uekama, Y. Horiuchi, M. Kikuchi, F. Hirayama, T. Ijitsu, and M. Ueno, *J. Inclu. Phenom.*, **6**, 167-174 (1988).
8) Y. Ikeda, F. Hirayama, H. Arima, K. Uekama, Y. Yoshitake, and K. Harano, *J. Pharm. Sci.*, **93**, 1659-1671 (2004).
9) F. Hirayama, T. Utsuki, and K. Uekama, *J. Chem. Soc, Chem Commun.*, **1991**, 887-888.
10) T. Utsuki, F. Hirayama, and K. Uekama, *J. Chem. Soc. Perkin Trans. 2*, **1993**, 109-114.
11) F. Hirayama, T. Utsuki, and K. Uekama, M. Yamasaki, and K. Harata, *J. Pharm. Sci.*, **81**, 817-822 (1992).
12) T. Utsuki, K. Imamura, F. Hirayama, and K. Uekama, *Eur. J. Pharm. Sci.*, **1**, 81-87 (1993).
13) K. Uekama and T. Irie, "*Comprehensive Supramolecular Chemistry*", Vol.3, Ed. by J. Szejtli, and T. Osa, Pergamon Press, Oxford, UK, 451-481 (1996).
14) K. Uekama, S. Narisawa, T. Irie, and M. Otagiri, *J. Incl. Phenom.*, **1**, 309-312 (1984).
15) K. Miyake, T. Irie, H. Arima, F. Hirayama, K. Uekama, M. Hirano, and Y. Okamoto, *Int. J. Pharmaceut.*, **179**, 237-245 (1999).
16) T. Irie, M. Sunada, M. Otagiri, and K. Uekama, *J. Pharm. Dyn.*, **6**, 408-414 (1983).
17) K. Uekama, T. Kondo, K. Nakamura, T. Irie, K. Arakawa, M. Shibuya, and J. Tanaka, *J. Pharm. Sci.*, **84**, 15-20 (1995).
18) K. Abe, T. Irie, H. Adachi, and K. Uekama, *Int. J. Pharmaceut.*, **123**, 103-112 (1995).
19) K. Abe, T. Irie, and K. Uekama, *Chem. Pharm. Bull.*, **43**, 2232-2237 (1995).

20) K. Abe, T. Irie, and K. Uekama, *Pharm. Sci.*, **1**, 563-567 (1995).
21) N. Ono, F. Hirayama, H. Arima, and K. Uekama, *Eur. J. Pharm. Sci.*, **8**, 133-139 (1999).
22) N. Ono, F. Hirayama, H. Arima, K. Uekama, and J.H. Rytting, *J. Incl. Phenom. Macrocycl. Chem.*, **44**, 93-96 (2002).

事項索引

α-CD-β-CD 交互超分子ポリマー　127
α-キモトリプシン　136

β-CD-β-ヘアピンペプチド　141

γ-CD アミド結合体　197
γ-CD エステル結合体　197

AHL　155
AI　155
AIT　209
ANS　29,30,86

Boc　80
Bs 型溶解度相図　265

C2 位でのモノ修飾反応　9
C3 位でのパー修飾反応　10
C6 位でのパー修飾反応　6
C6 位の一置換　4
Cbz-Gly　248
CDase　153
CD 合成酵素　153
CD 二量体　88,99
CD・ネックレス　117
CD-ペプチドハイブリッド　129
CD 包接現象　73
CD 誘導体プロトン同定　78
CGTase　153,204
cis 体　86
Complex のモル比　265

DCAA　271
DDS　193

DM-β-CD　167,182,268
DMP　4
DPO　164

EtDMe-β-CD　63

FcPAA　102

Gibbs-Helmholtz 式　239
GMO　205
GTS　184

HBHP　41
HDC　64
HEP-102　276
heptakis(2,3-di-O-carboxylatomethy)-β-CD　66
heptakis(6-bromo-6-deoxy)-β-cyclodextrin　226
HP-β-CD　181,193,204
HPC　160

IBX　4
inside 型自己包接ホルミルフェニルアラニル CD　79
IPA　81

Lehn の超分子ポリマー　123

m-BBA　277
Meijer の超分子ポリマー　123
Met　269
MHE-β-CD　182
MHP-β-CD　182
mono-6-N-(formyl-D-phenylalanyl)amino-β-CD　233

NOE 231
NOESY 232
NOE 相関 235

outside 型自己包接チロシニル CD 79

PAA 102
PC 277
PEG 117
PEG 鎖の曲げ伸ばし 119
Phe 52
plateau 領域 265
PRK 170

Quorum Sensing 155

RhB 30

SBE-β-CD 181, 193
SBE7-β-CD 187

TMe-β-CD 53, 69
TNS 17
TOCSY 233
trans 体 86

van't Hoff の関係式 240

ア 行

アゾベンゼンキャップ化 CD 73
アミノ酸誘導体 52
アルカリ水溶液法 223
アルブチン縮合 β-シクロデキストリン 234
安定度定数 253

イオン性 CD 誘導体 94
1 分子移動 118
一級位の修飾反応 4
1 点ゲスト修飾 CD 76

陰イオン性 CD 188
インドールピルビン酸 81
インプリント効果 113

ウイルスベクター 200

エキシマー 164
液体クロマトグラフ法 261
液膜輸送 21

カ 行

化学センサー 26
化学センシング 89
化学的較正 245
化学量論比 253
核オーバーハウザー効果 231
カチオン性 CD 誘導体 95
カリウムイオン認識 92
環拡張 CD 70
環状三量体 125

キャップ化 CD 86
キャップ試薬 225
キラルな歪み 61
金属コロイド 102
金属配位子 36

クラウンエーテル修飾 CD 93
グラム陰性細菌 155
クリームダウン 211

蛍光共鳴エネルギー移動 134
結合定数 17, 53

交互累積膜 101
高次 complex 形成の解析 267
高分子主鎖の曲げ伸ばし 119
コレステロール 113

サ 行

三量体　*5, 114, 125*

自由エネルギー変化　*239*
修飾γ-CD　*89*
シリカゲル　*116*
白ボケ　*211*

ストークスシフト　*135*
スルホアルキルエーテルCD　*188*
スルホニル化試薬　*227*
スルホブチルエーテルβ-CD　*187*
スルホブチル化β-CD　*193*
スルホン化CD　*188*

タ 行

ダイマーの合成法　*17*
単分子膜修飾電極　*98*
単量体　*114*

チオール多置換体　*97*

滴定カロリメトリー　*240*
電位差滴定法　*259*
電気的較正　*244*
デンドリマー-CD結合体　*200*

ナ 行

ナノメートルスケール・ゲスト　*111*
ナフチルエチルアミン修飾β-CD　*91*
ナフチルエチルアミン修飾CD　*78*

2-(1-ナフチル)プロパノイル基修飾γ-CD　*90*
二級位の修飾反応　*9*
二級位パーメチル-6-アミノ-β-CD　*5*
二級水酸基側修飾CD　*89*

二級水酸基側の修飾法　*18*
二次元NMR分光法　*232*
二修飾β-CDの位置異性体　*8*
二置換体　*225*
2-deoxy-2-tosyl-β-cyclodextrin　*224*
二点水素結合　*71*
2-ヒドロキシプロピル-β-CD　*193*
2分子移動　*119*
二量体　*5, 88, 114, 125*
[2]ロタキサンポリマー　*128*

熱伝導マイクロカロリメータ　*241*
熱平衡法　*243*

ハ 行

バクテリア　*153, 155*
反応速度法　*255*

非ウイルスベクター　*200*
非修飾CDsの製法　*205*
ヒドロキシプロピル化β-CD　*204*
ビナフチル誘導体の軸不斉認識　*62*
ピリジン溶液法　*222*
ピレニルメチルアミン修飾α-CD　*96*
ピレン修飾α-CD　*87*

フェロセン修飾ポリアリルアミン　*102*
不斉選択性　*53*
不斉認識　*52, 69*
不斉誘起　*67*
分岐CDsの製法　*206*
分光光度法　*258*
分子間包接　*195*
分子触媒　*136*
分子デバイス　*109*
分子内包接　*195*
分子認識　*92*
分子認識機能の改質　*86*
分子認識センサー　*26, 89*

分子ネックレス　117
分子フラスコ　80

ベクター　200
ヘリシティー　64
ベンゾイルギ酸　81

ホスト・ゲストブリッジ　140
ポリイオン性β-CD　56
ポリ[2]ロタキサン　126
ポルフィリン　41

マ　行

マイクロカロリメータ　241
マイクロカロリメトリー　239
膜透過法　257

未修飾 CD　51
密封加熱法　166
ミルクダウン　211

無溶媒法　205

モネンシン　27
モノアミノ修飾β-CD　23
モノアルデヒド-β-CD　4
モノトシル-β-CD　4
モノ-6-アルキルアミノ-β-CD　5
モレキュラー・インプリント法　111

ヤ　行

薬物-CD 結合体　196

薬物送達システム　193

有機溶媒法　205

溶解度相図　255
溶解度法　254

ラ　行

らせん超分子ポリマー　126

リポ酸修飾 CD　100

レセプター分子　110

6-amino-6-deoxy-β-cyclodextrin　223
6-(*N*-dansyl-L-valinylamino)-6-deoxy-β-cyclodextrin　224
6-deoxy-6-tosyl-β-cyclodextrin　222,223
6-モノグルコース分岐 CD　5
6-モノトシル CD　4
6-アミノ桂皮酸-β-CD　125
6位修飾α-CD 環状三量体　125
6位ヒドロ桂皮酸-α-CD　124
6位ヒドロ桂皮酸-β-CD　124
ロタキサン　117
6-(4-aminobutylamino)-6-deoxy-β-cyclodextrin　223

《シクロデキストリン学会》

シクロデキストリン学会は，シクロデキストリンに関する国内外の研究の連絡と研究の進歩・教育の促進をはかり，もって学術の発展および技術の向上に寄与することを目的とする．
　http://wwwsoc.nii.ac.jp/scdj/index.html

学会では，年1回のシクロデキストリンシンポジウムの開催，年数回のニュースレターの発行，国際シンポジウムの企画・支援とワークショップの随時開催，学会賞，奨励賞の表彰などを行っている．

学会事務局：〒162-0825　東京都新宿区神楽坂4-2-2　東京理科大学　森戸記念館内
　　　　　　シクロデキストリン学会事務局（担当：武津麗子（フカツ・レイコ））
　　　E-mail：cdj@fast.or.jp　　TEL：03-5225-9211　　FAX：03-5225-9658

ナノマテリアル・シクロデキストリン

2005年11月29日　　　初　版

編　者――――――シクロデキストリン学会
発行者――――――米　田　忠　史
発行所――――――米　田　出　版
　　　　　　　　〒272-0103　千葉県市川市本行徳31-5
　　　　　　　　電話　047-356-8594
発売所――――――産業図書株式会社
　　　　　　　　〒102-0072　東京都千代田区飯田橋2-11-3
　　　　　　　　電話　03-3261-7821

©　シクロデキストリン学会　2005　　　　　　　　　　中央印刷・山崎製本所

ISBN4-946553-22-3　C3043